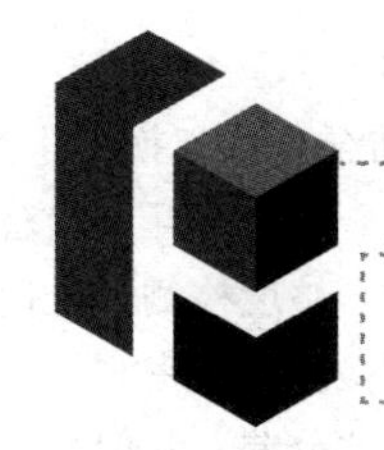

职业教育**创新融合**系列教材

国家级教学资源库配套教材

公差配合与技术测量

GONGCHA PEIHE YU JISHU CELIANG

谭目发　樊　军◎主　编

刘让贤　周春华　蒋红卫◎副主编

杨　丰◎主　审

化学工业出版社

·北京·

内 容 简 介

本书依据高等职业院校对机械类和近机械类专业人才培养的要求，紧密结合企业互换性生产的实际，着重介绍了几何量公差的标注、识读与选用以及几何量误差的检测等基本知识。全书以几何量公差的识读与检测为主线，基于现行公差与配合的国家标准，精心设计了尺寸公差的识读与精度检测，几何公差的识读与精度检测，表面结构的标注、识读与检测，常用结构件的公差配合与精度检测，精密测量技术应用五个由简单到复杂、能力培养逐层递进的学习项目。项目的主要内容包括线性尺寸公差、几何公差、表面粗糙度、键和花键的公差、滚动轴承的公差与配合、螺纹公差、圆柱齿轮公差、三坐标测量仪等知识，以及相关几何量误差的检测方法与计量器具的操作技能。项目教学内容的确定，基于机械产品制造过程中的零件加工、产品检测、设备维修等岗位群典型工作任务及相应的职业岗位能力和任职要求，遵循"实用为主、够用为度，以应用为目的"的理念，合理选取并序化教学内容。每个项目均按照项目描述及学习目标、任务资讯、任务实施、项目小结、巩固与提高体例编排内容。为方便教学，配套了课件、视频等丰富的教学资源。

本书可作为高等职业院校机械类各专业及相关专业的教材，也可供从事机械设计制造工作的相关工程技术人员参考。

图书在版编目（CIP）数据

公差配合与技术测量 / 谭目发，樊军主编. —北京：化学工业出版社，2024.6

ISBN 978-7-122-45546-8

Ⅰ. ①公… Ⅱ. ①谭… ②樊… Ⅲ. ①公差-配合-高等职业教育-教材②技术测量-高等职业教育-教材 Ⅳ. ①TG801

中国国家版本馆CIP数据核字（2024）第088967号

责任编辑：韩庆利　　文字编辑：吴开亮
责任校对：边　涛　　装帧设计：王晓宇

出版发行：化学工业出版社
（北京市东城区青年湖南街13号　邮政编码100011）
印　　装：三河市双峰印刷装订有限公司
787mm×1092mm　1/16　印张16　字数386千字
2024年10月北京第1版第1次印刷

购书咨询：010-64518888　　售后服务：010-64518899
网　　址：http://www.cip.com.cn
凡购买本书，如有缺损质量问题，本社销售中心负责调换。

定　　价：49.00元

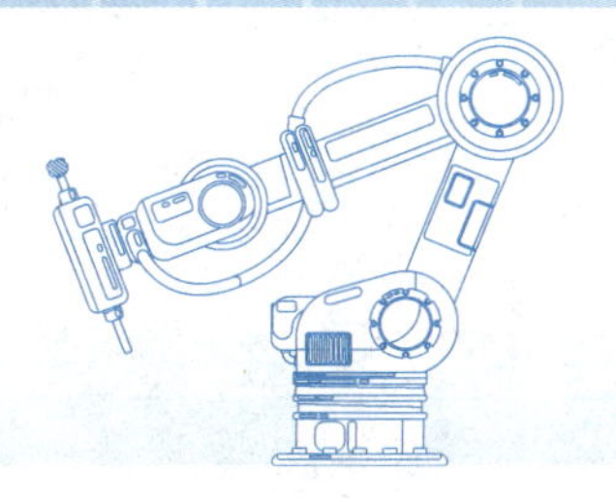

前言

PREFACE

“公差配合与技术测量”是高等职业院校机械类和近机械类专业必修的技术基础课程，也是在装备制造行业从事工程技术和管理类工作的人员必备的专业基础知识和技能。本课程从技术的角度研究如何保证产品质量，是保证设计和制造的可行性与经济性的重要技术手段。课程教学内容与机械设计、机械制造、质量控制等密切相关，在生产实践中具有极其广泛的实用性。

本教材的编写依据高等职业院校机械类相关专业的人才培养目标与相关职业岗位能力和任职的要求，根据高等职业教育的特点及发展需要，本着“夯实基础、注重能力、强调应用、力求创新”的原则，遵循“实用为主、够用为度，以应用为目的”的理念，引入最新公差配合国家标准，精选大量实际应用和工程实例，兼顾设计与制造类、应用与技能型的不同教学要求，具有较强的实用性与通用性，是指导初学者学习机械类专业课的基础教材，可作为高职高专院校、中等职业技术学校的教学用书，也可作为相关专业技术人员的参考用书。

教材的主体采用了“项目教学、任务驱动”的模式，按照项目描述及学习目标、任务资讯、任务实施、项目小结、巩固与提高的体例，以实际产品零件为载体，结合作者机械产品制造与检测的实际经验，帮助读者完成典型零件几何量公差的选用、识读与检测全过程。本教材着力培养学生正确选用、标注与识读公差配合以及合理使用量具量仪对一般机械零部件的几何量误差进行技术测量和数据处理的能力。

本教材由长沙航空职业技术学院谭目发、中国航发南方工业有限公司樊军主编，张家界航空工业职业技术学院刘让贤、长沙航空职业技术学院周春华和蒋红卫任副主编，参与编写的还有长沙航空职业技术学院吕勤云、严勇、林章辉、郭谆钦。全书由长沙航空职业技术学院教授杨丰主审，谭目发总纂定稿。在编写过程中，笔者查阅了大量有关公差配合与技术测量的资料和教材，在此，对这些资料的作者表示衷心的感谢。

因编写人员水平有限，教材中不足之处在所难免，恳请广大读者批评指正。

编者

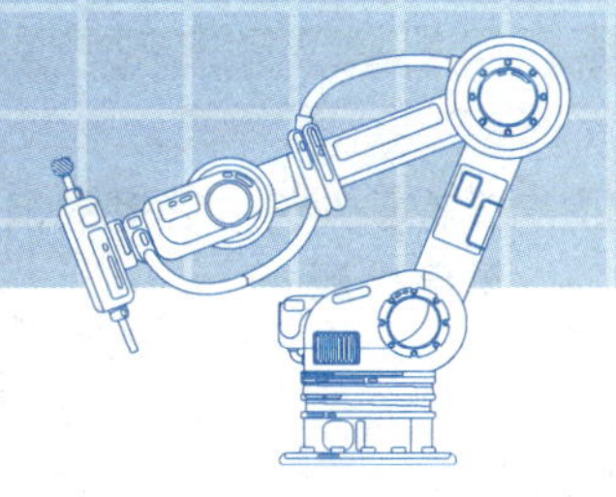

目录
CONTENTS

项目 4 常用结构件的公差配合与精度检测 173

项目 5 精密测量技术应用 217

项目1
尺寸公差的识读与精度检测

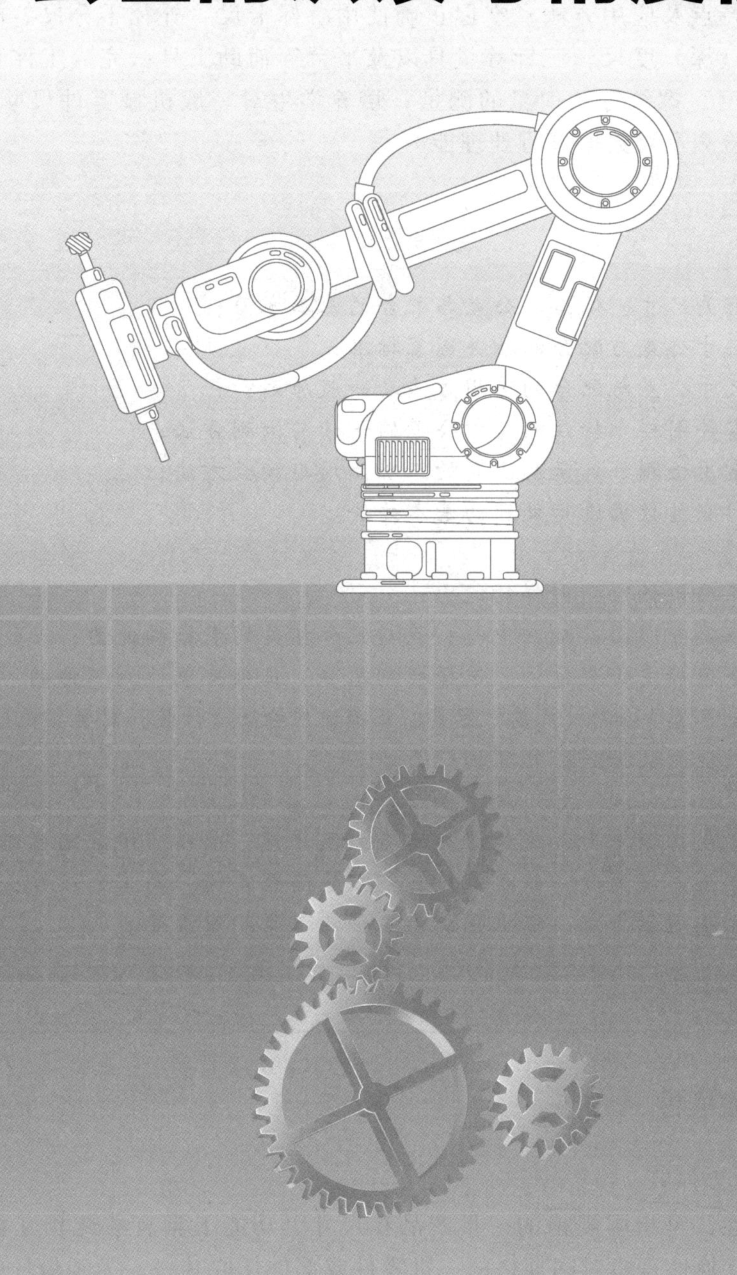

1.1 项目描述及学习目标

1.1.1 项目描述

尺寸公差的识读与精度检测是从事机械加工和几何量误差检测的人员必备的一项基本技能。本项目教学按照“任务驱动、教学做一体”的模式组织实施，将公差配合与技术测量相关的理论知识与所需完成的典型工作任务相结合。通过本项目的学习，学生应了解公差配合与技术测量的有关基本概念、术语及定义；熟悉尺寸公差与配合相关标准的主要内容、特点及应用方法；掌握正确使用游标卡尺、外径千分尺、内径百分表、万能角度尺、高（深）度尺、三针等量具以及平台等辅助工具，完成工件长度、外径、内径、深度、角度、螺纹等几何量的测量；培养学生对一般机械零件尺寸公差进行选用、标注、识读、检测及对数据进行处理能力。

1.1.2 学习目标

【知识目标】

（1）理解有关尺寸、偏差、公差与配合的基本术语；

（2）熟悉尺寸公差与配合的相关国家标准；

（3）掌握尺寸公差与配合的选用方法及一般原则；

（4）掌握零件图样上标注的尺寸公差的识读与检测方法；

（5）掌握常用检测（计量）器具的正确使用与读数方法；

（6）掌握对测量数据进行处理的基本方法。

【技能目标】

（1）具有正确识读检测图样的能力；

（2）具有正确查阅国家标准中与公差与配合相关的表格的能力；

（3）具有合理确定检测方法、选择检测基准、正确安装检测工件的能力；

（4）具有合理选择检测（计量）器具、正确使用检测（计量）器具实施检测操作的能力；

（5）具有对检测数据进行处理的能力。

【素养目标】

（1）培养学生正确使用、维护量具的能力及严谨、准确、规范的检测操作习惯；

（2）培养学生严谨细致、精益求精及“零缺陷无差错”的工匠精神；

（3）培养学生质量意识、标准意识、安全意识等职业素养。

1.2 任务资讯一

1.2.1 认识互换性

1.2.1.1 互换性的概念

所谓互换性，是指同规格的一批产品在尺寸、功能上具有彼此相互替换的功能。机械制造业中的互换性是指对同规格的一批零件或部件任取其一，无须做任何挑选、调整或附加修配（如钳工修配）就能进行装配，并且具有满足机械产品使用性能要求的特性。这样的一批零件或部件，称为具有互换性的零件或部件。互换性原则是产品设计的最基本原则。

满足互换性的条件如下：

① 同规格的一批零件或部件；

② 不需挑选、调整或修配；

③ 装配后能满足原有的使用性能要求。

零件或部件的互换性，既包括几何参数（如零件的尺寸、形状、位置和表面粗糙度等）的互换性，又包括力学性能（如强度、硬度、塑性和刚度等）、理化性能（如熔点、导电、导热、耐腐蚀、抗氧化等）的互换性。本书仅对几何参数的互换性加以阐释。

1.2.1.2 互换性的分类

在生产中，互换性按其互换的程度和范围的不同可分为完全互换性（也称绝对互换）和不完全互换性（也称有限互换）。

（1）完全互换

完全互换是指一批零件在装配或更换时，无须选择、调整与修理，装配后即可达到使用性能要求。如螺栓、螺母等标准件的装配都属于此类情况。

（2）不完全互换

当装配精度要求非常高时，采用完全互换将使零件制造公差很小、加工困难、成本很高甚至无法加工，则可采用不完全互换进行生产。

将有关零件的尺寸公差(尺寸允许的变动量)放宽，在装配前进行测量，按测得尺寸大小分组进行装配，以保证使用要求。此法亦称分组互换法。

在装配时允许用补充机械加工或钳工修配来获得所需的精度，称为修配法。

用移动或更换某些零件以改变其位置和尺寸的方法来达到所需的精度，称为调整法。

究竟采用何种方式生产，要由产品精度、产品的复杂程度、生产类型、设备条件以及技术水平等一系列因素决定。一般大量和批量生产，采用完全互换进行生产。精度要求很高时，常采用分组互换法，即采用不完全互换进行生产。而单件和小批量生产，常采用修配法或调整法生产。

另外，按照互换的内容来划分，互换性可分为几何参数的互换性、力学性能的互换性和理化性能的互换性。本书主要讨论几何参数的互换性，即尺寸、形状、位置、表面微观形状误差（表面粗糙度）的互换性。

1.2.1.3 互换性生产在机械制造业中的作用

互换性是现代机械制造业进行专业化生产的前提条件。只有机械零件具有了互换性，才可能将一台机器中的各零件进行高效率的、分散的专业化生产，然后集中起来进行装配。这不仅能显著地提高生产效率，而且能有效地保证产品质量，降低生产成本。

互换性原则广泛用于机械制造业中的产品设计、生产制造和使用维修等各个方面。

（1）产品设计

在设计方面，零件具有互换性，可以最大限度地采用标准件和通用件，可以减少绘图、计算等工作量，缩短设计周期，有利于产品的多样化和便于采用计算机辅助设计(CAD)。

（2）生产制造

在制造方面，互换性是组织专业化协作生产的重要基础。按照互换性原则组织加工，可实现专业化协调生产，便于采用计算机辅助制造（CAM），以提高产品质量和生产效率，同时降低生产成本。

（3）使用维修

在使用维修方面，零件具有互换性，则在其损坏或达到磨损极限后，可以很方便地用备件来替换，减少了机器的维修时间和费用，保证了机器能连续而持久地运转，从而提高了机器的利用率和使用寿命。

综上所述，在机械制造业中，遵循互换性原则，不仅能保证又多又快地进行生产，而且能保证产品质量和降低生产成本。因此，互换性生产是在机械制造业中贯彻“多快好省”方针的技术措施。

1.2.1.4 实现互换性生产的条件

具有互换性的零件，其几何参数是否必须制造得完全一样？事实上，这既无可能，也无必要。

在加工过程中，由于工艺系统振动、机床系统误差、定位与安装误差、刀具磨损等，零件几何参数不可避免地会产生误差。例如，单个零件的尺寸不可能制造得绝对准确，一批零件的尺寸不可能完全一致等。具有互换性的零件，尺寸并不是完全一致。实践证明，只要将这些误差控制在一定的范围内，零件的使用功能和互换性就能得到保证。

也就是说，通过对零件的各个几何参数规定公差，加工时只要将零件产生的误差严格控制在公差范围内，零件就具有互换性。

公差是零件几何参数允许的变动量，它包括尺寸公差、形状公差、方向公差、位置公差和表面粗糙度等。公差用来控制误差，以保证零件的互换性。因此，研究几何量误差及其控制范围，需要建立公差标准，这是科研的一个重要课题，是保证互换性的基础。

完工后的零件是否满足公差要求，要通过检测加以判断。通过检测，几何参数误差控制在规定的公差范围内，零件就合格，就能满足互换性要求。反之，零件就不合格，也就不能达到互换性的目的。

综上所述，实现互换性生产的两个必不可少的条件：合理确定公差标准与正确进行检测。同时，这也是保证产品质量的重要手段。

1.2.2 标准化与优先数系

1.2.2.1 标准和标准化

（1）标准化

标准化是指为了在既定范围内获取最佳秩序，促进共同效益，对现实问题或潜在问题确立共同使用和重复使用的条款以及编制、发布和应用文件的活动。

（2）标准

标准是通过标准化活动，按照规定的程序经协商一致制定，为各种活动或其结果提供规则、指南或特性，供共同使用和重复使用的文件。标准以科学、技术和经验的综合成果为基础。

（3）标准分类

① 按内容，标准可分为基础标准、产品标准、方法标准和原材料标准等。

② 按范围，标准可分为国际标准（ISO）、国家标准（GB、GB/T）、行业标准（如JB、

JB/T 是机械行业标准）、地方标准（DB、DB/T）和企业标准（QB）。

③ 按成熟程度，标准可分为法定标准、推荐标准、试行标准、标准草案。我国80%以上的标准属于推荐标准。

在现代化生产中，标准化是一项重要的技术措施。因为一种机械产品的制造，往往涉及许多部门和企业，为了适应生产上相互联系的各个部门与企业之间在技术上相互协调的要求，必须有一个共同的技术标准，使独立的、分散的部门和企业之间保持必要的技术统一，使相互联系的生产过程形成一个有机的整体，以达到互换性生产的目的。因此，首先必须建立在生产技术活动中最基本的具有广泛指导意义的标准。因为高质量产品与公差的密切关系，所以要实现互换性，必须建立尺寸公差与配合标准，形状、方向与位置公差标准，表面粗糙度标准等，先进的公差标准是实现互换性的基础。

1.2.2.2　公差的标准化

（1）我国公差标准的演变过程

① 1959年，我国颁布《公差与配合》国家标准（GB 159~174—1959）。

② 20世纪80年代，第一次修订：公差与配合（GB 1800~1804—1979）、形状和位置公差（GB 1182~1184—1980）、表面粗糙度（GB 1031—1983）。

③ 20世纪90年代中期，第二次修订：极限与配合（GB/T 1800.1—1997、GB/T 1800.4—1999等）、形状和位置公差（GB/T 1182—1996等）、表面粗糙度（GB/T 1031—1995等）。

④ 21世纪初期，第三次修订：极限与配合（GB/T 1800.1—2020、GB/T 1800.2—2020等）、几何公差（GB/T 1182—2018）、表面粗糙度（GB/T 1031—2009）等多项国家标准。

（2）公差标准化的意义

公差与配合的标准化，促进了国与国之间的技术交流和贸易往来，也对我国机械制造业的生产和组织产生了重要的推动作用。

1.2.2.3　优先数和优先数系

（1）优先数系

优先数系是工程设计和工业生产中常用的一种科学数值分级制度，是19世纪末（1877年）法国人查尔斯·雷诺首先提出的。

凡在科学数值分级制度中被确定的数值，称为优先数；按一定公比由优先数所形成的等比级数系列，称为优先数系。

在制定公差标准及设计零件的结构参数时，都需要通过数值来表示。任一产品的参数数值与自身的技术特性有关，直接、间接地影响到与其配套的一系列产品的参数数值。例如，螺母直径数值影响并决定螺钉的直径数值以及丝锥、螺纹塞规、钻头等一系列相关产品的直径数值。为了避免造成产品的数值杂乱无章、品种规格过于繁多，以及减少给生产组织、协作配套、供应、使用、维修和管理等带来的困难，必须对实际应用的数值进行优选、协调、简化和统一。人们在生产实践中总结出了一种科学的数值分级制度，它不仅适用于标准的制定，也适用于标准制定前的规划与设计，使产品参数的选择一开始就纳入标准化轨道，这就是优先数和优先数系。

（2）优先数系的公比

优先数系是一种十进制的几何级数，级数的公比分别为 $q5=\sqrt[5]{10}\approx1.6$、$q10=\sqrt[10]{10}\approx1.25$、$q20=\sqrt[20]{10}\approx1.12$、$q40=\sqrt[40]{10}\approx1.06$、$q80=\sqrt[80]{10}\approx1.03$，并分别用R5、R10、R20、R40

基本系列和R80补充系列表示。其代号R是优先数系创始人Renard的缩写。

优先数系基本系列的常用值见表1-1。

表1-1 优先数系的基本系列（摘自GB/T 321—2005）

R5	R10	R20	R40	R5	R10	R20	R40	R5	R10	R20	R40
1.00	1.00	1.00	1.00				2.24		5.00	5.00	5.00
			1.06				2.36				5.30
		1.12	1.12	2.50	2.50	2.50	2.50			5.60	5.60
			1.18				2.65				6.00
	1.25	1.25	1.25			2.80	2.80	6.30	6.30	6.30	6.30
			1.32				3.00				6.70
		1.40	1.40		3.15	3.15	3.15			7.10	7.10
			1.50				3.35				7.50
1.60	1.60	1.60	1.60			3.55	3.55		8.00	8.00	8.00
			1.70				3.75				8.50
		1.80	1.80	4.00	4.00	4.00	4.00			9.00	9.00
			1.90				4.25				9.50
	2.00	2.00	2.00			4.50	4.50	10.00	10.00	10.00	10.00
			2.12				4.75				

（3）优先数系的特点

① 优先数系中的任一数均为优先数，任意两项的积或商都为优先数，任意一项的整数乘方或开方也都为优先数。

② R5、R10、R20、R40前一数系的项值包含在后一数系中。

③ 表列以1~10为基础，所有大于10或小于1的优先数，均可用10的整数次幂乘以表1-1中的数值求得，这样可以使该系列向两端无限延伸。

④ 根据生产需要，亦可衍生出派生系列。派生系列是指从某一系列中按一定项差取值所构成的系列，如R10/3系列，即在R10数列中每隔3项取1项组成的数列，其公比为R10/3= $(\sqrt[10]{10})^3 \approx 2$，如1、2、4、8……

⑤ 优先数系在各种公差标准中被广泛采用，公差标准表格中的数值都是按照优先数系选定的。例如，《公差与配合》国家标准中IT5~IT18级的标准公差值主要是按R5系列确定的。

1.2.3 加工误差与公差

（1）加工误差

加工误差是指在加工过程中产生的尺寸、几何形状和相互位置误差，简称误差。产生加工误差的原因有很多，如工艺系统的振动、机床系统误差、定位与安装误差、受热变形、刀具磨损等都会产生加工误差。

（2）公差

公差是设计人员给定的允许几何量（尺寸、形状、方向、位置、表面粗糙度）的变动量。设计人员在给定公差时，既要考虑满足零部件的使用性能要求，又要考虑制造的可行性与经济性。通常情况下，在保证零部件使用性能的前提下，尽量给定较大的公差值，可以降低制造（加工、装配等）的难度和成本。

（3）加工误差与公差的关系

① 加工误差是在加工过程中产生的，是不可避免的。

② 公差是人为给定的，是允许几何量（尺寸、形状、方向、位置、表面粗糙度）的变动量，也是几何量允许的最大误差。

③ 公差是用来控制加工误差的，误差不超过给定的公差是零件合格的条件。

1.2.4　有关尺寸的术语和定义

（1）尺寸

用特定单位表示线性尺寸值的数值称为尺寸。在机械零件中，线性尺寸值包括直径、半径、宽度、深度、高度和中心距等。由尺寸的定义可知，尺寸由数值和特定单位两部分组成，如30mm（毫米）、60μm（微米）等。在机械制图中，图样上的尺寸通常以mm为单位，如以此为单位，可省略单位的标注，仅标注数值。采用其他单位时，则必须在数值后注写单位。

（2）公称尺寸（D，d）

标准规定：通过和上、下偏差可算出极限尺寸的尺寸称为公称尺寸。孔的公称尺寸用D表示；轴的公称尺寸用d表示（标准规定：大写字母表示孔的有关代号，小写字母表示轴的有关代号，后同）。公称尺寸由设计给定，是在设计时考虑零件的强度、刚度、工艺及结构等方面的因素，通过试验、计算或依据经验确定。

为了减少定值刀具（如钻头、铰刀等）、量具（如量规等）、型材和零件尺寸的规格，国家标准已将尺寸标准化。因而公称尺寸应当选取标准尺寸，即通过计算或试验的方法得到尺寸的数值，在保证使用要求的前提下，此数值接近哪个标准尺寸（一般为大于此数值的标准尺寸），则取这个标准尺寸作为公称尺寸。

（3）实际尺寸（D_a，d_a）

实际尺寸是指通过测量获得的某一孔、轴的尺寸。孔和轴的实际尺寸分别用D_a和d_a表示。由于测量过程中，不可避免地存在测量误差，因此所得的实际尺寸并非尺寸的真值。又由于加工误差的存在，同一零件同一几何要素不同部位的实际尺寸也各不相同，如图1-1所示，由于形状误差，沿轴向不同部位的实际尺寸不相等，同一部位不同方向的直径也不相等。

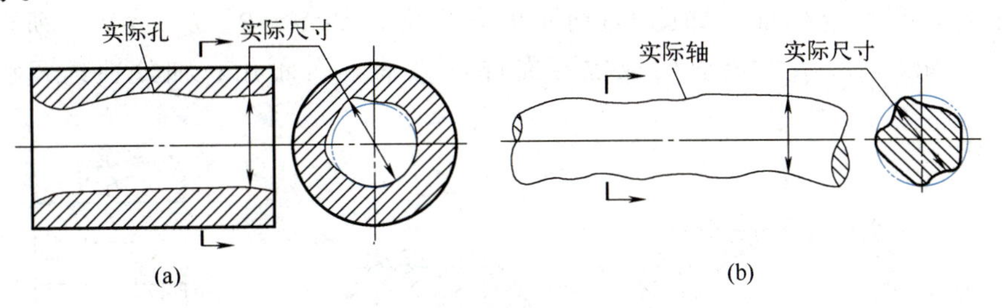

图1-1　实际尺寸

（4）极限尺寸

极限尺寸是指一个孔或轴允许尺寸变化的两个界限值。实际尺寸应位于两个极限尺寸之间，也可达到极限尺寸。孔或轴允许的最大尺寸称为最大极限尺寸；孔或轴允许的最小尺寸称为最小极限尺寸。孔的最大和最小极限尺寸分别以D_{max}和D_{min}表示，轴的最大和最小极限尺寸分别以d_{max}和d_{min}表示（图1-2）。极限尺寸是以公称尺寸为基数来确定的，它用于控制实际尺寸。在机械加工中，由于机床、刀具、夹具等各种因素而形成的加工误差的存在，要把同一规格的零件加工成同一尺寸是不可能的。从使用的角度来讲，也没有必要将同一规格的零件都加工成同一尺寸，只需将零件的实际尺寸控制在一个范围内，就能满足使用要求。这个范围由上述两个极限尺寸确定，即孔和轴的尺寸的合格条件：$D_{min}≤D_a≤D_{max}$；$d_{min}≤d_a≤d_{max}$。

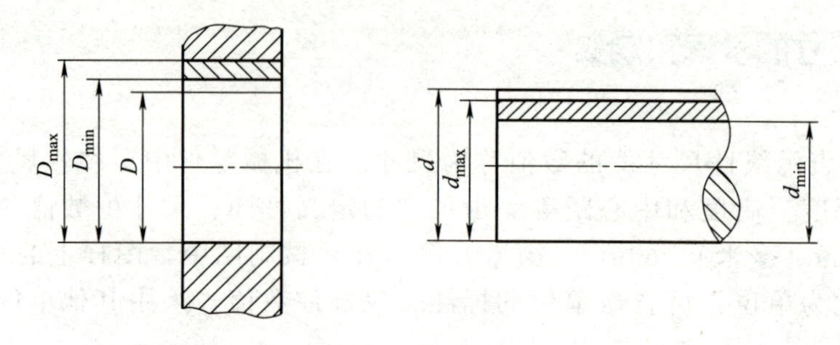

图 1-2　孔、轴的极限尺寸

1.2.5　孔与轴的定义

广义的孔与轴：孔为包容面（尺寸之间无材料），在加工过程中，尺寸越加工越大；而轴是被包容面（尺寸之间有材料），在加工过程中，尺寸越加工越小。

（1）孔

孔主要指工件圆柱形的内表面，也包括其他由单一尺寸确定的非圆柱形的内表面部分（由两平行平面或切面形成的包容面）。

（2）轴

轴主要指工件圆柱形的外表面，也包括其他由单一尺寸确定的非圆柱形外表面部分（由两平行平面或切面形成的被包容面）。

在公差与配合标准中，孔是包容面（或称内表面），轴是被包容面（或称外表面），孔与轴都是由单一的主要尺寸构成的，例如，圆柱形的直径、轴的键槽宽和键的键宽等。孔和轴不仅表示通常的概念，即圆柱体的内、外表面，而且表示由两平行平面或切面形成的包容面、被包容面。由此可见，除孔、轴以外，类似键连接的公差与配合也可直接应用公差与配合标准。如图 1-3 所示的各表面，如 D、B、B_1、L、L_1 所形成的包容面都称为孔；如 d、l、l_1 所形成的被包容面都称为轴。因而孔、轴分别具有包容和被包容的功能。

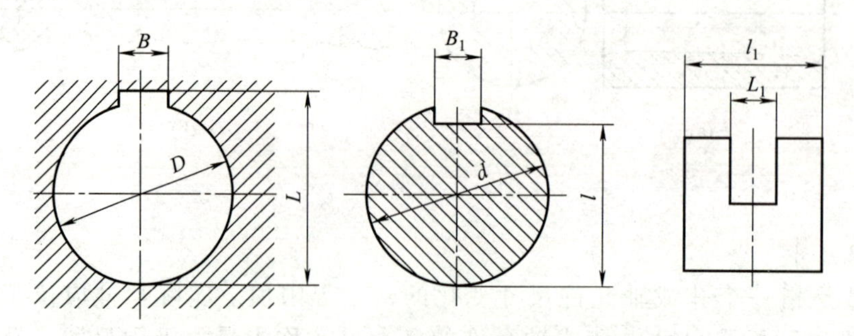

图 1-3　孔和轴的定义

对于形状复杂的孔和轴，可以按照以下方法进行判断：从装配关系上看，零件装配后形成包容与被包容的关系，凡包容面统称为孔，被包容面统称为轴。从加工过程看，在切削过程中尺寸由小变大的为孔，而尺寸由大变小的为轴。

1.2.6　尺寸公差与偏差

（1）尺寸偏差（简称偏差）

某一尺寸减去其公称尺寸所得的代数差称为尺寸偏差，简称偏差。偏差包括实际偏差和极限偏差，而极限偏差又包括上偏差和下偏差。

① 实际偏差。实际尺寸减去其公称尺寸所得的代数差称为实际偏差。实际偏差可以为正值、负值或零。合格零件的实际偏差应在上、下偏差之间。

孔的实际偏差为　$E_a=D_a-D$　（1-1）

轴的实际偏差为　$e_a=d_a-d$　（1-2）

② 极限偏差。极限尺寸减去其公称尺寸所得的代数差称为极限偏差。最大极限尺寸减去其公称尺寸所得的代数差称为上偏差。孔的上偏差用ES表示，轴的上偏差用es表示。最小极限尺寸减去其公称尺寸所得的代数差称为下偏差。孔的下偏差用EI表示，轴的下偏差用ei表示。如图1-4所示。极限偏差可由下列公式表示：

孔的上偏差为　$\mathrm{ES}=D_{max}-D$　（1-3）

孔的下偏差为　$\mathrm{EI}=D_{min}-D$　（1-4）

轴的上偏差为　$\mathrm{es}=d_{max}-d$　（1-5）

轴的下偏差为　$\mathrm{ei}=d_{min}-d$　（1-6）

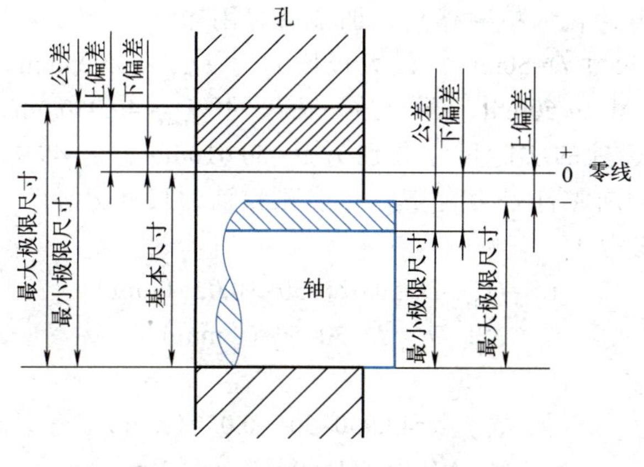

图1-4　极限与配合示意

偏差是代数差，由于实际尺寸和极限尺寸可能大于、小于或等于公称尺寸，所以偏差可能是正值、负值或零。对于不等于零的偏差值，在标注和计算偏差时，在其值前面必须加注“+”或“−”号，偏差为零时，“0”也不能省略。在图样和技术文件上标注极限偏差时，标准规定：上偏差标注在公称尺寸右上角；下偏差标注在公称尺寸右下角。如$\phi 20^{+0.013}_{0}$、$\phi 35^{+0.025}_{+0.009}$或$\phi 50\mathrm{f6}\left(^{-0.020}_{-0.033}\right)$。当上、下偏差数值相等、符号相反时，则标注为$\phi 25\pm 0.0065$。合格的孔和轴，其实际偏差应位于极限偏差范围之内。加工后零件尺寸的合格条件可以用偏差关系式表示为：

孔的合格条件：　$\mathrm{EI}\leqslant E_a\leqslant \mathrm{ES}$　（1-7）

轴的合格条件：　$\mathrm{ei}\leqslant e_a\leqslant \mathrm{es}$　（1-8）

（2）尺寸公差(简称公差)

尺寸公差是最大极限尺寸与最小极限尺寸之差，或上偏差与下偏差之差。由定义可以看出，尺寸公差是允许尺寸的变动量。尺寸公差简称公差，用T表示。

公差是设计时根据零件要求的精度并考虑加工时的经济性能，对尺寸的变动量给定的允许值。由于合格零件的实际尺寸只能在最大极限尺寸与最小极限尺寸之间的范围变动，而变动只涉及大小，因此用绝对值定义，即公差等于最大极限尺寸与最小极限尺寸的代数差的绝对值。孔和轴的公差分别以 T_h 和 T_s 表示（或以 T_D 和 T_d 表示），则其表达式为

$$T_h=|D_{max}-D_{min}| \tag{1-9}$$

$$T_s=|d_{max}-d_{min}| \tag{1-10}$$

由式（1-3）、式（1-4）可得

$$D_{max}=D+\mathrm{ES},\quad D_{min}=D+\mathrm{EI}$$

代入公式（1-9）中可得

$$T_h=|D_{max}-D_{min}|=|(D+\mathrm{ES})-(D+\mathrm{EI})|$$

所以

$$T_h=|\mathrm{ES}-\mathrm{EI}| \tag{1-11}$$

同理可推导出

$$T_s=|\mathrm{es}-\mathrm{ei}| \tag{1-12}$$

以上两式说明：公差又等于上偏差与下偏差的代数差的绝对值。

由此可以看出，尺寸公差是用绝对值定义的，没有正、负之分。因此，在公差值的前面不能标出“+”号或“−”号；同时因加工误差不可避免，即零件的实际尺寸总是变动的，故公差不能取零值。这两点与偏差是不同的。

从加工的角度看，公称尺寸相同的零件，公差值越大，表示精度越低，加工就越容易。反之，公差值越小，表示精度越高，加工就越困难。

例 1-1 孔的公称尺寸 D=50mm，最大极限尺寸 D_{max}=50.025mm，最小极限尺寸 D_{min}=50mm；轴的公称尺寸 d=50mm，最大极限尺寸 d_{max}=49.950mm，最小极限尺寸 d_{min}=49.934mm。现测得孔、轴的实际尺寸分别为 D_a=50.010mm，d_a=49.946mm。求孔、轴的极限偏差和实际偏差，判断零件是否合格，并求孔和轴的尺寸公差。

解： 孔的极限偏差为

$$\mathrm{ES}=D_{max}-D=50.025-50=+0.025\ (\mathrm{mm})$$

$$\mathrm{EI}=D_{min}-D=50-50=0\ (\mathrm{mm})$$

轴的极限偏差为

$$\mathrm{es}=d_{max}-d=49.950-50=-0.050\ (\mathrm{mm})$$

$$\mathrm{ei}=d_{min}-d=49.934-50=-0.066\ (\mathrm{mm})$$

孔的实际偏差为

$$E_a=D_a-D=50.010-50=+0.010\ (\mathrm{mm})$$

轴的实际偏差为

$$e_a=d_a-d=49.946-50=-0.054\ (\mathrm{mm})$$

因为 $0\leqslant+0.010\leqslant+0.025$，$-0.066\leqslant-0.054\leqslant-0.050$，即 $\mathrm{EI}\leqslant E_a\leqslant\mathrm{ES}$，$\mathrm{ei}\leqslant e_a\leqslant\mathrm{es}$，所以孔和轴都是合格的。

孔的尺寸公差为

$$T_h=|D_{max}-D_{min}|=50.025-50=0.025\ (\mathrm{mm})$$

轴的尺寸公差为

$$T_s=|d_{max}-d_{min}|=49.950-49.934=0.016\ (\mathrm{mm})$$

1.2.7 尺寸公差带图

公称尺寸、极限偏差及公差等概念可通过图 1-4 进行说明。但该图形较烦琐，且由于

公差数值比公称尺寸的数值小得多，故不便按比例关系画图表示。尺寸是毫米级，而公差则是微米级，显然图中的公差部分被放大了。为了直观、方便，在研究公差和配合时，常用到尺寸公差带图这一非常重要的工具。尺寸公差带图由零线和公差带组成。由于公差或偏差的数值比公称尺寸的数值小得多，在图中不便用同一比例表示；为了简化，在分析有关问题时，不画出孔、轴的结构，只画出放大的孔、轴公差区域和位置。采用这种表达方法的图形称为尺寸公差带图，如图1-5所示。

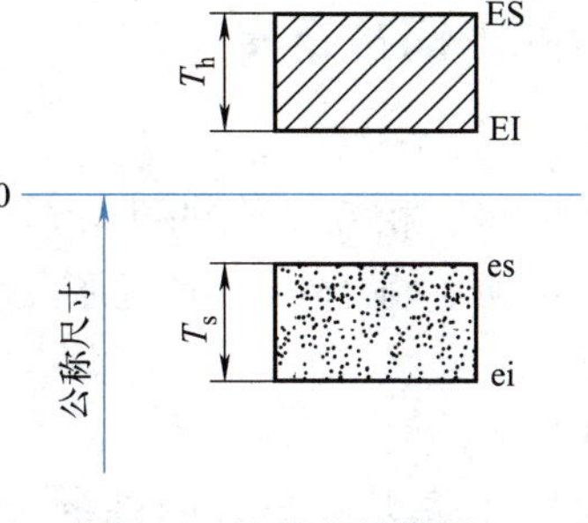

图1-5　尺寸公差带图

尺寸公差带图

（1）零线

零线是确定偏差的基准线，它所指的尺寸为公称尺寸，是极限偏差的起始线。通常零线沿水平方向绘制，零线上方表示正偏差，零线下方表示负偏差，画图时一定要标注相应的符号，即“0”“+”“−”。尺寸公差带图中的偏差以mm为单位时，可省略不标；如用μm为单位，则必须注明。零线下方的单箭头必须与零线靠紧，并注出公称尺寸的数值，如ϕ40、ϕ55等。

（2）公差带

公差带是指由代表上偏差和下偏差或最大极限尺寸与最小极限尺寸的两条直线所限定的区域。沿零线垂直方向的宽度表示公差值，代表公差带的大小。沿零线长度方向可适当选取。

公差带有两个要素：一是公差带的大小，它取决于公差数值的大小；二是公差带的位置，它取决于极限偏差的大小。为了区别，一般在同一图中，孔的公差带用剖面线表示，而轴的公差带用网点或空白表示。或孔和轴的公差带采用相反方向的剖面线表示，且疏密程度不同。

例1-2　已知孔$\phi 40^{+0.025}_{0}$，轴$\phi 40^{-0.010}_{-0.026}$。求孔、轴的极限尺寸与公差。

解：（1）尺寸公差带图解法。

① 作零线、纵坐标，并标注“0”“+”“−”，然后画单箭头，其上标注公称尺寸ϕ40。

② 选择适当比例，放大画出公差带，标注极限偏差，如图1-6所示。

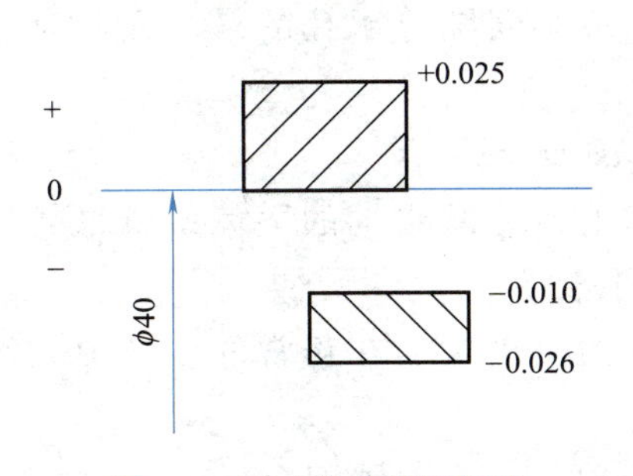

图1-6　尺寸公差带图解法

孔的极限尺寸：D_{max}=40.025mm

D_{min}=40mm

轴的极限尺寸：d_{max}=39.990mm

d_{min}=39.974mm

孔、轴公差：T_h=0.025mm　T_s=0.016mm

（2）公式法。

$D_{max}=D+ES=40+0.025=40.025$（mm）

$D_{min}=D+EI=40+0=40$（mm）

$d_{max}=d+es=40+(-0.010)=39.990$（mm）

$d_{min}=d+ei=40+(-0.026)=39.974$（mm）

$T_h=|D_{max}-D_{min}|=|40.025-40|=0.025$（mm）

$T_s=|es-ei|=|-0.010-(-0.026)|=0.016$（mm）

1.2.8 配合的术语及定义

（1）配合

公称尺寸相同、相互结合的孔和轴公差带之间的相互位置关系称为配合。

上述定义说明，配合的条件是孔、轴公称尺寸相同；配合的实质是孔、轴公差带之间的位置关系。

（2）间隙与过盈

孔的公称尺寸减去相配合的轴的公称尺寸为正时是间隙，用X表示；孔的公称尺寸减去相配合的轴的公称尺寸为负时是过盈，用Y表示。间隙数值前应标“+”号；过盈数值前应标“–”号。在孔和轴的配合中，间隙的存在是配合后能产生相对运动的基本条件，而过盈的存在使配合零件位置固定或传递载荷。

（3）配合的种类

间隙与过盈的计算实例

孔、轴结合后形成哪种类型的配合，取决于孔、轴公差带之间的位置关系。孔、轴公差带之间的相互位置关系有且只有三种：一是孔公差带位于轴公差带的上方；二是孔公差带位于轴公差带的下方；三是孔、轴公差带有一部分重叠。因此，孔、轴公差带的三种相对位置关系决定了孔、轴有三种类型的配合，即间隙配合、过渡配合和过盈配合，如图1-7所示。

① 间隙配合。具有间隙（包括最小间隙等于零）的配合称为间隙配合。

某一规格的一批孔和某一规格的一批轴（孔、轴的公称尺寸相同），任选其中的一对孔、轴，孔的尺寸总是大于或等于轴的尺寸，其代数差为正值或零，则这批孔与这批轴的配合为间隙配合。当其代数差为零时，则是间隙配合中的一种特殊形式——零间隙。间隙配合时，孔的公差带在轴的公差带之上，如图1-7（a）所示。

由于孔、轴的实际尺寸允许在其公差带内变动，因而其配合的间隙是变动的。当孔为最大极限尺寸而与其相配合的轴为最小极限尺寸时，配合处于最松状态，此时的间隙称为最大间隙，用X_{max}表示。在间隙配合中，最大间隙等于孔的最大极限尺寸与轴的最小极限尺寸之差，即

$$X_{max}=D_{max}-d_{min}=(D+ES)-(d+ei)=ES-ei \tag{1-13}$$

当孔为最小极限尺寸，而与其相配合的轴为最大极限尺寸时，配合处于最紧状态，此时的间隙称为最小间隙，用X_{min}表示。在间隙配合中，最小间隙等于孔的最小极限尺寸与轴的最大极限尺寸之差，即

$$X_{min}=D_{min}-d_{max}=(D+EI)-(d+es)=EI-es \tag{1-14}$$

以上两式说明：对于间隙配合，最大间隙等于孔的上偏差减去轴的下偏差所得的代数差；最小间隙等于孔的下偏差减去轴的上偏差所得的代数差。

最大、最小间隙统称为极限间隙，它是允许间隙的两个极端。在正常的生产中，两者出现的机会很少。

② 过盈配合。具有过盈（包括最小过盈等于零）的配合称为过盈配合。

某一规格的一批孔和某一规格的一批轴（两者公称尺寸相同），任取其中一对孔、轴，孔的尺寸总是小于或等于轴的尺寸，其代数差为负值或零，则这批孔与这批轴的配合为过盈配合。当其代数差为零时，则是过盈配合中的一种特殊形式——零过盈。过盈配合时，孔的公差带在轴的公差带之下，如图1-7（c）所示。

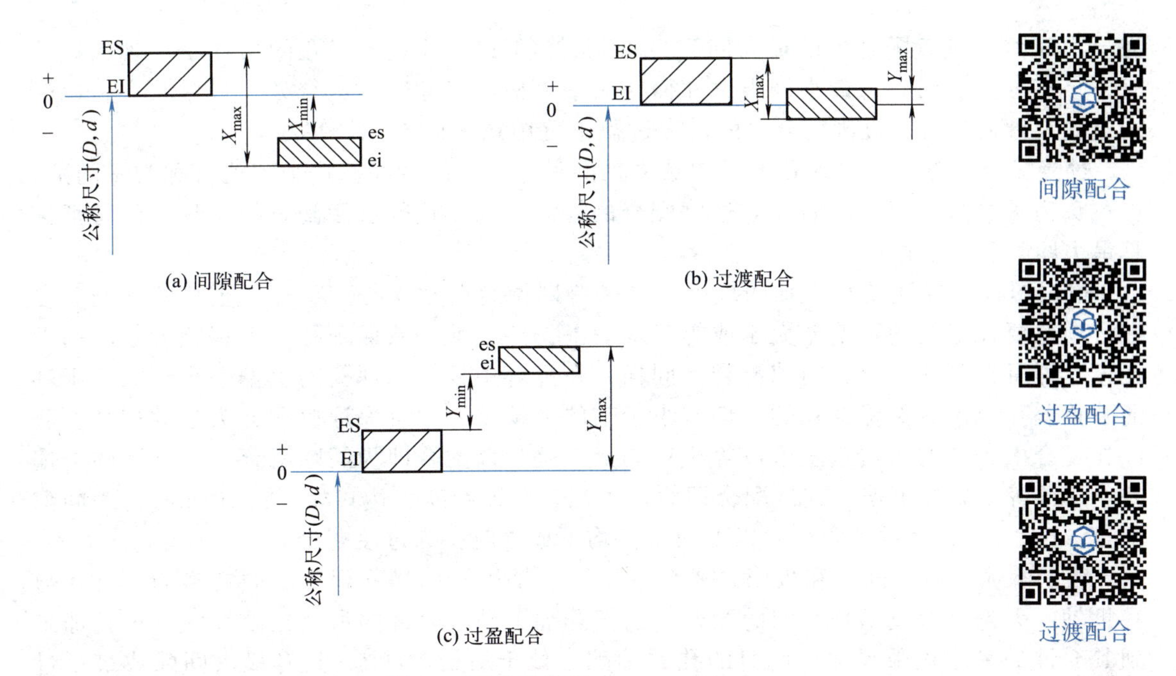

图1-7　配合的类型

同样，由于孔、轴的实际尺寸允许在其公差带内变动，因而其配合的过盈是变动的。当孔为最小极限尺寸而与其相配合的轴为最大极限尺寸时，配合处于最紧状态，此时的过盈称为最大过盈，用 Y_{max} 表示。在过盈配合中，最大过盈等于孔的最小极限尺寸与轴的最大极限尺寸之差，即

$$Y_{max}=D_{min}-d_{max}=(D+\mathrm{EI})-(d+\mathrm{es})=\mathrm{EI}-\mathrm{es} \tag{1-15}$$

当孔为最大极限尺寸而与其相配合的轴为最小极限尺寸时，配合处于最松状态，此时的过盈称为最小过盈，用 Y_{min} 表示。在过盈配合中，最小过盈等于孔的最大极限尺寸与轴的最小极限尺寸之差，即

$$Y_{min}=D_{max}-d_{min}=(D+\mathrm{ES})-(d+\mathrm{ei})=\mathrm{ES}-\mathrm{ei} \tag{1-16}$$

以上两式说明：对于过盈配合，最大过盈等于孔的下偏差减去轴的上偏差所得的代数差；最小过盈等于孔的上偏差减去轴的下偏差所得的代数差。

最大过盈与最小过盈统称为极限过盈，它们表示过盈配合中允许过盈变动的两个极端。在正常的生产中，两者出现的机会也是很少的。

零间隙和零过盈都是孔的尺寸减去轴的尺寸所得的代数差等于零时的状态。判断是零间隙还是零过盈，需要看此批孔与轴的配合是属于间隙配合还是过盈配合。如 EI−es=0，而 ES−ei>0，此时为间隙配合，为零值的代数差表示最小间隙为零，即零间隙；如 ES−ei=0，而 EI−es<0，此时为过盈配合，为零值的代数差表示最小过盈为零，即零过盈。

③ 过渡配合。可能具有间隙或过盈的配合称为过渡配合。某一规格的一批孔和某一规格的一批轴(两者公称尺寸相同)，任取其中一对孔、轴，孔的尺寸可能大于也可能小于或等于轴尺寸，其代数差可能为正值，也可能为负值或零，则这批孔与这批轴的配合为过渡配合。可以说过渡配合是介于间隙配合与过盈配合之间的一种配合。过渡配合时，孔的公差带与轴的公差带相互交叠，如图 1-7 (b)所示。

同样，孔、轴的实际尺寸是允许在其公差带内变动的。当孔的尺寸大于轴的尺寸时，具有间隙。当孔为最大极限尺寸而轴为最小极限尺寸时，配合处于最松状态，此时的间隙

为最大间隙。过渡配合中的最大间隙也可用式（1-13）计算。当孔的尺寸小于轴的尺寸时，具有过盈。当孔为最小极限尺寸而轴为最大极限尺寸时，配合处于最紧状态，此时的过盈为最大过盈。过渡配合中的最大过盈也可用式（1-15）计算。

过渡配合中也可能出现孔的尺寸减去轴的尺寸为零的情况。这个零值可称为零间隙，也可称为零过盈，但它不能代表过渡配合的性质特征，代表过渡配合松紧程度的特征值是最大间隙和最大过盈。

根据图样上标注的孔、轴的极限偏差来判断配合的性质是一个比较重要的问题。在配合中只要保证孔的下偏差大于或等于轴的上偏差，就必然保证孔的上偏差大于轴的下偏差，即可保证此配合为间隙配合。同样，在配合中只要保证孔的上偏差小于或等于轴的下偏差，也就必然保证孔的下偏差小于轴的上偏差，即可保证此配合为过盈配合。所以在配合中，孔的下偏差大于或等于轴的上偏差，该配合即为间隙配合；而当孔的上偏差小于或等于轴的下偏差，该配合即为过盈配合。即判断表达式如下：$EI \geqslant es$ 时，为间隙配合；$ES \leqslant ei$ 时，为过盈配合；以上两条件均不成立时，为过渡配合。

综上所述，极限间隙和极限过盈体现了孔、轴配合的松紧程度。同规格的一批孔与一批轴，无论是形成哪种类型的配合，当把孔加工到其允许的最大极限尺寸，把轴加工到其允许的最小极限尺寸，此时的孔、轴配合处于最松的状态(具有最大间隙或最小过盈)；同样，当把孔加工到其允许的最小极限尺寸，把轴加工到其允许的最大极限尺寸，此时的孔、轴配合处于最紧的状态（具有最小间隙或最大过盈)。

（4）配合公差

配合公差间隙与过盈的计算

配合公差是指允许间隙或过盈的变动量，用 T_f 表示。

不论是间隙配合、过渡配合还是过盈配合，配合公差都等于孔公差与轴公差之和，即

$$T_f=T_h+T_s \tag{1-17}$$

配合公差一般根据零件配合部位的配合松紧变动的大小给出。某一配合，其配合公差越大，则配合时形成的间隙或过盈可能出现的差别越大，也就是配合后产生的松紧差别的程度也越大，即配合的精度越低；反之，配合公差越小，间隙或过盈可能出现的差别也越小，其松紧差别的程度也越小，即配合的精度越高。

由于配合公差是允许间隙或过盈的变动量，因而对于间隙配合，配合公差等于最大间隙与最小间隙的代数差的绝对值；对于过盈配合，配合公差等于最小过盈与最大过盈的代数差的绝对值；对于过渡配合，配合公差等于最大间隙与最大过盈的代数差的绝对值。用公式表示如下：

间隙配合：
$$T_f=|X_{max}-X_{min}| \tag{1-18}$$
过盈配合：
$$T_f=|Y_{min}-Y_{max}| \tag{1-19}$$
过渡配合：
$$T_f=|X_{max}-Y_{max}| \tag{1-20}$$

与尺寸公差相似，配合公差也是用绝对值定义的，因而没有正、负的含义，而且其值也不可能为零。式（1-17）说明，配合公差和尺寸公差一样，总是大于零的，配合精度（配合公差）的高低是由相互配合的孔和轴的尺寸精度（尺寸公差）决定的。配合精度要求越高，孔和轴的精度要求也越高，加工越困难，加工成本越高；反之，孔和轴的加工越容易，加工成本越低。设计时，可根据配合公差来确定孔和轴的尺寸公差。

（5）配合公差带图

与尺寸公差带图类似，配合公差带图由零线和配合公差带组成。尺寸公差带图反映

的是相互配合的孔、轴公差带相对于零线的位置，体现了配合的类别；配合公差带图体现了孔、轴配合的类别和精度，如图 1-8 所示。

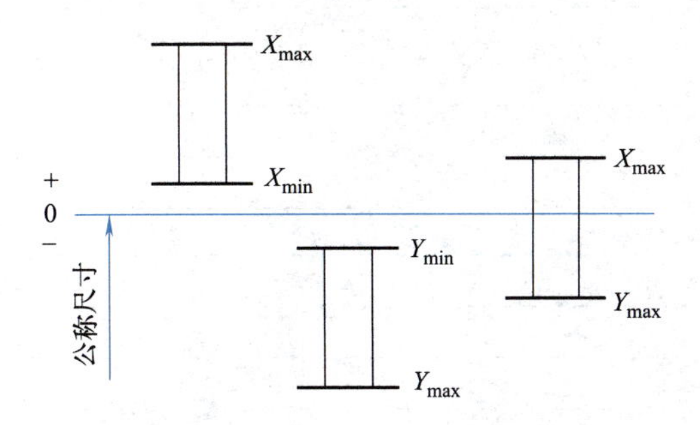

图 1-8　配合公差带示意

例 1-3　若已知某配合的公称尺寸为 ϕ60mm，配合公差 T_f=49μm，最大间隙 X_{max}=+19μm，孔的公差 T_h=30μm，轴的下偏差 ei=+11μm。试画出该配合的公差带图，说明配合的类别。

解： 求孔和轴的极限偏差：

由 $T_f=T_h+T_s$ 得　　$T_s=T_f-T_h=49-30=19$（μm）

由 T_s=es−ei 得　　es=T_s+ei=19+11=+30（μm）

由 X_{max}=ES−ei 得　　ES=ei+X_{max}=11+19=+30（μm）

由 T_h=|ES−EI|得　　EI=ES−T_h=30−30=0（μm）

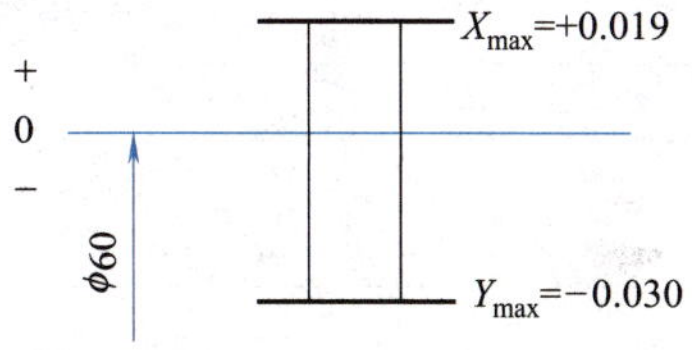

由于 EI≥es 与 ES≤ei 两个条件均不成立，故此配合为过渡配合。

$$Y_{max}=X_{max}-T_f=19-49=-30(\mu m)$$

其配合公差带图如图 1-9 所示。

X_{max}=+0.019
+
0
−
ϕ60
Y_{max}=−0.030

图 1-9　配合公差带图

1.3　任务实施一

1.3.1　公称尺寸、极限尺寸、极限偏差与公差的识读

（1）任务描述及要求

试根据表1-2中的已知数据，将表中各空格填写完整。

（2）任务单（见表1-2）

表1-2　公称尺寸、极限尺寸、极限偏差与公差的识读任务单

教学项目	项目1:尺寸公差的识读与精度检测					
任务名称	公称尺寸、极限尺寸、极限偏差与公差的识读					
尺寸标注	公称尺寸	极限尺寸		极限偏差		公差
		上极限尺寸	下极限尺寸	上偏差	下偏差	
孔$\phi30^{+0.062}_{+0.041}$						
轴$\phi50^{+0.005}_{-0.034}$						

1.3.2　尺寸公差带图的绘制

（1）任务描述及要求

有三个公称尺寸均为ϕ30mm的孔，其尺寸及偏差如表1-3所示，试在同一图上按规定要求绘制其尺寸公差带图。

（2）任务单（见表1-3）

表1-3　尺寸公差带图的绘制任务单

教学项目	项目1:尺寸公差的识读与精度检测
任务名称	尺寸公差带图的绘制
尺寸标注	尺寸公差带图
$\phi30^{+0.041}_{+0.020}$	
$\phi30^{-0.020}_{-0.033}$	
$\phi30^{+0.023}_{-0.010}$	

1.3.3　配合公差带图的绘制

（1）任务描述及要求

有三对公称尺寸均为ϕ30mm的孔、轴配合如表1-4所示，试在同一图上按规定要求绘制其配合公差带图。

（2）任务单（见表1-4）

表1-4　配合公差带图的绘制任务单

教学项目	项目1:尺寸公差的识读与精度检测
任务名称	配合公差带图的绘制
孔/轴配合	配合公差带图
$\phi30^{+0.021}_{0}/\phi30^{-0.020}_{-0.033}$	
$\phi30^{+0.021}_{0}/\phi30^{+0.054}_{+0.041}$	
$\phi30^{+0.021}_{0}/\phi30^{+0.021}_{+0.008}$	

1.4 任务资讯二

1.4.1 标准公差系列

标准公差系列是国家标准给出的一系列标准公差数值，它取决于孔或轴的公差等级和公称尺寸两个因素。

（1）标准公差等级

标准公差等级是用于确定尺寸精确程度的等级。规定和划分公差等级的目的是简化和统一公差要求。其划分通常是以加工方法在一般条件下所能达到的经济精度为依据，并满足广泛而不同的使用要求，为零件设计带来极大的方便。

标准公差简介

《产品几何技术规范（GPS） 线性尺寸公差ISO代号体系 第1部分：公差、偏差和配合的基础》（GB/T 1800.1—2020）将公称尺寸至500mm的标准公差分为20个等级，由公差代号IT和公差等级数字01，0，1，2，…，18组成。例如，IT8表示8级标准公差。从IT01至IT18，尺寸精度依次降低，相应的公差数值依次增大，加工难度依次降低。

公差等级高，零件的精度高，使用性能提高，但加工难度大，生产成本提高；公差等级低，零件的精度低，使用性能降低，但加工难度减小，生产成本降低。因而要同时考虑零件的使用要求和加工的经济性这两个因素，合理确定公差等级。

（2）标准公差因子

标准公差因子i（单位为μm）是制定标准公差数值表的基础，在尺寸≤500mm时

$$i=0.45\sqrt[3]{D}+0.001D \tag{1-21}$$

式中，D为公称尺寸段的几何平均值(单位为mm)。

式中的第一项反映的是加工误差的影响，第二项反映的是测量误差的影响，尤其是温度变化引起的测量误差。

（3）标准公差值

标准公差值是指允许尺寸误差变动的范围，与加工方法、零件的公称尺寸等有关。

其公式为

$$IT=ai=a(0.45\sqrt[3]{D}+0.001D) \tag{1-22}$$

式中，D为公称尺寸段的几何平均值，mm；i为标准公差因子；a为公差等级系数。

标准公差值主要对测量误差等产生影响，通过标准公差计算式（表1-5）求得；除了IT5的公差等级系数a=7以外，从IT6开始，公差等级系数采用R5优先数系列，按公比q=1.6递增，每隔5级，公差数值增至原来的10倍。

表1-5 标准公差计算式（GB/T 1800.1—2020）

公差等级	IT01			IT0			IT1		IT2		IT3		IT4	
公差值	$0.3+0.008D$			$0.5+0.012D$			$0.8+0.020D$		$IT1\left(\frac{IT5}{IT1}\right)^{\frac{1}{4}}$		$IT1\left(\frac{IT5}{IT1}\right)^{\frac{1}{2}}$		$IT1\left(\frac{IT5}{IT1}\right)^{\frac{3}{4}}$	
公差等级	IT5	IT6	IT7	IT8	IT9	IT10	IT11	IT12	IT13	IT14	IT15	IT16	IT17	IT18
公差值	$7i$	$10i$	$16i$	$25i$	$40i$	$64i$	$100i$	$160i$	$250i$	$400i$	$640i$	$1000i$	$1600i$	$2500i$

（4）尺寸分段

采用计算法确定公差值比较麻烦，在实际应用时，标准公差值常用查表法确定。

根据标准公差计算式，每有一个公称尺寸就应该有一个相对应的公差值。但在实际生产中，公称尺寸很多，因而就会形成一个庞大的公差数值表，给企业的生产带来不少麻烦，同时不利于公差值的标准化、系列化。实际上，对于同一公差等级，当公称尺寸相近时，按公式计算的公差值相差甚微，为了减少标准公差的数目，统一公差值，简化公差表格，便于生产实际的应用，国家标准对公称尺寸进行了分段，见表1-6。

表1-6　公称尺寸分段（GB/T 1800.1—2020）　　单位：mm

主段落		中间段落		主段落		中间段落		主段落		中间段落	
大于	至	大于	至	大于	至	大于	至	大于	至	大于	至
—	3	—	—	30	50	30 40	40 50	180	250	180 200 225	200 225 250
3	6	—	—								
6	10	—	—	50	80	50 65	65 80	250	315	250 280	280 315
10	18	10 14	14 18	80	120	80 100	100 120	315	400	315 355	355 400
18	30	18 24	24 30	120	180	120 140 160	140 160 180	400	500	400 450	450 500

在表1-6中，一般使用的是主段落。在常用尺寸段中主段落有13段，其中有些主段落中还有分段比较密的中间段落，用于一些对间隙或过盈比较敏感的配合。

在同一尺寸分段内，公差等级相同的所有尺寸，其标准公差因子都相同。尺寸分段后按首尾两个尺寸（D_1和D_2）的几何平均值作为D值（$D=\sqrt{D_1 \times D_2}$）代入式（1-21）和式（1-22）中来计算公差值，计算结果经适当圆整后，作为该尺寸段统一的标准公差值，使公差数值表大为简化。见表1-7。

例1-4　求公称尺寸为ϕ30mm时，IT6、IT7的公差值。

解：①计算法

由表1-6可知30mm处于18~30mm尺寸段：

$$D=\sqrt{D_1 \times D_2}=\sqrt{18 \times 30}=23.24\ \text{(mm)}$$

$$i=0.45\sqrt[3]{D}+0.001D=0.45\sqrt[3]{23.24}+0.001\times 23.24=1.31\ (\mu\text{m})$$

查表1-5得

$$IT6=10i \qquad IT7=16i$$

$$IT6=10i=10\times 1.31=13.1\approx 13\ (\mu\text{m})$$

$$IT7=16i=16\times 1.31=20.96\approx 21\ (\mu\text{m})$$

②查表法

查表1-7，按尺寸段>18~30所在行，对应IT6、IT7所在列，直接查出标准公差值，与计算法所得结果相符。

$$IT6=13\mu\text{m}$$

$$IT7=21\mu\text{m}$$

表 1-7　标准公差数值表

公称尺寸/mm	公差等级																			
	/μm													/mm						
	IT01	IT0	IT1	IT2	IT3	IT4	IT5	IT6	IT7	IT8	IT9	IT10	IT11	IT12	IT13	IT14	IT15	IT16	IT17	IT18
≤3	0.3	0.5	0.8	1.2	2	3	4	6	10	14	25	40	60	0.10	0.14	0.25	0.40	0.60	1.0	1.4
>3~6	0.4	0.6	1	1.5	2.5	4	5	8	12	18	30	48	75	0.12	0.18	0.30	0.48	0.75	1.2	1.8
>6~10	0.4	0.6	1	1.5	2.5	4	6	9	15	22	30	58	90	0.15	0.22	0.36	0.58	0.90	1.5	2.2
>10~18	0.5	0.8	1.2	2	3	5	8	11	18	27	43	70	110	0.18	0.27	0.43	0.70	1.10	1.8	2.7
>18~30	0.6	1	1.5	2.5	4	6	9	13	21	33	52	84	130	0.21	0.33	0.52	0.84	1.30	2.1	3.3
>30~50	0.6	1	1.5	2.5	4	7	11	16	25	39	62	100	160	0.25	0.39	0.62	1.00	1.60	2.5	3.9
>50~80	0.8	1.2	2	3	5	8	13	19	30	46	74	120	190	0.30	0.46	0.74	1.20	1.90	3.0	4.6
>80~120	1	1.5	2.5	4	6	10	15	22	35	54	87	140	220	0.35	0.54	0.87	1.40	2.20	3.5	5.4
>120~180	1.2	2	3.5	5	8	12	18	25	40	63	100	160	250	0.40	0.63	1.00	1.60	2.50	4.0	6.3
>180~250	2	3	4.5	7	10	14	20	29	46	72	115	185	290	0.46	0.72	1.15	1.85	2.90	4.6	7.2
>250~315	2.5	4	6	8	12	16	23	32	52	81	130	210	320	0.52	0.81	1.30	2.10	3.20	5.2	8.1
>315~400	3	5	7	9	13	18	25	36	57	89	140	230	360	0.57	0.89	1.40	2.30	3.60	5.7	8.9
>400~500	4	6	8	10	15	20	27	40	63	97	155	250	400	0.63	0.97	1.55	2.50	4.00	6.3	9.7

1.4.2 基本偏差系列

基本偏差用来确定公差带相对零线位置的上偏差或下偏差，一般是指靠近零线的那个偏差。基本偏差是国家标准中使公差带位置标准化的唯一指标。

（1）基本偏差代号

《产品几何技术规范（GPS） 线性尺寸公差ISO代号体系 第1部分：公差、偏差和配合的基础》（GB/T 1800.1—2020）对孔和轴分别规定了28种基本偏差，其代号用拉丁字母表示。大写代表孔，小写代表轴。在26个字母中，除去易混淆的I、L、O、Q、W（i、l、o、q、w）5个字母，国家标准规定采用其余21个字母，再加上7个双写字母CD、EF、FG、JS、ZA、ZB、ZC（cd、ef、fg、js、za、zb、zc），共28个基本偏差代号构成孔（或轴）的基本偏差系列，反映28种公差带相对零线的位置，如图1-10所示。

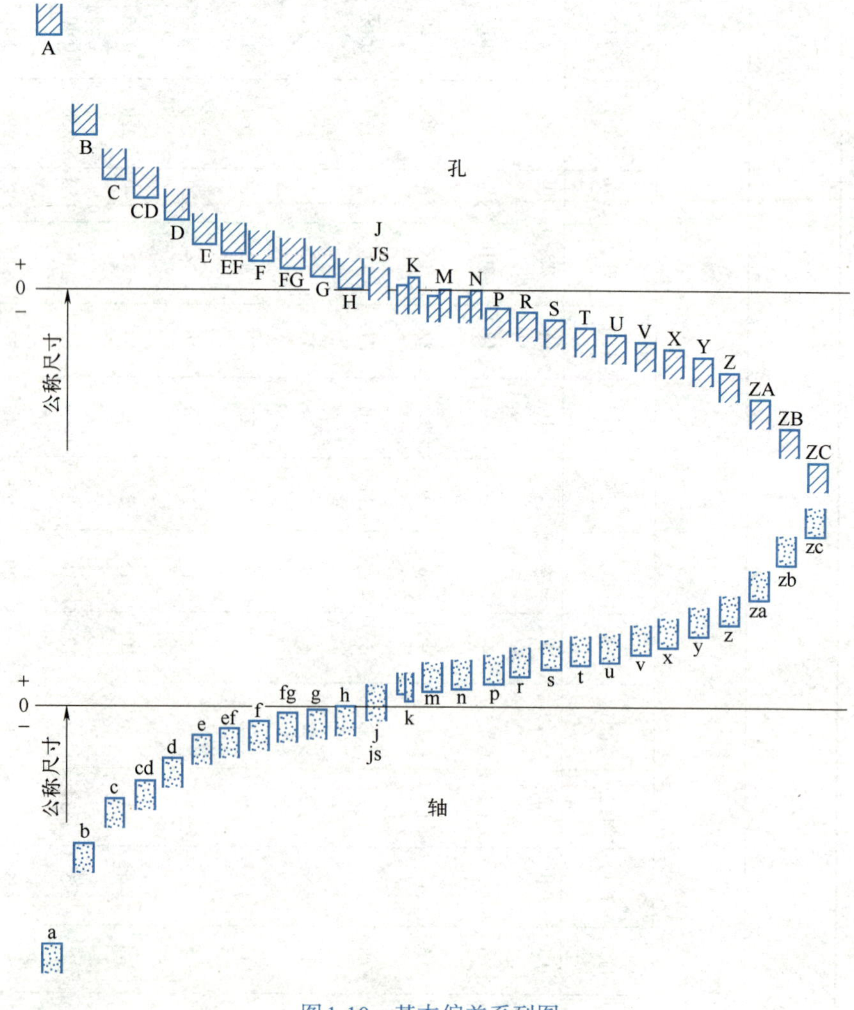

基本偏差

图1-10 基本偏差系列图

（2）基本偏差系列的特点

① H的基本偏差为EI=0，公差带位于零线之上；h的基本偏差为es=0，公差带位于零线之下；J（j）与零线近似对称；JS（js）与零线完全对称。

② 对于孔：A~H的基本偏差为下偏差EI，其绝对值依次减小；J~ZC的基本偏差为上偏差ES，其绝对值依次增大（J、JS除外）。

对于轴：a~h的基本偏差为上偏差es，其绝对值依次减小；j~zc的基本偏差为下偏差ei，其绝对值依次增大（j、js除外）。

由图1-10可以看出，孔的基本偏差分布与轴的基本偏差分布呈“倒影”关系。

③ JS和js为完全对称偏差，在各个公差等级中完全对称于零线分布，因此其基本偏差可为上偏差+IT/2，也可为下偏差−IT/2。

④ 在基本偏差系列图中只画出了公差带属于基本偏差的一端，另一端是开口的，表示另一个极限偏差位置不定，取决于公差等级的高低（或公差值的大小）。这正体现了公差带包含标准公差和基本偏差这两个因素。当基本偏差确定后，按公差等级确定标准公差IT，另一个极限偏差即可按下列关系式计算：

$$\text{轴}\quad es=ei+IT\quad \text{或}\quad ei=es-IT$$

$$\text{孔}\quad ES=EI+IT\quad \text{或}\quad EI=ES-IT$$

这是极限偏差和标准公差的关系式。

（3）基准制

基准制是指同一极限制的孔和轴组成配合的制度。

根据配合的定义和三类配合的公差带图解可知，配合的性质由孔、轴公差带的相对位置决定，因而改变孔和（或）轴的公差带位置，就可以得到不同性质的配合。但实际上并不需要同时变动孔、轴的公差带，只要固定一个，改变另一个，既可得到满足不同使用性能要求的配合，又便于生产加工。因此，国家标准对孔和轴公差带之间的相互位置关系，规定了两种配合制，即基孔制和基轴制。

① 基孔制配合。基本偏差一定的孔的公差带，与不同基本偏差的轴的公差带形成各种配合的制度，称为基孔制，如图1-11所示。

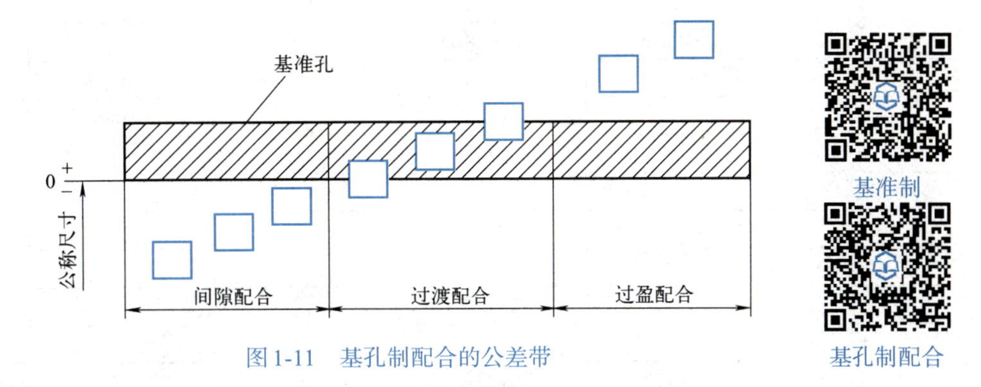

图1-11　基孔制配合的公差带

从图1-11可知，基孔制是将孔的公差带位置固定不变，而变动轴的公差带位置。基孔制的孔称为基准孔，也称为配合中的基准件，用H表示。标准规定基准孔的公差带位于零线的上方，其基本偏差为下偏差，数值为零，即EI=0。

② 基轴制配合。基本偏差一定的轴的公差带，与不同基本偏差的孔的公差带形成各种配合的制度，称为基轴制，如图1-12所示。

从图1-12可知，基轴制是将轴的公差带位置固定不变，而变动孔的公差带位置。基轴制的轴称为基准轴，也称为配合中的基准件，用h表示。标准规定基准轴的公差带位于零线的下方，其基本偏差为上偏差，数值为零，即es=0。

基轴制配合

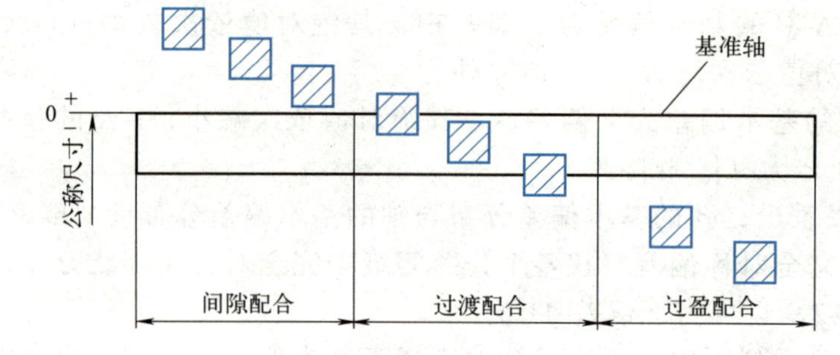

图1-12 基轴制配合的公差带

基孔制配合和基轴制配合是规定配合系列的基础。按照孔、轴公差带相对位置的不同，基孔制和基轴制都有间隙配合、过渡配合和过盈配合三类配合。

(4) 基本偏差的数值

① 轴的基本偏差数值。公称尺寸≤500mm的轴的基本偏差数值是以基孔制配合为基础，按照各种配合要求，再采用生产实践经验和统计分析结果得出的一系列公式计算获得的，见表1-8。在实际工作中，轴的基本偏差数值不必用公式计算，为方便使用，计算结果的数值经圆整后已列成表，使用时可直接查表，见表1-9。

表1-8 公称尺寸≤500mm的轴的基本偏差计算公式

基本偏差代号	适用范围	基本偏差es/μm	基本偏差代号	适用范围	基本偏差ci/μm
a	d≤120mm	$-(265+1.3D)$	k	≤IT3及≥IT8	0
	d>120mm	$-3.5D$		IT4~IT7	$0.6\sqrt[3]{D}$
b	d≤160mm	$-(140+0.85D)$	m		IT6~IT7
	d>160mm	$-1.8D$	n		$+5D^{0.34}$
c	d≤40mm	$-52D^{0.2}$	p		+IT7+(0~5)
	d>40mm	$-(95+0.8D)$	r		$+\sqrt{p\cdot s}$
cd		$-\sqrt{c\cdot d}$	s	d≤50mm	+IT8+(1~4)
d		$-16D^{0.44}$		d>50mm	+IT7+0.4D
e		$-16D^{0.41}$	t		+IT7+0.63D
ef		$-\sqrt{e\cdot f}$	u		+IT7+D
f		$-5.5D^{0.41}$	v		+IT7+1.25D
fg		$-\sqrt{f\cdot g}$	x		+IT7+1.6D
g		$-2.5D^{0.34}$	y		+IT7+2D
h		0	z		+IT7+2.5D
j	IT5~IT8	经验数据	za		+IT8+3.15D
js		es=+IT/2或	zb		+IT9+4D
		ei=−IT/2	zc		+IT10+5D

② 孔的基本偏差数值。公称尺寸≤500 mm孔的基本偏差数值都是由相应代号轴的基本偏差数值按一定规则换算得到的。换算原则如下。

a. 同名配合，配合性质相同。同名配合，是指满足以下四个条件的两组孔、轴配合：公称尺寸相同；基孔制、基轴制互变；基本偏差字母相同；孔、轴公差等级分别相等。

配合性质相同，是指两者有相同的极限间隙或极限过盈。

表1-9 轴的基本偏差数值（$d \leqslant 500mm$）（GB/T 1800.1—2020）

公称尺寸/mm	基本偏差/μm																														
	上极限偏差es												下极限偏差ei																		
	a	b	c	cd	d	e	ef	f	fg	g	h	js	j			k		m	n	p	r	s	t	u	v	x	y	z	za	zb	zc
	所有的公差等级												5~6	7	8	4~7	≤3 >7	所有的公差等级													
≤3	-270	-140	-60	-34	-20	-14	-10	-6	-4	-2	0	偏差等于±IT/2	-2	-4	-6	0	0	+2	+4	+6	+10	+14	—	+18	—	+20	—	+26	+32	+40	+60
>3~6	-270	-140	-70	-46	-30	-20	-14	-10	-6	-4	0		-2	-4	—	+1	0	+4	+8	+12	+15	+19	—	+23	—	+28	—	+35	+42	+50	+80
>6~10	-280	-150	-80	-56	-40	-25	-18	-13	-8	-5	0		-2	-5	—	+1	0	+6	+10	+15	+19	+23	—	+28	—	+34	—	+42	+52	+67	+97
>10~14	-290	-150	-95	—	-50	-32	—	-16	—	-6	0		-3	-6	—	+1	0	+7	+12	+18	+23	+28	—	+33	—	+40	—	+50	+64	+90	+130
>14~18																									+39	+45		+60	+77	+108	+150
>18~24	-300	-160	-110	—	-65	-40	—	-20	—	-7	0		-4	-8	—	+2	0	+8	+15	+22	+28	+35	—	+41	+47	+54	+63	+73	+98	+136	+188
>24~30																							+41	+48	+55	+64	+75	+88	+118	+160	+218
>30~40	-310	-170	-120	—	-80	-50	—	-25	—	-9	0		-5	-10	—	+2	0	+9	+17	+26	+34	+43	+48	+60	+68	+80	+94	+112	+148	+200	+274
>40~50	-320	-180	-130																				+54	+70	+81	+97	+114	+136	+180	+242	+325
>50~65	-340	-190	-140	—	-100	-60	—	-30	—	-10	0		-7	-12	—	+2	0	+11	+20	+32	+41	+53	+66	+87	+102	+122	+144	+172	+226	+300	+405
>65~80	-360	-200	-150																		+43	+59	+75	+102	+120	+146	+174	+201	+274	+360	+480
>80~100	-380	-220	-170	—	-120	-72	—	-36	—	-12	0		-9	-15	—	+3	0	+13	+23	+37	+51	+71	+91	+124	+146	+178	+214	+258	+335	+445	+585
>100~120	-410	-240	-180																		+54	+79	+104	+144	+172	+210	+256	+310	+400	+525	+690
>120~140	-460	-260	-200	—	-145	-85	—	-43	—	-14	0		-11	-18	—	+3	0	+15	+27	+43	+63	+92	+122	+170	+202	+248	+300	+365	+470	+620	+800
>140~160	-520	-280	-210																		+65	+100	+134	+190	+228	+280	+340	+415	+535	+700	+900
>160~180	-580	-310	-230																		+68	+108	+146	+210	+252	+310	+380	+465	+600	+780	+1000
>180~200	-660	-340	-240	—	-170	-100	—	-50	—	-15	0		-13	-21	—	+4	0	+17	+31	+50	+77	+122	+166	+236	+284	+350	+425	+520	+670	+880	+1150
>200~225	-740	-380	-260																		+80	+130	+180	+258	+310	+385	+470	+575	+740	+960	+1250
>225~250	-820	-420	-280																		+84	+140	+196	+284	+340	+425	+520	+640	+820	+1050	+1350
>250~280	-920	-480	-300	—	-190	-110	—	-56	—	-17	0		-16	-26	—	+4	0	+20	+34	+56	+94	+158	+218	+315	+385	+475	+580	+710	+920	+1200	+1550
>280~315	-1050	-540	-330																		+98	+170	+240	+350	+425	+525	+650	+790	+1000	+1300	+1700
>315~355	-1200	-600	-360	—	-210	-125	—	-62	—	-18	0		-18	-28	—	+4	0	+21	+37	+62	+108	+190	+268	+390	+475	+590	+730	+900	+1150	+1500	+1900
>355~400	-1350	-680	-400																		+114	+208	+294	+435	+530	+660	+820	+1000	+1300	+1650	+2100
>400~450	-1500	-760	-440	—	-230	-135	—	-68	—	-20	0		-20	-32	—	+5	0	+23	+40	+68	+126	+232	+330	+490	+595	+740	+920	+1100	+1450	+1850	+2400
>450~500	-1650	-840	-480																		+132	+252	+360	+540	+660	+820	+1000	+1250	+1600	+2100	+2600

注：1. 公称尺寸小于1mm时，各级的a和b均不采用。

2. js的数值：对IT7~IT11，若IT后的数值为奇数，则取js=±（IT−1）/2。

b. 满足工艺等价原则。由于较高精度的孔比轴难加工，因此国家标准规定，为使孔和轴在工艺上等价（孔、轴加工的难易程度基本相当），在较高精度等级（以IT8级为界）的配合中，孔比轴的公差等级低一级；在较低精度等级的配合中，孔与轴采用相同的公差等级。

根据以上两条原则，按轴的基本偏差换算成孔的基本偏差，就出现以下两种规则。

① 通用规则：同一字母表示的孔、轴的基本偏差的绝对值相等，而符号相反，即对于所有公差等级的A~H孔，EI=–es；对于标准公差等级大于IT8的K、M、N孔和大于IT7的P~ZC孔，ES=–ei。但其中也有例外，对于标准公差等级大于IT8、公称尺寸大于3mm的N孔，其基本偏差ES=0。

② 特殊规则：对于标准公差等级小于等于IT8的K、M、N孔和小于等于IT7的P~ZC孔，孔的基本偏差ES与同字母的轴的基本偏差ei的符号相反，而绝对值相差一个Δ值，即

$$ES=-ei+\Delta$$

$$\Delta=IT_n-IT_{n-1}$$

式中，IT_n为孔的标准公差等级的数值；IT_{n-1}为比孔高一级的轴的标准公差等级的数值。

按照两个规则换算的孔的基本偏差数值见表1-10。

例 1-5　确定ϕ35H7的极限偏差。

解： 由表1-7查得标准公差IT7=25μm，由表1-10查得H孔的基本偏差EI=0，则另一偏差ES=EI+IT=0+25=+25（μm），故可表达为$\phi 35H7\left(^{+0.025}_{0}\right)$。

例 1-6　查表确定ϕ30H8/p8和ϕ30P8/h8两种配合的孔、轴的极限偏差。

解： ① 查表确定孔和轴的标准公差。

查表1-7得$T_h=T_s$=IT8=33μm。

② 查表确定轴的基本偏差。

查表1-9得p轴的基本偏差为下极限偏差ei=+22μm，h轴的基本偏差为上极限偏差es=0。

③ 查表确定孔的基本偏差。

查表1-10得H孔的基本偏差为下极限偏差EI=0，P的基本偏差为上极限偏差ES=–22μm。

④ 计算轴的另一个极限偏差。

p8的另一个极限偏差es=ei+IT8=(+22+33)μm=+55μm

h8的另一个极限偏差ei=es–IT8=(0–33)μm=–33μm

⑤ 计算孔的另一个极限偏差。

H8的另一个极限偏差ES=EI+IT8=(0+33)μm=+33μm

P8的另一个极限偏差EI=ES–IT8=(–22–33)μm=–55μm

⑥ 标出极限偏差。

$$\phi 30\frac{H8\left(^{+0.033}_{0}\right)}{p8\left(^{+0.055}_{+0.022}\right)}\qquad \phi 30\frac{P8\left(^{-0.022}_{-0.055}\right)}{h8\left(^{0}_{-0.033}\right)}$$

公差配合代号及标注

1.4.3 公差带与配合的标注

（1）公差带代号

由于公差带相对零线的位置由基本偏差确定，公差带的大小由标准公差确定，因此，对于公称尺寸一定的孔和轴，若给定基本偏差代号和公差等级，则其公差带的位置和大小即可完全确定。

表1-10　孔的基本偏差数值（D≤500mm）（GB/T 1800.1—2020）

公称尺寸/mm	基本偏差/μm																				
	下极限偏差EI												上极限偏差ES								
	A	B	C	CD	D	E	EF	F	FG	G	H	JS	J			K		M		N	
	所有的公差等级												6	7	8	≤8	>8	≤8	>8	≤8	>8
≤3	+270	+140	+60	+34	+20	+14	+10	+6	+4	+2	0	偏差等于±IT/2	+2	+4	+6	0	0	-2	-2	-4	-4
>3~6	+270	+140	+70	+36	+30	+20	+14	+10	+6	+4	0		+5	+6	+10	-1+Δ	—	-4+Δ	-4	-8+Δ	0
>6~10	+280	+150	+80	+56	+40	+25	+18	+13	+8	+5	0		+5	+8	+12	-1+Δ	—	-6+Δ	-6	-10+Δ	0
>10~14	+290	+150	+95	—	+50	+32	—	+16	—	+6	0		+6	+10	+15	-1+Δ	—	-7+Δ	-7	-12+Δ	0
>14~18																					
>18~24	+300	+160	+110	—	+65	+40	—	+20	—	+7	0		+8	+12	+20	-2+Δ	—	-8+Δ	-8	-15+Δ	0
>24~30																					
>30~40	+310	+170	+120	—	+80	+50	—	+25	—	+9	0		+10	+14	+24	-2+Δ	—	-9+Δ	-9	-17+Δ	0
>40~50	+320	+180	+130																		
>50~65	+340	+190	+140	—	+100	+60	—	+30	—	+10	0		+13	+18	+28	-2+Δ	—	-11+Δ	-11	-20+Δ	0
>65~80	+360	+200	+150																		
>80~100	+380	+220	+170	—	+120	+72	—	+36	—	+12	0		+16	+22	+34	-3+Δ	—	-13+Δ	-13	-23+Δ	0
>100~120	+410	+240	+180																		
>120~140	+440	+260	+200	—	+145	+85	—	+43	—	+14	0		+18	+26	+41	-3+Δ	—	-15+Δ	-15	-27+Δ	0
>140~160	+520	+280	+210																		
>160~180	+580	+310	+230																		
>180~200	+660	+340	+240	—	+170	+100	—	+50	—	+15	0		+22	+30	+47	-4+Δ	—	-17+Δ	-17	-31+Δ	0
>200~225	+740	+380	+260																		
>225~250	+820	+420	+280																		
>250~280	+920	+480	+300	—	+190	+110	—	+56	—	+17	0		+25	+36	+55	-4+Δ	—	-20+Δ	-20	-34+Δ	0
>280~315	+1050	+540	+330																		
>315~355	+1200	+600	+360	—	+210	+125	—	+62	—	+18	0		+29	+39	+60	-4+Δ	—	-21+Δ	-21	-37+Δ	0
>355~400	+1350	+680	+400																		
>400~450	+1500	+760	+400	—	+230	+135	—	+68	—	+20	0		+33	+43	+66	-5+Δ	—	-23+Δ	-23	-40+Δ	0
>450~500	+1650	+840	+480																		

公称尺寸/mm	基本偏差/μm（上极限偏差ES）													Δ/μm					
	P~ZC	P	R	S	T	U	V	X	Y	Z	ZA	ZB	ZC						
	≤7	>7												3	4	5	6	7	8
≤3	在>7级的相应数值上增加一个Δ值	-6	-10	-14	—	-18	—	-20	—	-26	-32	-40	-60	0					
>3~6		-12	-15	-19	—	-23	—	-28	—	-35	-42	-50	-80	1	1.5	1	3	4	6
>6~10		-15	-19	-23	—	-28	—	-34	—	-42	-52	-67	-97	1	1.5	2	3	6	7
>10~14		-18	-23	-28	—	-33	—	-40	—	-50	-64	-90	-130	1	2	3	3	7	9
>14~18							-39	-45	—	-60	-77	-108	-150						
>18~24		-22	-28	-35	—	-41	-47	-54	-65	-73	-98	-136	-188	1.5	2	3	4	8	12
>24~30					-41	-48	-55	-64	-75	-88	-118	-160	-218						
>30~40		-26	-34	-43	-48	-60	-68	-80	-94	-112	-148	-200	-274	1.5	3	4	5	9	14
>40~50					-54	-70	-81	-95	-114	-136	-180	-242	-325						
>50~65		-32	-41	-53	-66	-87	-102	-122	-144	-172	-226	-300	-400	2	3	5	6	11	16
>65~80			-43	-59	-75	-102	-120	-146	-174	-210	-274	-360	-480						
>80~100		-37	-51	-71	-91	-124	-146	-178	-214	-258	-335	-445	-585	2	4	5	7	13	19
>100~120			-54	-79	-104	-144	-172	-210	-254	-310	-400	-525	-690						
>120~140		-43	-63	-92	-122	-170	-202	-248	-300	-365	-470	-620	-800	3	4	6	7	15	23
>140~160			-65	-100	-134	-190	-228	-280	-340	-415	-535	-700	-900						
>160~180			-68	-108	-146	-210	-252	-310	-380	-465	-600	-780	-1000						
>180~200		-50	-77	-122	-166	-236	-284	-350	-425	-520	-670	-880	-1150	3	4	6	9	17	26
>200~225			-80	-130	-180	-258	-310	-385	-470	-575	-740	-960	-1250						
>225~250			-84	-140	-196	-284	-340	-425	-520	-640	-820	-1050	-1350						
>250~280		-56	-94	-158	-218	-315	-385	-475	-580	-710	-920	-1200	-1550	4	4	7	9	20	29
>280~315			-98	-170	-240	-350	-425	-525	-650	-790	-1000	-1300	-1700						
>315~355		-62	-108	-190	-268	-390	-475	-590	-730	-900	-1150	-1500	-1900	4	5	7	11	21	32
>355~400			-114	-208	-294	-435	-530	-660	-820	-1000	-1300	-1650	-2100						
>400~450		-68	-126	-232	-330	-490	-595	-740	-920	-1100	-1450	-1850	-2400	5	5	7	13	23	34
>450~500			-132	-252	-360	-540	-660	-820	-1000	-1250	-1600	-2100	-2600						

注：1. 公称尺寸小于1mm时，各级的A和B及大于8级的N均不采用。

2. JS的数值：对IT7~IT11，若IT的数值为奇数，则取JS=±（IT−1）/2。

3. 特殊情况：当公称尺寸大于250mm~315mm时，M6的ES等于−9（不等于−11）。

4. 对小于或等于IT8的K、M、N和小于或等于IT7的P~ZC，所需Δ值从表内右侧栏选取。例如：大于6~10mm的P6，Δ=3，所以ES=（−15+3）μm=−12μm。

在基本偏差之后加注公差等级（数字），称为公差带代号，如H8、F8、D9等为孔的公差带代号；h7、f7、k6等为轴的公差带代号。若指定某一确定尺寸的公差带，则公称尺寸标在公差带代号之前，如ϕ20F8、ϕ20h7等，称为尺寸公差带代号。

（2）配合代号

将配合的孔、轴公差带代号写成分数形式，分子为孔的公差带代号，分母为轴的公差带代号，称为配合代号，如H8/f7、K7/h6等。若指定某一确定基本尺寸的配合，则公称尺寸在配合代号之前，如ϕ20H8/f7、ϕ40K7/h6等。

（3）极限与配合在图样上的标注

① 孔和轴的公差带在零件图上的标注，可采用公差带代号或极限偏差数值的形式标注，也可以采用在公差带代号后附注上下偏差数值的形式标注，如图1-13所示。

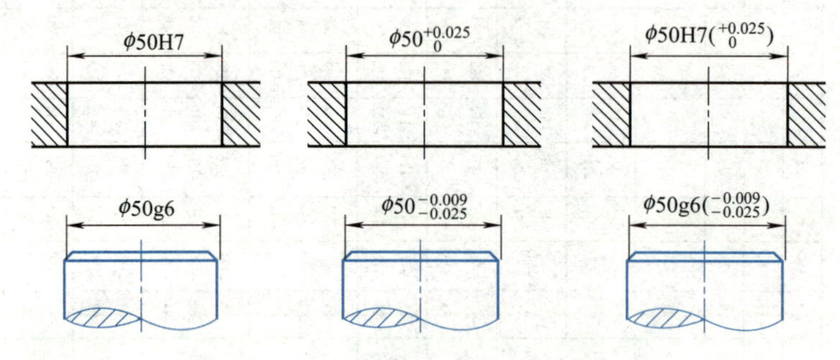

图1-13　孔、轴公差带在零件图上的标注

② 孔和轴的公差带在装配图上的标注如图1-14所示，主要标注配合代号，即标注孔、轴的基本偏差代号及公差等级，也可在配合代号后附注上下偏差数值。

装配图的尺寸标注

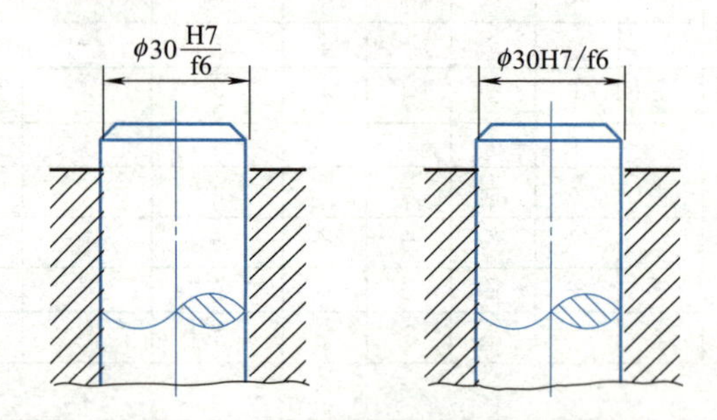

图1-14　孔、轴公差带在装配图上的标注

1.4.4　一般（未注）公差的规定

一般公差是指在车间一般加工条件下可以保证的公差，是机床设备在正常维护操作情况下能达到的经济加工精度。采用一般公差时，在该尺寸后不标注极限偏差或其他代号，所以也称未注公差。正常情况下，一般公差的尺寸可不检验。除另有规定外，即使检验出超差，但若未达到损害其功能的程度，通常不应拒收。零件图样应用一般公差后，可带来以下好处：

① 简化制图，使图样清晰。

② 节省设计时间，设计人员不必逐一考虑一般公差的公差值。

③ 简化产品的检验要求。

④ 突出了图样上注出公差的重要性，以便在加工和检验时引起重视。

⑤ 便于供需双方达成加工和销售协议，避免不必要的争议。

《一般公差　未注公差的线性和角度尺寸的公差》（GB/T　1804—2000）对线性尺寸的一般公差规定了4个公差等级：精密级、中等级、粗糙级和最粗级，分别用字母f、m、c和v表示，而对尺寸也采用了大的分段，具体数值见表1-11。这4个公差等级分别相当于IT12、IT14、IT16和IT17（旧国家标准GB　1804—1979的规定）。

表1-11　线性尺寸未注极限偏差的数值

公差等级	尺寸分段/mm							
	0.5~3	>3~6	>6~30	>30~120	>120~400	>400~1000	>1000~2000	>2000~4000
f(精密级)	±0.05	±0.05	±0.1	±0.15	±0.2	±0.3	±0.5	—
m(中等级)	±0.1	±0.1	±0.2	±0.3	±0.5	±0.8	±1.2	±2
c(粗糙级)	±0.2	±0.3	±0.5	±0.8	±1.2	±2	±3	±4
v(最粗级)	—	±0.5	±1	±1.5	±2.5	±4	±6	±8

由表1-11可见，不论孔和轴还是长度尺寸，其极限偏差的数值都采用对称分布的公差带，因而与旧国标相比，使用更方便，概念更清晰，数值更合理。标准同时也对倒圆半径与倒角高度尺寸的极限偏差的数值作了规定，见表1-12。

表1-12　倒圆半径与倒角高度尺寸的极限偏差的数值

公差等级	尺寸分段/mm			
	0.5~3	>3~6	>6~30	>30
f(精密级) m(中等级)	±0.2	±0.5	±1	±2
c(粗糙级) v(最粗级)	±0.4	±1	±2	±4

当采用一般公差时，在图样上只注公称尺寸，不注极限偏差，应在图样的技术要求或有关技术文件中，用标准号和公差等级代号作出总的表示。例如，当选用中等级m时，则表示为GB/T　1804—2000-m。

一般公差主要用于精度较低的非配合尺寸。当要素的功能要求比一般公差更小或允许更大的公差值，而该公差比一般公差更经济时，则在公称尺寸后直接注出极限偏差数值。

1.4.5　公差带与配合代号的选择

（1）一般、常用和优先公差带

国家标准规定了20个公差等级和28种基本偏差。对于公称尺寸不大于500mm的孔与轴，其基本偏差J限用于3个标准公差等级(IT6、IT7、IT8)，基本偏差j限用于4个标准公差等级（IT5、IT6、IT7、IT8）。因此，可以得到孔的公差带有(28–1)×20+3=543（种），轴的公差带有(28–1)×20+4=544（种）。这么多孔、轴公差带如都得到应用，可组成近30万对配合，显然这是不经济的。因此，国标GB/T　1800.1—2020对公称尺寸不大于500mm的孔、轴公差带进行了优选，规定了一般、常用和优先3种公差带，如图1-15和图1-16所示。

常用公差带及配合制选择

如图1-15所示，列出孔的一般公差带105种，框格内为常用公差带44种，圆圈内为优先公差带13种。

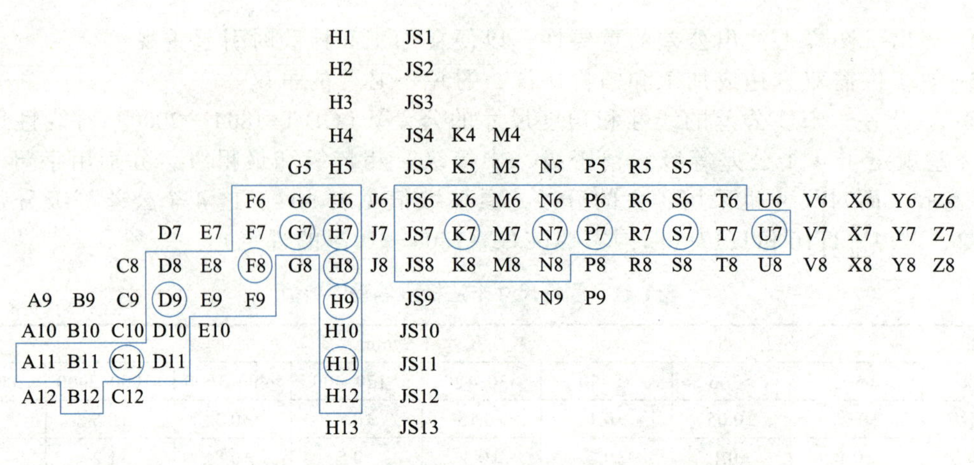

图1-15　孔的一般、常用和优先公差带

如图1-16所示，列出轴的一般公差带119种，框格内为常用公差带59种，圆圈内为优先公差带13种。选用公差带时，应按优先、常用、一般公差带的顺序选取。若一般公差带中也没有满足要求的公差带，允许按国标规定的基本偏差和标准公差等级组成所需的公差带。

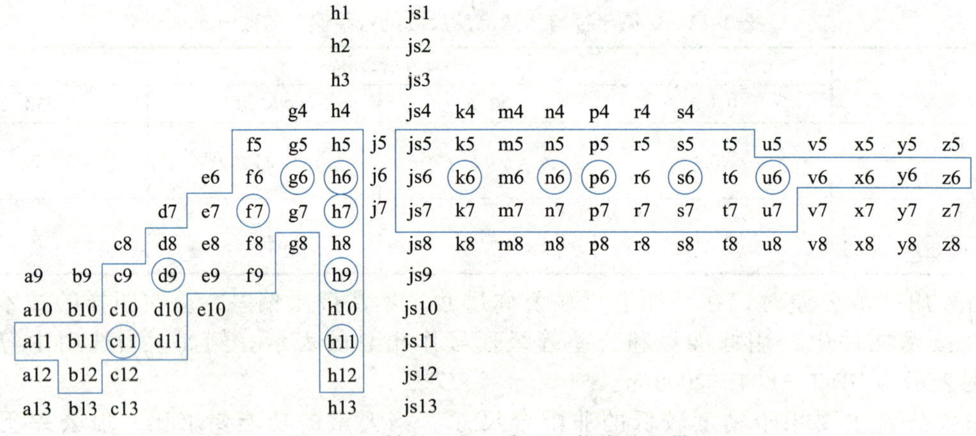

图1-16　轴的一般、常用和优先公差带

（2）常用和优先配合

国家标准在推荐上述孔、轴公差带的基础上，还规定了公称尺寸不大于500mm的基孔制常用配合59种、优先配合13种（表1-13）和基轴制常用配合47种、优先配合13种（表1-14）。

表1-13　基孔制常用与优先配合

基准孔	轴																				
	a	b	c	d	e	f	g	h	js	k	m	n	p	r	s	t	u	v	x	y	z
	间隙配合								过渡配合			过盈配合									
H6						$\frac{H6}{f5}$	$\frac{H6}{g5}$	$\frac{H6}{h5}$	$\frac{H6}{js5}$	$\frac{H6}{k5}$	$\frac{H6}{m5}$	$\frac{H6}{n5}$	$\frac{H6}{p5}$	$\frac{H6}{r5}$	$\frac{H6}{s5}$	$\frac{H6}{t5}$					
H7						$\frac{H7}{f6}$	$\frac{H7}{g6}$	$\frac{H7}{h6}$	$\frac{H7}{js6}$	$\frac{H7}{k6}$	$\frac{H7}{m6}$	$\frac{H7}{n6}$	$\frac{H7}{p6}$	$\frac{H7}{r6}$	$\frac{H7}{s6}$	$\frac{H7}{t6}$	$\frac{H7}{u6}$	$\frac{H7}{v6}$	$\frac{H7}{x6}$	$\frac{H7}{y6}$	$\frac{H7}{z6}$

续表

基准孔	轴																				
	a	b	c	d	e	f	g	h	js	k	m	n	p	r	s	t	u	v	x	y	z
	间隙配合								过渡配合			过盈配合									
H8					$\frac{H8}{e7}$	◤$\frac{H8}{f7}$	$\frac{H8}{g7}$	◤$\frac{H8}{h7}$	$\frac{H8}{js7}$	$\frac{H8}{k7}$	$\frac{H8}{m7}$	$\frac{H8}{n7}$	$\frac{H8}{p7}$	$\frac{H8}{r7}$	$\frac{H8}{s7}$	$\frac{H8}{t7}$	$\frac{H8}{u7}$				
				$\frac{H8}{d8}$	$\frac{H8}{e8}$	$\frac{H8}{f8}$		$\frac{H8}{h8}$													
H9			$\frac{H9}{c9}$	◤$\frac{H9}{d9}$	$\frac{H9}{e9}$	$\frac{H9}{f9}$		◤$\frac{H9}{h9}$													
H10			$\frac{H10}{c10}$	$\frac{H10}{d10}$				$\frac{H10}{h10}$													
H11	$\frac{H11}{a11}$	$\frac{H11}{b11}$	◤$\frac{H11}{c11}$	$\frac{H11}{d11}$				◤$\frac{H11}{h11}$													
H12		$\frac{H12}{b12}$						$\frac{H12}{h12}$													

注：1. 在$\frac{H6}{n5}$、$\frac{H7}{p6}$的公称尺寸≤3mm和$\frac{H8}{r7}$的公称尺寸≤100mm时，为过渡配合。

2. 标注◤符号者为优先配合。

表 1-14 基轴制常用与优先配合

基准轴	孔																				
	A	B	C	D	E	F	G	H	JS	K	M	N	P	R	S	T	U	V	X	Y	Z
	间隙配合								过渡配合			过盈配合									
h5						$\frac{F6}{h5}$	$\frac{G6}{h5}$	$\frac{H6}{h5}$	$\frac{JS6}{h5}$	$\frac{P6}{h5}$	$\frac{M6}{h5}$	$\frac{N6}{h5}$	$\frac{P6}{h5}$	$\frac{R6}{h5}$	$\frac{S6}{h5}$	$\frac{T6}{h5}$					
h6						$\frac{F7}{h6}$	◤$\frac{G7}{h6}$	◤$\frac{H7}{h6}$	$\frac{JS7}{h6}$	◤$\frac{K7}{h6}$	$\frac{M7}{h6}$	◤$\frac{N7}{h6}$	◤$\frac{P7}{h6}$	$\frac{R7}{h6}$	◤$\frac{S7}{h6}$	$\frac{T7}{h6}$	◤$\frac{U7}{h6}$				
h7					$\frac{E8}{h7}$	◤$\frac{F8}{h7}$		◤$\frac{H8}{h7}$	$\frac{JS8}{h7}$	$\frac{K7}{h7}$	$\frac{M7}{h7}$	$\frac{N7}{h7}$									
h8				$\frac{D8}{h8}$	$\frac{E8}{h8}$	$\frac{F8}{h8}$		$\frac{H8}{h8}$													
h9				◤$\frac{D9}{h9}$	$\frac{E9}{h9}$	$\frac{F9}{h9}$		◤$\frac{H9}{h9}$													
h10				$\frac{D10}{h10}$				$\frac{H10}{h10}$													
h11	$\frac{A11}{h11}$	$\frac{B11}{h11}$	◤$\frac{C11}{h11}$	$\frac{D11}{h11}$				◤$\frac{H11}{h11}$													
h12		$\frac{B12}{h12}$						$\frac{H12}{h12}$													

注：标注◤符号者为优先配合。

1.4.6 极限与配合的选用

尺寸公差与配合的选用是机械设计与制造过程中的一个重要环节。其选择是否恰当，对产品的性能、质量及制造成本都有很大的影响。极限与配合的选择就是基准制、公差等级和配合种类的选择。

（1）基准制的选择

从满足配合性质来讲，基孔制和基轴制是完全等效的。但从加工工艺、经济性能、零件结构、采用标准件等方面考虑，选择不同的配合制，情况是不同的。

① 优先选用基孔制配合。因为中、小尺寸的孔大多采用定值刀具（如钻头、铰刀、拉刀等）加工，用定值量具（如极限量规）检验，所以一种规格的定值刀具、量具只能加工或检测一种规格的孔，而轴的加工不存在此类问题。若采取基孔制，可大大减少孔的极限尺寸的种类，从而减少定值刀具、量具的规格，有利于刀具和量具的标准化和系列化，从而降低生产成本，获得显著的经济效益。

② 下列情况采用基轴制配合。

基轴制和非基准制的选择

a. 轴不加工。在纺织机械、农业机械、仪器仪表中，经常直接采用一些长度精度较高的（IT8~IT11）冷拉钢材制作轴，轴的外径不必另加工。此时选用基轴制配合，只需对孔进行加工，因而较为经济合理。

b. 一轴配多孔，且配合性质不同。有些零件由于结构或工艺上的原因，必须采用基轴制。例如，发动机的活塞连杆机构，如图1-17所示，活塞销与活塞的两个销孔的连接要求定位准确，为此采用过渡配合（M6/h5）；而活塞销与连杆衬套孔之间有相对运动（相对摆动），为此采用间隙配合（H6/h5）。

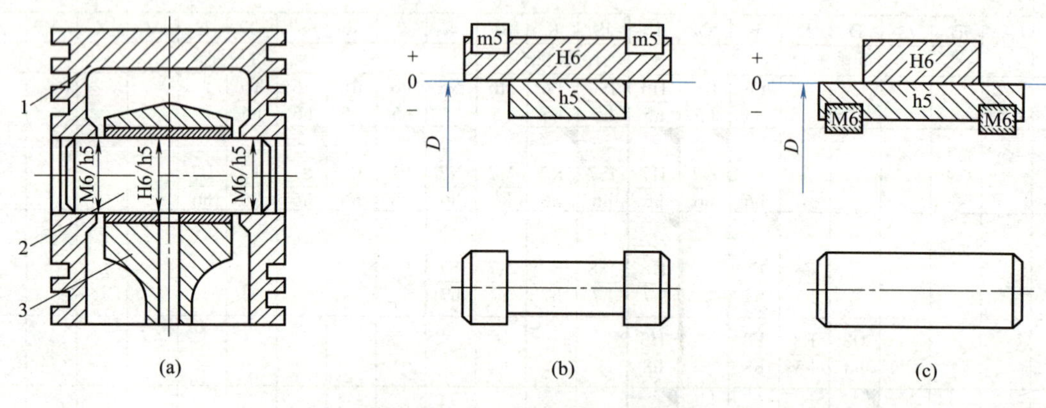

图1-17 活塞销与活塞及连杆衬套孔的配合

1—活塞；2—活塞销；3—连杆

如采用基孔制配合，如图1-17（b）所示，则活塞的两个销孔和连杆衬套孔的公差带相同，而为了满足两种不同的配合要求，必须把活塞销按两种公差带加工成“阶梯轴”，这给加工和装配带来很大的困难。若改用基轴制，则活塞销按一种公差带加工，制成如图1-17（c）所示的光轴，而活塞的两个销孔和连杆衬套孔按不同的公差带加工，从而获得两种不同的配合。这样既保证了装配的质量，又不会给加工带来困难，因此，在这种情况下应采用基轴制。

③ 配合件为标准件时，按标准规定选取。当设计的零件需要与标准件配合时，必须按标准件的规定选择配合制。如图1-18所示，滚动轴承的外圈与壳体孔的配合必须采用基轴制，滚动轴承的内圈与轴颈的配合必须采用基孔制，此轴颈按ϕ55j6加工，外壳孔应

按 ϕ100K7 加工。

④ 有特殊需要时可选择非基准制配合。非基准制的配合是指相配合的两零件既无基准孔 H 又无基准轴 h 的配合，当一个孔与几个轴相配合或一个轴与几个孔相配合，其配合要求各不相同时，则有的配合要采用非基准制的配合。如图 1-18 中轴颈处的轴向定位套用来作轴向定位，它松套在轴颈上即可，但轴颈的公差带已确定为 ϕ55j6，因此轴套与轴颈的间隙配合就不能采用基孔制配合，形成了任一孔、轴公差带组成的非基准制配合 ϕ55F9/j6，以满足使用要求。另一处箱体孔与端盖定位圆柱面的配合和上述情况相似，考虑到端盖的拆卸方便，且允许配合的间隙较大，因此，选用非基准制配合 ϕ100K7/f9。

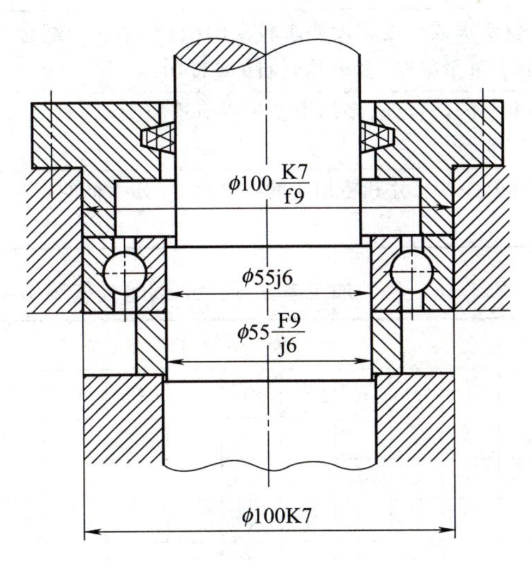

图 1-18 减速器中轴端的几处配合

(2) 公差等级的选择

选择标准公差等级要正确处理零件的使用要求与制造工艺的复杂程度及成本之间的矛盾。公差等级选择过低，零件加工容易，生产成本低，但零件的使用性能也较差；公差等级选择过高，零件的使用性能虽好，但零件加工困难，且生产成本高。所以，必须综合考虑使用性能和经济性两方面的因素，正确、合理地选择公差等级。

选择公差等级的基本原则是在满足使用要求的前提下，尽量选取低的公差等级。

公差等级的选用

公差等级的选用，目前大多数情况下采用类比的方法，即参考经过实践证明是合理的典型产品的公差等级，结合待定零件的配合、工艺和结构等特点，经分析对比后确定公差等级。用类比法选择公差等级时，应掌握各个公差等级的主要应用范围和各种加工方法所能达到的公差等级，具体见表 1-15 和表 1-16。

表 1-15 公差等级的主要应用范围

公差等级	主要应用范围
IT01、IT0、IT1	一般用于精密标准量块和其他精密尺寸标准块的公差
IT2~IT7	用于检验工件 IT5、IT6 等级公差的量规的尺寸公差
IT3、IT5(孔的 IT6)	用于精度要求很高的重要配合，例如：机床主轴与精密滚动轴承的配合；发动机活塞销与连杆孔和活塞孔的配合 配合公差很小，对加工要求很高，应用较少

续表

公差等级	主要应用范围
IT6(孔的IT7)	用于机床、发动机和仪表中的重要配合。例如:机床传动机构中的齿轮与轴的配合;轴与轴承的配合;发动机中活塞与气缸、曲轴与轴承、气门杆与导套等的配合 配合公差较小,一般精密加工能够实现,在精密机械中广泛应用
IT7、IT8	用于机床和发动机中的次要配合,也用于重型机械、农业机械、纺织机械、机车车辆等的重要配合。例如:机床上操纵杆的支承配合;发动机中活塞环与活塞槽的配合;农业机械中齿轮与轴的配合等 配合公差中等,加工易于实现,在一般机械中广泛应用
IT9、IT10	用于一般要求或长度精度要求较高的配合。某些非配合尺寸的特殊要求,如飞机机身的外壳尺寸,由于重量限制,要求达到IT9或IT10
IT11、IT12	用于不重要的配合处,多用于各种没有严格要求,只要求便于连接的配合。如螺栓和螺孔、铆钉和孔等配合
IT12~IT18	用于未注公差的尺寸和粗加工的工序尺寸,如手柄的直径、壳体的外形、壁厚尺寸、端面之间的距离等

表 1-16 各种加工方法所能达到的公差等级

加工方法	公差等级(IT)																			
	01	0	1	2	3	4	5	6	7	8	9	10	11	12	13	14	15	16	17	18
研磨	√	√	√	√	√	√	√													
珩磨						√	√	√	√											
圆磨							√	√	√	√										
平磨							√	√	√	√										
金刚石车							√	√	√											
金刚石镗							√	√	√											
拉销							√	√	√	√										
铰孔								√	√	√	√	√								
车									√	√	√	√	√							
镗									√	√	√	√	√							
铣										√	√	√	√							
刨、插												√	√							
钻孔												√	√	√	√					
滚压、挤压												√	√							
冲压												√	√	√	√	√				
压铸													√	√	√	√				
粉末冶金烧结									√	√	√	√								
砂型铸造、气割																		√	√	√
锻造																	√	√		

用类比法选择公差等级时，还应考虑以下几个方面。

① 工艺等价原则。工艺等价原则是指使相配合的孔、轴的加工难易程度大体相当。对于间隙配合和过渡配合，公称尺寸≤500mm且孔的公差等级≤IT8时，由于孔的加工成本比同级的轴的加工成本高，所以轴应比孔高一级；若孔的公差等级>IT8，由于孔、轴加工难易程度相当，孔和轴的公差等级应取同级。对于过盈配合，公称尺寸≤500mm且孔的公差等级≤IT7时，轴应比孔高一级;若孔的公差等级大于IT7时，孔和轴的公差等级应取同级。若公称尺寸>500mm，孔和轴的公差等级也可取同一等级。

② 相互配合零件的精度。例如，与滚动轴承、齿轮等配合的孔和轴的公差等级与滚动轴承、齿轮等的精度等级有关。

③ 配合性质。由于孔、轴公差等级的高低直接影响间隙配合或过盈配合的变动量，即影响配合的稳定性，因此，对于过渡配合和过盈配合，一般不允许其间隙或过盈的变动量太大，应选较高的公差等级，推荐孔≤IT8，轴≤IT7。对于间隙配合，一般来说，间隙小，应选较高的公差等级，反之可选低的公差等级。

④ 主、次配合表面。对于一般机械而言，主要配合表面的孔和轴选公差等级IT5~IT8；次要配合表面的孔和轴选公差等级IT9~IT12；非配合表面的孔和轴一般选IT12以下。

（3）配合种类的选择

在确定基准制和公差等级之后，就确定了基准孔或基准轴的公差带以及相应的非基准件公差带的大小，因此配合种类的选择实际上就是要确定非基准件公差带的位置，即确定非基准件的基本偏差代号。

配合的选用

选择配合种类的主要根据是使用要求，应该按照工作条件要求的松紧程度，在保证机器正常工作的情况下选择适当的配合。

采用类比法选择配合时，应从以下几个方面入手。

① 确定配合的类别。配合共分为三大类，即间隙配合、过渡配合和过盈配合。设计时究竟应选择哪一种配合类别，主要取决于使用要求。以基孔制为例：

孔、轴之间有相对运动（或没有相对运动，但需要经常拆卸）的场合，应采用间隙配合。采用基本偏差a~h，字母越往后，间隙越小。间隙量小时主要用于精确定心又便于拆卸的静连接，或接合件间只有缓慢移动或转动的动连接。如接合件要传递力矩，则需加键、销等紧固件。间隙量较大时主要用于接合件间有转动、移动或复合运动的动连接。工作温度高、对中性要求低、相对运动速度高等情况，应使间隙增大。

既要对中性好又要便于拆卸时，应采用过渡配合。采用基本偏差j~n（n与高精度的基准孔形成过盈配合），字母越往后，获得过盈的机会越多。过渡配合可能具有间隙，也可能具有过盈，但间隙量和过盈量都很小，主要用于精确定心、接合件间无相对运动、可拆卸的静连接。如需要传递力矩，则加键、销等紧固件。

当不需要用紧固件就能保证孔、轴之间无相对运动，且需要靠过盈来传递载荷，不经常拆装（或永久性连接）的场合，应采用过盈配合。采用基本偏差p~zc（p与低精度的基准孔形成过渡配合），字母越往后，过盈量越大，配合越紧。当过盈量较小时，只作精确定心用，如需传递力矩，需加键、销等紧固件。当过盈量较大时，可直接用于传递力矩。采用大过盈的配合，容易将零件挤裂，很少采用。具体选择配合类别时可参考表1-17。

表1-17 配合类型选择的基本原则

<table>
<tr><td rowspan="4">无相对运动</td><td rowspan="3">需传递力矩</td><td rowspan="2">要精确同轴</td><td>不可拆卸</td><td>过盈配合</td></tr>
<tr><td>可拆卸</td><td>过渡配合或基本偏差为H(h)的间隙配合加紧固件</td></tr>
<tr><td>无须精确同轴</td><td colspan="2">间隙配合或小过盈配合</td></tr>
<tr><td colspan="2">不传递力矩</td><td colspan="2">过渡配合或小过盈配合</td></tr>
<tr><td rowspan="2">有相对运动</td><td colspan="2">只有移动</td><td colspan="2">基本偏差为H(h)、G(g)的间隙配合</td></tr>
<tr><td colspan="2">转动、转动和移动复合运动</td><td colspan="2">基本偏差为A~F(a~f)的间隙配合</td></tr>
</table>

注：1. 紧固件指键、销钉和螺钉等。
2. (h)、(g) 等指非基准件的基本偏差代号。

② 按工作条件确定配合的松紧。配合的类别确定后，若待定的配合部位与供类比的配合部位在工作条件上存在一定的差异，应对配合的松紧程度（即间隙量或过盈量的大小）进行适当的调整。表1-18列出了在不同工作条件时，对配合松紧进行调整的趋势，供选择时参考。

表1-18 工作情况对间隙或过盈的影响

工作条件	过盈应增大或减小	间隙应增大或减小
材料强度小	减	—
经常拆卸	减	—
有冲击载荷	增	—
工作时，孔温高于轴温	增	减
工作时，轴温高于孔温	减	增
配合长度增大	减	增
配合面形位误差增大	减	增
装配时可能歪斜	减	增
旋转速度提高	增	增
有轴向运动	—	增
润滑油黏度增大	—	增
表面趋向粗糙	增	减
装配精度高	减	增
装配精度低	增	减
单件生产相对于大批量生产	减	增

配合的查表计算

③ 选定基本偏差，确定配合代号。配合种类选择的基本方法有三种：计算法、试验法和类比法。

计算法就是根据理论公式，计算出使用要求的间隙或过盈来选定配合的方法。如根据液体润滑理论，计算保证液体摩擦状态所需要的最小间隙。在采用依靠过盈来传递运动和负载的过盈配合时，可根据弹性变形理论公式，计算出能保证传递一定负载所需要的最小过盈和不使工件损坏的最大过盈。采用计算法选择配合时，关键在于确定所需的极限间隙或极限过盈。随着科学技术的发展、计算机的广泛应用，计算法将会日趋完善，应用逐渐增多。

试验法就是用试验的方法确定满足产品工作性能的间隙范围或过盈范围。该方法主要用于配合对产品性能影响大而设计人员又缺乏经验的场合。试验法比较可靠，但周期长、成本高，应用比较少。

类比法就是参照同类型机器或机构中经过生产实践验证的配合的实际情况，再结合所设计产品的使用要求和应用条件来确定配合。

在实际工作中，大多采用类比法来选择公差与配合，因此，必须了解和掌握一些在实践生产中已被证明是成功的极限与配合的实例。同时，也要熟悉和掌握各个基本偏差在配合方面的特征和应用。明确各种配合特别是优先配合的性质，在充分分析零件使用要求和工作条件的基础上，考虑接合件工作时的相对运动状态、承受负载情况、润滑条件、温度变化以及材料的物理、力学性能等对间隙或过盈的影响，就能选出合适的配合类型。

表1-19给出了轴和孔各种基本偏差的特点及应用实例，表1-20给出了优先配合的特征及应用说明，供选择时参考。

表1-19　轴和孔各种基本偏差的特点及应用实例

配合	基本偏差	特点及应用实例
间隙配合	a(A) b(B)	可得到特别大的间隙，应用很少。主要用于工作时温度很高、热变形大的零件的配合，如发动机活塞与缸套的配合为H9/a9
	c(C)	可得到很大的间隙，一般用于工作条件较差（如农业机械）、工作时受力变形大及装配工艺不好的零件的配合，也适用于高温工作的间隙配合，如内燃机排气阀杆与导管的配合为H8/c7
	d(D)	与IT7~IT11对应，适用于较松的间隙配合（如滑轮、空转的带轮与轴的配合）以及大尺寸滑动轴承与轴颈的配合（如涡轮机、球磨机等的滑动轴承）。活塞环与活塞销的配合可用H9/d9
	e(E)	与IT6~IT9对应，具有明显的间隙，用于大跨距及多点的转轴轴颈与轴承的配合，以及高速、重载的大尺寸轴颈与轴承的配合，如大型电动机、内燃机的主要轴承处的配合为H8/e7
	f(F)	与IT6~IT8对应，用于一般转动的配合，以及受温度影响不大、采用普通润滑油的轴与滑动轴承的配合，如齿轮箱、小型电动机、泵等的转轴轴颈与滑动轴承的配合为H7/f6
	g(G)	与IT5~IT7对应，形成的配合间隙较小，用于轻载精密装置中的转动配合，用于插销的定位配合，滑阀、连杆销等处的配合，钻套配合多采用G6
	h(H)	与IT4~IT11对应，广泛用于无相对转动的配合、一般的定位配合。若没有温度、变形的影响，也可用于精密滑动轴承，如车床尾座孔与滑动套筒的配合为H6/h5
过渡配合	js(JS)	多用于IT4~IT7具有平均间隙的过渡配合，以及略有过盈的定位配合，如联轴器、齿圈与轮毂的配合，滚动轴承外圈与外壳孔的配合多采用JS7。一般用手或木锤装配
	k(K)	多用于IT4~IT7平均间隙接近零的配合，以及定位配合，如滚动轴承内、外圈分别与轴颈、外壳孔的配合。用木锤装配
	m(M)	多用于IT4~IT7平均过盈较小的配合，以及精密的定位配合，如涡轮的青铜轮缘与轮毂的配合为H7/m6
	n(N)	多用于IT4~IT7平均过盈较大的配合，很少形成间隙以及加键传递较大转矩的配合，如冲床上齿轮的孔与轴的配合，用木锤或压力机装配
过盈配合	p(P)	用于小过盈配合，与H6或H7的孔形成过盈配合，而与H8的孔形成过渡配合。碳钢和铸铁零件形成的配合为标准压入配合，如绞车的绳轮与齿圈的配合为H7/p6。合金钢零件的配合需要小过盈时可采用p（或P）

续表

配合	基本偏差	特点及应用实例
过盈配合	r(R)	用于传递大转矩或受冲击负荷而需要加键的配合，如蜗轮与轴的配合为H7/r6。H8/r8配合在公称尺寸小于100mm时，为过渡配合
	s(S)	用于钢和铸铁零件的永久性和半永久性结合，可产生相当大的结合力，如套环压在轴、阀座上用H7/s6配合
	t(T)	用于钢和铸铁零件的永久性结合，不用键可传递转矩，用热套法或冷轴法装配，如联轴器与轴的配合为H7/t6
	u(U)	用于大过盈配合，最大过盈需要验算。用热套法进行装配，如火车轮毂和轴的配合为H6/u5
	v(V) x(X) y(Y) z(Z)	用于特大过盈配合，使用极少，需经验算后才能应用，一般不推荐

表1-20　尺寸<500mm基孔制常用和优先配合的特征与应用

配合类别	配合特征	配合代号	应用说明
间隙配合	特大间隙	H11/a11、H11/b11、H12/b12	用于高温或工作时要求大间隙的配合
	很大间隙	(H11/c11)、H11/d11	用于工作条件较差、受力变形或为了便于装配而需要大间隙的配合和高温工作的配合
	较大间隙	H9/c9、H10/c10、H8/d8、(H9/d9)、H10/d10、H8/e7、H8/e8、H9/e9	用于高速重载的滑动轴承或大直径的滑动轴承的配合，也可以用于大跨距或多支点支承的配合
	一般间隙	H6/f5、H7/f、(H8/f7)、H8/f8、H9/f9	用于一般转速的配合。当温度影响不大时，广泛应用于普通润滑油润滑的支承处
	较小间隙	(H7/g6)、H8/g7	用于精密滑动零件或缓慢间隙回转的零件的配合
	很小间隙和零间隙	H6/g5、H6/h5、(H7/h6)、(H8/h7)、H8/h8、(H9/h9)、H10/h10、(H11/h11)、H12/h12	用于不同精度要求的一般定位件的配合以及缓慢移动和摆动零件的配合
过渡配合	绝大部分有微小间隙	H6/js5、H7/js6、H8/js7	用于易于装拆的定位配合或加紧固件后可以传递一定静载荷的配合
	大部分有微小间隙	H6/k5、(H7/k6)、H8/k7	用于稍有振动的定位配合。加紧固件可传递一定载荷。装拆方便，可用木锤敲入
	绝大部分有微小过盈	H6/m5、H7/m6、H8/m7	用于定位精度较高而且能够抗振的定位配合。加键可传递较大载荷。可用铜锤敲入或小压力压入
	大部分有微小过盈	(H7/n6)、H8/n7	用于精确定位或紧密组合件的配合。加键能传递大力矩或冲击性载荷。只在大修时拆卸
过盈配合	绝大部分有较小过盈	H8/p7	加键后能传递很大的力矩，且能承受振动或冲击的配合。装配后不再拆卸

续表

配合类别	配合特征	配合代号	应用说明
过盈配合	轻型	H6/n5、H6/p5、(H7/p6)、H6/r5、H7/r6、H8/r7	用于精确的定位配合。一般不能靠过盈传递力矩。要传递力矩尚需要加紧固件
	中型	H6/s5、(H7/s6)、H8/s7、H6/t5、H7/t6、H8/t7	不需要加紧固件就能传递较小力矩和轴向力的配合。加紧固件后能承受较大载荷和动载荷
	重型	(H7/u6)、H8/u7、H7/v6	不需要加紧固件就能传递和承受大的力矩和动载荷的配合。要求零件材料有高强度
	特重型	H7/x6、H7/y6、H7/z6	能传递和承受很大力矩和动载荷的配合，需要经过试验后方可应用

注：1. 括号内的配合为优先配合。
2. 国家标准规定的44种基轴制配合的应用与本表中的同名配合相同。

例1-7　有一孔、轴配合的公称尺寸为ϕ30mm，要求配合间隙在+0.020~+0.055mm之间，试确定合适的配合代号。

解： 此例因配合间隙已给出限定值，故采用计算法设计确定配合代号。

① 选择基准制

本例无特殊要求，按一般情况选用基孔制，则孔的基本偏差代号为H，即有EI=0。

② 确定公差等级

根据使用要求，配合间隙在+0.020~+0.055mm之间，变动量为

$$(+0.055)-(+0.020)=0.035\ (\text{mm})$$

即$T_f \leqslant 0.035$mm。

假设孔、轴同级配合，因$T_f=X_{max}-X_{min}=T_h+T_s$，则

$$T_h=T_s=T_f/2 \leqslant 17.5\mu\text{m}$$

查表1-7可知，孔和轴公差等级介于IT6和IT7之间。

根据工艺等价原则，在IT8以上的公差等级范围内，孔应比轴低一个公差等级。同时，为使加工方便，孔、轴公差值应在允许范围内尽量取大，故应使T_f在满足$T_f \leqslant$ 0.035mm的条件下尽量取大。

试选孔为IT7、轴为IT6，则有T_h=21μm，T_s=13μm。

则配合公差$T_f=T_h+T_s$=IT7+IT6=0.021+0.013=0.034（mm）＜0.035（mm）。

满足使用要求，且与最大允许值0.035mm接近，所以公差等级选择合适。

③ 确定配合种类

根据使用要求，本例为间隙配合，且$X_{min} \geqslant +0.020$mm，$X_{max} \leqslant +0.055$mm。

$$\because \quad EI=0,\ T_h=21\mu\text{m}$$

$$\therefore \quad ES=EI+T_h=0+0.021=+0.021\ (\text{mm})$$

孔的公差带为$\phi 30H7(^{+0.021}_{\ 0})$。

由$X_{min}=EI-es \geqslant +0.020$mm，得$es \leqslant -0.020$mm。

由$X_{max}=ES-ei \leqslant +0.055$mm，得$ei \geqslant -0.034$mm。

比较es与ei的绝对值大小，可知轴的基本偏差应为es。

查表1-9，根据公称尺寸为ϕ30mm，基本偏差为es≤−0.020mm，且取其值与−0.020mm最接近，可知轴的基本偏差代号应取f，es=−0.020mm，ei=es−T_s =−0.033mm，轴的公差带

为 $\phi 30f6$（$^{-0.020}_{-0.033}$）。

综上，选择的配合代号为 $\phi 30H7/f6$。

④ 验算设计结果

$$X_{max}=ES-ei=+0.021-(-0.033)=+0.054\ (mm)$$

$$X_{min}=EI-es=0-(-0.020)=+0.020\ (mm)$$

即设计选用的 $\phi 30H7/f6$，其配合间隙在+0.020~+0.054mm之间，与使用要求+0.020~+0.055mm比较，此设计满足使用要求。

1.5　任务实施二

1.5.1　标准公差表和基本偏差表的查阅

标准公差特点及查询

（1）任务描述及要求

试通过查阅标准公差表和基本偏差表，将表1-21中给定的孔轴配合的公差带代号转换成极限偏差的表示形式。如$\phi 25R7(^{-0.020}_{-0.041})/h6(^{\ 0}_{-0.013})$。

（2）任务单（见表1-21）

表1-21　标准公差表和基本偏差表的查阅任务单

教学项目	项目1:尺寸公差的识读与精度检测						
任务名称	标准公差表和基本偏差表的查阅						
配合公差带代号	孔的标准公差	孔的基本偏差	孔的另一个极限偏差	轴的标准公差	轴的基本偏差	轴的另一个极限偏差	极限偏差的表示形式
ϕ30H7/f6							
ϕ45M8/h7							
ϕ60P7/h6							
ϕ85S7/h6							

1.5.2　配合类别及代号的确定

（1）任务描述及要求

某孔、轴配合的公称尺寸为ϕ60mm，要求其配合后的极限间隙和过盈在−0.041~+0.035mm之间。试确定该孔、轴配合的基准制、公差等级、配合类别、验算设计结果，并画出配合公差带图。

（2）任务单（见表1-22）

表1-22　配合类别及代号的确定任务单

教学项目	项目1:尺寸公差的识读与精度检测
任务名称	配合类别及代号的确定
任务描述	某孔、轴配合的公称尺寸为ϕ60mm,要求其配合后的极限间隙和过盈在−0.041~+0.035mm之间。试确定该孔、轴配合的基准制、公差等级、配合类别、验算设计结果,并画出配合公差带图
实施步骤	实施过程及说明
1. 选择基准制	
2. 确定孔、轴公差等级	
3. 确定孔、轴配合类别	
4. 验算设计结果	
5. 绘制配合公差带图	

1.5.3　轴套类零件尺寸公差的选用与标注

（1）任务描述及要求

如图1-19所示，导柱与导套是冲压模具中的一组相配合的导向零件，其结构形状已确定，但图中各尺寸只是名义尺寸。具体要求如下。

① 导柱下端ϕ22mm圆柱段以过盈配合的方式压入下模座板相应孔，与下模部分实现固定连接，长度35mm保证连接的稳定可靠，并与下模座板厚度协调。上端ϕ22mm圆柱段与导套孔ϕ22mm形成滑动连接。另外，总长120mm根据模具工作行程确定，10mm×0.5mm是退刀槽，3°斜角在压入安装时起引入作用，*R*3圆角在滑动配合时起引入作用。

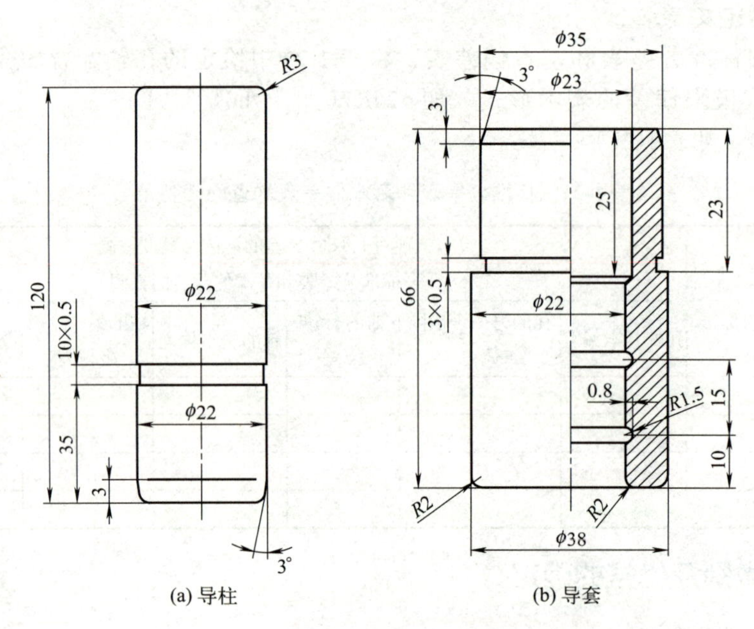

图1-19　导柱与导套零件简图

② 导套上端ϕ35mm处以过盈配合的方式压入上模座板相应孔，与上模部分实现固定连接，台肩高度23mm控制其压入深度，内孔ϕ22mm与导柱形成滑动配合，ϕ23mm是避让孔，深度略超过台肩高度，总长尺寸66mm结合模具工作行程确定，*R*1.5是储油槽，3mm×0.5mm是退刀槽，3°斜角在压入安装时起引入作用，孔口圆角*R*2在滑动配合时起引入作用，外部圆角*R*2是过渡圆角。

冲压模工作时，上、下模的开合动作受到导柱、导套滑动的限制，可以认为模具动作精度取决于导柱、导套滑动配合的间隙大小。根据模具导向精度要求，设定导柱、导套配合间隙不允许超过0.035mm，试为图中各尺寸设定合适的制造公差，并完成图样的标注。

（2）任务分析与实施

根据任务描述及要求，需对图1-19所示两个零件中的各尺寸设定合适的公差。

1.5.3.1　导柱零件尺寸公差的选用与标注

（1）一般公差的尺寸

如前所述，设计尺寸公差时，基本原则是在满足使用要求的前提下，主要考虑制造经济性。在采用较低公差等级时，不要随意提高精度要求，应控制在常用加工方法所能达到的公差等级范围以内。如表1-16所示，常用加工方法中，除了铸造与锻造通常用于毛坯制备外，其余加工方法所能达到的加工精度，均可高于IT12级。换言之，如果零件尺寸精度要求不高于IT12级，则各种加工方法均可选用，因此在零件加工时可采用最经济的方法，从而尽量降低制造成本。而且IT12级以下相当于国家标准的一般公差，属于低精度要求，在设计图样上也无须标注。所以在选择公差等级时，首先考虑一般公差能否满足零件使用要求，若不能满足，再进一步考虑采用哪个公差等级较为合适。

对于导柱零件，两处ϕ22mm尺寸分别与下模座板、导套有配合要求，其制造误差对配合性质有影响，需要单独设计，除此以外，其余各尺寸的少许制造误差对导柱的正常使用影响不大，属于低精度要求，可以采用一般公差。

(2) 较高精度的尺寸

当尺寸精度要求较高时，包括配合尺寸、基准尺寸、工作尺寸等，如导柱零件的两处ϕ22mm尺寸，需要综合考虑相关因素，作出适当的选择。

① 上端ϕ22mm尺寸。此处尺寸与导套孔相配合，属于配合尺寸，应根据使用要求设计合适的配合代号。因为此处导柱、导套配合有定心要求，有轴向运动，故应采用小间隙配合，而且任务中已明确配合间隙不允许超过0.035mm，则适合采用计算法来进一步确定其公差带代号，选用过程如下：

a. 选择基准制。本例无特殊要求，按一般情况选用基孔制，则孔的基本偏差代号为H，即有EI=0。

b. 确定公差等级。根据使用要求，配合间隙在0~+0.035mm之间，变动量为

$$(+0.035)-0=0.035\ (\text{mm})$$

即$T_f \leqslant 0.035$mm

假设孔、轴同级配合，因$T_f=X_{max}-X_{min}=T_h+T_s$，则

$$T_h=T_s=T_f/2 \leqslant 17.5\mu\text{m}$$

查表1-7可知，孔和轴公差等级不低于IT7。

根据工艺等价原则，在IT8以上的公差等级范围内，孔应比轴低一个公差等级。同时，为使加工方便，孔、轴公差值应在允许范围内尽量取大，故应使T_f在满足$T_f \leqslant$ 0.035mm的条件下尽量取大。

试选孔的公差等级为IT7、轴的公差等级为IT6，则有T_h=21μm，T_s=13μm。

则配合公差$T_f=T_h+T_s$=IT7+IT6=0.021+0.013=0.034（mm）＜0.035（mm）。

满足使用要求，且与最大允许值0.035mm接近，所以公差等级选择合适。

c. 确定配合类别。根据使用要求，本例为间隙配合，且$X_{min} \geqslant 0$，$X_{max} \leqslant +0.035$mm。

$$\because \quad EI=0,\ T_h=21\mu\text{m}$$

$$\therefore \quad ES=EI+T_h=0+0.021=+0.021\ (\text{mm})$$

孔的公差带为$\phi 22H7(^{+0.021}_{0})$。

由X_{min}=EI–es≥0mm，得es≤0。

由X_{max}=ES–ei≤+0.035mm，得ei≥−0.014mm。

比较es与ei的绝对值大小，可知轴的基本偏差应为es。

查表1-9，根据公称尺寸为ϕ22mm，基本偏差为es≤0，且取其值与0最接近，可知轴的基本偏差代号应取h，es=0，ei=es–T_s=−0.013mm，轴的公差带为$\phi 22h6(^{0}_{-0.013})$。

综上，选择的配合代号为ϕ22H7/h6。

d. 验算设计结果。

$$X_{max}=ES-ei=+0.021-(-0.013)=+0.034\ (\text{mm})$$

$$X_{min}=EI-es=0-0=0$$

即设计选用的ϕ22H7/h6，其配合间隙在0~+0.034mm之间，与使用要求0~+0.035mm比较，此设计结果满足使用要求。

② 下端ϕ22mm尺寸。此处尺寸属于配合尺寸，需要考虑与下模座孔的配合要求。可以采用类比法确定其公差带代号。

无特殊情况，配合制采用基孔制。

按使用情况，该处配合有定心要求，无相对运动，不传递转矩，有一定的冲击振动，必要时可以拆卸，显然应取小过盈配合，查表1-19，推荐基本偏差代号为p或r，本例选用r。

对于小过盈配合，应选较高的公差等级，推荐轴≤IT7，此处采用IT6。

综上所述，设计选用配合代号为ϕ22H7/r6，则导柱相应尺寸为ϕ22r6。查表1-7，可知T_s=13μm；查表1-9，可知r的基本偏差值为ei=+0.028mm；根据es=ei+T_s可得es=+0.041mm。那么，以极限偏差的形式表示该尺寸为$\phi22^{+0.041}_{+0.028}$。

(3) 尺寸标注

设计确定的尺寸公差常以极限偏差的形式标注在零件图上，而一般公差无须标注。本例导柱零件尺寸标注如图1-20（a）所示。

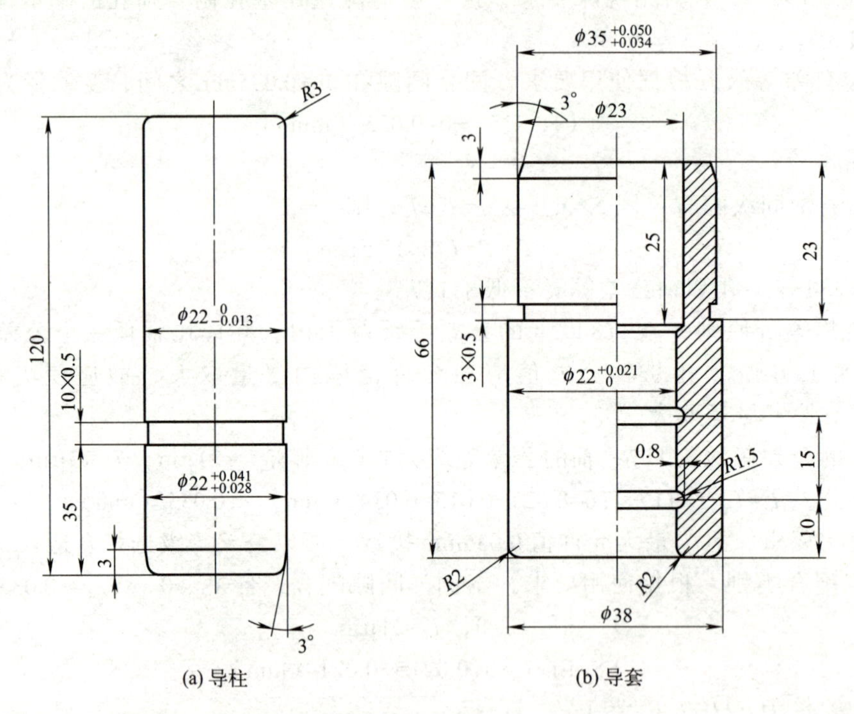

图1-20 导柱与导套零件尺寸标注图

1.5.3.2 导套零件尺寸公差的选用与标注

(1) 一般公差的尺寸

导套零件各尺寸中，除内孔直径ϕ22mm与上端外径ϕ35mm两处尺寸外，其余各处均可按一般公差处理。

(2) 较高精度的尺寸

① 内孔直径ϕ22mm。导套内孔ϕ22mm与导柱形成滑动连接，配合代号在设计导柱尺寸时已确定为ϕ22H7/r6，故导套孔直径应相应取为ϕ22H7。

②上端外径ϕ35mm两处尺寸。ϕ35mm尺寸与上模座板形成固定连接，其情形类似于导柱与下模座板的连接，故可参照选择配合代号为H7/r6，则导套相应尺寸为ϕ35r6。查表1-7，可知T_s=16μm；查表1-9，可知r的基本偏差值为ei=+0.034mm；根据es=ei+T_s可得es=+0.050mm。那么，以极限偏差的形式表示该尺寸为$\phi 35^{+0.050}_{+0.034}$。

（3）尺寸标注

本例导套零件尺寸标注如图1-20（b）所示。

1.6 任务资讯三

1.6.1 测量的基本概念

所谓测量，就是将被测量（如长度、角度等）与具有计量单位的标准量进行比较，从而确定被测量是计量单位的倍数或分数的过程，用公式表示为

$$L=qE$$

式中，L为被测量；q为比值；E为计量单位。

机械制造中的测量技术属于度量学的范畴。一个完整的几何量测量过程应包括被测对象、计量单位、测量方法及测量精度4个要素。

① 被测对象：是指几何量，即长度(包括角度)、表面粗糙度、几何误差及螺纹、齿轮的各个几何参数等。

② 计量单位：是指在几何量计量中，用以度量同类量值的标准量。如长度计量单位有米(m)、毫米(mm)、微米(μm) 等。

③ 测量方法：是指在进行测量时所采用的测量原理、计量器具和测量条件的综合。测量条件是测量时零件和测量器具所处的环境，如温度、湿度、振动和灰尘等。根据被测对象的特点，如精度、大小、轻重、材质、数量等，来确定所用的计量器具，选择合适的测量原理。

④ 测量精度：是指测量结果与零件真值的接近程度。与之相对应的概念即测量误差。由于各种因素的影响，任何测量过程总不可避免地会出现测量误差。测量误差大，说明测量结果与真值的接近程度低，则测量精度低；测量误差小，说明测量结果与真值的接近程度高，则测量精度高。对测量技术的基本要求：合理地选用计量器具与测量方法，保证一定的测量精度，具有高的测量效率、低的测量成本，通过测量分析零件的加工工艺，积极采取预防措施，避免废品的产生。检验是指为确定被测量是否在规定的极限范围内，从而判断零件是否合格，不一定得出具体的量值。

检验是与测量相近的一个概念，它的含义比测量更广泛。如表面锈蚀的检验、金属内部缺陷的检查等，就不能使用测量的概念。

1.6.2 测量方法分类

测量方法可以从不同角度进行分类。

① 按实测量是否为被测量，测量方法可分为直接测量与间接测量。

a. 直接测量。是指直接从计量器具上获得被测量的量值的测量方法。如用游标卡尺、外径千分尺测量零件的直径或长度。

b. 间接测量：是指被测参数与被测量有一定函数关系，先测出被测参数，然后通过函数关系算出被测量的测量方法。如测量大型圆柱零件时，可先测出圆周长度L，然后通过$D=L/\pi$计算被测零件的直径D。

② 按示值是否为被测量的整个量值，测量方法可分为绝对测量和相对测量（比较测量）。

a. 绝对测量：是指计量器具显示或指示的示值是被测量的整个量值。如用游标卡尺、千分尺测量零件的直径。

b. 相对测量：是指从计量器具上仅读出被测量对已知标准量的偏差值，而被测量的量值为计量器具的示值与标准量的代数和。如用比较仪测量时，先用量块调整仪器零位，然后测量轴径，所获得示值就是被测量相对量块尺寸的偏差。

③ 按零件上同时被测参数的多少，测量方法可分为综合测量与单项测量。

a. 综合测量：是指同时测量工件上的几个有关参数，综合地判断工件是否合格。其目的在于保证被测工件在规定的极限轮廓内，以达到互换性的要求。例如，用花键塞规检验花键孔，用齿轮动态整体误差测量仪测量齿轮等。

b. 单项测量：是指单个地、彼此没有联系地测量工件的单项参数。例如，分别测量螺纹的螺距或半角等。

④ 按被测工件表面与测量仪器之间是否有机械作用的测量力，测量方法可分为接触测量与非接触测量。

a. 接触测量：是指仪器的测量头与被测零件表面直接接触，并有机械作用的测量力存在。

b. 非接触测量：是指仪器的传感部分与被测零件表面间不接触，没有机械测量力存在。如光学投影测量、气动量仪测量等。

⑤ 按测量在机械加工过程中所处的位置，测量方法可分为在线测量与离线测量。

a. 在线测量：是指零件在加工中进行的测量，此时测量结果直接用来控制零件的加工过程，它能及时防止和消灭废品。

b. 离线测量：是指零件加工完后在检验站进行的测量，此时测量结果仅限于发现并剔除废品。

⑥ 按被测量或零件在测量过程中所处的状态，测量方法可分为静态测量与动态测量。

a. 静态测量：是指被测表面与测量头相对静止，没有相对运动。例如，千分尺测量零件的直径。

b. 动态测量：是指被测表面与测量头之间有相对运动，它能反映被测量的变化过程。例如，用激光丝杠动态检查仪测量丝杠。

⑦ 按决定测量结果的全部因素或条件是否改变，测量方法分为等精度测量和不等精度测量。

a. 等精度测量：是指决定测量精度的全部因素或条件都不变的测量。如同一测量者、同一计量器具、同一测量方法对同一被测量进行的测量。

b. 不等精度测量：是指在测量过程中一部分或全部决定结果的因素或条件发生改变。

一般情况下都采用等精度测量。不等精度测量数据的处理比较麻烦，只用于重要的科研实验中的高精度测量。

以上对测量方法的分类是从不同的角度考虑的，但一个具体的测量过程，可能同时兼有几种测量方法的特性。例如，用三坐标测量机对工件的轮廓进行测量，则同时使用了直接测量、接触测量、在线测量、动态测量等。因此，测量方法的选择应考虑被测对象的结构特点、精度要求、生产批量、技术条件和经济效益等。

测量技术的发展方向是动态测量和在线测量，因为只有将加工和测量紧密结合起来的测量方式，才能提高生产效率和产品质量。

1.6.3 长度单位、基准和长度量值传递系统

为了进行长度测量，必须建立统一可靠的长度单位基准。我国颁布的法定计量单位以国际单位制的基本长度单位“米”为基本单位。在机械制造中，常用的测量单位有毫

米（mm）和微米（μm）；

1983年，第17届国际计量大会审议并批准了“米”的新定义，即1米是光在真空中，在1/299792458s的时间间隔内所经过的距离。在生产实践中，不可能直接利用光波波长进行长度尺寸的测量，通常经过中间基准将长度基准逐级传递到生产中使用的各种计量器具上，这就是长度量值传递系统。我国长度量值传递系统如图1-21所示，从最高基准谱线开始，通过两个平行的系统向下传递。

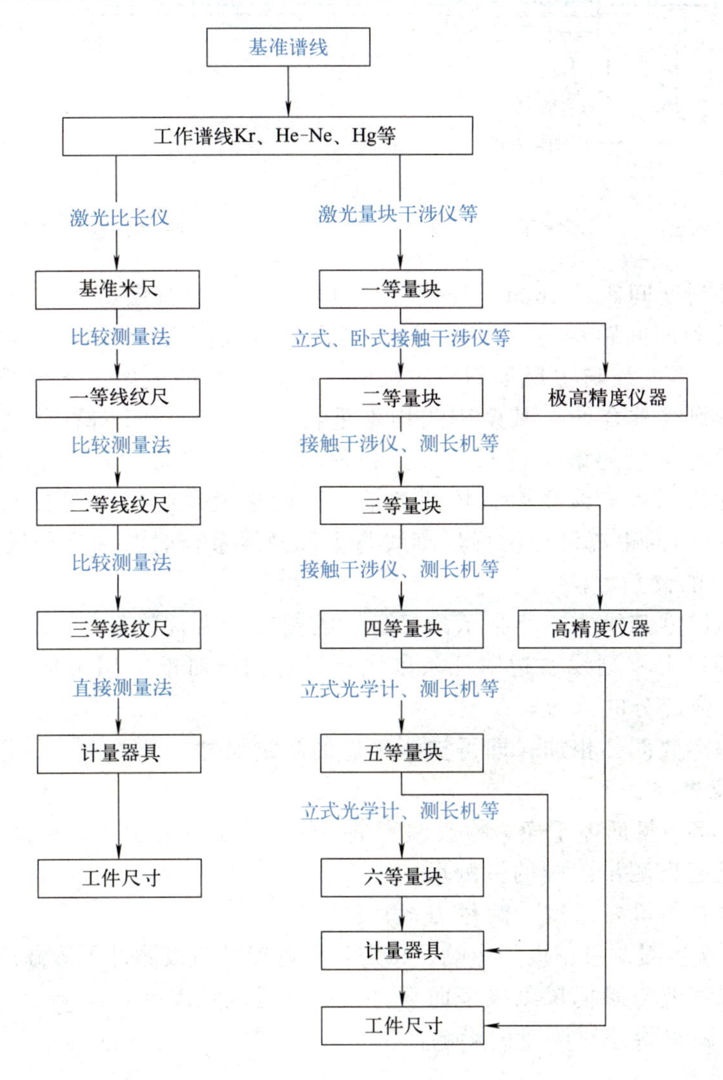

图1-21　长度量值传递系统

1.6.4　测（计）量器具与测量方法

（1）游标卡尺

① 结构：游标卡尺因类型不同，结构也有所不同，一般由主尺、游标尺、外测量爪、内测量爪及锁紧机构等组成，如图1-22所示。主尺上有毫米刻度，游标尺上的刻度间距不同，其所能读出的最小单位量值（分度值）也不同，常见的有0.02mm、0.05mm、0.1mm三种。

② 刻线原理：游标卡尺主尺的刻线间距与游标尺的刻度间距是不同的。

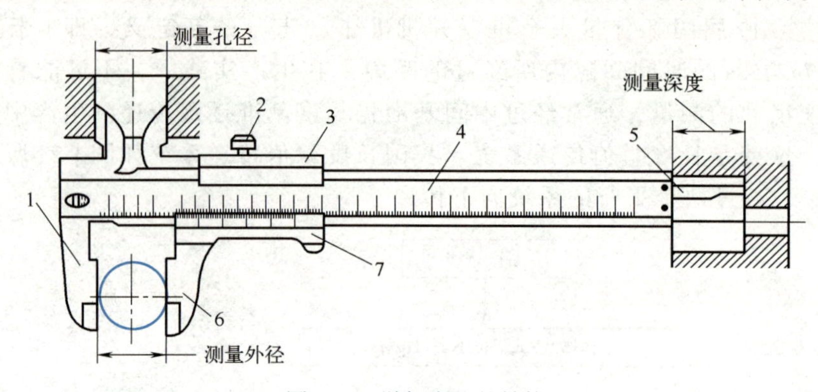

图1-22 游标卡尺的结构

1—外测量爪；2—锁紧螺钉；3—游标；4—主尺；5—测深杆；6—内测量爪；7—游标尺

常用的主尺刻度间距a=1mm。若使主尺刻度n–1格的宽度等于游标尺刻度n格的宽度，则游标尺的刻度间距$b=[(n-1)/n]\times a$。若主尺刻度间距为1mm，游标尺刻度间距为0.9mm，当游标尺零刻线与主尺零刻线对准时，除游标尺的最后一条刻线（第10条刻线）与主尺上第9条刻线重合外，其余刻线均不重合。若将游标尺向右移动0.1mm，则游标尺的第一条刻线与主尺的第一条刻线重合；游标尺向右移动0.2mm时，则游标尺的第二条刻线与主尺的第二条刻线重合，依此类推。这就是说，游标尺在1mm内（1个主尺刻度间距），向右移动的距离可由游标尺刻线与主尺刻线重合时游标尺刻线的序号来决定。

③ 游标卡尺的读数方法：

a. 读出游标尺零刻线左边所指示的尺身上的刻线，为整数部分。

b. 观察游标尺上零刻线右边第几条刻线与尺身刻线对准，用游标尺刻线的序号乘上分度值，即为小数部分的读数。

c. 将整数与小数部分相加，即得被测工件的测量尺寸。

④ 使用注意事项：

a. 使用前应将测量面擦干净，检查两测量爪间，不能存在显著的间隙，并校对零位。

b. 不能测量超出测量范围的被测尺寸。

c. 移动尺框时力量要适度，测量力不宜过大。

d. 注意防止温度对测量精度的影响，特别是测量器具与被测件不等温产生的测量误差。

e. 读数时视线要与游标尺刻线平面垂直，以免造成视差。

f. 尽量减少阿贝误差对测量的影响。

⑤ 维护与保养：

a. 不得用游标卡尺测量运动着的被测件。

b. 不得用游标卡尺测量表面粗糙的被测件。

c. 不得将游标卡尺当作工具使用。

d. 不得将游标卡尺的内测量爪用紧固螺钉紧固后当作卡规使用。

e. 使用过程中要轻拿轻放，不要与手锤、扳手等工具放在一起，以防受压和磕碰造成损伤。

f. 使用完毕应用干净棉丝擦净，装入盒内固定位置后放在干燥、无腐蚀、无振动和无强磁力的地方保管。

g. 不得用砂纸等硬物擦卡尺的任何部位，非专业修理量具人员不得进行拆卸和调修。

h. 按使用合格证的要求进行周期检定。

（2）千分尺

千分尺是利用螺旋传动原理制成的量具，分为外径千分尺、内径千分尺与深度千分尺。外径千分尺的结构如图1-23所示。

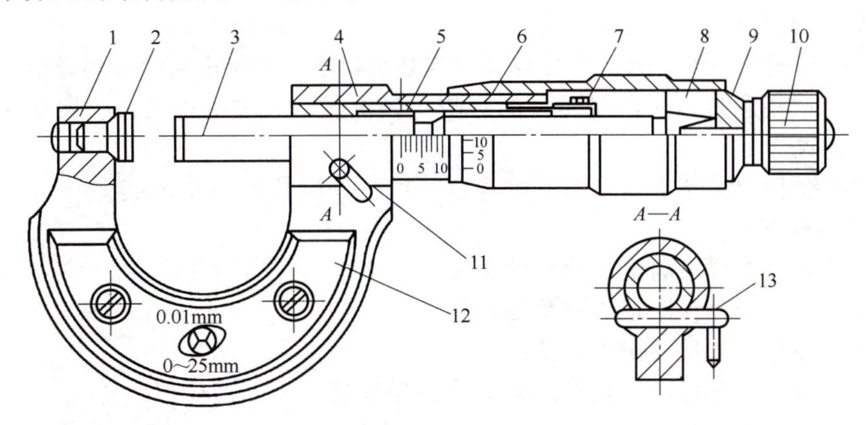

图1-23　外径千分尺

1—尺架；2—固定测头；3—活动测头；4—螺纹轴套；5—固定套筒；6—微分筒；7—调节螺母；8—接头；9，10—测力装置；11—锁紧手把；12—绝缘板；13—锁紧轴

① 刻线与读数原理：千分尺是应用螺旋副的传动原理，将角位移转变为直线位移进行测量的。测微螺杆的螺距为0.5mm时，固定套筒上的标尺间距（一般分在两侧）也是0.5mm，微分筒的圆锥面上刻有50等分的圆周刻线。将微分筒旋转一圈时，测微螺杆轴向位移为0.5mm；当微分筒转过一格时，测微螺杆轴向位移为0.5×1/50=0.01（mm）。这样，可由微分筒上的刻度精确地读出测微螺杆轴向位移的小数部分。千分尺的分度值为0.01mm。

常用的外径千分尺的测量范围有0~25mm、25~50mm、50~75mm、75~100mm等若干种。

在使用千分尺时，应先对准“0”位，即千分尺两测量面接触。微分筒棱边对准固定套筒零刻线，固定套筒上的纵刻线对准微分筒上的零刻线。如果微分筒的零刻线与固定套筒的刻度中线没有对准，可记下差数，以便在测量结果中除去；也可在测量前加以调整。

② 读数方法：

a. 由固定套筒上露出的刻线读出被测工件尺寸的整数（下边格）和半毫米（上边格出来，加0.5mm）数。

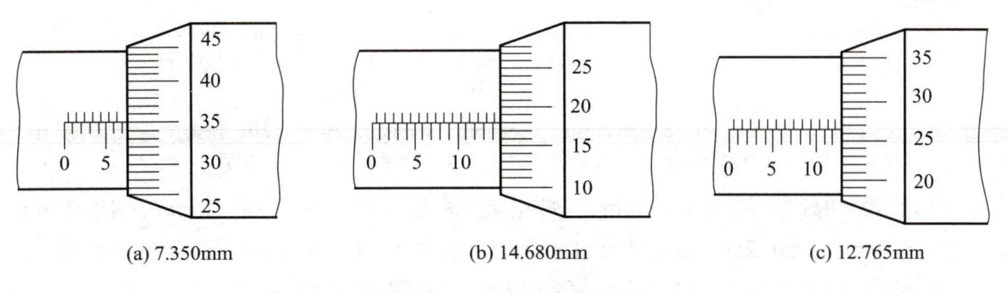

图1-24　千分尺读数示例

b. 在微分筒上由固定套筒纵刻线所对准的刻线读出被测工件的小数部分；不足一格的数，由估读法确定。

c. 将整数和小数部分相加，即为被测工件尺寸，如图1-24所示。

③ 使用注意事项：

a. 使用前必须用校对杆校对“0”位。

b. 不能测量超出测量范围的被测尺寸。

c. 手应握在隔热垫处，测量器具与被测件必须等温，以减小温度对测量精度的影响。

d. 要注意减小测量力对测量精度的影响，当测量面与被测件表面将要接触时，就必须使用测力装置。

e. 读数时要特别注意半毫米刻度的读取，可估计读数到0.001mm。

④ 维护与保养：

a. 不得用外径千分尺测量运动着的被测件。

b. 不得用外径千分尺测量表面粗糙的被测件。

c. 不得将外径千分尺当作工具使用。

d. 不得将外径千分尺的测量杆用紧固螺钉紧固后当作卡规使用。

e. 使用过程中要轻拿轻放，不要与手锤、扳手等工具放在一起，以防受压和磕碰造成损伤。

f. 使用完毕应用干净棉丝擦净，装入盒内固定位置后放在干燥、无腐蚀、无振动和无强磁力的地方保管。

g. 不得用砂纸等硬物擦量具的任何部位，非专业修理量具人员不得进行拆卸和调修。

h. 按使用合格证的要求进行周期检定。

（3）内径百分表

① 结构：内径百分表是用相对法测量孔径的通用量具，适用于测量一般精度的深孔零件。其工作原理如图1-25所示，主要由百分表6、接长杆4、活动测头8、等臂杠杆7、可换测头1、定心装置9等组成。工件的尺寸变化通过活动测头8，传递给等臂杠杆7及接长杆4，然后由分度值为0.01mm的百分表指示出来。为使内径百分表的测量轴线通过被测孔的圆心，内径百分表一般设有定心装置，以保证测量的快捷与准确。

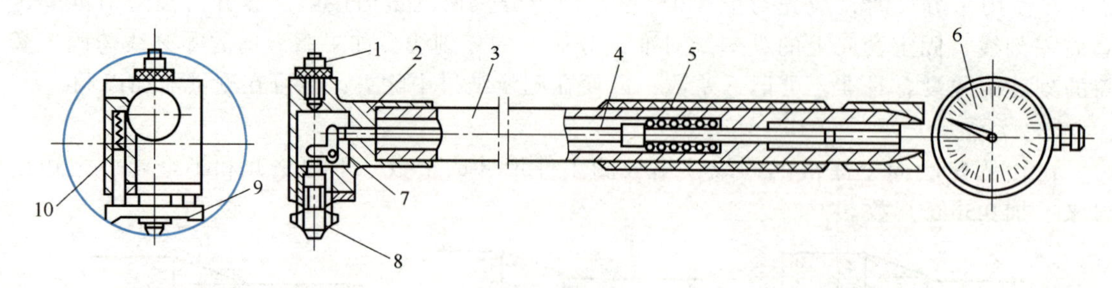

图1-25 内径百分表工作原理

1—可换测头；2—测量套；3—测杆；4—接长杆；5，10—弹簧；
6—百分表；7—等臂杠杆；8—活动测头；9—定心装置

内径百分表的分度值为0.01mm，测量范围有6~10mm、10~18mm、18~35mm、35~50mm、50~160mm、100~250mm、250~450mm等多种规格。根据不同的被测孔直径可选择相应测量范围的内径百分表及适当的可换测头，通过比其精度高的量具（如千分尺）调整零位后进行测量。

② 读数方法：用内径百分表测量孔径属于比较测量法，测量前必须先用与被测尺寸公称值相同的标准尺寸来调整其“0”位，然后通过百分表读出被测尺寸的实际偏差。当百分表的长指针转动一小格时，表示百分表的测头移动了0.01mm，当百分表的长指针转动一周时，表示内径百分表的测头移动了1mm，测量读数时可估计读数到0.001mm。

③ 使用注意事项：

a. 使用前应检查定心装置和测杆移动是否灵活。

b. 选择接长杆时，要按内径百分表各接长杆规定的适用范围选择。

c. 在安装接长杆时，要注意将接长杆轻轻旋入杆座，当旋入受阻时一定要查明原因，排除故障，不得用扳手强行旋入，否则会损坏杆座内的传动杠杆。

d. 接长杆调整到适当位置后一定要用扳手将其固定，才能用所选择的“标准”测量器具进行对“0”工作。

e. 操作时手应握在隔热套处，测量器具与被测件必须等温，以减小温度对测量精度的影响。

f. 因被测孔的直径所处的位置必须过轴心线且与轴心线垂直，故在测量孔径时两测头连线的尺寸应同时满足以下两个条件才能读数：沿轴心线的方向(轴向)应找到最小值；在与轴心线垂直的方向(径向)应找到最大值。由于内径百分表设计了定心装置，所以在径向不需要找最大值。

④ 维护与保养：

a. 不得用内径百分表测量运动着的被测件。

b. 不得用内径百分表测量表面粗糙的被测件。

c. 使用过程中要轻拿轻放，不要与手锤、扳手等工具放在一起，以防受压和磕碰造成损伤。

d. 使用完毕应用干净棉丝擦净，装入盒内固定位置后放在干燥、无腐蚀、无振动和无强磁力的地方保管。

e. 不得用砂纸等硬物擦量具的任何部位，非专业修理量具人员不得进行拆卸和调修。

f. 按使用合格证的要求进行周期检定。

⑤ 内径百分表的测量步骤：

a. 预调整：安装百分表：将百分表装入测杆内，预压缩1mm左右（百分表的小指针指在1mm附近）后锁紧。

安装接长杆：根据被测零件公称尺寸选择适当的接长杆装入测杆的杆座上，调整接长杆的位置，使可换测头与活动测头之间的长度大于被测尺寸0.5~1mm（以便测量时活动测头能在公称尺寸的正、负一定范围内自由运动），然后用专用扳手压紧接长杆的锁紧螺母。

b. 对“0”位：因内径百分表是利用比较测量法测量尺寸的测量器具，故在使用前必须用其他测量器具作为标准，根据被测件的公称尺寸校对内径百分表的“0”位。校对“0”位的常用方法有以下三种：

第一种方法是用量块和量块附件校对“0”位。按被测零件的公称尺寸组合量块，并装夹在量块的附件中，将内径百分表的两测头放在量块附件两量脚之间，摆动测杆使百分表读数最小，然后转动百分表的滚花环，将刻度盘的零刻线转到与百分表的长指针对齐。这样的“0”位校对方法能保证校对“0”位的准确度及内径百分表的测量精度，但其操作比较麻烦，且对量块的使用环境要求较高。

第二种方法是用标准环规校对“0”位。按被测件的公称尺寸选择名义尺寸相同的标准环规，按标准环规的实际尺寸校对内径百分表的“0”位。此方法操作简便，并能保证校对“0”位的准确度。因校对“0”位需制造专用的标准环规，因此此方法只适合检测生产批量较大的零件。

第三种方法是用外径千分尺校对“0”位。按被测零件的公称尺寸选择适当测量范围的外径千分尺，将外径千分尺放在被测公称尺寸外，内径百分表的两测头放在外径千分尺两测量面之间校对“0”位。因受外径千分尺精度的影响，用其校对“0”位的准确度和稳定性均不高，从而降低了内径百分表的测量精度。但此方法易于操作和实现，在生产现场对精度要求不高的单件或小批量零件进行检测时，仍得到较广泛的应用。

c. 测量：手握内径百分表的隔热手柄，先将内径百分表的活动测头和定心护桥轻轻压入被测孔径，然后将固定测头放入。当测头达到指定的测量部位时，将百分表微微在轴向截面内摆动（图1-26），读出指示表最小读数，此读数即为该测量点孔径的实际偏差。

测量时要特别注意该实际偏差的正、负符号：表针按顺时针方向未达到“0”点的读数是正值；表针按顺时针方向超过“0”点的读数是负值。

如图1-27所示，对孔轴向的上、中、下三个截面及每个截面相互垂直的$A—A'$和$B—B'$两个方向上，共六个测量点进行测量，将测量数据记入测量报告内。

d. 数据处理：按测量报告单的填写要求填写数据，并计算被测尺寸的验收极限，根据验收极限判断其合格性。

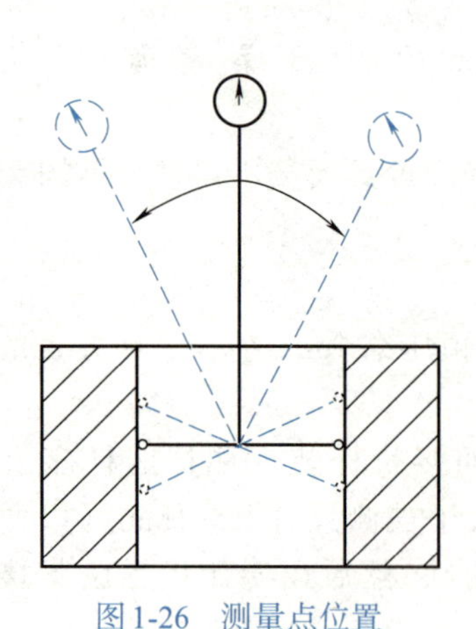

图1-26　测量点位置

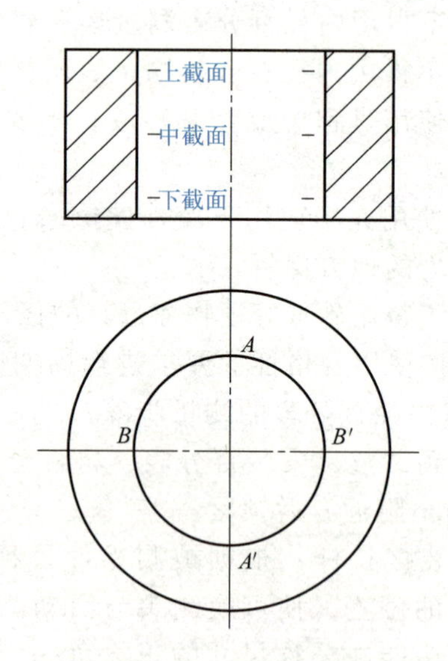

图1-27　测量示意图

（4）螺纹结合的检测

检测螺纹的方法有两种：单项检测和综合检测。

单项检测是指用指示量仪测量螺纹的实际值，每次只测量螺纹的一项几何参数，并以所得的实际值来判断螺纹的合格性。检测内容主要是对螺纹中径、螺距和牙型半角三个参数进行测量。现在应用比较广泛的是用工具显微镜测量螺纹各个参数，用量针测量螺纹中径（三针量法），用钢尺测量外螺纹螺距，用牙型角样板测量外螺纹牙型角。

综合检测是指一次同时检验螺纹的几个参数，以几个参数的综合误差来判断螺纹的合格性。主要通过光滑极限量规检测内、外螺纹顶径尺寸是否合格，通过螺纹量规检测内、外螺纹的作用中径是否合格。

单项检测精度高，主要用于精密螺纹、螺纹刀具及螺纹量规的测量，或在生产中分析形成各参数误差的原因时使用。综合检测生产率高，适用于成批生产中精度不太高的螺纹件的检测。

① 普通外螺纹的单项检测。

a. 用螺纹千分尺测量。螺纹千分尺是测量低精度外螺纹中径的常用量具。它的结构与一般外径千分尺相似，所不同的是测量头，它有成对配套的、适用于不同牙型和不同螺距的测头，如图1-28所示。

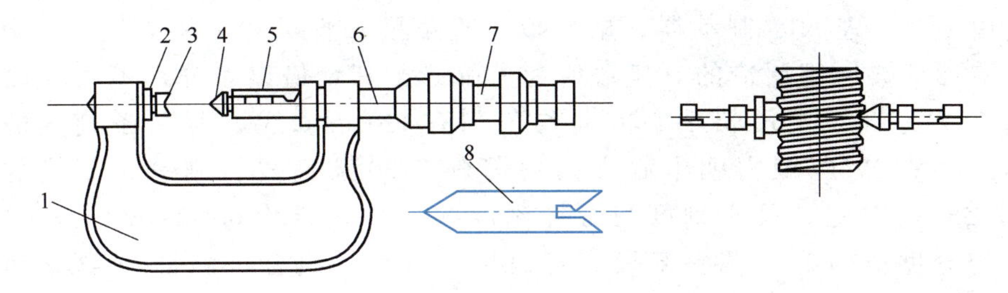

图1-28 螺纹千分尺

1—弓架；2—架钻；3—V形测量头；4—圆锥形测量头；5—主量杆；6—刻度套筒（内套筒）；7—微分筒（外套筒）；8—校对样板

b. 用三针量法测量。三针量法具有精度高、测量简便的特点，可用来测量精密螺纹和螺纹量规。三针量法是一种间接测量法，如图1-29所示，将三根直径相等的量针分别放在螺纹两边的牙槽中，用接触式量仪测出针距尺寸M，然后根据被测螺纹的已知螺距P、牙型角α、量针尺寸d_0，按下式计算螺纹中径d_2

$$d_2=M-d_0\left(1+\frac{1}{\sin\frac{\alpha}{2}}\right)+\frac{P}{2}\cot\frac{\alpha}{2}$$

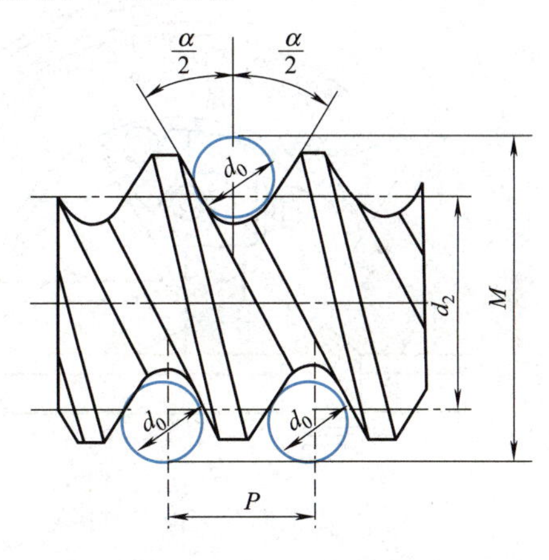

图1-29 三针量法测量螺纹中径

另外，在计量室内，常在工具显微镜上采用影像法测量精密螺纹的几何参数，以供生产中作工艺分析时使用。

② 普通内螺纹的综合检测。准备量具：螺纹塞规，如图1-30所示。

图1-30 内螺纹的综合检测（螺纹塞规）

1—通端；2—止端

检验步骤：

a. 用硬棕刷清洗内螺纹和螺纹塞规的污物，并用布擦干净。

b. 把螺纹塞规放正，将螺纹塞规通端旋入内螺纹，然后使用塞规止端。

c. 检验评定结果，如果塞规通端能顺利地与被检内螺纹在全长上旋合，塞规止端不能完全旋合，说明内螺纹的基本参数合格，否则内螺纹的参数不合格。

（5）角度的检测

① 直接法测量角度。直接法测量角度常用量具有万能（游标）角度尺、水平仪、光学分度头、测角仪、工具显微镜等。这里介绍使用万能角度尺测量角度。

万能（游标）角度尺是机械加工中常用的度量角度的量具，它的结构如图 1-31 所示。它由主尺、基尺、制动器、扇形板、直角尺、直尺和卡块等组成。万能角度尺是根据游标读数原理制造的。读数值为 $2'$ 和 $5'$，其示值误差分别不大于 $\pm2'$ 和 $\pm5'$。以读数值为 $2'$ 为例：主尺朝中心方向均匀刻有 120 条刻线，每两条刻线的夹角为 1°，游标上，在 29° 范围内朝中心方向均匀刻有 30 条刻线，则每条刻线的夹角为 $29\times60'/30=58'$。因此，尺座刻度与游标刻度的夹角之差为 $60'-29\times60'/30=2'$，即游标角度尺的分度值为 $2'$。调整基尺、直角尺、直尺的组合可测量 $0^\circ\sim320^\circ$ 范围内的任意角度。

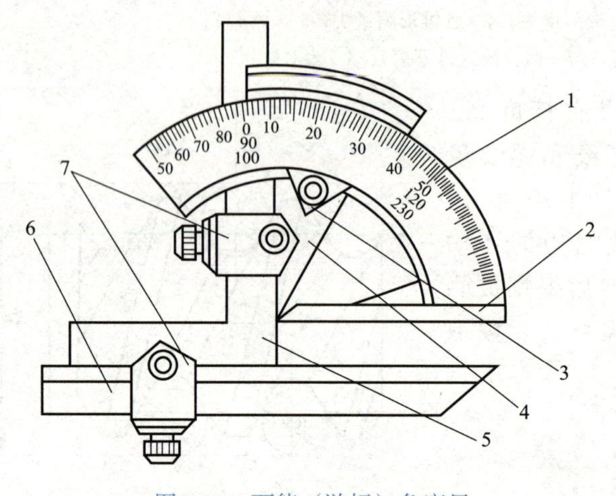

图 1-31　万能（游标）角度尺

1—主尺；2—基尺；3—制动器；4—扇形板；
5—直角尺；6—直尺；7—卡块

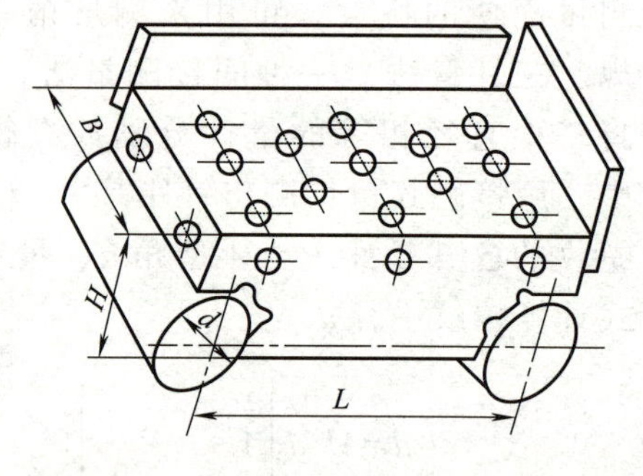

图 1-32　正弦规

② 间接法测量角度。间接法是测量与被测角度有关的长度尺寸，通过三角函数计算出被测角度值。间接法常用的计量器具有正弦规等。

正弦规是锥度测量中常用的计量器具，其结构形式如图 1-32 所示，测量精度可达 $\pm(1'\sim3')$，适宜测量小于 40° 的角度。

用正弦规测量外圆锥的锥角如图 1-33 所示。在正弦规的一个圆柱下面垫上高度为 h 的一组量块，已知两圆柱的中心距为 L，正弦规工作面和平板的夹角为 α，则 $h=L\sin\alpha$。用百分表测量圆锥面上相距为 l 的 a、b 两点，由 a、b 两点的读数之差 n 和 a、b 两点的距离 l 之比，即可求出锥角误差，即

$$\Delta\alpha=\arctan\frac{n}{l}$$

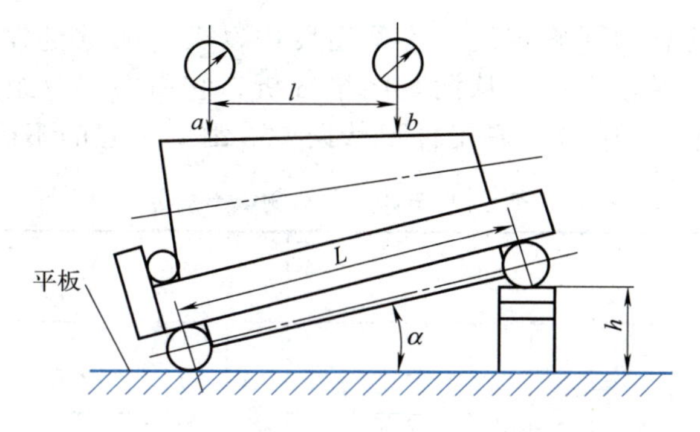

图1-33　正弦规测量锥角

1.6.5　测（计）量器具的选择

（1）检验条件的要求

① 工件尺寸是否合格一般只按一次测量结果来判断。

② 考虑到普通计量器具的特点（即两点法测量），一般只用来测量尺寸，不用来测量工件上可能存在的形位误差。

③ 对偏离测量的标准条件（温度为20℃，测量力为0）所引起的误差以及测量器具和标准器具不显著的系统误差等一般不进行修正。

（2）测（计）量器具的选择原则

① 选择的计量器具应与被测工件的外形、位置、尺寸及被测参数特性相适应，使所选计量器具的测量范围能满足工件的要求。

② 选择计量器具时应考虑工件的尺寸公差，使所选计量器具的测量不确定度值既能保证测量精度要求，又能符合经济性要求。

无论采用通用测量器具还是专用测量器具对工件进行检测，都有测量误差存在。当真实尺寸位于极限尺寸附近时，会引起误收（即把实际尺寸超过极限尺寸范围的工件误认为合格）或误废（即把实际尺寸在极限尺寸范围内的工件误认为不合格）。可见，测量器具的精度越低，引起的测量误差就越大，误收和误废的概率就越大。

测量器具的精度应该与被测零件的公差等级相适应。被测零件的公差等级越高，公差值越小，则选用的测量器具精度要求高，反之亦然。但是不管采用什么样的仪器或量具，都存在测量误差。为了保证被测零件验收的正确率，验收标准规定：验收极限从规定的极限尺寸向零件公差带内移动一个测量不确定度的允许值A（安全裕度）。根据这一原则，建立了在规定极限尺寸基础上内缩的验收规则：

上验收极限=最大极限尺寸−安全裕度（A）

下验收极限=最小极限尺寸+安全裕度（A）

对遵守包容要求的尺寸、精度等级高的尺寸，其验收极限采用内缩的方式，对非配合和一般公差的尺寸，其验收极限不需内缩。

安全裕度（A）的确定，必须从技术性和经济性两个方面综合考虑。A值较大时,可选用较低精度的测量器具进行检验，但减小了生产公差，因而加工经济性差；A值较小时，要用较精密的测量器具，加工经济性好，但测量仪器费用高。因此，A值应按被检工件的公差大小确定，一般为工件公差的1/10。国家标准规定的A值列于表1-23中。安

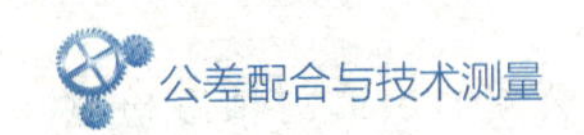

全裕度相当于测量中的总的不确定度。不确定度用以表征测量过程中各项误差综合影响沿测量结果分散程度的误差界限。从测量结果分析，它由两部分组成，即测量器具的不确定度（u_1）和由温度、压陷效应和工件形状误差等因素引起的不确定度（u_2）。

表1-23　安全裕度（A）与计量器具测量不确定度的允许值（u_1）　单位：μm

公差等级	6					7					8					9				
公称尺寸/mm	T	A	u_1			T	A	u_1			T	A	u_1			T	A	u_1		
			Ⅰ	Ⅱ	Ⅲ			Ⅰ	Ⅱ	Ⅲ			Ⅰ	Ⅱ	Ⅲ			Ⅰ	Ⅱ	Ⅲ
≥3	6	0.6	0.54	0.9	1.4	10	1.0	0.9	1.5	2.3	14	1.4	1.3	2.1	3.2	25	2.5	2.3	3.8	5.6
>3~6	8	0.8	0.72	1.2	1.8	12	1.2	1.1	1.8	2.7	18	1.8	1.6	2.7	4.1	30	3.0	2.7	4.5	6.8
>6~10	9	0.9	0.81	1.4	2.0	15	1.5	1.4	2.3	3.4	22	2.2	2.0	3.3	5.0	36	3.6	3.3	5.4	8.1
>10~18	11	1.1	1.0	1.7	2.5	18	1.8	1.7	2.7	4.1	27	2.7	2.4	4.1	6.1	43	4.3	3.9	6.5	9.7
>18~30	13	1.3	1.2	2.0	2.9	21	2.1	1.9	3.2	4.7	33	3.3	3.0	5.0	7.4	52	5.2	4.7	7.8	12
>30~50	16	1.6	1.4	2.4	3.6	25	2.5	2.3	3.8	5.6	39	3.9	3.5	5.9	8.8	62	6.2	5.6	9.3	14
>50~80	19	1.9	1.7	2.9	4.3	30	3.0	2.7	4.5	6.8	46	4.6	4.1	6.9	10	74	7.4	6.7	11	17
>80~120	22	2.2	2.0	3.3	5.0	35	3.5	3.2	5.3	7.9	54	5.4	4.9	8.1	12	83	8.3	7.5	13	20
>120~180	25	2.5	2.3	3.8	5.6	40	4.1	3.6	6.0	9.0	63	6.3	5.7	9.5	14	100	10	9.0	15	23
>180~250	29	2.9	2.6	4.4	6.0	46	4.6	4.1	6.9	10	72	7.2	6.5	11	16	115	12	10	17	26
>250~315	32	3.2	2.9	4.8	7.2	52	5.2	4.7	7.8	12	81	8.1	7.3	12	18	130	13	12	19	29
>315~400	36	3.6	3.2	5.4	8.1	57	5.7	5.1	8.4	13	89	8.9	8.0	13	20	140	14	13	21	32
>400~500	40	4.0	3.6	6.0	9.1	63	6.3	5.7	8.5	14	97	9.7	8.7	15	22	155	16	14	23	35

计量器具按其不确定度u_1选择的。国家标准规定：

$$u_1=0.9A$$

选择计量器具时，应使所选的计量器具不确定度等于或小于所规定的u_1值。国家标准规定的计量器具不确定度的允许值见表1-23。不确定度的允许值u_1分为三档，当工件公差为IT6~IT11时，可分为Ⅰ、Ⅱ、Ⅲ三档，当工件公差为IT12~IT18时，可分为Ⅰ、Ⅱ两档。选用表1-23中计量器具的测量不确定度（u_1），一般情况下优先选用Ⅰ档，其次选用Ⅱ档、Ⅲ档。

检验国家标准规定：按照计量器具的测量不确定度允许值u选择计量器具。应使所选用的计量器具的测量不确定度允许值u小于或等于标准规定的u_1，即$u \leqslant u_1$。

表1-24、表1-25给出了车间常用的千分尺、游标卡尺及比较仪的测量不确定度允许值u，可供选用测量器具时参考。

表1-24　千分尺和游标卡尺的测量不确定度允许值u　单位：mm

尺寸范围		计量器具类型			
		分度值0.01外径千分尺	分度值0.01内径千分尺	分度值0.02游标卡尺	分度值0.05游标卡尺
大于	至	测量不确定			
0	50	0.004	0.008	0.020	0.050

续表

<table>
<tr><th colspan="2" rowspan="2">尺寸范围</th><th colspan="4">计量器具类型</th></tr>
<tr><th>分度值0.01外径千分尺</th><th>分度值0.01内径千分尺</th><th>分度值0.02游标卡尺</th><th>分度值0.05游标卡尺</th></tr>
<tr><td>50</td><td>100</td><td>0.005</td><td rowspan="2">0.008</td><td rowspan="9">0.020</td><td rowspan="3">0.050</td></tr>
<tr><td>100</td><td>150</td><td>0.006</td></tr>
<tr><td>150</td><td>200</td><td>0.007</td><td rowspan="3">0.013</td></tr>
<tr><td>200</td><td>250</td><td>0.008</td><td rowspan="6">0.100</td></tr>
<tr><td>250</td><td>300</td><td>0.009</td></tr>
<tr><td>300</td><td>350</td><td>0.010</td><td rowspan="3">0.020</td></tr>
<tr><td>350</td><td>400</td><td>0.011</td></tr>
<tr><td>400</td><td>450</td><td>0.012</td></tr>
<tr><td>450</td><td>500</td><td>0.013</td><td>0.025</td></tr>
</table>

表1-25 比较仪的测量不确定度允许值u 单位：mm

<table>
<tr><th colspan="2" rowspan="2">工件尺寸范围</th><th colspan="4">所使用的测量器具</th></tr>
<tr><th>分度值0.0005(相当于放大倍数2000倍)的比较仪</th><th>分度值0.001(相当于放大倍数1000倍)的比较仪</th><th>分度值0.002(相当于放大倍数400倍)的比较仪</th><th>分度值0.005(相当于放大倍数250倍)的比较仪</th></tr>
<tr><th>大于</th><th>至</th><th colspan="4">测量不确定</th></tr>
<tr><td></td><td>25</td><td>0.0006</td><td rowspan="2">0.0010</td><td>0.0017</td><td rowspan="6">0.0030</td></tr>
<tr><td>25</td><td>40</td><td>0.0007</td><td rowspan="3">0.0018</td></tr>
<tr><td>40</td><td>65</td><td>0.0008</td><td rowspan="2">0.0011</td></tr>
<tr><td>65</td><td>90</td><td>0.0008</td></tr>
<tr><td>90</td><td>115</td><td>0.0009</td><td>0.0012</td><td rowspan="2">0.0019</td></tr>
<tr><td>115</td><td>165</td><td>0.0010</td><td>0.0013</td></tr>
<tr><td>165</td><td>215</td><td>0.0012</td><td>0.0014</td><td>0.0020</td><td rowspan="3">0.0035</td></tr>
<tr><td>215</td><td>265</td><td>0.0014</td><td>0.0016</td><td>0.0021</td></tr>
<tr><td>265</td><td>315</td><td>0.0016</td><td>0.0017</td><td>0.0022</td></tr>
</table>

例1-8 被测工件尺寸为$\phi40h8\left(^{\ 0}_{-0.039}\right)$，试选择测量器具并确定验收极限。

解： ①确定安全裕度A和测量器具不确定度允许值u_1

已知工件公差T=0.039mm，由表1-23中查得安全裕度A=0.0039mm，测量器具不确定度允许值u_1=0.0035mm。

② 选择测量器具

工件尺寸为40mm，由表1-25查得分度值为0.005mm、放大倍数为250倍的比较仪的测量不确定度u=0.003mm＜u_1=0.0035mm，满足使用要求，并且经济合理。

③ 确定验收极限

上验收极限=最大极限尺寸−A=[(40+0)−0.0039]=39.9961（mm）

下验收极限=最小极限尺寸+A=[(40−0.039)+0.0039]=39.9649（mm）

1.6.6 测量误差与数据处理

在测量过程中，总存在着测量误差。任何测量结果都不可能绝对精确，只是近似地接近真值。测量误差就是测量结果与被测量的真值之差。

（1）引起测量误差的因素

① 计量器具的误差。计量器具的误差是指计量器具本身所具有的误差，包括计量器具的设计、制造和使用过程中的各项误差。这些误差的综合反映可用计量器具的示值精度或确定度来表示。另外，比对测量时使用的标准量如量块、线纹尺等的误差，也将直接反映到测量结果中。

② 测量方法误差。测量方法误差是指测量方法不完善所引起的误差，包括计算公式不准确、测量方法选择不当、测量基准不统一、工件安装不合理以及测量力等引起的误差。

③ 测量环境误差。测量环境误差是指测量时的环境条件不符合标准条件所引起的误差。环境条件是指湿度、温度、振动、气压和灰尘等。其中，温度对测量结果的影响最大。例如，测量时，由于被测零件与标准件的温度偏离标准温度（20℃）而引起的测量误差。

④ 人员误差。人员误差是指测量人员的主观因素所引起的误差。例如，测量人员技术不熟练、视觉偏差、估读判断错误等引起的误差。

总之，造成测量误差的因素很多，测量时应采取相应的措施，设法减小或消除它们对测量结果的影响，以保证测量的精度。

（2）测量误差的类型

按测量误差的性质其可分为系统误差、随机误差和粗大误差。

① 系统误差：指在相同条件下、多次重复测量同一量值时，大小和符号保持不变或按一定规律变化的误差。前者称为定值系统误差，后者称为变值系统误差。例如，利用千分尺测量零件时，千分尺“0”位调整不正确对各次测量结果的影响是相同的，因此引起的测量误差为定值系统误差。又如，指示表的刻度盘与指针回转轴偏心所引起的按正弦规律周期变化的测量误差，属于变值系统误差。

② 随机误差：指在相同条件下、多次测量同一量值时，大小和符号以不可预见的方式变化的误差。随机误差是测量过程中由许多独立的、微小的、随机的因素引起的综合误差。如计量器具中机构的间隙、运动件间的摩擦力变化、测量力的不恒定和测量温度、湿度的波动等引起的测量误差都属于随机误差。在同一测量条件下、重复进行的多次测量中，不可避免地会产生随机误差，随机误差既不能用实验方法消除，也不能修正。就某一次具体测量而言，随机误差的大小和符号是没有规律的，但对同一被测量进行连续多次重复测量而得到一系列测得值（简称测量列）时，随机误差总体上存在一定的规律性。大量实验表明，随机误差通常服从正态分布规律。因此，可以利用概率论和数理统计的一些方法来掌握随机误差的分布特性，估算误差范围，对测量结果进行处理。

③ 粗大误差：指明显超出规定条件下预期量值的误差。它明显地歪曲了测量结果。粗大误差是由主观和客观原因造成的，主观原因如测量人员疏忽造成的读数误差和记录误差，客观原因如外界突然振动引起的误差等。

对系统误差应设法消除或减小其对测量结果的影响；对随机误差需经计算确定其对测量结果的影响；对粗大误差应剔除。

（3）测量结果的数据处理

对测量结果进行处理是为了找出被测量最可信的数值以及评定这一数值所包含的误差。在相同的测量条件下，对同一被测量进行连续测量，得到一测量列。测量列中可能同时存在系统误差、随机误差和粗大误差，因此必须对这些误差进行处理。

① 系统误差的发现和消除。系统误差一般通过标定的方法发现。从数据处理的角度出发，发现系统误差的方法有多种，直观的方法是残差观察法，即根据测量值的残余误差列表或作图进行观察。若残余误差大体正负相同，无显著变化规律，则可认为不存在系统误差；若残余误差有规律地递增或递减，则存在线性系统误差；若残余误差有规律地逐渐由负变正或由正变负，则存在周期性系统误差。当然这种方法不能发现定值系统误差。

发现系统误差后需采取措施加以消除。若已知测量结果（即未修正的结果）中包含的系统误差的大小和符号，则可用测量结果减去已知的系统误差值，从而获得不含（或少含）系统误差的测量结果（已修正的结果）；也可将已知系统误差取相反的符号，变为修正值，并用代数法将此修正值与未修正测量结果相加，从而计算出已修正的结果。用简式表示为

测量结果=读数-修正值（初始值）

还可以用两次读数方法消除系统误差等。例如，测量螺纹参数时，可以分别测出左右牙面螺距，然后取平均值，则可减小安装不正确引起的系统误差。

② 测量列随机误差的处理。测量列的算术平均值$\bar{x}$：在评定有限测量次数测量列的随机误差时，必须获得真值，但真值是不知道的，因此，只能从测量列中找到一个接近真值的数加以代替，这就是测量列的算术平均值$\bar{x}$。

③ 粗大误差的处理。粗大误差的特点是数值比较大，对测量结果产生明显的歪曲，对它的处理原则是按一定规则从测量数据中将其剔除。判断粗大误差常用拉依达准则，又称3σ准则。

当测量次数小于或等于10次时，不能使用拉依达准则。

1.7　任务实施三

1.7.1　定位套零件尺寸公差的识读与精度检测

（1）任务描述

如图1-34所示为定位套零件，试识读图样上标注的尺寸公差，选择合适的检测量仪，完成图样上长度尺寸、径向尺寸及螺纹中径尺寸的检测，并对零件的合格性进行判断。

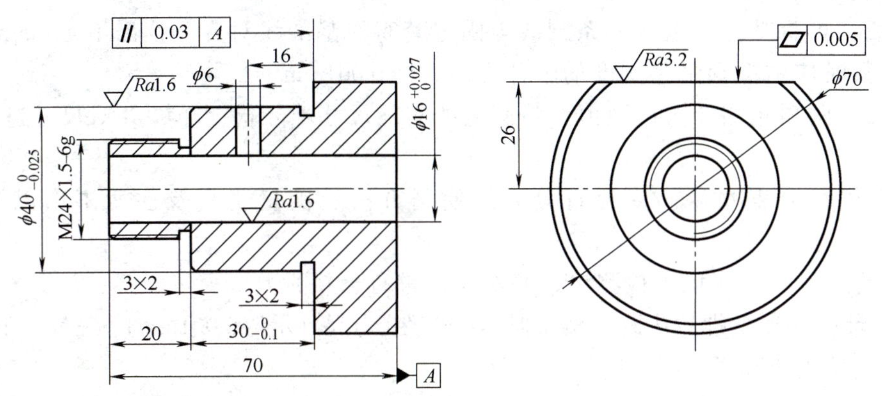

注：未注尺寸公差按GB/T　1804—2000-m处理。

图1-34　定位套零件图

（2）任务分析

① 长度尺寸70、20、16、26均为未注公差的尺寸（自由公差），精度较低，选用游标卡尺测量；$30_{-0.1}^{\ 0}$长度尺寸公差为0.1，查表1-7得其精度介于IT10~IT11之间，也可选用游标卡尺测量。

② 外径尺寸$\phi40_{-0.025}^{\ 0}$的尺寸公差为0.025，查表1-7得其精度为IT7级，选用外径千分尺测量；内径尺寸$\phi16_{\ 0}^{+0.027}$的尺寸公差为0.027，查表1-7得其精度为IT8级，选用内径百分表或内径千分尺测量，本任务采用内径百分表测量。

③ M24×1.5-6g螺纹可以采用螺纹环规进行综合检测并判断其合格性；也可以用螺纹千分尺或三针量法单项检测其中径尺寸。本任务采用三针量法测量外螺纹中径。

（3）测量方法及步骤

① 游标卡尺测量。

步骤1：清洁。 测量前，应先将工件及游标卡尺两卡爪的测量面擦拭干净，以尽可能避免铁屑、灰尘、油污等对测量结果的影响。

步骤2：校对“0”位。轻推卡爪使两卡爪并拢，检查游标与主尺上的零刻线是否对齐。若未对齐，记下“0”点误差，以便修正测量读数。

步骤3：测量与读数。

a. 测量时，两卡爪的测量面必须与工件的表面垂直，不得歪斜。卡爪应移动平稳、灵活，且用力适当，以免卡爪变形或磨损,影响测量精度。

b. 每一被测要素应测量三个截面，每个截面测量两个方向，以尽量减小随机（偶然）误差对测量结果的影响。

c. 将每次测量的数据填入测量过程卡中，处理数据时，取六次测量的平均尺寸作为该被测要素的实际尺寸。

d. 读数时，视线应垂直于尺面。若要将卡尺从工件上取下来读数，则应先旋紧锁紧螺钉，以防卡爪移动影响读数。

步骤4：测量结果处理。将各项测量的实际尺寸填入检测单，并对尺寸进行合格性判断。

② 千分尺测量。外径千分尺的使用方法及注意事项以1.6.4节为依据。

步骤1：先以微分筒的端面为准线，读出固定套筒上露出来的刻线的整数毫米及0.5mm数。

步骤2：再看微分筒上哪一条刻线与固定套筒的基准线对齐，读出不足0.5mm的小数部分，读数时应估读到最小刻度的十分之一，即0.001mm。

步骤3：两项相加即为读数值。将测量的实际尺寸填入检测单，并对尺寸进行合格性判断。

③ 内径百分表测量。内径百分表的使用方法、测量步骤及注意事项以1.6.4节为依据。

将测量的实际尺寸填入检测单，并对尺寸进行合格性判断。

④ 三针量法测量螺纹中径。测量器具：外径千分尺（示值0.001mm）、三针、千分尺座。

三针直径d_0的选择

$$d_0=P/[2\cos(\alpha/2)]$$

式中，P为螺距；α为牙型角。当$\alpha=60°$时，$d_0\approx0.577P$。

本次测量的M24×1.5-6g螺纹的牙型角为60°，螺距$P=1.5$，故选$d_0\approx0.866$。可按下式计算外螺纹的中径d_2

$$d_2=M-d_0\left(1+\frac{1}{\sin\dfrac{\alpha}{2}}\right)+\frac{P}{2}\cot\frac{\alpha}{2}\approx M-0.866P$$

表1-26 定位套零件尺寸误差的检测任务单

教学项目		项目1:尺寸公差的识读与精度检测						
任务名称		定位套零件尺寸误差的检测						
序号	检测项目	图样要求	测量方法	量具量仪	测量值1	测量值2	测量结果	合格性判断
1								
2								
3								
4								
5								
6								
7								
8								
9								
10								
零件合格性判断(理由)								

式中，M为测得的针距。

将测量的实际中径尺寸填入检测单，并对尺寸进行合格性判断。

（4）填写检测任务单（表1-26）

1.7.2　端盖零件尺寸公差的识读与精度检测

（1）任务描述

如图1-35所示为端盖零件图，试识读图样上标注的尺寸公差，选择合适的检测量仪，完成图样上长度尺寸、径向尺寸、深度尺寸、角度及螺纹的检测，并对零件的合格性进行判断。

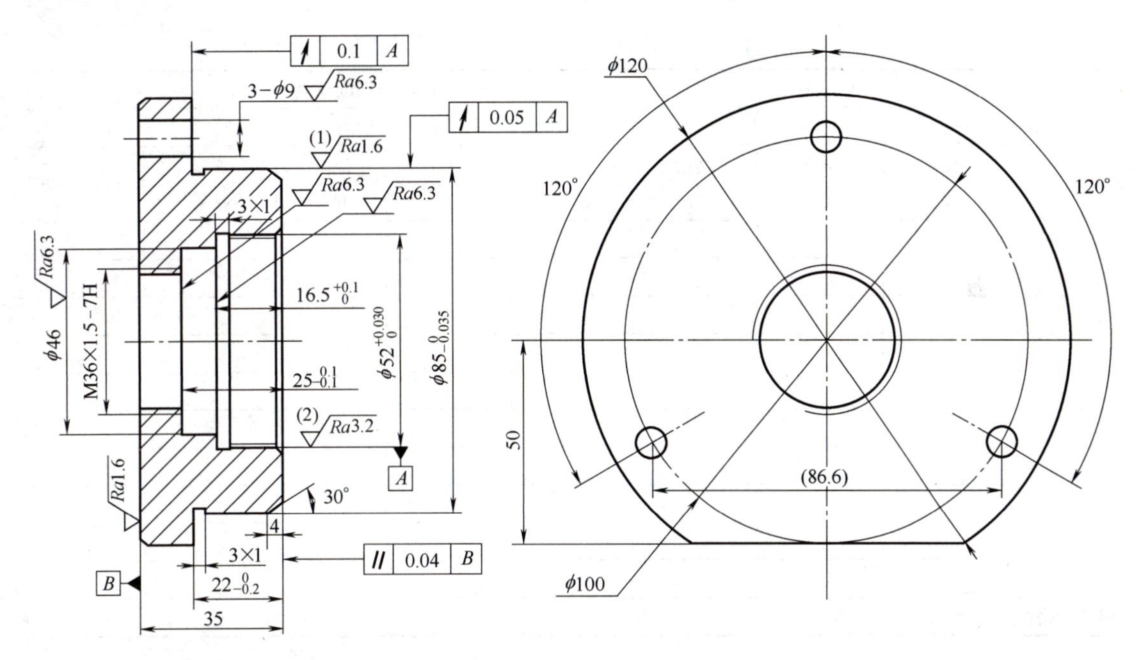

图1-35　端盖零件图

（2）任务分析

① 深度尺寸$16.5^{+0.1}_{0}$、$25^{\ 0.1}_{-0.1}$、$22^{\ 0}_{-0.2}$精度较低，选用游标卡尺或深度游标卡尺测量；中心距尺寸86.6用游标卡尺测量。

② 外径尺寸$\phi85^{\ 0}_{-0.035}$的尺寸公差为0.035，查表1-7得其精度为IT7级，选用外径千分尺测量；内径尺寸$\phi46$、外径尺寸$\phi120$为自由公差尺寸，选用游标卡尺测量；内径尺寸$\phi52^{+0.030}_{0}$的尺寸公差为0.030，查表1-7得其精度为IT7级，选用内径百分表或内径千分尺测量，本任务采用内径百分表测量。

③ M36×1.5-7H的内螺纹，可以采用螺纹塞规进行综合检测并判断其合格性。

④ 角度30°采用万能角度尺测量。

（3）测量方法及步骤

① 游标卡尺、千分尺、内径百分表的测量方法与步骤见1.6.4节。

② 万能角度尺测量。万能角度尺又称角度规，是利用游标读数原理来直接测量工件角度或进行画线的一种角度量具。调整基尺、直角尺、直尺的组合可测量 0°~320°范围内的任意角度。

步骤1：测量时，根据零件被测部位的形状，先调整好直角尺和直尺的位置，用卡块上的螺钉将其紧固，再调整基尺测量面与其他有关测量面之间的夹角。

步骤2：调整基尺测量面与其他有关测量面之间的夹角时，需首先松开制动器上的螺母，移动主尺做粗调整，然后转动扇形板背面的微动装置做细调整，直到两个测量面与被测表面密切贴合为止，最后拧紧制动器上的螺母，将角度尺取下来读数。

（4）填写检测任务单（表1-27）

表1-27 端盖零件尺寸误差的检测任务单

教学项目		项目1:尺寸公差的识读与精度检测						
任务名称		端盖零件尺寸误差的检测						
序号	检测项目	图样要求	测量方法	量具量仪	测量值1	测量值2	测量结果	合格性判断
1								
2								
3								
4								
5								
6								
7								
8								
9								
10								
零件合格性判断(理由)								

项目小结

通过本项目的学习，学生应该熟练掌握极限与配合的国家标准，能够运用国家标准进行尺寸公差的选用、标注与识读等；同时，能够正确选用通用量具完成一般机械零件的长度、外径、内径、深度、角度、螺纹等几何量的测量，并给出合格性判断。

本项目围绕生产实践中“加工误差、公差与检测”三者之间的关系而展开。加工误差是在加工过程中产生的，是不可避免的；公差是人为（设计人员）给定的，是用来限制加工误差的，是允许的最大误差；检测是用来判断加工误差是否超出公差允许值的手段，是对零件进行合格性判断的依据。本项目的主要知识（技能）点如下：

① 互换性与标准化的基本概念及其在生产实践中的作用。

② 极限与配合的基本术语和定义、各项几何量参数之间的运算关系。

③ 标准公差系列和基本偏差系列国家标准及其查阅方法、极限与配合的选用（计算法、类比法、试验法）。

④ 尺寸公差的选用、标注与识读。

⑤ 测量的基本概念、长度量值传递系统，测量方法与测量器具的选用。

⑥ 各类尺寸误差的检测方法、检测步骤，检测方案的制订、检测数据的处理及零件合格性判断。

巩固与提高

1-1　简答题

1. 什么叫互换性？按互换性组织生产有何意义？
2. 完全互换和不完全互换有何区别？各应用于什么场合？
3. 试阐述互换性与标准化、加工误差与公差的相互关系。
4. 制定优先数与优先数系国家标准有何重要意义？
5. 什么是公称尺寸、实际尺寸和极限尺寸？
6. 什么是尺寸公差、尺寸偏差、实际偏差和极限偏差？
7. 什么是配合？配合的条件是什么？配合的种类有哪些？
8. 什么是配合公差？配合公差与孔、轴的尺寸公差有何关联？
9. 什么是标准公差？常用尺寸分段共有多少个标准公差等级？标准公差等级与零件的尺寸精度有何关系？
10. 什么是基本偏差？孔、轴各有多少种基本偏差？基本偏差的分布规律有何特点？
11. 公差配合的基准制有几种？分别是如何定义的？各有何特点？

1-2　计算题

1. 下列三组数值分别属于哪种系列？公比是多少？

① 机床主轴的转速（r/min）：200，250，315，400，500，630……

② 摇臂钻床的主参数（钻孔直径：mm）：25，40，63，80，100，125……

③ 表面粗糙度参数值（μm）：0.1，0.2，0.4，0.8，1.6，3.2，6.3……

2. 试根据表中已知数据，完成其余空格项的填写：

3. 试根据表中已知数据,完成其余空格项的填写（公称尺寸：mm，其余：μm）

4. 试查表1-7将下列尺寸公差带代号转换成极限偏差的表示形式。

① ϕ30f7；②ϕ45r6；③ϕ25S7；④ϕ50M8。

公称尺寸/mm	极限尺寸/mm	上偏差/μm	下偏差/μm	公差值/μm	实际尺寸/mm	实际偏差/μm	是否合格
轴ϕ30	ϕ29.980 ϕ29.967				ϕ29.975		
轴ϕ50			−10	25	ϕ49.990		
孔ϕ60		+60	0			+20	
孔ϕ70		+15	−15			10	

公称尺寸	ES	EI	T_h	es	ei	T_s	X_{max}或Y_{min}	X_{min}或Y_{max}	T_f	配合代号
ϕ25	+21					13	+54		34	
ϕ14			+18	+12		11		−12		
ϕ45		−50		0	−16		−9			
ϕ65										H8/s7

5. 试查表1-7将下列配合公差带代号转换成极限偏差的表示形式。

① ϕ30H7/g6；②ϕ45F7/h6；③ϕ25S7/h6；④ϕ50M8/h7。

6. 若已知某孔、轴配合的公称尺寸为ϕ30mm，最大间隙X_{max}=+23μm，最大过盈Y_{max}=−10μm，孔的尺寸公差T_h=20μm，轴的上偏差es=0，试确定孔、轴的尺寸。

7. 某孔、轴配合，已知轴的尺寸为ϕ10h8，X_{max}=+0.007mm，Y_{max}=−0.037mm，试计算孔的尺寸，并说明该配合是什么基准制、什么配合类别。

8. 某基轴制配合，孔的下偏差ei=−11μm，轴公差T_s=16μm，最大间隙X_{max}=+30μm，试确定配合公差。

9. 公称尺寸为ϕ30mm的N7孔和m6轴相配合，已知N和m的基本偏差分别为−7μm和+8μm，IT7=21μm，IT6=13μm，试计算极限间隙（或过盈）、平均间隙（或过盈）及配合公差，并绘制孔、轴配合的公差带图（说明何种配合类型）。

10. 设有一孔、轴配合，公称尺寸为25mm，要求配合的最大过盈Y_{max}=−0.028mm，最大间隙X_{max}=+0.006mm，试确定配合的基准制、公差等级和配合种类，并绘制配合公差带图。

11. 一对基轴制的同级配合，公称尺寸为25mm，按设计要求配合的间隙应在0~66μm范围内变动，试确定孔、轴公差，写配合代号并绘制公差带图。

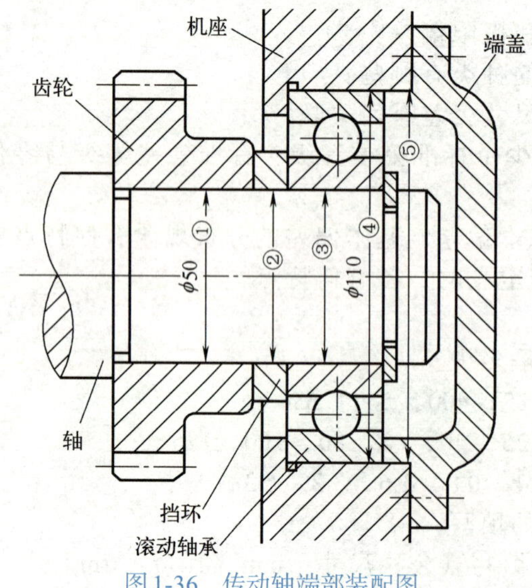

图1-36 传动轴端部装配图

12. 一对基孔制配合公称尺寸为25mm，要求配合过盈为−0.048~−0.014mm，试确定孔、轴公差等级，配合代号并绘制公差带图。

13. 设计公称尺寸为50mm的孔轴配合，要求装配后的间隙在+8~+51μm范围内，确定合适的配合种类，并绘出配合公差带图。

14. 图1-36所示为一机床传动轴装配图的一部分，齿轮与轴为键连接，③处轴承内圈与轴的配合采用ϕ50k6，④处轴承外圈与机座的配合采用ϕ110J7，试选择①、②、⑤处的配合制、公差等级和配合种类，并将配合代号标注在图上。

项目2

几何公差的识读与精度检测

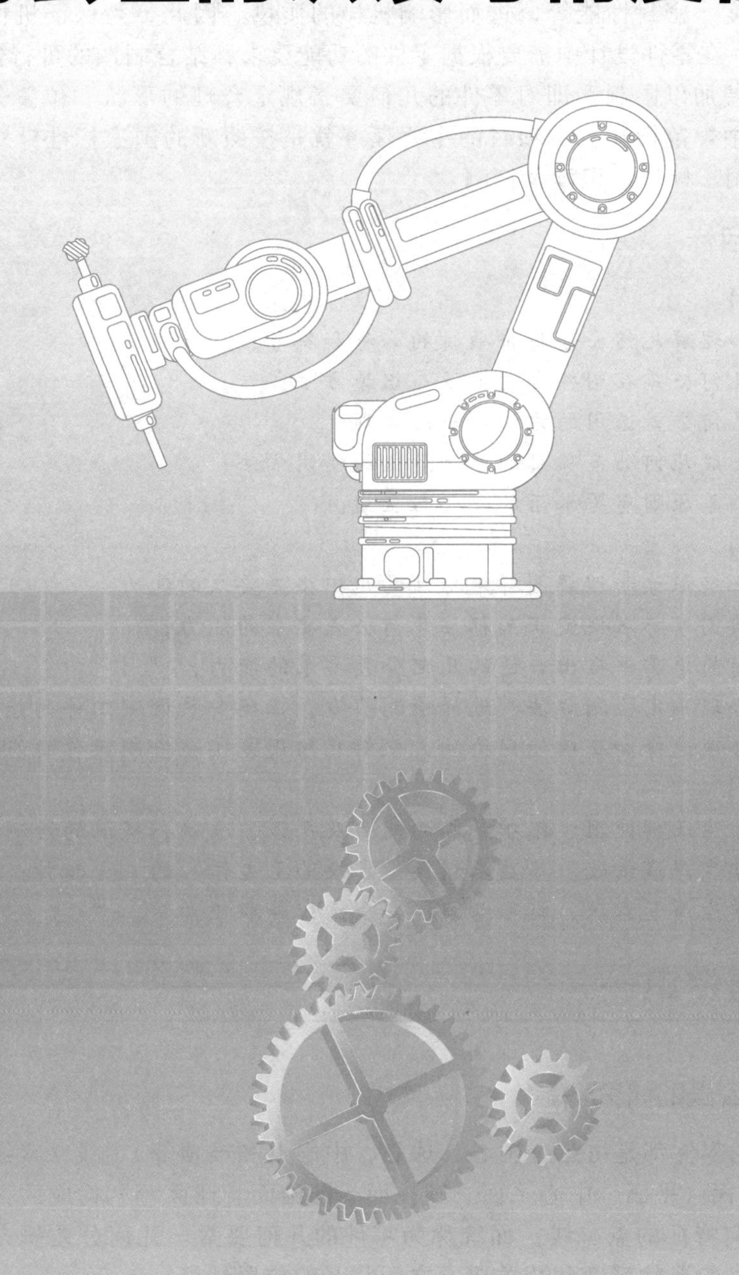

2.1 项目描述及学习目标

2.1.1 项目描述

零件加工后，不但实际尺寸与理想尺寸存在尺寸误差，零件的表面、轴线、中心对称平面等的实际形状和位置相对于所要求的理想形状和位置，也不可避免地存在误差，这些误差称为几何误差。

零件的几何误差直接影响零件的工作精度，运动件的运动平稳性、耐磨性、润滑性，连接件的连接强度、密封性能等，进而影响机械的质量。因此，为保证机械产品的质量和零件的互换性，在零件设计中需要根据零件的功能要求，结合制造的可行性与经济性，对零件的几何误差加以限制，即对零件的几何要素规定合理的形状和位置公差——几何公差，并在图样中规范标注。本项目的主要任务就是按照新的国家标准针对机械零件进行几何公差的选用、标注、识读及检测。

2.1.2 学习目标

【知识目标】

（1）识记和理解几何公差特征项目的名称和符号；

（2）掌握几何公差在图样上的标注与识读方法；

（3）掌握几何公差选用的方法及一般原则；

（4）掌握一般几何公差项目的检测量仪的使用方法；

（5）了解公差原则有关术语的含义与应用。

【技能目标】

（1）具有正确识读和理解图样中标注的几何公差要求的能力；

（2）具有按国家标准规定正确标注几何公差要求的能力；

（3）具有对简单零件提出合适的几何公差要求的能力；

（4）具有合理确定检测方法、选择检测基准，正确安装检测工件的能力；

（5）具有合理选择和正确使用检测量仪对几何误差实施检测操作的能力。

【素养目标】

（1）培养学生正确使用、维护量具的能力及严谨、准确、规范的检测操作习惯；

（2）培养学生严谨细致、精益求精及“零缺陷无差错”的工匠精神；

（3）培养学生质量意识、标准意识、安全意识等职业素养。

2.2 任务资讯一

2.2.1 几何公差的研究对象

任何形状的零件都是由点（圆心、球心、中心点和锥顶等）、线（素线、轴线、中心线和曲线等）、面（平面、中心平面、圆柱面、圆锥面、球面等）构成的，如图 2-1 所示。将构成零件几何特征的点、线、面统称为零件的几何要素。几何公差研究的对象就是零件几何要素本身的形状精度和相关要素之间相互的位置精度。

零件的几何要素可按以下多种方式分类。

（1）按结构特征分类

① 轮廓要素（组成要素）：构成零件外形并被人们直接感知到的点、线、面各要素。如图2-1所示的球面、圆锥面、圆柱面、端平面，以及圆锥面和圆柱面的素线等都属于轮廓要素。

② 中心要素（导出要素）：构成轮廓要素对称中心所表示的点、线、面各要素。中心要素虽然不能被人们直接感知到，但却随着轮廓要素的存在而客观地存在。如图2-1（a）所示的轴线、球心和图2-1（b）所示的中心平面均为中心要素，属于抽象要素。

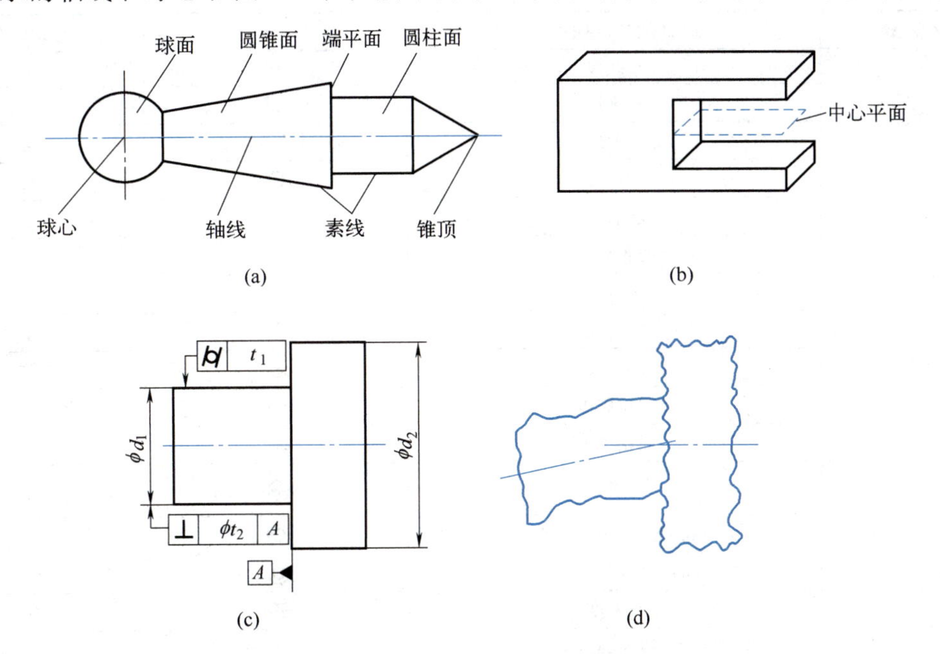

图2-1　零件的几何要素与几何误差

（2）按存在的状态分类

① 实际要素：零件上实际存在的要素。在测量时，由测量所得要素代替实际要素。由于存在测量误差，测得要素（提取要素）并非该要素的真实情况。

② 理想要素（公称要素）：具有几何学意义无误差的要素。设计图样上表示的要素如轮廓或中心要素均为理想要素。

（3）按所处地位分类

① 被测要素：图样上给出的形状或位置公差要求的要素，也就是需要研究和测量的要素。如图2-1（c）所示ϕd_1表面及其轴线为被测要素。

② 基准要素：图样上用来确定被测要素方向或位置的要素。理想基准要素简称基准。如图2-1（c）所示ϕd_2左端平面为基准要素。

（4）按功能关系分类

① 单一要素：仅对被测要素本身提出形状公差要求的要素。如图2-1（c）所示ϕd_1圆柱面，给出了圆柱度公差要求，但与零件上其他要素无相对位置要求，因此为单一要素。

② 关联要素：相对于基准要素有方向或（和）位置功能要求而给出位置公差要求的被测要素。如图2-1（c）所示ϕd_1轴线相对于ϕd_2左端平面有垂直度的功能要求，所以ϕd_1轴线为关联要素。

2.2.2 几何公差特征项目及符号

国家标准《产品几何技术规范（GPS） 几何公差形状、方向、位置和跳动公差标注》（GB/T 1182—2018）规定，几何公差分为形状公差、方向公差、位置公差和跳动公差四大类，其中形状公差6项，因为它是对单一要素提出的要求，因此无基准要求；方向公差5项、位置公差6项、跳动公差2项，因为它们是对关联要素提出的要求，因此，在大多数情况下有基准要求。几何公差特征项目及符号见表2-1。

表2-1 几何公差特征项目及符号

公差类型	几何特征项目	符号	有无基准
形状公差	直线度	⏤	无
	平面度	⏥	无
	圆度	○	无
	圆柱度	⌭	无
	线轮廓度	⌒	无
	面轮廓度	⌓	无
方向公差	平行度	∥	有
	垂直度	⊥	有
	倾斜度	∠	有
	线轮廓度	⌒	有
	面轮廓度	⌓	有
位置公差	位置度	⌖	有或无
	同心度(用于中心点)	◎	有
	同轴度(用于轴线)	◎	有
	对称度	⌯	有
	线轮廓度	⌒	有
	面轮廓度	⌓	有
跳动公差	圆跳动	↗	有
	全跳动	⌰	有

2.2.3 几何公差的意义及特征

随使用场合的不同，几何公差通常具有两个意义：其一，几何公差是一个数值，零件合格的条件是几何误差（f）≤几何公差（t）；其二，几何公差是一个以理想要素为边界的平面或空间的区域，即几何公差带，要求实际要素处处不得超出该区域。

几何公差带用来限制被测实际要素变动的区域，具有形状、大小、方向和位置4个要素，实际要素只要在公差带内，可以具有任何形状，也可以占有任何位置。

① 公差带的形状，常用的见图2-2。

② 公差带的大小。指公差带的距离t、宽度t或直径ϕt，如图2-2所示。t即公差值，取值大小取决于被测要素的形状和功能要求。

③ 公差带的方向。即评定被测要素误差的方向。一般有公差带与基准平行、垂直和夹角为理论正确角度范围（为0°~90°，不包括0°和90°）的要求。公差带放置方向直接影响到误差评定的准确性。对于形状公差带，设计不作出规定，其方向应遵守评定形状误差的基本原则——最小条件原则。其余几何公差项目的公差带方向由设计给出，被测要素应

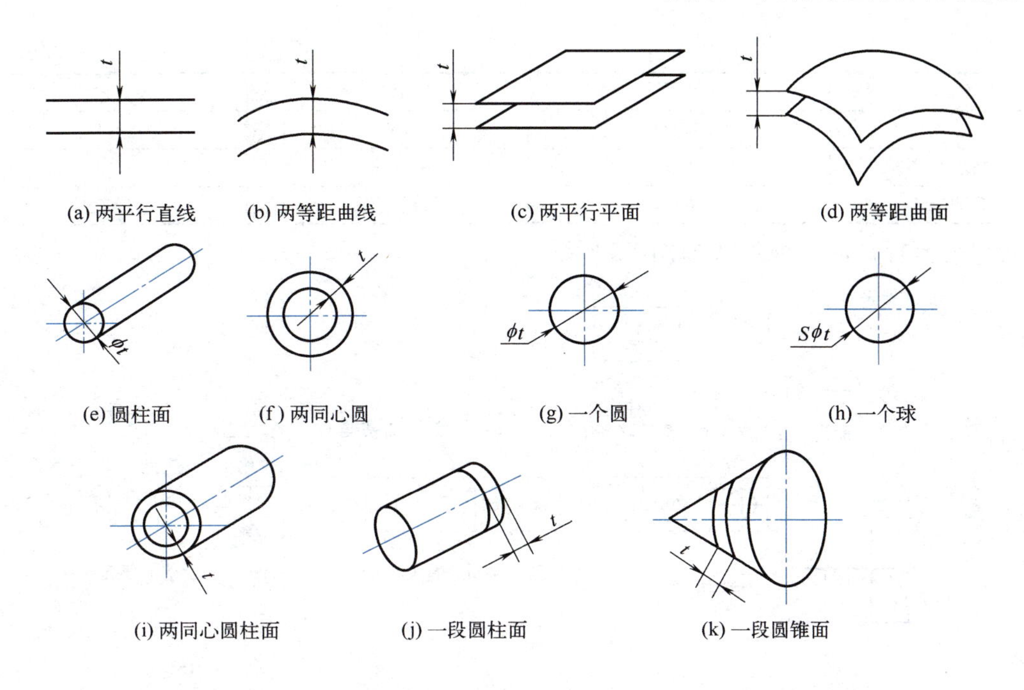

图2-2　几何公差带的形状

与基准保持设计给定的几何关系。

④ 公差带的位置。对于位置公差带，其位置由相对基准的尺寸公差或理论正确尺寸确定。其余公差带没有位置要求，但要受到相应的尺寸公差带的制约，在尺寸公差内浮动，属于浮动位置公差带。

2.2.4　几何公差的标注

几何公差及其标注

在技术图样上，几何公差应采用代号标注。只有在无法采用代号标注，或者采用代号标注过于复杂时，才允许使用文字说明几何公差要求。几何公差的标注包括公差框格、被测要素指引线、几何公差特征符号、几何公差值、基准符号和附加符号等，并使用表2-1和表2-2中的有关符号。

表2-2　几何公差附加符号

名称	符号	名称	符号
被测要素		基准要素	A　A
基准目标	$\phi 2$ / A1	全周（轮廓）	
延伸公差带	Ⓟ	最大实体要求	Ⓜ
最小实体要求	Ⓛ	包容要求	Ⓔ
可逆要求	Ⓡ	自由状态条件 （非刚体零件）	Ⓕ
理论正确尺寸	50	公共公差带	CZ

续表

名称	符号	名称	符号
大径	MD	小径	LD
中径、节径	PD	线素	LE
不凸起	NC	横截面	ACS

几何公差标注的一般形式如图2-3所示。

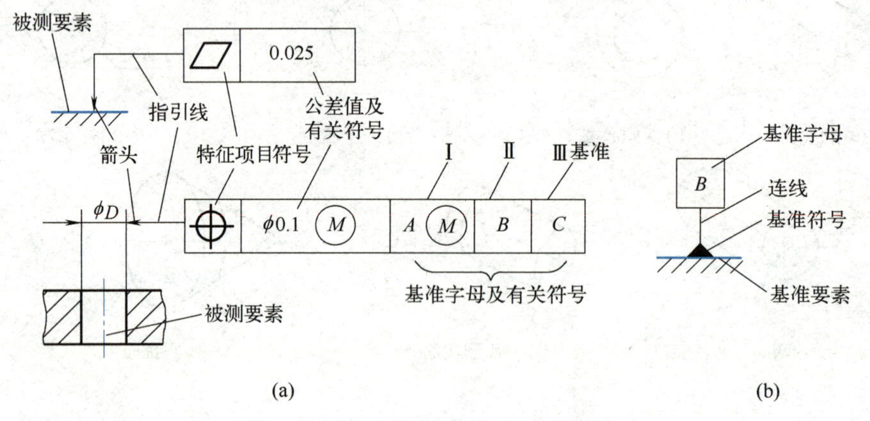

图2-3　几何公差框格及其基准代号

（1）几何公差框格

几何公差框格为矩形方框，由二至五格组成，在图样中只能水平或竖直绘制。框格中的内容从左到右或从下到上按以下次序填写：第一格，几何公差特征项目符号。第二格，公差值及有关符号，如公差带形状是圆形或圆柱形，则在公差值前加“ϕ”，如公差带形状是球形，则加“$S\phi$”。第三格和以后各格，表示基准的字母和有关符号。为了避免误解，基准字母不得采用E、I、J、M、O、P、L、R、F。单一基准由一个字母表示，公共基准用中间加连字符的两个大写字母表示，如*A-B*，基准体系由两个或三个字母表示。如图2-3（a）所示，按基准的先后次序从左至右排列，分别为第Ⅰ基准、第Ⅱ基准和第Ⅲ基准。指引线可从框格的任一端引出，引出段必须垂直于框格；引向被测要素时允许弯折，但不得多于两次；指引线的箭头指向应为几何公差带的宽度或直径方向。

（2）基准符号

对有位置公差要求的零件，在图样上必须标明基准。基准符号由黑三角（或空白三角）、正方形框、连线和基准字母组成，如图2-3（b）所示。无论基准符号在图样中的方向如何，方框内的字母都要水平书写。

（3）被测要素的标注方法

① 当被测要素为轮廓要素时，将箭头置于要素的轮廓线或轮廓线的延长线上，并与尺寸线明显地错开，如图2-4（a）、（b）所示。

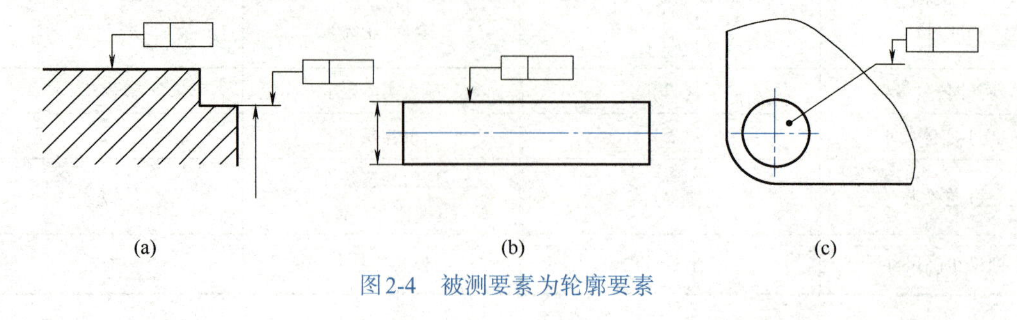

图2-4　被测要素为轮廓要素

② 当被测表面的投影为面时，箭头可置于带点的参考线上，该点指在表示实际表面的投影上，如图2-4（c）所示。

③ 当被测要素为中心要素，即轴线、中心平面或由带尺寸的要素确定的点时，则指引线的箭头应与确定中心要素的轮廓的尺寸线对齐，如图2-5所示。

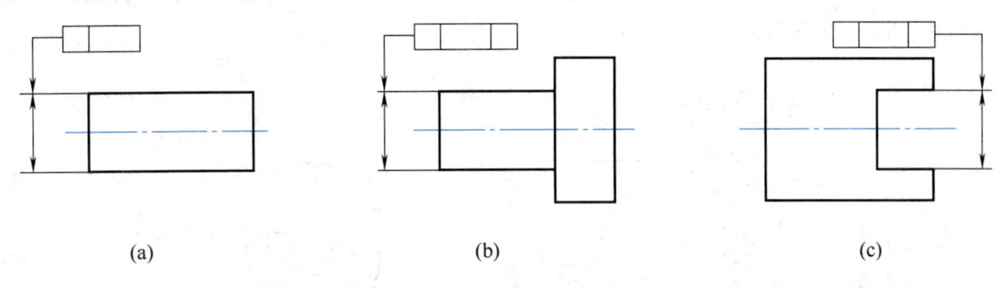

图2-5　被测要素为中心要素

④ 当对同一要素有一个以上的公差特征项目要求，且测量方向相同时，为方便起见，可将一个公差框格放在另一个框格的下面，用同一条指引线指向被测要素，如图2-6（a）所示。如果测量方向不完全相同，则应将测量方向不同的项目分开标注，如图2-6（b）所示。

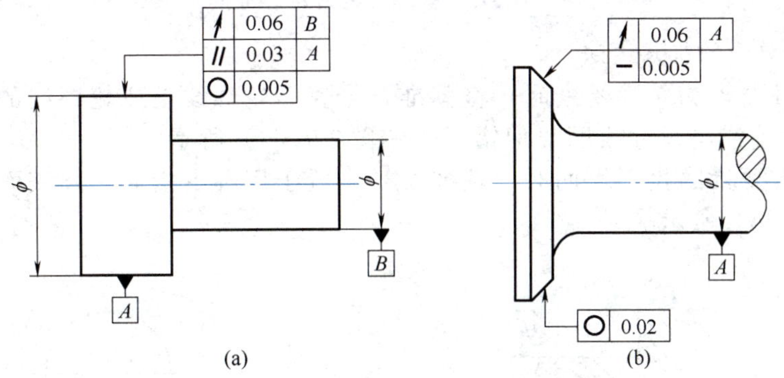

图2-6　同一被测要素有多项公差要求的标注

⑤ 当不同的被测要素有相同的几何公差要求时，可以在从框格引出的指引线上绘制出

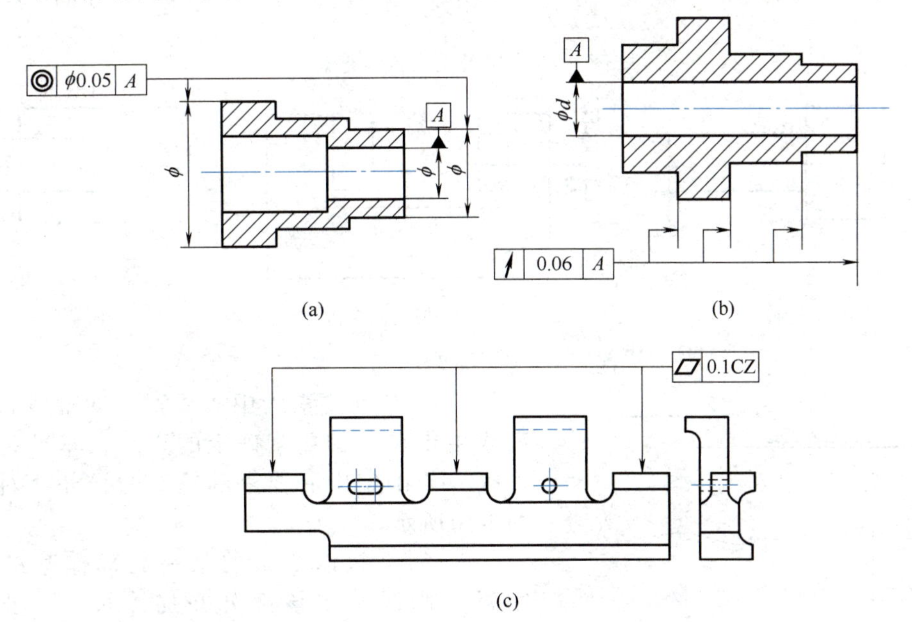

图2-7　不同被测要素有相同公差要求的标注

多个指示箭头，分别指向各被测要素，如图2-7（a）、（b）所示。当用同一公差带控制几个共面或共线的被测要素时，可采用图2-7（c）所示的方法，在公差值后加注CZ，表示公共公差带。

⑥ 如果给出的公差仅适用于要素的某一指定局部，应采用粗点画线示出该局部的范围，并加注尺寸，如图2-8所示。

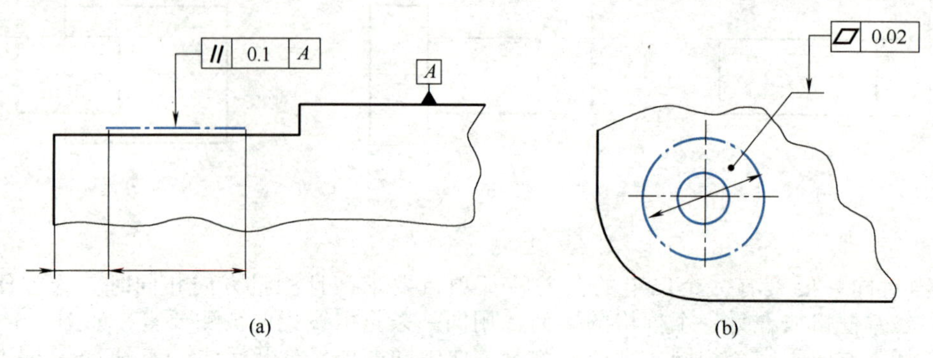

图2-8　被测要素为要素局部

（4）基准要素的标注方法

① 当基准要素为轮廓要素时，将基准符号置于轮廓线上或轮廓线的延长线上，并使基准符号中的连线与尺寸线明显地错开，如图2-9（a）所示。

② 当基准要素的投影为面时，基准符号可置于用圆点指向实际表面的投影的基准线上，如图2-9（b）所示。

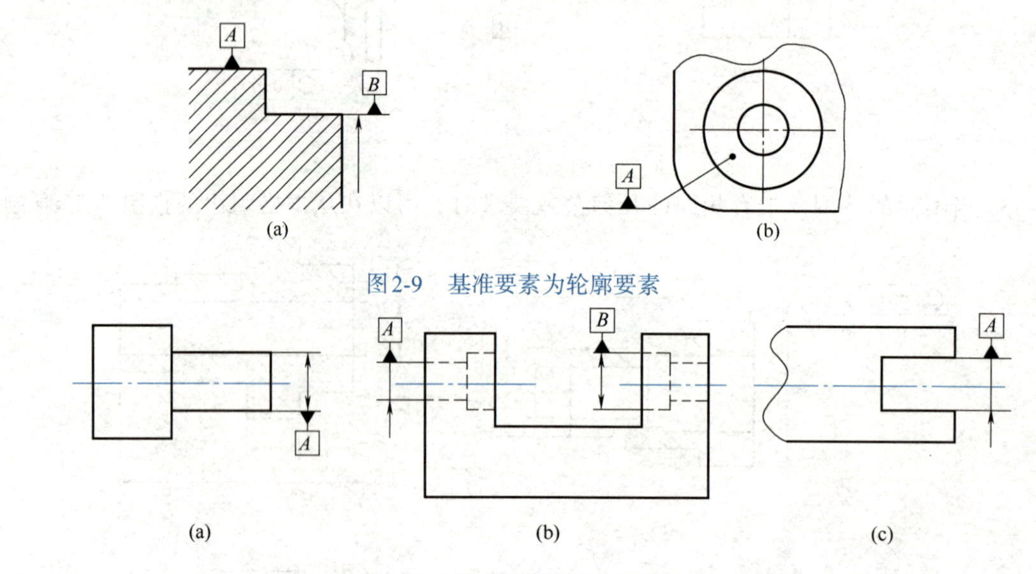

图2-9　基准要素为轮廓要素

图2-10　基准要素为中心要素

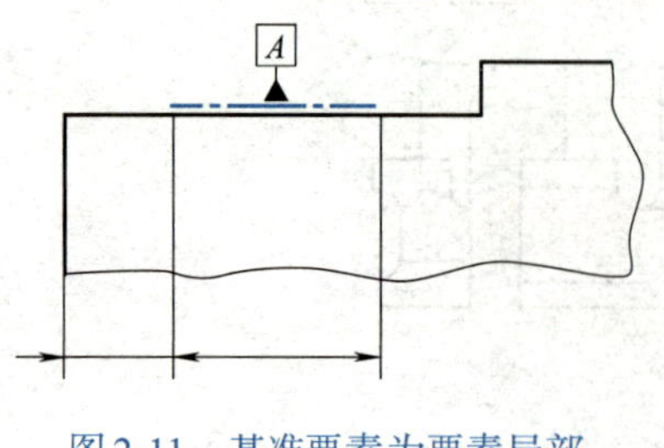

图2-11　基准要素为要素局部

③ 当基准要素为中心要素，即轴线、中心平面或由带尺寸的要素确定的点时，基准符号中的连线应与确定中心要素的轮廓的尺寸线对齐，如图2-10所示。

④ 如果只以要素的某一局部作基准，则应用粗点画线示出该部分并加注尺寸，如图2-11所示。

（5）特殊标注方法

① 对误差值的限定性规定。需要对整个被测要素上任意限定范围标注同样几何特征的公差时，可在公差值的后面加注限定范围的线性尺寸值，并在两者间用斜线隔开，如图2-12（a）所示。如果标注的是两项或两项以上同样几何特征的公差，可直接在整个要素公差框格的下方放置另一个公差框格，如图2-12（b）所示。

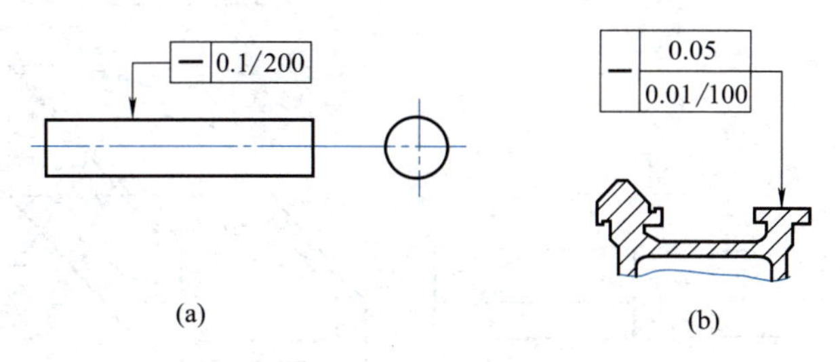

图2-12 对误差值的限定性规定

② 说明性内容的标注。表示被测要素的数量，应注在框格的上方，其他说明性内容应注在框格的下方，如图2-13所示。但也允许例外的情况，当上方或下方没有位置标注时，可注在框格的周围或指引线上。

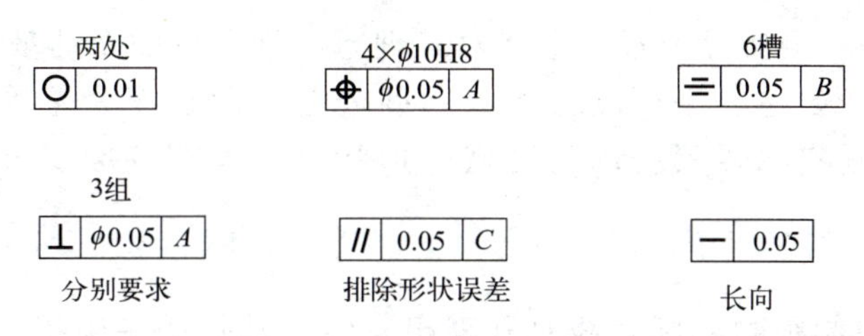

图2-13 说明性内容的标注

③ 螺纹、齿轮、花键轴线的标注。一般情况下，以螺纹的中径轴线作为被测要素或基准要素时，无须另加说明，如需以螺纹大径或小径作为被测要素或基准要素时，应在公差框格下方或基准符号中的方框下方加注“MD”或“LD”，如图2-14所示。以齿轮、花键轴线为被测要素或基准要素时，需说明所指的要素，如用“PD”表示节径，用“MD”表示大径，用“LD”表示小径。

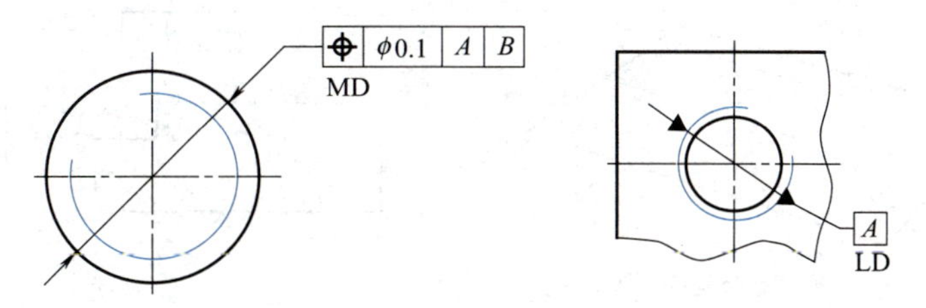

图2-14 螺纹轴线的标注

④ 如果轮廓度特征适用于横截面的整周轮廓或由该轮廓所示的整周表面，可采用“全周”符号表示，见图2-15。“全周”符号并不包括整个工件的所有表面，只包括所在视图中指引线箭头指向的轮廓，图中粗点画线表示所涉及的要素，不涉及图中两端的A和B表面。

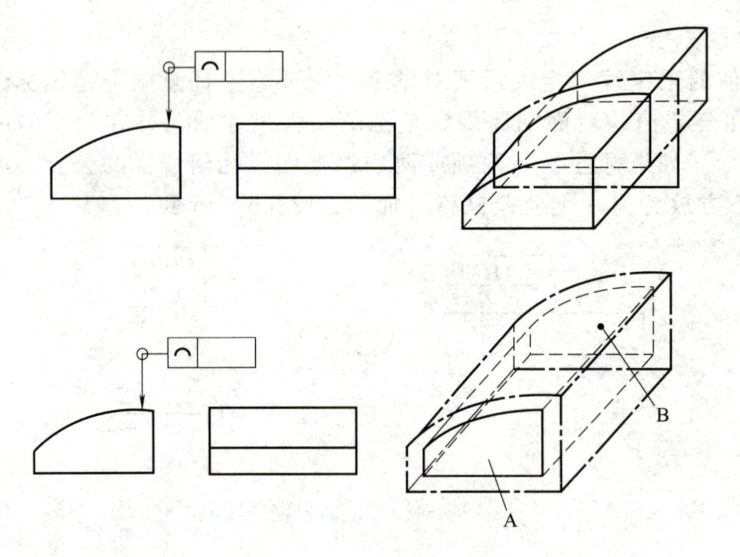

图2-15 被测要素为整周轮廓

2.2.5 形状公差

形状公差是单一被测实际要素的形状对其理想要素允许的变动量。除轮廓度公差外，形状公差包括直线度公差、平面度公差、圆度公差、圆柱度公差等几何特征。形状公差带是限制单一被测实际要素变动的区域。形状公差没有基准要求，所以公差带是浮动的。

（1）直线度公差

直线度公差是限制被测实际直线对其理想直线变动量的一项指标，用于控制平面或空间内直线的形状误差。根据被测直线的空间特性和零件的使用要求，直线度公差有给定平面内、给定方向上和任意方向上三种情况。

① 给定平面内的直线度公差。在给定平面内，公差带是间距为公差值t的两平行直线所限定的区域，如图2-16（a）所示。如图2-16（b）所示，标注的直线度公差的含义：在任一平行于图样所示投影面的平面内，上平面的实际素线必须限定在间距为0.1mm的两平行直线之间。

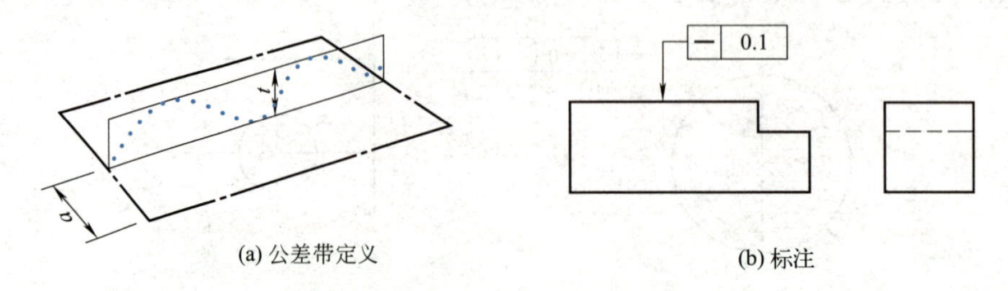

(a) 公差带定义　　(b) 标注

图2-16 给定平面内的直线度公差

② 给定方向上的直线度公差。在给定方向上，公差带是间距为公差值t的两平行平面所限定的区域，如图2-17（a）所示。如图2-17（b）所示，标注的直线度公差的含义：实际棱边必须限定在间距为0.02mm的两平行平面之间。

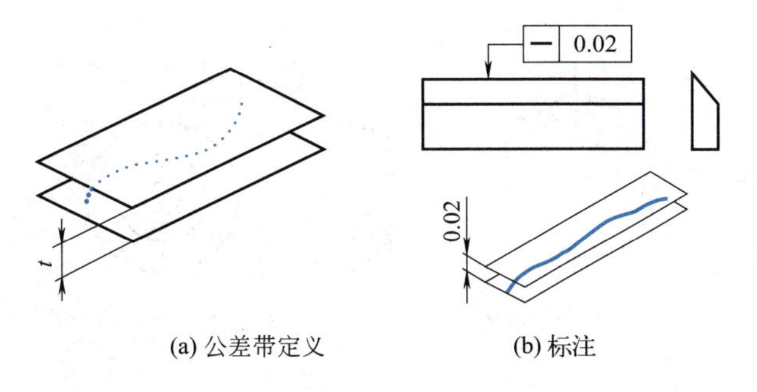

图2-17　给定方向上的直线度公差

③ 任意方向上的直线度公差。在任意方向上，公差带是直径为ϕt的圆柱面所限定的区域，如图2-18（a）所示。如图2-18（b）所示，标注的直线度公差的含义：实际外圆柱面的轴线必须位于直径为ϕ0.08mm的圆柱面内。

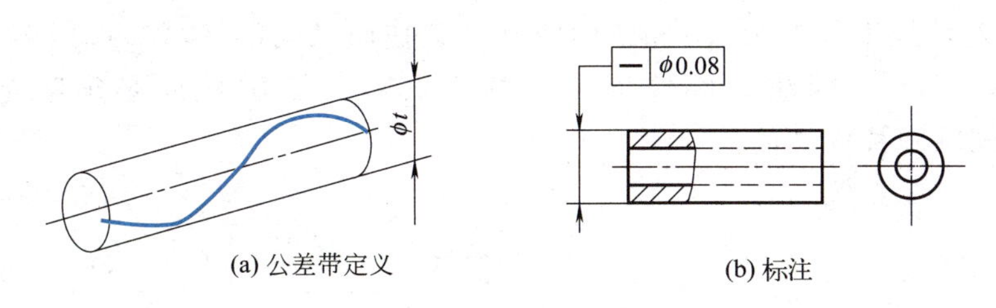

图2-18　任意方向上的直线度公差

（2）平面度公差

平面度公差是限制实际平面对其理想平面变动量的一项指标，用于控制实际平面的形状误差。

平面度公差带是间距为公差值t的两平行平面所限定的区域，如图2-19（a）所示。如图2-19（b）所示，标注的平面度公差的含义：实际平面必须限定在间距为0.08mm的两平行平面之间。

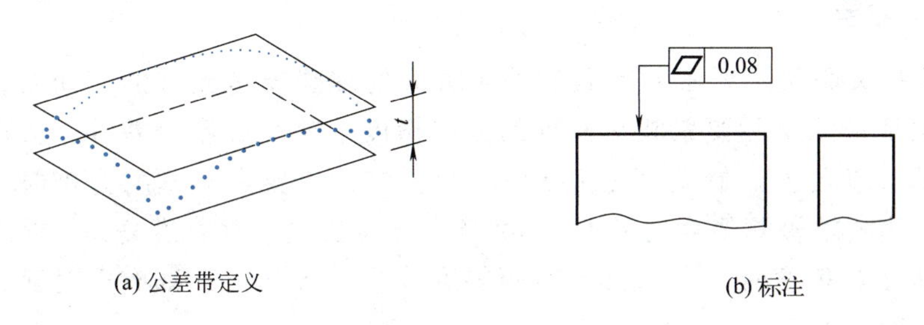

图2-19　平面度公差

（3）圆度公差

圆度公差是限制实际圆对其理想圆变动量的一项指标，用于对回转面在任一正截面上的圆形轮廓提出形状精度要求。

圆度公差带是在同一正截面上，半径差为公差值t的两同心圆之间的区域，如图2-20（a）所示。如图2-20（b）所示，标注的圆度公差的含义：在圆柱面和圆锥面的任一正截面内，实际圆限定在半径差为0.03mm的两同心圆之间。

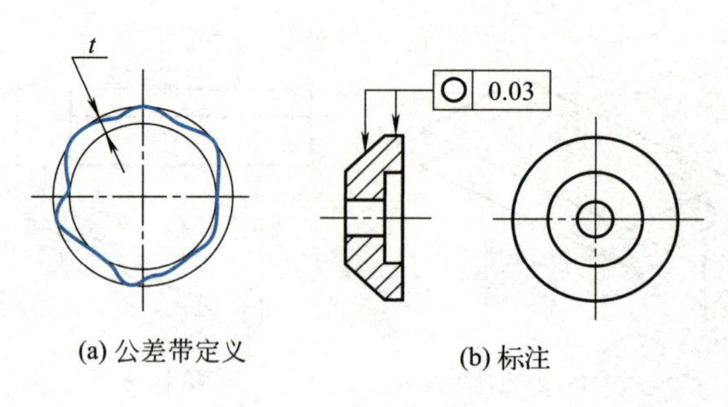

图2-20 圆度公差

（4）圆柱度公差

圆柱度公差是限制实际圆柱面对其理想圆柱面变动量的一项指标，用于对圆柱面所有横截面和轴截面上的轮廓提出综合性形状精度要求。圆柱度公差可以同时控制圆度、素线和轴线的直线度等。

圆柱度公差带是半径差为公差值t的两同轴圆柱面之间的区域，如图2-21（a）所示。如图2-21（b）所示，标注的圆柱度公差的含义：实际圆柱面必须限定在半径差为0.050mm的两同轴圆柱面之间。

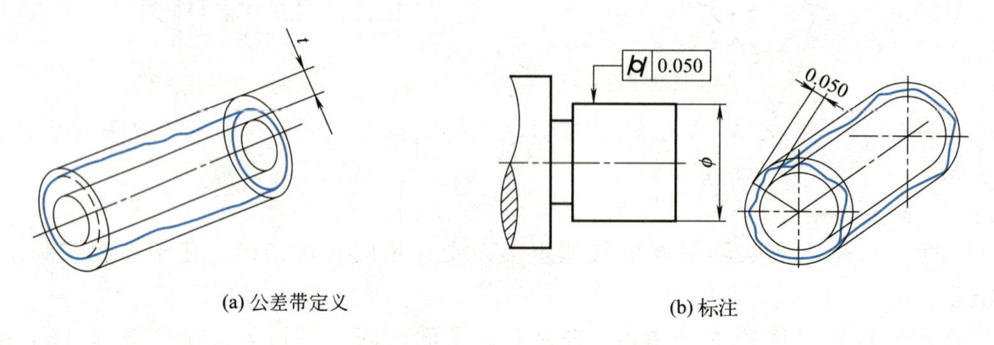

图2-21 圆柱度公差

2.2.6 方向公差

方向公差是关联实际要素对其具有确定方向的理想要素允许的变动量，用于控制方向误差，以保证被测实际要素相对基准的方向精度。除轮廓度公差外，方向公差包括平行度公差、垂直度公差、倾斜度公差3项。当要求被测要素对基准为0°时，方向公差为平行度公差；当要求被测要素对基准为90°时，方向公差为垂直度公差；当要求被测要素对基准为其他任意角度时，方向公差为倾斜度公差。各项指标都有面对面、面对线、线对面、线对线四种关系。

方向公差带有如下特点：

① 方向公差带控制被测要素的方向角，同时也控制形状误差。由于合格零件的实际要素相对于基准的位置允许在其尺寸公差内变动，所以方向公差带的位置允许在一定范围内（尺寸公差带内）浮动。

② 在保证功能要求的前提下，当对某一被测要素给出方向公差后，通常不再对被测要素给出形状公差。只有在对被测要素的形状精度有特殊的、较高的要求时，才另给出形状公差。

③ 标注倾斜度时，被测要素与基准要素间的夹角是不带偏差的理论正确角度，标注时要带方框。平行度和垂直度可看成是倾斜度的两个极端情况。这两个项目名称的本身已包含了特殊角0°和90°的含义，因此标注不必再带有方框了。

（1）平行度公差

平行度公差是限制被测要素对基准在平行方向上变动量的指标，包括线对线、线对面、面对线、面对面的平行度公差4种情况。

① 线对线的平行度公差。

a. 给定方向。公差带是距离为公差值t且平行于基准轴线，位于给定方向上的两平行平面之间的区域。如图2-22（a）所示。如图2-22（b）所示，标注给定方向的线对线的平行度公差的含义：被测轴线必须位于距离为公差值0.2mm，且在给定方向上平行于基准轴线的两平行平面之间。

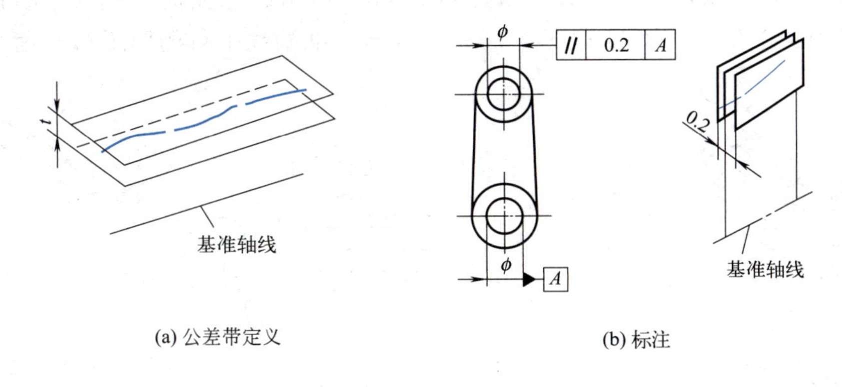

(a) 公差带定义　　(b) 标注

图2-22　线对线的平行度公差（给定方向）

b. 任意方向。公差带是直径为公差值ϕt且平行于基准轴线的圆柱面内的区域，如图2-23（a）所示。如图2-23（b）所示，标注任意方向的线对线的平行度公差的含义：被测轴线必须位于直径为ϕ0.03mm且平行于基准轴线的圆柱面内。

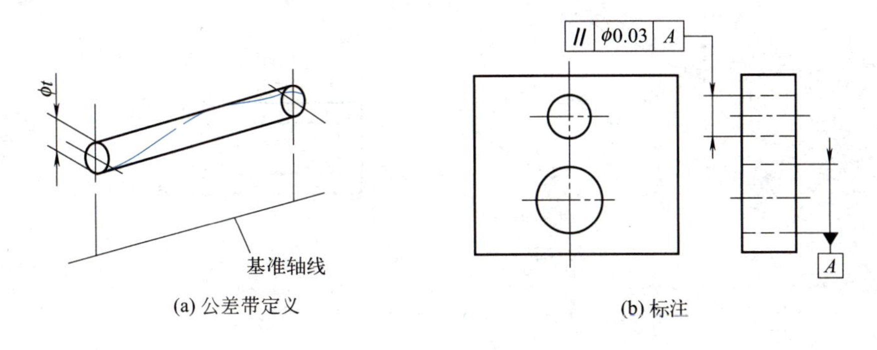

(a) 公差带定义　　(b) 标注

图2-23　线对线的平行度公差（任意方向）

② 线对面的平行度公差。公差带是距离为公差值t且平行于基准平面的两平行平面之间的区域，如图2-24（a）所示。如图2-24（b）所示，标注线对面的平行度公差的含义：被测轴线必须位于距离为公差值0.01mm且与基准平面平行的两平行平面之间。

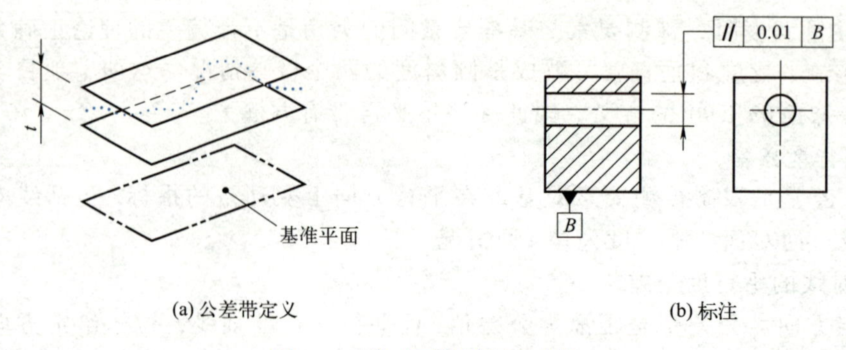

(a) 公差带定义　　(b) 标注

图2-24　线对面的平行度公差

③ 面对线的平行度公差。公差带是距离为公差值t且平行于基准轴线的两平行平面之间的区域，如图2-25（a）所示。如图2-25（b）所示，标注面对线的平行度公差的含义：被测平面必须位于距离为公差值0.05mm且与基准轴线平行的两平行平面之间。

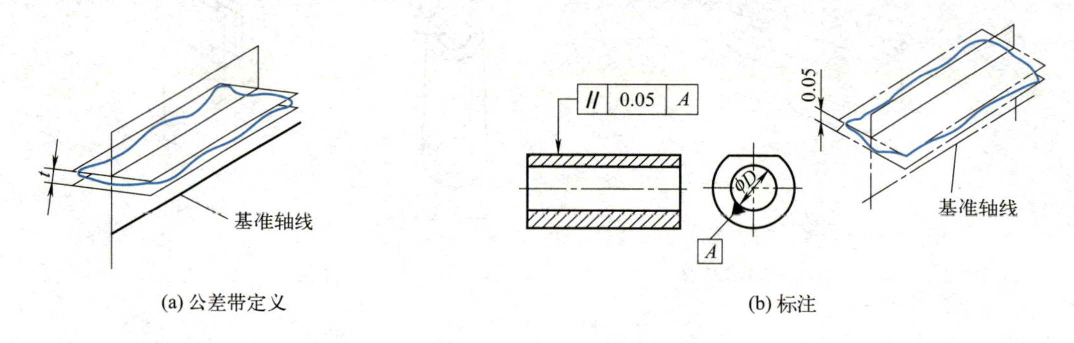

(a) 公差带定义　　(b) 标注

图2-25　面对线的平行度公差

④ 面对面的平行度公差。公差带是距离为公差值t且平行于基准平面的两平行平面之间的区域，如图2-26（a）所示。如图2-26（b）所示，标注面对面的平行度公差的含义：被测平面必须位于距离为公差值0.05mm且与基准平面平行的两平行平面之间。

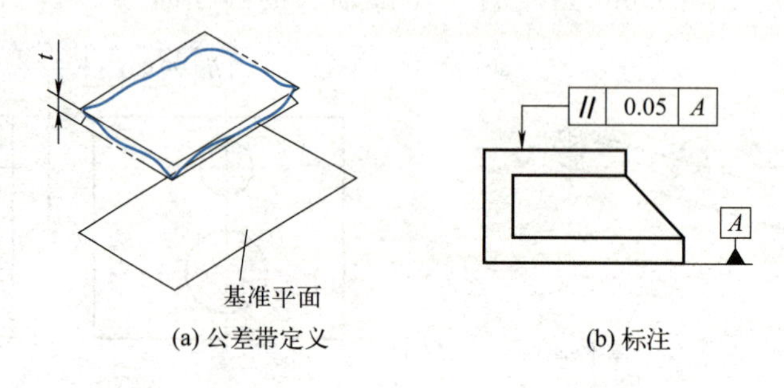

(a) 公差带定义　　(b) 标注

图2-26　面对面的平行度公差

（2）垂直度公差

垂直度公差是限制被测要素对基准在垂直方向上变动量的指标，包括线对线、线对面、面对线、面对面的垂直度公差4种情况。

① 线对线的垂直度公差。公差带是距离为公差值t且垂直于基准轴线的两平行平面之间的区域，如图2-27（a）所示。如图2-27（b）所示，标注线对线的垂直度公差的含义：被测轴线必须位于距离为0.05mm且垂直于基准线（基准轴线）的两平行平面之间。

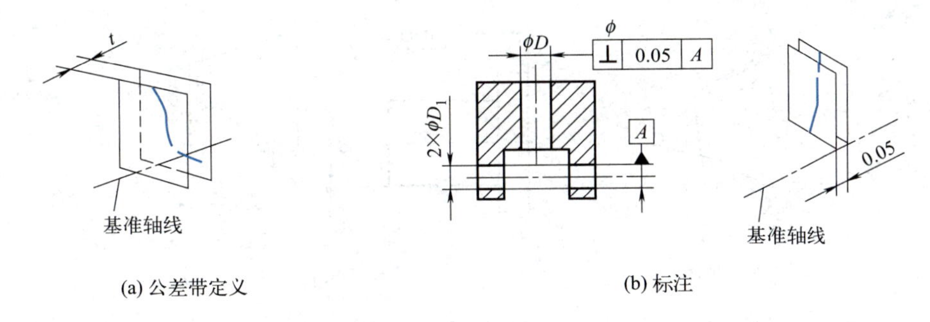

(a) 公差带定义　(b) 标注

图2-27　线对线的垂直度公差

② 线对面的垂直度公差。

a. 给定方向。在给定方向上，公差带是距离为公差值t且垂直于基准平面的两平行平面之间的区域，如图2-28（a）所示。如图2-28（b）所示，标注在给定方向上的线对面的垂直度公差的含义：被测轴线必须位于距离为0.1mm且垂直于基准平面的两平行平面之间。

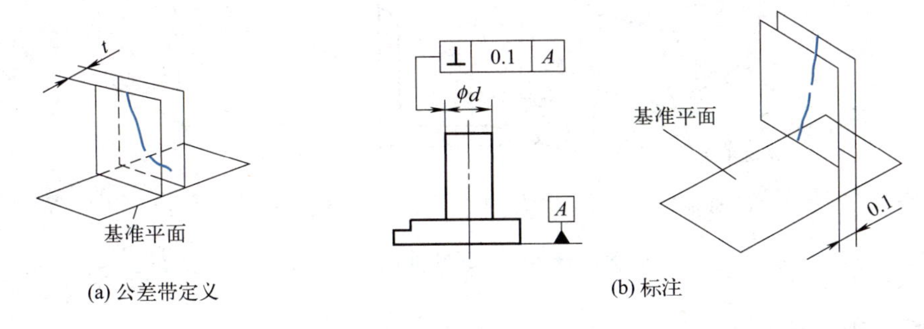

(a) 公差带定义　(b) 标注

图2-28　线对面的垂直度公差（给定方向）

b. 任意方向。在任意方向上，公差带是直径为公差值ϕt且垂直于基准平面的圆柱面内的区域，如图2-29（a）所示。如图2-29（b）所示，标注在任意方向上的线对面的垂直度公差的含义：被测轴线必须位于直径为ϕ0.05mm且垂直于基准平面的圆柱面内。

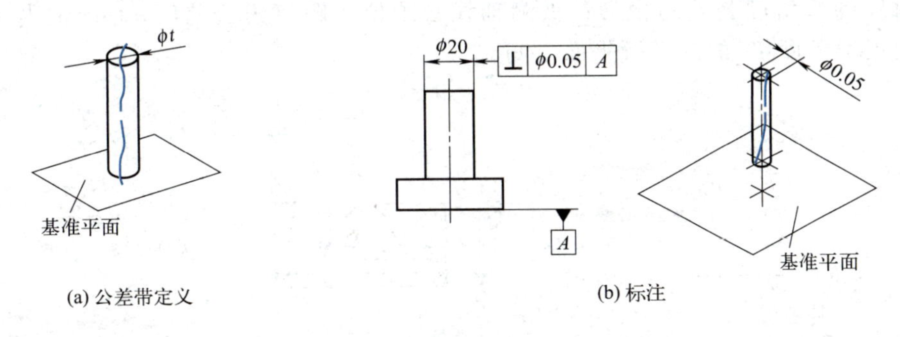

(a) 公差带定义　(b) 标注

图2-29　线对面的垂直度公差（任意方向）

③ 面对线的垂直度公差。公差带是距离为公差值t且垂直于基准轴线的两平行平面之间的区域，如图2-30（a）所示。如图2-30（b）所示，标注面对线的垂直度公差的含义：被测平面必须位于距离为0.05mm且垂直于基准轴线的两平行平面之间。

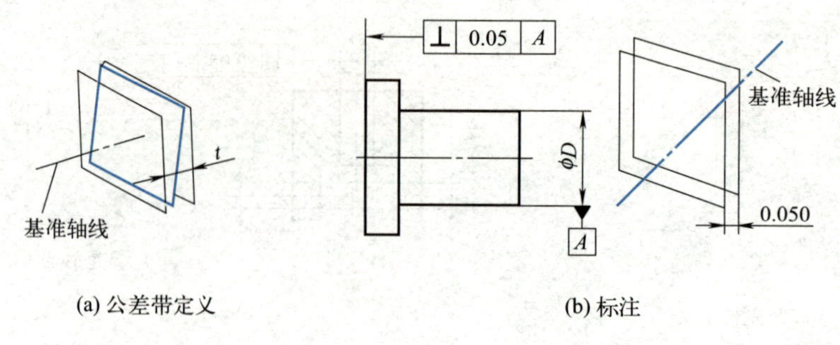

图2-30　面对线的垂直度公差

④ 面对面的垂直度公差。公差带是距离为公差值t且垂直于基准平面的两平行平面之间的区域，如图2-31（a）所示。如图2-31（b）所示，标注面对面的垂直度公差的含义：被测平面必须位于距离为0.05mm且垂直于基准平面的两平行平面之间。

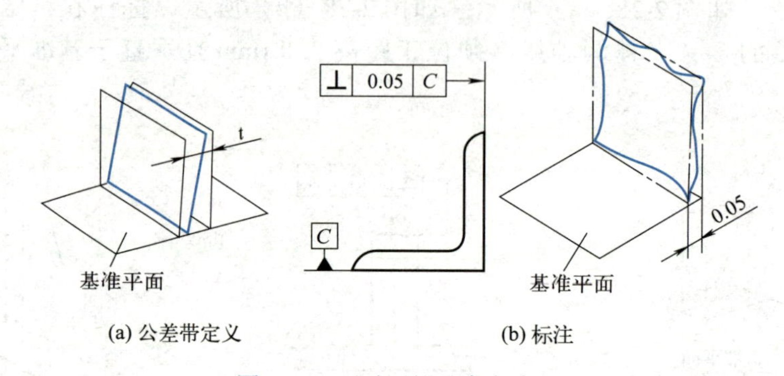

图2-31　面对面的垂直度公差

（3）倾斜度公差

倾斜度公差是限制被测要素对基准在0°~90°方向上变动量的指标，包括线对线、线对面、面对线、面对面的倾斜度公差4种情况。

① 线对线的倾斜度公差。

a. 同一平面。被测轴线和基准轴线在同一平面内，公差带是距离为公差值t且与基准轴线成一给定角度的两平行平面之间的区域，如图2-32（a）所示。如图2-32（b）所示，标注线对线的倾斜度公差的含义：被测轴线必须位于距离为公差值0.1mm且与基准轴线成一理论正确角度60°的两平行平面之间。

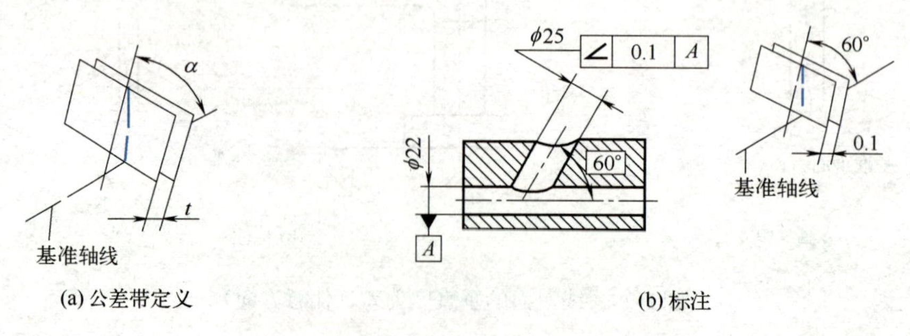

图2-32　线对线的倾斜度公差（同一平面）

b. 不同平面。被测轴线和基准轴线在不同平面内，公差带是相对于投影到该平面的被测线而言，距离为公差值t且与基准轴线成一给定角度的两平行平面之间的区域，如

图2-33（a）所示。如图2-33（b）所示，标注线对线的倾斜度公差的含义：被测轴线投影到包含基准轴线的平面上，它必须位于距离为0.1mm并与基准轴线成理论正确角度60°的两平行平面之间。

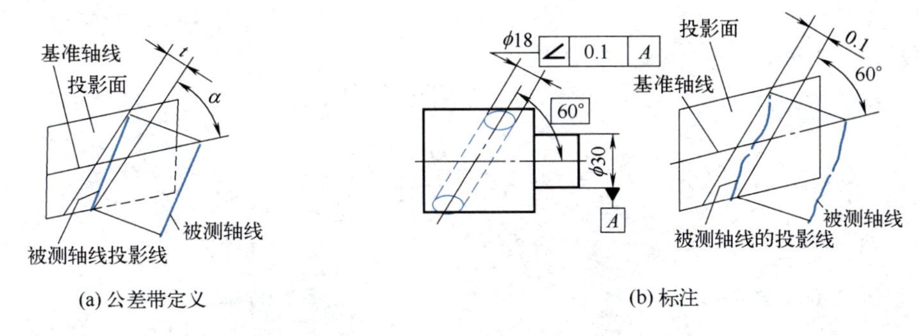

(a) 公差带定义　　(b) 标注

图2-33　线对线的倾斜度公差（不同平面）

② 线对面的倾斜度公差。

a. 给定方向。在给定方向上，公差带是距离为公差值t且与基准平面成一给定角度的两平行平面之间的区域，如图2-34（a）所示。如图2-34（b）所示，标注在给定方向上的线对面的倾斜度公差的含义：被测轴线必须位于距离为0.1mm且与基准平面成理论正确角度60°的两平行平面之间。

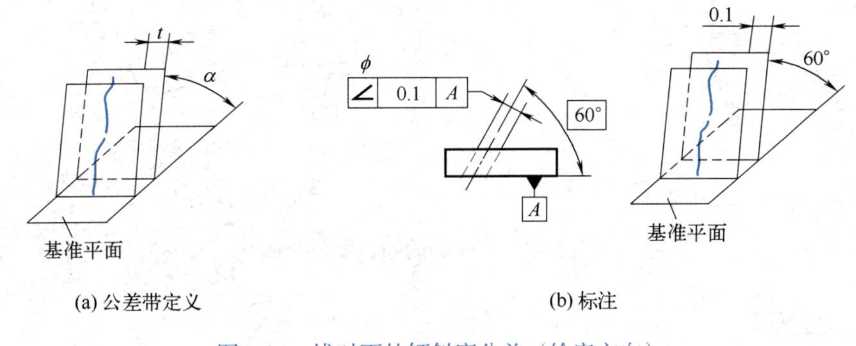

(a) 公差带定义　　(b) 标注

图2-34　线对面的倾斜度公差（给定方向）

b. 任意方向。在任意方向上，公差带是直径为公差值ϕt的圆柱面内的区域，该圆柱面的轴线应平行于基准平面B，并与基准平面A成一给定的角度，如图2-35（a）所示。如图2-35（b）所示，标注在任意方向上的线对面的倾斜度公差的含义：被测轴线必须位于直径为ϕ0.1mm的圆柱面内，该圆柱面轴线应平行于基准平面B并与基准平面A成理论正确角度60°。

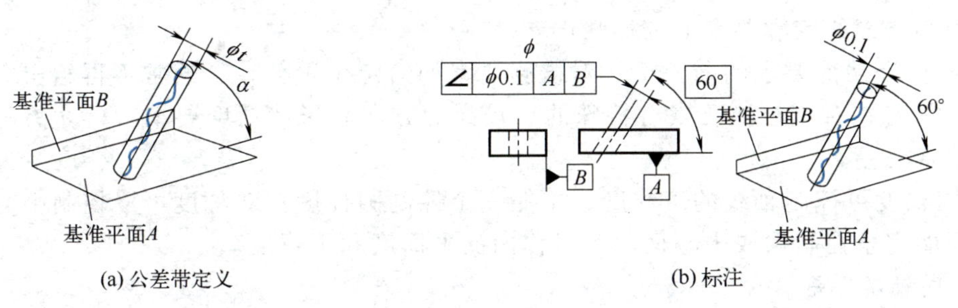

(a) 公差带定义　　(b) 标注

图2-35　线对面的倾斜度公差（任意方向）

③ 面对线的倾斜度公差。公差带是距离为公差值t且与基准轴线成一给定角度的两平行平面之间的区域，如图2-36（a）所示。如图2-36（b）所示，标注面对线的倾斜度公差的含义：被测表面必须位于距离为0.1mm且与基准轴线成理论正确角度75°的两平行平面之间。

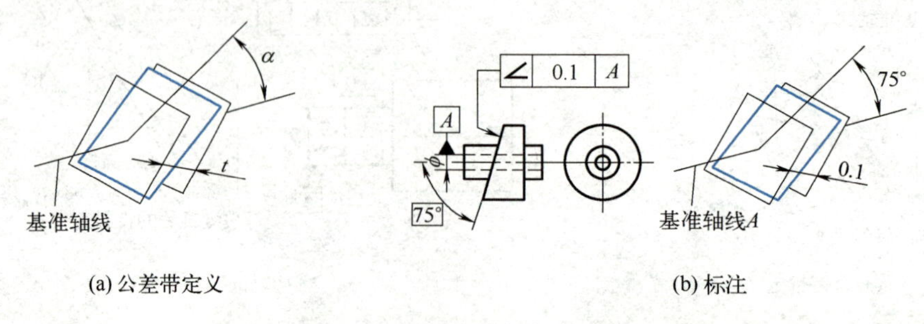

图2-36　面对线的倾斜度公差

④ 面对面的倾斜度公差。公差带是距离为公差值t且与基准平面成一给定角度的两平行平面之间的区域，如图2-37（a）所示。如图2-37（b）所示，标注面对面的倾斜度公差的含义：被测平面必须位于距离为公差值0.1mm且与基准平面成理论正确角度75°的两平行平面之间。

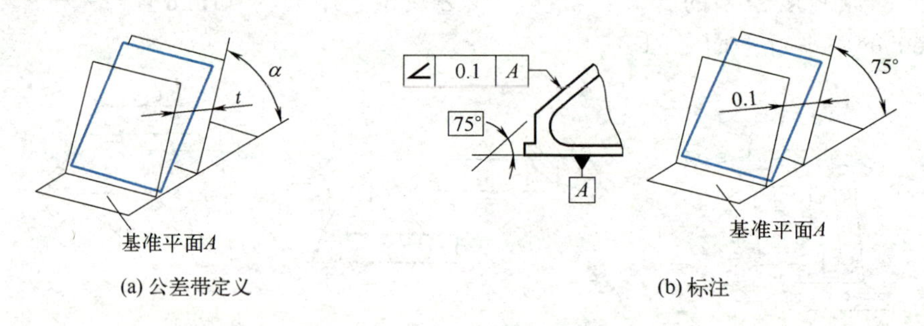

图2-37　面对面的倾斜度公差

2.2.7 位置公差

位置公差是关联的实际要素对其具有确定位置的理想要素允许的变动量。除轮廓度公差外，位置公差分为同轴度公差、对称度公差和位置度公差3项。当被测要素和基准都是中心要素，要求重合或共面时，可采用同轴度或对称度，其他情况规定采用位置度。

位置公差带有如下特点：

① 位置公差带不但具有确定的方向，而且具有确定的位置，其相对于基准的尺寸为理论正确尺寸。位置公差带具有综合控制被测要素位置、方向和形状的功能，但不能控制形成中心要素的轮廓要素上的形状误差。

② 在保证功能要求的前提下，对被测要素如给定位置公差，通常不再给出方向和形状公差，只有在对该被测要素有特殊的、较高的方向和形状精度要求时，才另外给出其方向和形状公差。

③ 同轴度可控制轴线的直线度，不能完全控制圆柱度；对称度可以控制中心面的平面度，不能完全控制构成中心面的两对称面的平面度和平行度。

（1）同轴度公差

① 点的同心度公差。公差带是直径为公差值ϕt且与基准圆心（点）同心的圆所限定

的区域，如图2-38（a）所示。如图2-38（b）所示，标注点的同心度公差的含义：被测外圆的圆心必须位于直径为ϕ0.2mm且与基准圆心同心的圆内。

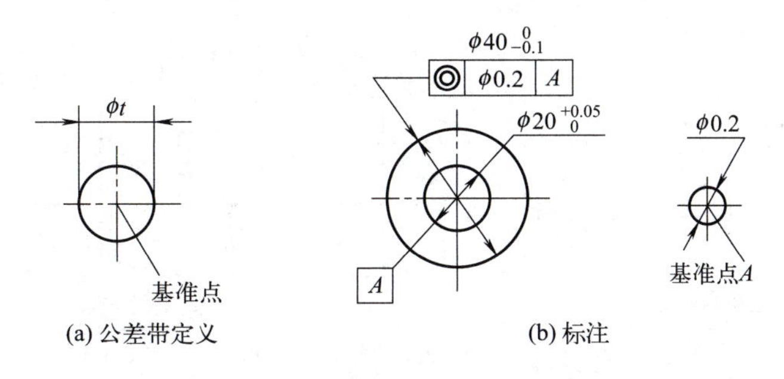

图2-38　点的同心度公差

② 轴线的同轴度公差。公差带是直径为ϕt的圆柱面所限定的区域，该圆柱面的轴线与基准轴线同轴，如图2-39（a）所示。如图2-39（b）所示，标注轴线的同轴度公差的含义为：被测圆的轴线必须位于直径为ϕ0.1mm且与基准轴线同轴的圆柱面内。

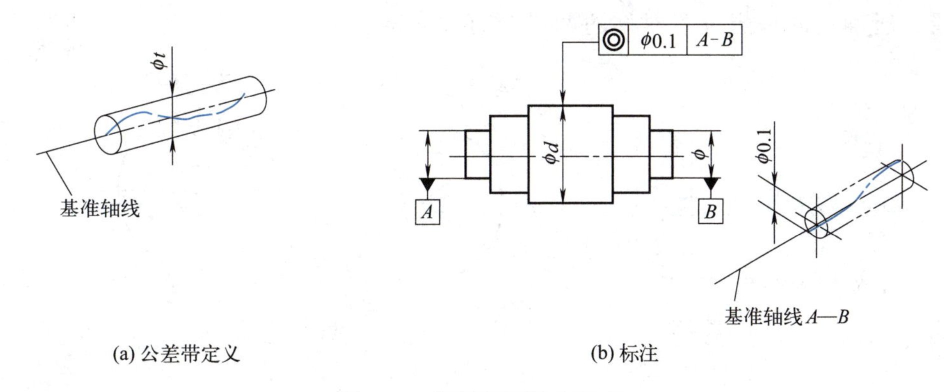

图2-39　轴线的同轴度公差

（2）对称度公差

公差带是距离为公差值t且相对基准的中心平面对称配置的两平行平面之间的区域，如图2-40（a）所示。如图2-40（b）所示，标注对称度公差的含义：被测中心平面必须位于距离为0.1mm且相对于基准中心平面对称配置的两平行平面之间。

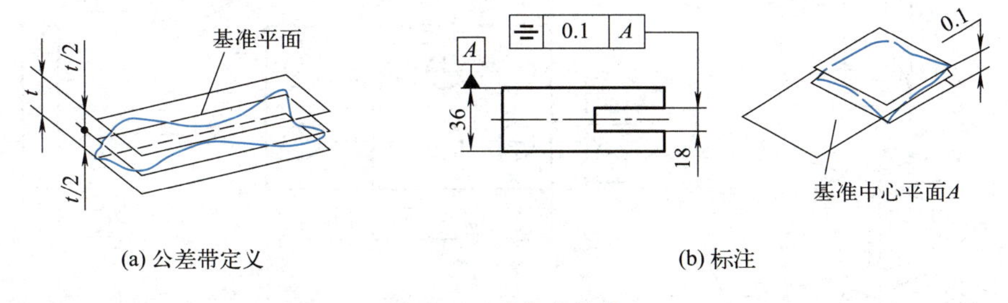

图2-40　对称度公差

（3）位置度公差

① 点的位置度公差。公差值前加注ϕ，公差带是直径为公差值t的圆内的区域。圆

公差带的中心点的位置由相对于基准 A 和 B 的理论正确尺寸确定，如图 2-41（a）所示。如图 2-41（b）所示，标注点的位置度公差的含义：两中心线的交点必须位于直径为公差值 0.3mm 的圆内，该圆的圆心位于基准 A 和 B（基准直线）所确定的点的理想位置上。

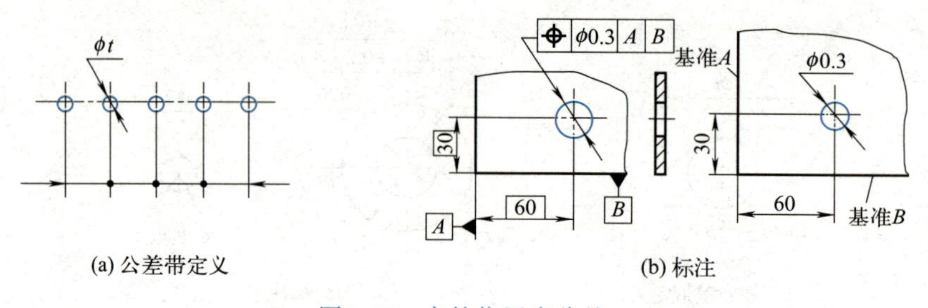

(a) 公差带定义　　(b) 标注

图 2-41　点的位置度公差

② 线的位置度公差。

a. 给定一个方向。公差带是距离为公差值 t 且以线的理想位置为中心线对称配置的两平行直线之间的区域。中心线位置是由相对于基准轴线的理论正确尺寸确定的，此位置度公差仅给定一个方向，如图 2-42（a）所示。如图 2-42（b）所示，标注给定一个方向的线的位置度公差的含义：每条刻线的中心线必须位于距离为公差值 0.05mm 且相对于基准轴线 A 所确定的理想位置对称的两平行直线之间。

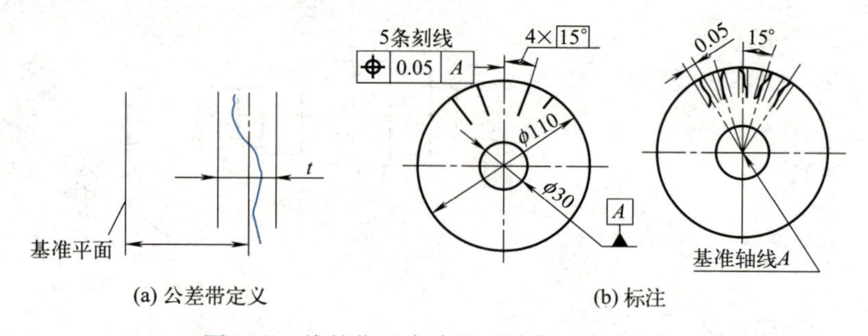

(a) 公差带定义　　(b) 标注

图 2-42　线的位置度公差（给定一个方向）

b. 给定两个方向。公差带是两对互相垂直的距离为 t_1 和 t_2 且以轴线的理想位置为中心对称配置的两平行平面之间的区域。轴线的理想位置是由相对于三基面体系的理论正确尺寸确定的，此位置度公差相对于基准给定互相垂直的两个方向，如图 2-43（a）所

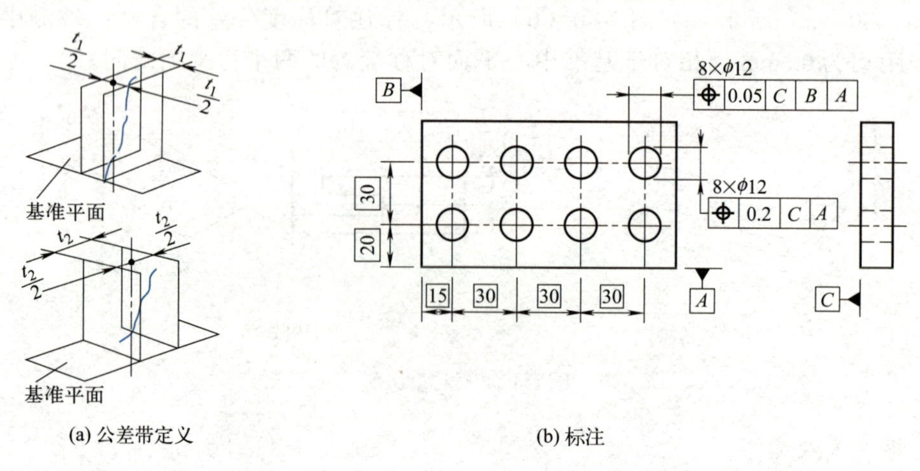

(a) 公差带定义　　(b) 标注

图 2-43　线的位置度公差（给定两个方向）

示。如图2-43（b）所示，标注给定两个方向的线的位置度公差的含义：各被测孔的轴线必须分别位于两对互相垂直的距离分别为0.05mm和0.2mm且相对于C、A、B基准平面的理论正确尺寸15mm、20mm、30mm所确定的理想位置对称配置的两平行平面之间。

c. 任意方向。公差值前加注ϕ，公差带是直径为公差值t的圆柱面内的区域，该圆柱面轴线由三基面体系和理论正确尺寸确定，如图2-44（a）所示。如图2-44（b）所示，标注任意方向的线的位置度公差的含义：被测轴线必须位于直径为ϕ0.1mm且以相对于A、B、C三基面（基准平面）所确定的理想位置为轴线的圆柱面内。

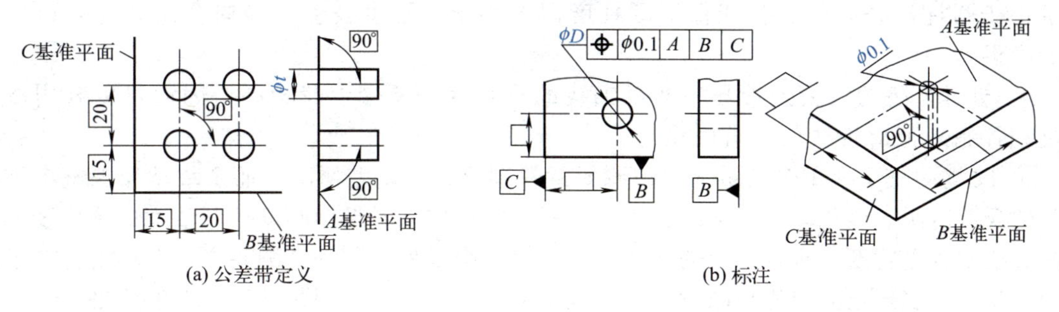

(a) 公差带定义　　(b) 标注

图2-44　线的位置度公差（任意方向）

③ 面的位置度公差。公差带是距离为公差值t，且以面的理想位置为中心对称配置的两平行平面之间的区域，面的理想位置是由相对于三基面体系的理论正确尺寸确定的，如图2-45（a）所示。如图2-45（b）所示，标注面的位置度公差的含义：被测表面必须位于距离为公差值0.2mm且以相对于基准线（基准轴线）和基准面A（基准平面）所确定的理想位置对称配置的两平行平面之间。

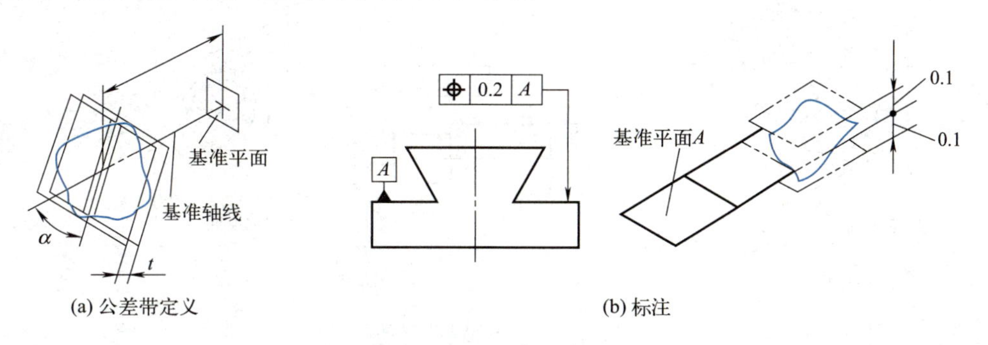

(a) 公差带定义　　(b) 标注

图2-45　面的位置度公差

2.2.8 跳动公差

跳动分为圆跳动和全跳动。

圆跳动公差是指被测实际要素在某种测量截面内相对于基准轴线允许的最大变动量。根据测量截面的不同，圆跳动分为径向圆跳动（测量截面为垂直于轴线的正截面）、端面圆跳动（也称轴向圆跳动，测量截面为与基准轴线同轴的圆柱面）和斜向圆跳动（测量截面为素线与被测锥面的素线垂直或成一指定角度、轴线与基准轴线重合的圆锥面）。

全跳动公差是指整个被测表面相对于基准轴线允许的最大变动量。被测表面为圆柱面的全跳动称为径向全跳动，被测表面为平面的全跳动称为端面全跳动。

跳动公差是针对特定的测量方法定义的几何公差项目，因而可以从测量方法上理解其意义。

除端面全跳动公差带外，跳动公差带有如下特点：

① 跳动公差是一项综合性的误差项目，它综合反映了被测要素的形状误差和位置误差，因而跳动公差带可以综合控制被测要素的位置、方向和形状误差。

② 利用径向圆跳动公差可以控制圆度误差，只要跳动量小于圆度公差值，就能保证圆度误差小于圆度公差。

③ 径向全跳动公差带与圆柱度公差带形式一样，只是前者公差带的轴线与基准轴线同轴，而后者的轴线是浮动的，因而利用径向全跳动公差可以控制圆柱度误差，只要跳动量小于圆柱度公差值，就能保证圆柱度误差小于圆柱度公差。径向全跳动还可以控制同轴度误差。

④ 端面全跳动的公差带与平面对轴线的垂直度公差带形状相同，因而可以利用端面全跳动控制平面对轴线的垂直度误差。

⑤ 圆跳动仅反映单个测量面内被测要素轮廓形状的误差情况，而全跳动反映整个被测表面的误差情况。全跳动是一项综合性的指标，它可以同时控制圆度、同轴度、圆柱度、素线的直线度、平行度、垂直度等的几何误差。对一个零件的同一被测要素，全跳动包括了圆跳动。显然，当给定公差值相同时，标注全跳动的要求比标注圆跳动的要求更严格。

（1）圆跳动公差

① 径向圆跳动公差。公差带是在垂直于基准轴线的任一测量平面内半径差为公差值 t 且圆心在基准轴线上的两个同心圆之间的区域，如图2-46（a）所示。如图2-46（b）所示，标注径向圆跳动公差的含义：当被测要素围绕基准轴线 A 无轴向移动旋转一周时，在任一测量平面内的径向圆跳动量均不得大于公差值0.05mm。

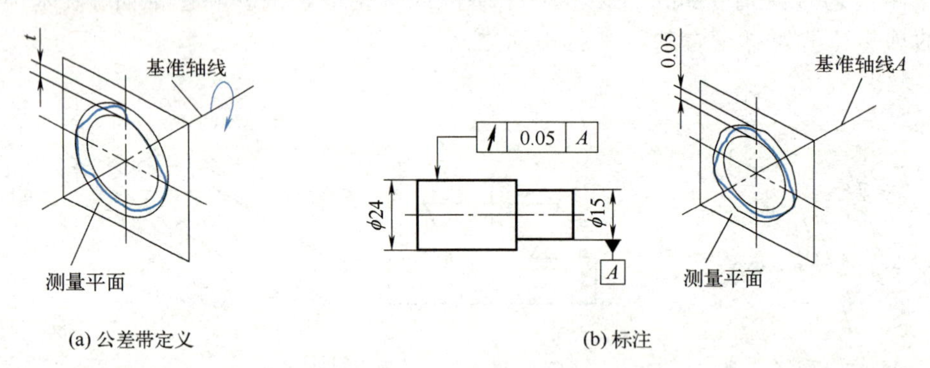

(a) 公差带定义　　(b) 标注

图2-46　径向圆跳动公差

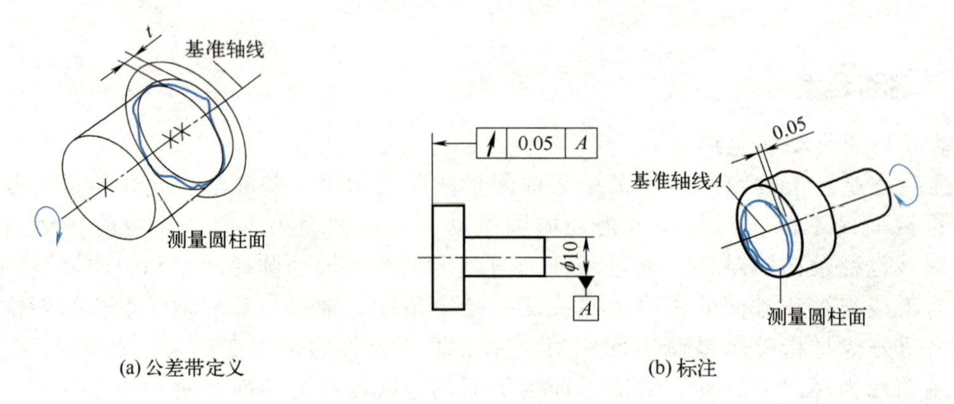

(a) 公差带定义　　(b) 标注

图2-47　端面圆跳动公差

② 端面圆跳动公差。公差带是在与基准轴线同轴的任一半径位置的测量圆柱面上距离为t的两圆之间的区域，如图2-47（a）所示。如图2-47（b）所示，标注端面圆跳动公差的含义：被测表面围绕基准轴线A旋转一周时，在任一测量圆柱面上的轴向跳动量均不得大于公差值0.05mm。

③ 斜向圆跳动公差。公差带是在与基准轴线同轴的任一测量圆锥面上距离为t的两圆之间的圆锥面区域。除非另有规定，测量方向应沿被测表面的法向；若规定测量方向，则公差带是在与基准轴线同轴的给定角度的任一测量圆锥面上距离为t的两圆之间的区域。如图2-48（a）所示。如图2-48（b）所示，标注斜向圆跳动公差的含义：被测表面绕基准轴线B旋转一周时，在任一测量圆锥面上的跳动量均不得大于公差值0.1mm。如图2-48（c）所示，标注斜向圆跳动公差的含义：被测表面绕基准轴线A旋转一周时，在给定角度60°的任一测量圆锥面上的跳动量均不得大于0.1mm。

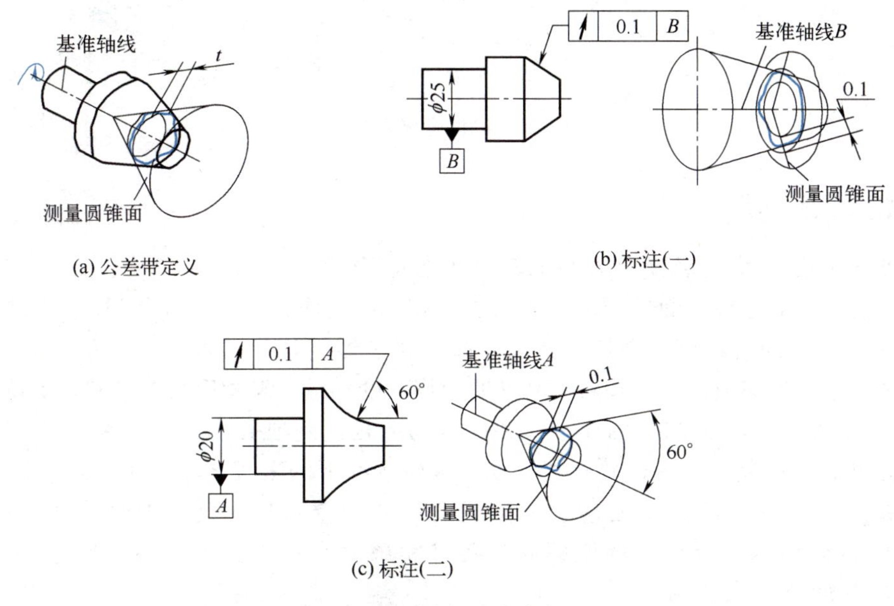

图2-48　斜向圆跳动公差

（2）全跳动公差

① 径向全跳动公差。公差带是半径差为公差值t且与基准轴线或公共基准轴线同轴的两圆柱面之间的区域，如图2-49（a）所示。如图2-49（b）所示，标注径向全跳动公差的含义：被测要素围绕基准轴线A做若干次旋转，并在测量仪器与工件间同时做轴向移动，此时在被测要素上各点间的示值差均不得大于0.2mm，测量仪器或工件必须沿着基准轴线方向并相对于基准轴线A移动。

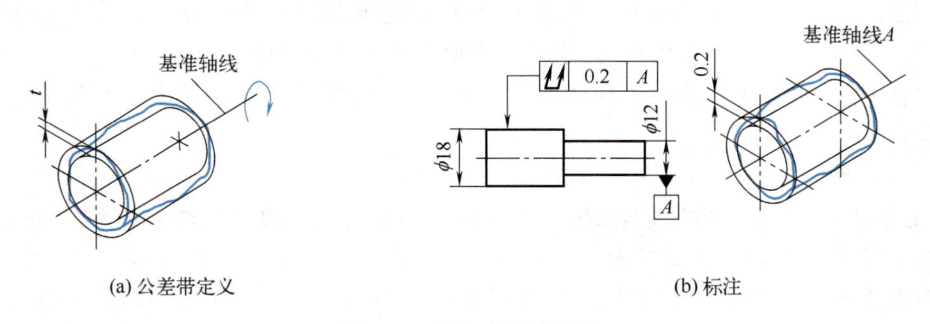

图2-49　径向全跳动公差

② 端面全跳动公差。公差带是距离为公差值t且与基准轴线垂直的两平行平面之间的区域，如图2-50（a）所示。如图2-50（b）所示，标注端面全跳动公差的含义：被测要素围绕基准轴线A做若干次旋转，并在测量仪器与工件间做径向移动，此时在被测要素上各点间的示值差均不得大于0.05mm，测量仪器或工件必须沿着轮廓具有理想正确形状的线并相对于基准轴线A的正确方向移动。

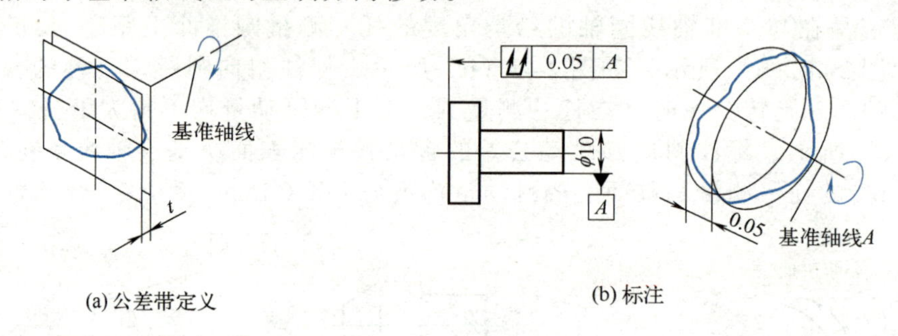

(a) 公差带定义　　(b) 标注

图2-50　端面全跳动公差

2.2.9　轮廓度公差

轮廓度公差包括线轮廓度公差与面轮廓度公差两项。

轮廓度公差是对零件表面的要求（非圆曲线和非圆曲面），可以仅限定其形状误差，也可在限制形状误差的同时，对基准提出要求。前者属于形状公差，后者属于方向或位置公差，它们是关联要素在方向或位置上相对于基准所允许的变动量。轮廓度公差具有如下特点。

① 线轮廓度公差是控制轮廓线形状和位置的形状公差项目，其公差带为两条等距轮廓线之间的区域，以控制一个平面轮廓线。如样板轮廓面上的素线（轮廓线）的形状要求。

面轮廓度公差是控制轮廓面形状和位置的形状公差项目，其公差带为两等距轮廓面之间的区域，以控制一个空间的轮廓面。各种轮廓面，不管其形状沿厚度是否变化，均可应用面轮廓度公差来控制。

② 由于工艺上的原因，有时也可以用线轮廓度公差来控制曲面形状，即用线轮廓度公差来解决面轮廓度公差的问题。其方法是用平行于投影面的平面剖切轮廓面，以形成轮廓线，用线轮廓度公差来控制此平面轮廓线的形状误差，从而近似地控制轮廓面的形状，就相当于用直线度公差来控制平面的平面度误差一样。当轮廓面的形状沿厚度不变时（如某些平面凸轮），由于零件不同厚度上各截面在投影面上的理想形状均相同，故只需标出一个截面的形状；当轮廓面的形状沿厚度变化时（如叶片），则应采用多个截面标注，截面越多，间隔越小，各截面上轮廓线的组合形状就越接近轮廓面的形状，其对轮廓面的控制精度也越高。

③ 当线、面轮廓度公差仅用于限制被测要素的形状时，不标注基准，其公差带的位置是浮动的。当线、面轮廓度公差带有基准时，不仅限制被测要素的形状，还限制被测要素的方向或位置，其公差带的位置是固定的，因此将线、面轮廓度公差划为形状或位置公差类。

（1）线轮廓度公差

① 无基准要求。公差带是包络一系列直径为公差值t的圆的两包络线之间的区域。诸圆的圆心位于具有理论正确几何形状的线上，如图2-51（a）所示。如图2-51（b）所示，标注线轮廓度公差的含义：在平行于图样所示投影面的任一截面上，被测轮廓线必须位于包络一系列直径为0.1mm且圆心位于具有理论正确几何形状的线上的两包络线之间。

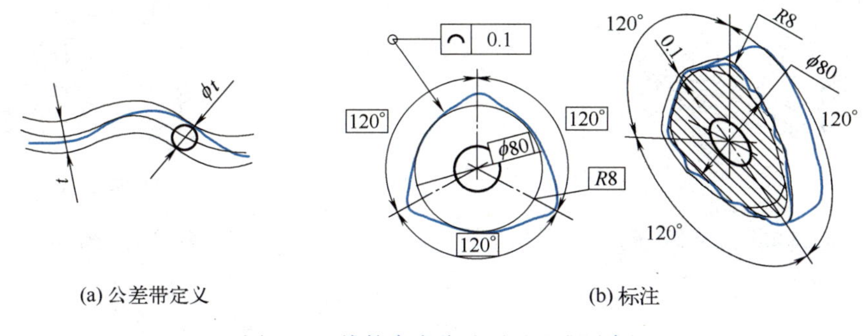

图2-51　线轮廓度公差（无基准要求）

② 有基准要求。公差带是包络一系列直径为公差值t的圆的两包络线之间的区域。诸圆的圆心位于具有理论正确几何形状的线上，如图2-52（a）所示。如图2-52（b）所示，标注线轮廓度公差的含义：在平行于图样所示投影面的任一截面上，被测轮廓线必须位于包络一系列直径为0.1mm且圆心位于由基准平面A确定的具有理论正确几何形状的线上的两包络线之间。

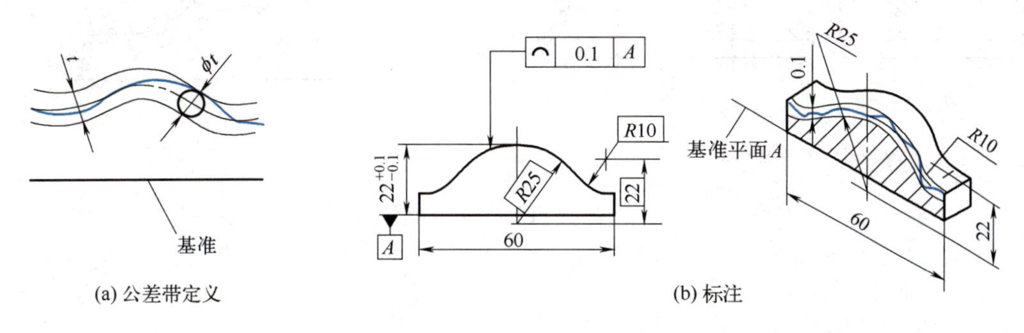

图2-52　线轮廓度公差（有基准要求）

（2）面轮廓度公差

公差带是包络一系列直径为公差值t的球的两包络面之间的区域，诸球的球心应位于具有理论正确几何形状的面上。如图2-53（a）、(c)所示。如图2-53（b）、(d)所示，标注面轮廓度公差的含义：被测轮廓面必须位于包络一系列球的两包络面之间，诸球的直径为公差值t，且球心位于具有理论正确几何形状的面上。

2.2.10　公差原则

协调几何公差与尺寸公差之间相互关系的原则称为公差原则。

任何实际要素，都同时存在几何误差和尺寸误差。有些几何误差与尺寸误差密切相关，有些几何误差与尺寸误差又相互无关。影响零件使用性能的，有时主要是几何误差，有时主要是尺寸误差，有时则主要是它们的综合结果而不必区分出各自的大小，因而在设计上，需根据具体情况选择适当的公差原则来协调处理几何公差与尺寸公差之间的关系。

《产品几何技术规范（GPS）　基础　概念、原则和规则》（GB/T 4249—2018）中提出了处理几何公差与尺寸公差之间关系的方法，《产品几何技术规范（GPS）　几何公差　最大实体要求（MMR）、最小实体要求（LMR）和可逆要求（RPR）》（GB/T 16671—2018）给出了与公差原则有关的术语及其定义、基本规定、图样表示方法及应用示例。

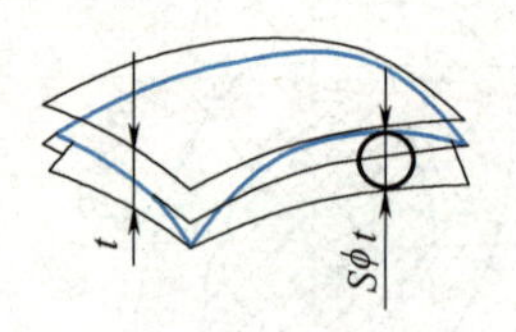

(a) 公差带定义，无基准要求

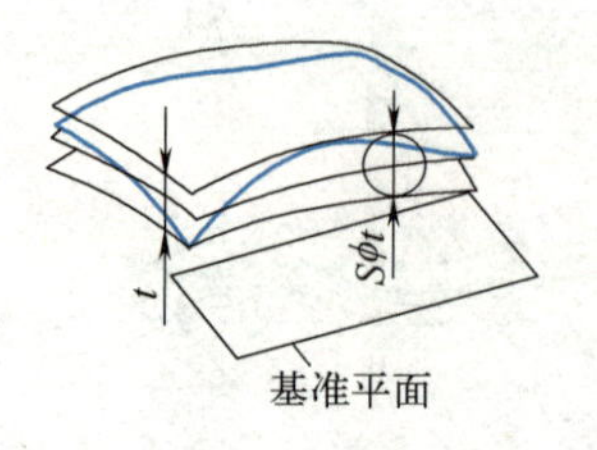

(c) 公差带定义，有基准要求

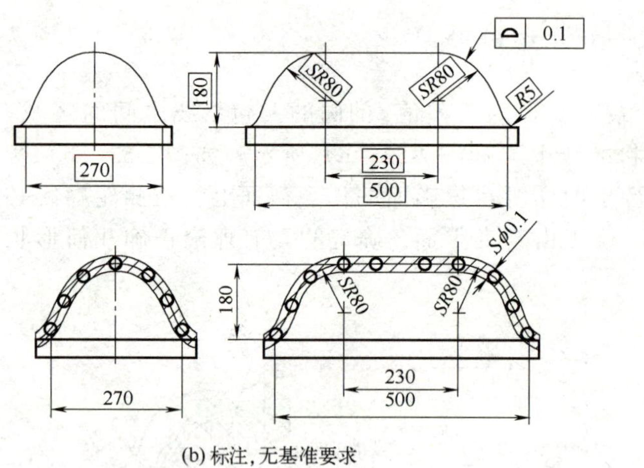

(b) 标注，无基准要求

R80
0.1 K G
R82
75°
R12
10
G
R8
7
K
78.8
75°
0.1
基准平面K

(d) 标注，有基准要求

图2-53 面轮廓度公差

2.2.10.1 术语及其定义

(1) 局部实际尺寸

局部实际尺寸（D_a、d_a）简称实际尺寸，是指在实际要素的任意正截面上，两对应点之间测得的距离。由于存在几何误差和测量误差，因此，实际要素各处的局部实际尺寸可能不尽相同，如图2-54所示。

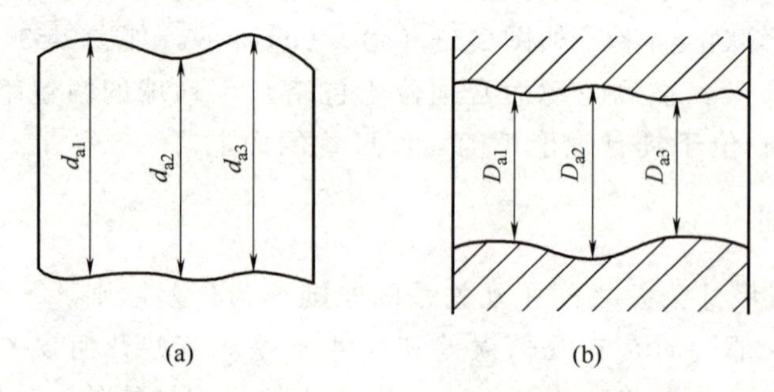

图2-54 局部实际尺寸

(2) 实体状态和实体尺寸

① 最大实体状态（MMC）和最大实体尺寸（MMS）。最大实体状态是对应于最大实体尺寸的极限尺寸。最大实体尺寸是孔或轴具有允许的材料量为最多时的极限尺寸，即轴的上极限尺寸和孔的下极限尺寸。孔的最大实体尺寸用D_M表示，轴的最大实体尺寸用d_M表示。

② 最小实体状态（LMC）和最小实体尺寸（LMS）。最小实体状态是对应于最小实体尺寸的极限尺寸。最小实体尺寸是孔或轴具有允许的材料量为最少时的极限尺寸，即轴的下极限尺寸和孔的上极限尺寸。孔的最小实体尺寸用D_L表示，轴的最小实体尺寸用d_L表示。

最大实体状态是同一设计的零件装配感觉最困难的状态，即可能获得最紧的装配结果的状态，它也是工件强度最高的状态；最小实体状态是装配感觉最容易的状态，即可获得最松的装配结果的状态,它也是工件强度最低的状态。最大和最小实体状态都是设计规定的合格工件的材料量的极限状态，如图2-55所示。

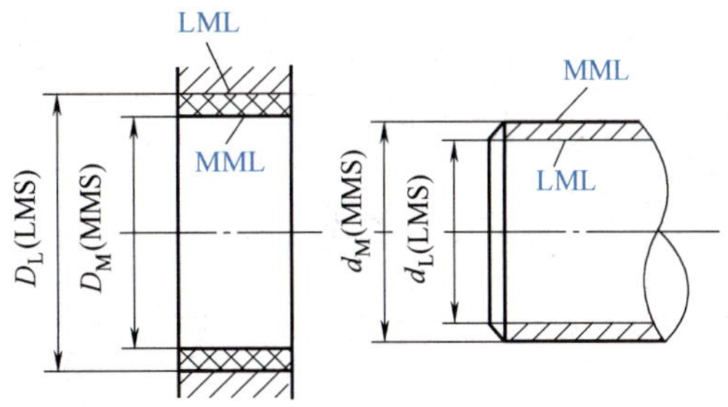

图2-55　最大、最小实体极限与尺寸

根据实体尺寸的定义可知，要素的实体尺寸是由设计给定的，当设计给出要素的极限尺寸时，其相应的最大、最小实体尺寸也就确定了。

（3）作用尺寸

① 体外作用尺寸。在被测要素的给定长度上，与实际内表面（孔）体外相接的最大理想轴的尺寸称为孔的体外作用尺寸，用D_{fe}表示；在被测要素的给定长度上，与实际外表面（轴）体外相接的最小理想孔的尺寸称为轴的体外作用尺寸，用d_{fe}表示。对于关联要素，该理想外（内）表面的轴线或中心面必须与基准保持图样上给定的几何关系。图2-56所示为单一要素的体外作用尺寸，图2-56（a）所示为孔的体外作用尺寸，图2-56（b）所示为轴的体外作用尺寸。图2-57所示为关联要素（轴）的体外作用尺寸，图2-57（a）所示为图样标注，图2-57（b）所示为轴的体外作用尺寸，最小理想孔的轴线必须垂直于基准平面A。

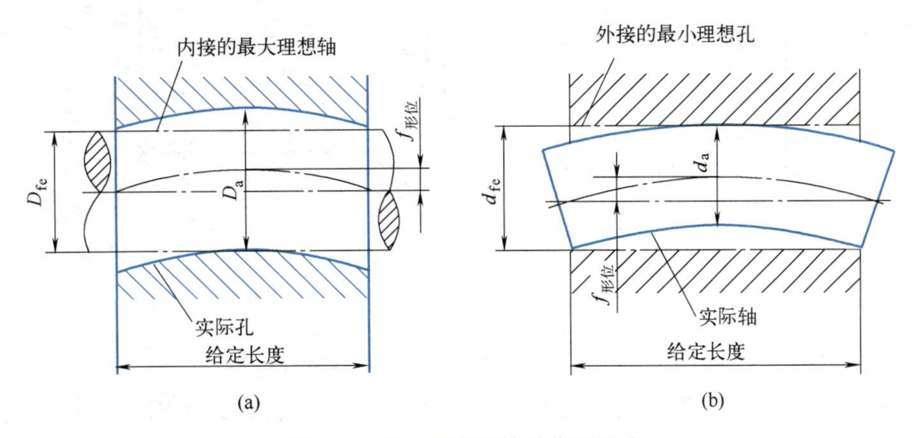

图2-56　单一要素的体外作用尺寸

由图2-56和图2-57可以直观地看出，内、外表面的体外作用尺寸与其实际尺寸及几何误差之间的关系可以用下式表示：

对于内表面：$D_{fe}=D_a-f_{形位}$

对于外表面：$d_{fe}=d_a+f_{形位}$

可以看出，作用尺寸的大小由其实际尺寸和几何误差共同确定。一方面，按同一图

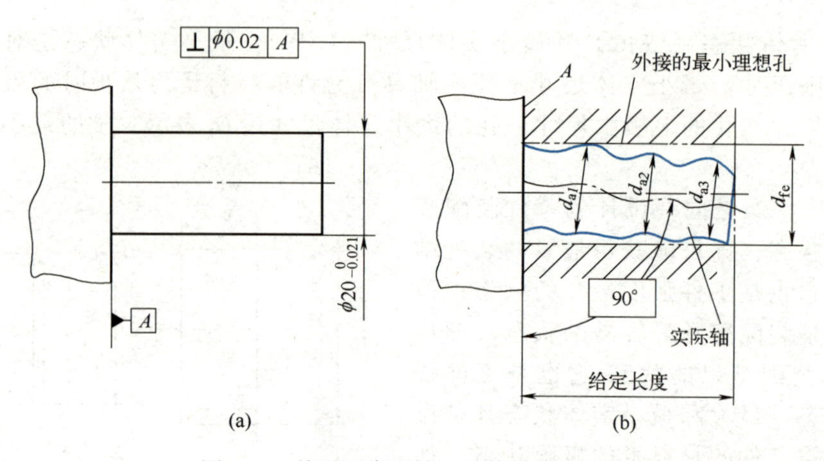

图2-57　关联要素（轴）的体外作用尺寸

样加工的一批零件，其实际尺寸各不相同，其作用尺寸也不尽相同；另一方面，由于几何误差的存在，外表面的作用尺寸大于该表面的实际尺寸，内表面的作用尺寸小于该表面的实际尺寸。因此，几何误差影响内外表面的配合性质。

例如，ϕ30H7/h6孔、轴配合，其最小间隙为零。若孔、轴加工后不存在形状误差，即具有理想形状，且其实际尺寸均为30mm，则装配后具有的最小间隙量为0。若加工后，孔具有理想形状，且实际尺寸为30mm，如图2-58（a）所示，而轴的轴线发生了弯曲，即存在形状误差$f_{形位}$，且实际尺寸为30mm，如图2-58（b）所示，显然装配后具有过盈量。若要保证配合的最小间隙量为0，必须将孔的直径扩大为$d_{fe}=30+f_{形位}=d_a+f_{形位}$。因此，体外作用尺寸实际上是对配合起作用的尺寸。由上所述，得出作用尺寸的特点：

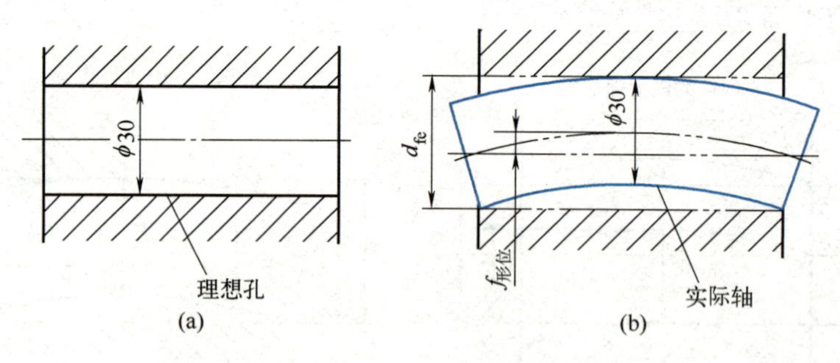

图2-58　轴的直线度误差对配合性质的影响

a. 作用尺寸是假想的圆柱直径，是在装配时起作用的尺寸。

b. 对单个零件来说，作用尺寸是唯一的；对一批零件而言，作用尺寸是不同的。

c. $d_a \leqslant d_{fe}$，$D_a \geqslant D_{fe}$。

② 体内作用尺寸。在被测要素的给定长度上，与实际内表面（孔）体内相接的最小理想轴的尺寸称为内表面（孔）的体内作用尺寸，用D_{fi}表示；与实际外表面（轴）体内相接的最大理想孔的尺寸，称为外表面（轴）的体内作用尺寸，用d_{fi}表示。对于关联要素，该理想外表面或内表面的轴线或中心面必须与基准保持图样上给定的几何关系。图2-59（a）和图2-59（b）所示分别是孔和轴单一要素的体内作用尺寸。

体内作用尺寸是对零件强度起作用的尺寸。

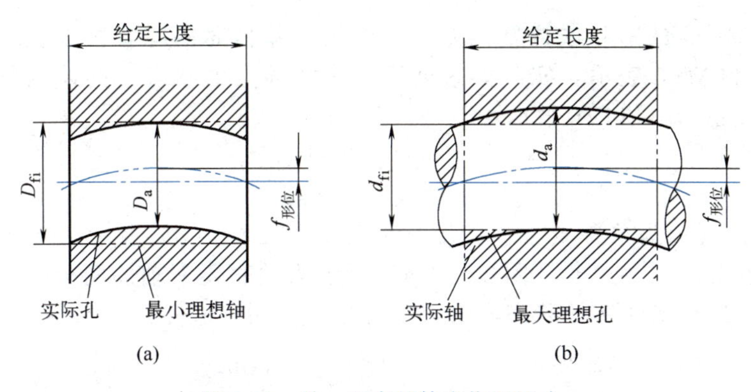

图2-59 单一要素的体内作用尺寸

(4) 实体实效状态和实体实效尺寸

① 最大实体实效状态和最大实体实效尺寸。在给定长度上，实际要素处于最大实体状态，且其中心要素的形状或位置误差等于给出公差值时的综合极限状态，称为最大实体实效状态，用MMVC表示。实际要素处于最大实体实效状态下的体外作用尺寸，称为最大实体实效尺寸，用MMVS表示。

用公式表示：

$$D_{MV}=D_M-t$$

$$d_{MV}=d_M+t$$

图2-60（a）所示为单一要素（孔）的图样标注，图2-60（b）所示为实际孔的最大实体实效状态和最大实体实效尺寸示意。图2-61（a）所示为关联要素（轴）的图样标注，图2-61（b）所示为实际轴的最大实体实效状态和最大实体实效尺寸示意。

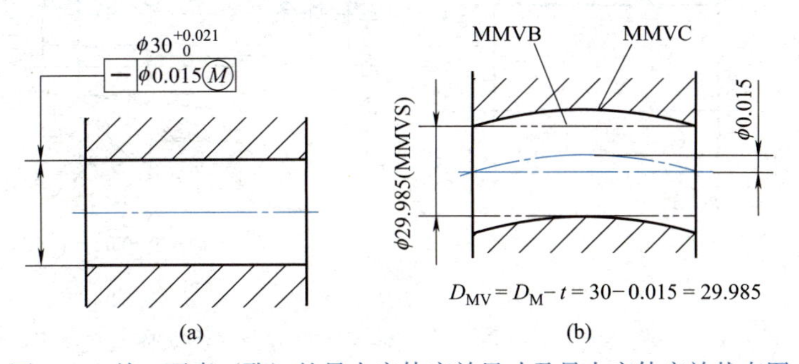

图2-60 单一要素（孔）的最大实体实效尺寸及最大实体实效状态图

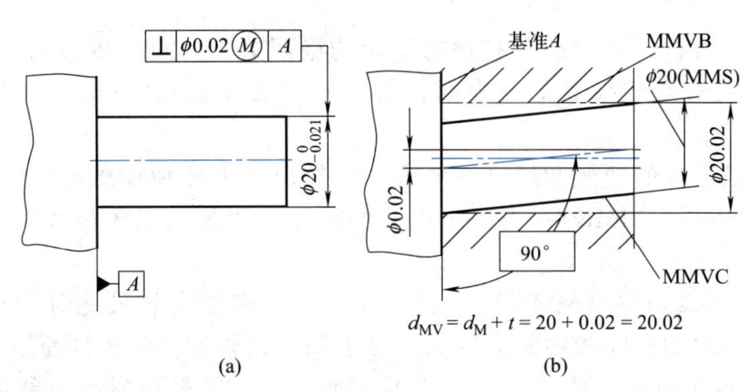

图2-61 关联要素（轴）的最大实体实效尺寸及最大实体实效状态图

② 最小实体实效状态和最小实体实效尺寸。在给定长度上，实际要素处于最小实体

状态，且其中心要素的形状或位置误差等于给出公差值时的综合极限状态，称为最小实体实效状态，用LMVC表示。实际要素处于最小实体实效状态下的体内作用尺寸，称为最小实体实效尺寸，用LMVS表示。

用公式表示：

$$D_{LV}=D_L+t_{形位}$$

$$d_{LV}=d_L-t_{形位}$$

图2-62（a）所示为单一要素孔的图样标注，图2-62（b）所示为实际孔的最小实体实效状态和最小实体实效尺寸。图2-63（a）所示为关联要素轴的图样标注，图2-63（b）所示为实际轴的最小实体实效状态和最小实体实效尺寸。

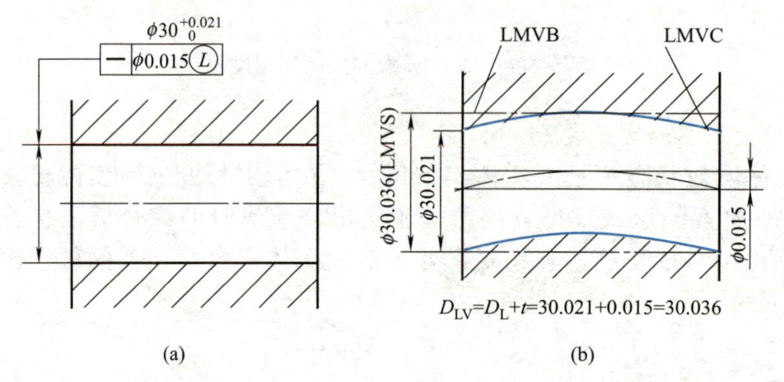

图2-62 单一要素（孔）的最小实体实效尺寸及最小实体实效状态图

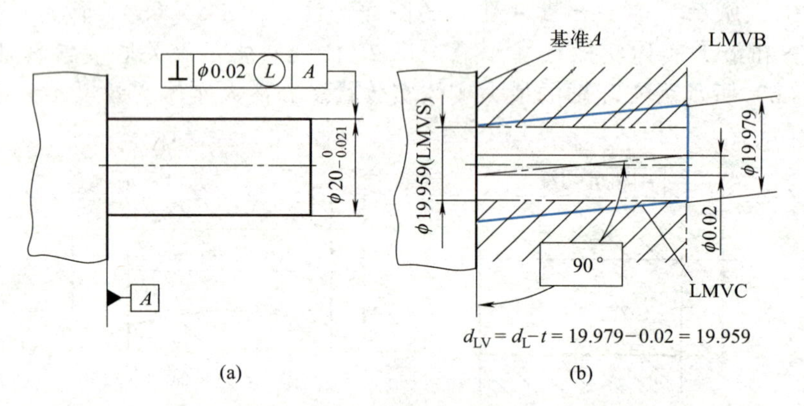

图2-63 关联要素（轴）的最小实体实效尺寸及最小实体实效状态图

（5）理想边界

理想边界是指由设计给定的具有理想形状的极限边界。对于内表面（孔），它的理想边界相当于一个具有理想形状的外表面；对于外表面（轴），它的理想边界相当于一个具有理想形状的内表面。

设计时，根据零件的功能和经济性要求，常给出以下几种理想边界：

① 最大实体边界（MMB）：当理想边界的尺寸等于最大实体尺寸时，称为最大实体边界，如图2-64和图2-65所示。

② 最大实体实效边界（MMVB）：当尺寸为最大实体实效尺寸时的理想边界。边界是用来控制被测要素的实际轮廓的。例如，对于轴，该轴的实际圆柱面不能超越边界，以此来保证装配；而几何公差值是对于中心要素而言的，如轴的轴线直线度采用最大实体要求。应该说几何公差值是对轴线直线度误差的控制，而最大实体实效边界是对其实际的圆柱面的控制，这一点应注意。

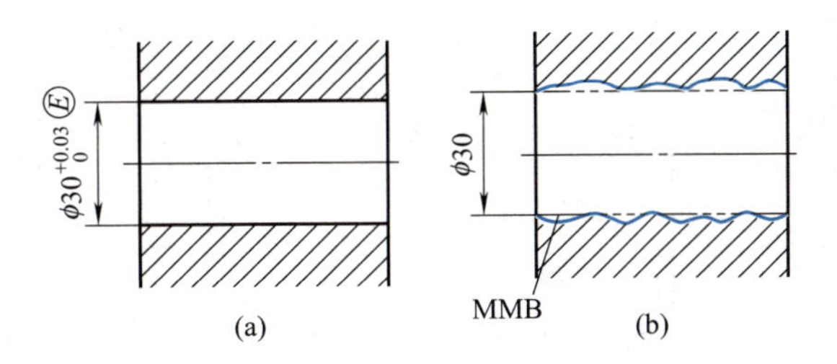

图2-64　单一要素的最大实体边界

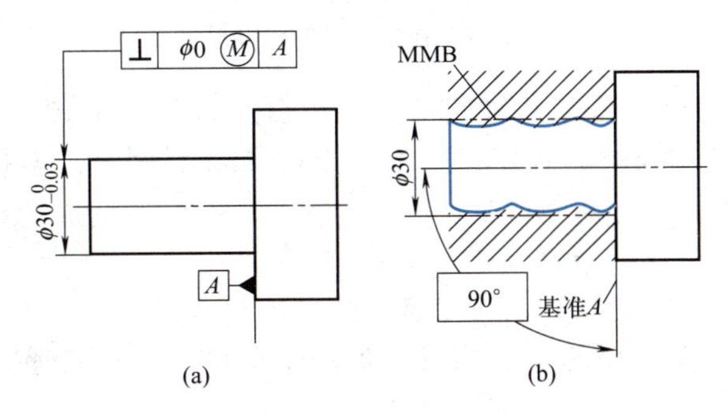

图2-65　关联要素的最大实体边界

③ 最小实体边界（LMB）：当尺寸为最小实体尺寸时的理想边界。

④ 最小实体实效边界（LMVB）：当尺寸为最小实体实效尺寸时的理想边界。

例2-1　按图2-66（a）、（b）加工轴、孔零件，测得直径为ϕ16mm，其轴线的直线度误差为0.02mm，求最大实体尺寸、体外作用尺寸和最大实体实效尺寸。

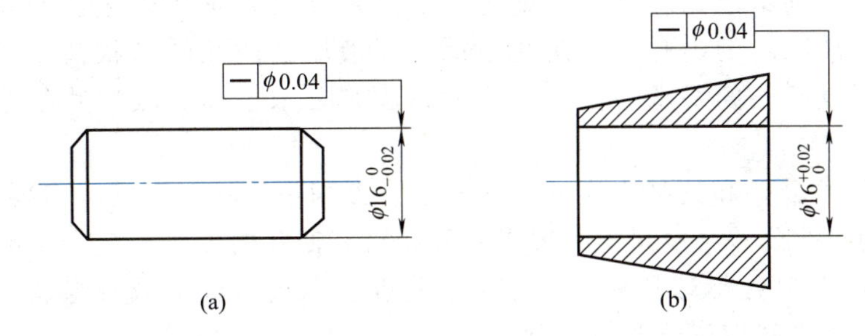

图2-66　最大实体尺寸、体外作用尺寸、最大实效尺寸计算

解： 图2-66（a）：① 最大实体尺寸　$d_M=d_{max}=\phi16\text{mm}$

② 体外作用尺寸　$d_{fe}=d_a+f_{形位}=16\text{mm}+0.02\text{mm}=\phi16.02\text{mm}$

③ 最大实体实效尺寸　$d_{MV}=d_M+t_{形位}=16\text{mm}+0.04\text{mm}=\phi16.04\text{mm}$

图2-66（b）：① 最大实体尺寸　$D_M=D_{min}=\phi16\text{mm}$

② 体外作用尺寸　$D_{fe}=D_a-f_{形位}=16\text{mm}-0.02\text{mm}=\phi15.98\text{mm}$

③ 最大实体实效尺寸　$D_{MV}=D_M-t_{形位}=16\text{mm}-0.04\text{mm}=\phi15.96\text{mm}$

2.2.10.2　独立原则

（1）独立原则的含义和图样标注

独立原则是指被测要素在图样上给出的尺寸公差与几何公差各自独立，应分别满足要求的公差原则。独立原则是处理几何公差和尺寸公差相互关系的基本原则。

独立原则的图样标注如图2-67所示，图样上无须加注任何关系符号。

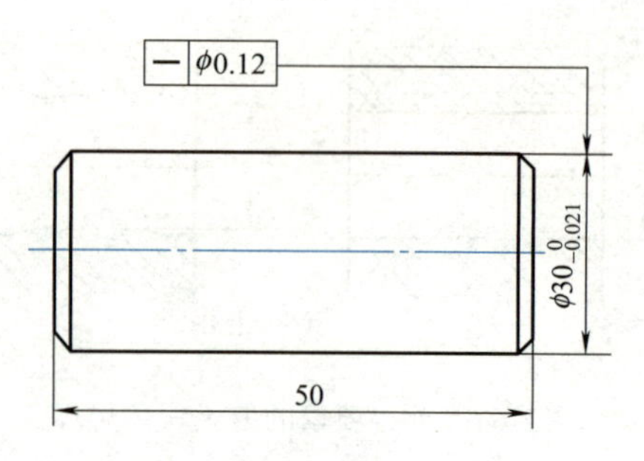

图2-67　独立原则的图样标注

图2-67所示轴的直径公差与其轴线的直线度公差采用独立原则。只要轴的实际尺寸为ϕ29.979~ϕ30mm，其轴线的直线度误差不大于0.12mm，则零件合格。

(2) 遵守独立原则的零件的合格条件

对于内表面：　　$D_{min} \leqslant D_a \leqslant D_{max}$　且　$f_{形位} \leqslant t_{形位}$

对于外表面：　　$d_{min} \leqslant d_a \leqslant d_{max}$　且　$f_{形位} \leqslant t_{形位}$

检验时，实际尺寸只能用两点法测量（如用千分尺、卡尺等通用量具），几何误差只能单独测量。

(3) 独立原则的应用

独立原则是处理几何公差与尺寸公差相互关系的基本原则，图样上给出的公差大多遵守独立原则，主要有以下几种情形。

① 影响要素使用性能的主要是几何误差或尺寸误差，这时要使用独立原则满足使用要求。例如，印刷机的滚筒，尺寸精度要求不高，但对圆柱度要求高，以保证印刷清晰，因而按独立原则给出了圆柱度公差值，而其尺寸公差则按未注公差处理。又如，液压传动中常用的液压缸的内孔，为防止泄漏，对液压缸内孔的形状精度（圆柱度、轴线直线度）提出了较严格的要求，而对其尺寸精度则要求不高，故尺寸公差与几何公差按独立原则给出。

② 要素的尺寸公差和其某方面的几何公差直接满足的功能不同，需要分别满足要求。如变速箱上孔的尺寸公差（满足配合要求）和相对其他孔的位置公差（满足啮合要求）。

③ 在制造过程中需要对要素的尺寸做精确度量以进行选配或分组装配时，要素的几何公差和尺寸公差之间应遵守独立原则。

2.2.10.3　相关要求

相关要求是指图样上给定的尺寸公差与几何公差相互有关的公差要求。它分为包容要求、最大实体要求（包括可逆要求应用于最大实体要求）和最小实体要求（包括可逆要求应用于最小实体要求）。

(1) 包容要求

① 包容要求的含义和图样标注。包容要求是指实际要素遵守其最大实体边界，且其局部实际尺寸不得超出其最小实体尺寸的公差要求。也就是说，无论实际要素的尺寸误差和几何误差如何变化，其实际轮廓不得超越其最大实体边界，即其体外作用尺寸不得超越其最大实体边界尺寸，且其实际尺寸不得超越其最小实体尺寸。

采用包容要求时，必须在图样上尺寸公差带或公差值后面加注符号Ⓔ。如图2-68（a）所示，该轴的尺寸为$\phi 50^{\ 0}_{-0.025}$mm，采用包容要求，图样应同时满足零件尺寸为ϕ49.975~ϕ50mm。Ⓔ的解释可归纳为三句话：

a. 当被测要素处于最大实体状态时，该零件的几何公差（最大几何误差）等于零。本例中，当该轴尺寸为 ϕ50mm 时，该轴的圆度、素线和轴线的直线度等误差等于零。

b. 当被测要素偏离最大实体状态时，该零件的几何公差允许达到偏离量。本例中，当该轴尺寸为 ϕ49.98mm 时，该轴的圆度、素线和轴线的直线度等误差允许达到偏离量，即等于 0.02mm。

c. 当被测要素偏至最小实体状态时，该零件的几何公差允许达到最大值，即等于图样给定的零件的尺寸公差。

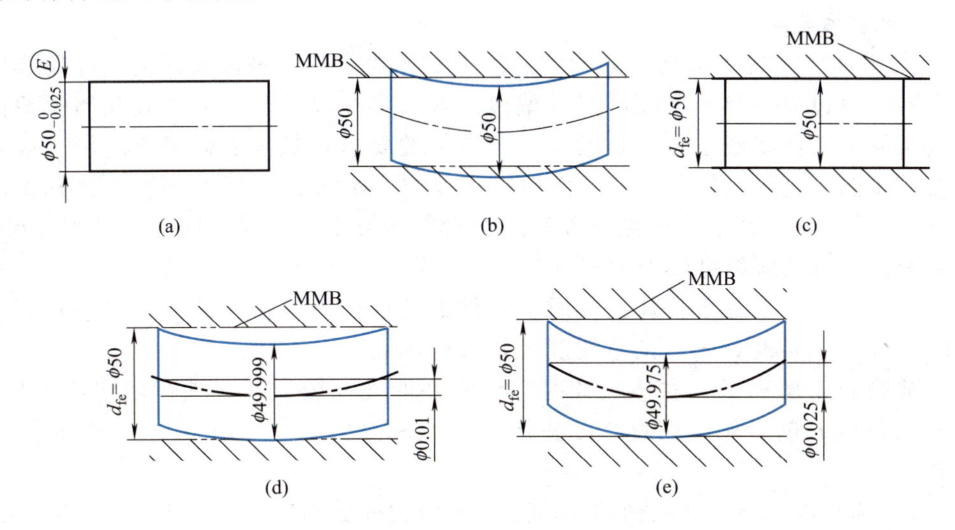

图2-68　包容要求

本例中，当该轴尺寸为 ϕ49.975mm 时，该轴的圆度、圆度柱、素线的直线度、轴线的直线度等误差允许达到最大值，即等于图样给定的轴的尺寸公差，最大为 0.025mm。

当该轴的实际尺寸处处为其最大实体尺寸 ϕ50mm 时，其轴线有任何几何误差，都将使其实际轮廓超出最大实体边界，如图 2-68（b）所示。因此，此时该轴的几何公差值应为 ϕ0mm，如图 2-68（c）所示。当轴的实际尺寸为 ϕ49.990mm 时，轴的几何误差只有为 ϕ0~ϕ0.010mm，实际轮廓才不会超出最大实体边界，即此时其几何公差值应为 ϕ0.010mm，如图 2-68（d）所示。当轴的实际尺寸为最小实体尺寸 ϕ49.975mm 时，其几何误差只有为 ϕ0~ϕ0.025mm，实际轮廓才不会超出最大实体边界，即此时轴的几何公差值应为 ϕ0.025mm，如图 2-68（e）所示。

可见，遵守包容要求的尺寸要素，当其实际尺寸达到最大实体尺寸时，几何公差只能为零；当其实际尺寸偏离最大实体尺寸而不超越最小实体尺寸时，允许几何公差获得一定的补偿值，补偿值的大小在其尺寸公差以内；当实际尺寸为最小实体尺寸时，几何公差有最大补偿值，其大小为其尺寸公差值 T=MMS−LMS。显然，包容要求是将尺寸误差和几何误差同时控制在尺寸公差范围内的公差要求，主要用于必须保证配合性质的要素，用最大实体边界保证必要的最小间隙或最大过盈，用最小实体尺寸防止间隙过大或过盈过小。

② 采用包容要求时零件的合格条件。采用包容要求时，被测要素遵守最大实体边界，其体外作用尺寸不得超出其最大实体尺寸，且局部实际尺寸不得超出其最小实体尺寸，即合格条件为

孔：　　　　$D_M(D_{min}) \leqslant D_{fe}$　　　　$D_a \geqslant D_L(D_{max})$

轴：　　　　$d_L(d_{min}) \leqslant d_a$　　　　$d_{fe} \leqslant d_M(d_{max})$

上式就是极限尺寸判断原则，也称泰勒原则。检验时，按泰勒原则用光滑极限量规检验实际要素是否合格。

③ 包容要求的应用。包容要求仅用于单一尺寸要素（如圆柱面、两反向平行面等尺寸），主要用于保证单一要素间的配合性质。如回转轴颈与滑动轴承、滑块与滑块槽以及间隙配合中的轴、孔或有缓慢移动的轴、孔结合等。

（2）最大实体要求

① 最大实体要求的含义和图样标注。最大实体要求是指被测要素的实际轮廓应遵守其最大实体实效边界，且当其实际尺寸偏离其最大实体尺寸时，允许其几何误差值超出图样上（在最大实体状态下）给定的几何公差值的要求。最大实体要求应用于被测要素时，应在图样上相应的几何公差值后面加注符号Ⓜ。如图2-69（a）所示，该轴的尺寸为$\phi 30_{-0.021}^{\ 0}$mm，同时，轴线的直线度公差采用最大实体要求。图样应同时满足零件尺寸为ϕ29.979~ϕ30mm。Ⓜ的解释可归纳为三点：

a. 当被测要素处于最大实体尺寸时，零件的几何公差（最大的几何误差）等于给定值。当尺寸为ϕ30mm时，轴线的直线度公差=ϕ0.01mm。

b. 当被测要素偏离最大实体尺寸时，该零件的几何公差允许达到给定值加偏离量。当尺寸为ϕ29.99mm时，轴线的直线度公差=ϕ0.01mm（给定值）+ϕ0.01mm（偏离量，也叫作补偿值）。

当尺寸为ϕ29.98mm时，轴线的直线度公差=ϕ0.01mm(给定值)+ϕ0.02mm（偏离量）。

c. 当被测要素偏至最小实体尺寸时，零件的几何公差等于给定值+最大的偏离量（尺寸公差）。

当尺寸为ϕ29.979mm时，轴线的直线度公差=ϕ0.01mm+ϕ0.021mm(尺寸公差)=ϕ0.031mm。

此时被测要素的实际轮廓被控制在其最大实体实效边界以内，即实际要素的体外作用尺寸不得超出其最大实体实效尺寸，而且其实际尺寸必须在其最大实体尺寸和最小实

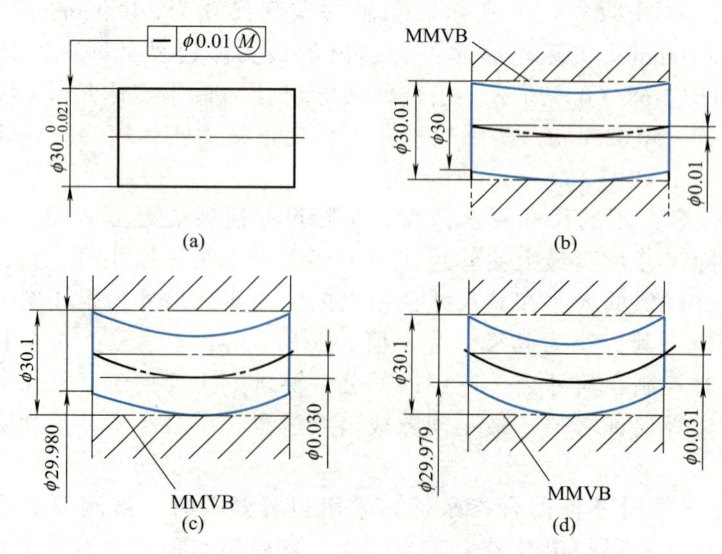

图2-69　单一要素的最大实体要求示例

体尺寸范围内。当轴的实际尺寸超越其最大实体尺寸而向最小实体尺寸偏离时，允许将超出值补偿给几何公差，即此时可将给定的直线度公差$t_{形位}$扩大。

本例中，当轴的实际直径d_a处处为其最大实体尺寸ϕ30mm时（即实际轴处于MMC时），轴线的直线度公差为图样上的给定值，即$t_{形位}=\phi$0.01mm，如图2-69（b）所示。

当轴的实际直径d_a小于ϕ30mm时，如$d_a=\phi$29.980mm时，其轴线直线度公差可以大于图样上的给定值ϕ0.01mm，但必须保证被测要素的实际轮廓不超出其最大实体实效边界，即其体外作用尺寸不超出其最大实体实效尺寸，即$d_{fe} \leqslant d_{MV}=\phi$30mm+$\phi$0.01mm=$\phi$30.01mm。因此，此时该轴轴线的直线度公差值获得一补偿量，其值为$\Delta t=d_M-d_a=\phi$30mm−ϕ29.98mm=ϕ0.02mm，直线度公差值为$t_{形位}=\phi$0.01mm+ϕ0.02mm=ϕ0.03mm，如图2-69（c）所示。

显然，当轴的实际直径处处为其最小实体尺寸29.979mm（即处于LMC）时，其轴线直线度公差可获得最大补偿量$\Delta t_{max}=d_M-d_L=\phi$30mm−$\phi$29.979mm=$T_s=\phi$0.021mm，此时直线度公差获得最大值$t_{形位}=\phi$0.01mm+$\phi$0.021mm=$\phi$0.031mm，如图2-69（d）所示。

图2-70所示为最大实体要求应用于关联被测要素的示例。图2-70（a）表示$\phi 80^{+0.12}_{0}$mm孔的轴线对基准平面A的任意方向的垂直度公差采用最大实体要求。

当该孔处于最大实体状态，即孔的实际直径处处为其最大实体尺寸ϕ80mm时，垂直度公差值为图样上的给定值ϕ0.04mm，如图2-70（b）所示。

当实际孔偏离其最大实体状态，如$D_a=\phi$80.05mm时，其垂直度公差可大于图样上的给定值，但必须保证孔的体外作用尺寸不小于其最大实体实效尺寸，即$D_{fe} \geqslant D_{MV}=D_M-t_{形位}=\phi$80mm−$\phi$0.04mm=$\phi$79.96mm，垂直度公差获得补偿值为$\Delta t=D_a$−MMS=$\phi$80.05mm−$\phi$80mm=$\phi$0.05mm，垂直度公差值为$t_{形位}=\phi$0.04mm+$\phi$0.05mm=$\phi$0.09mm，如图2-70（c）所示。

显然，当孔处于其最小实体状态时，即$D_a=D_L=\phi$80.12mm时，垂直度公差可获得最大补偿值$\Delta t_{max}=T_h$=0.12mm，此时，垂直度公差值为$t_{形位}=\phi$0.04mm+ϕ0.12mm=ϕ0.16mm，如图2-70（d）所示。

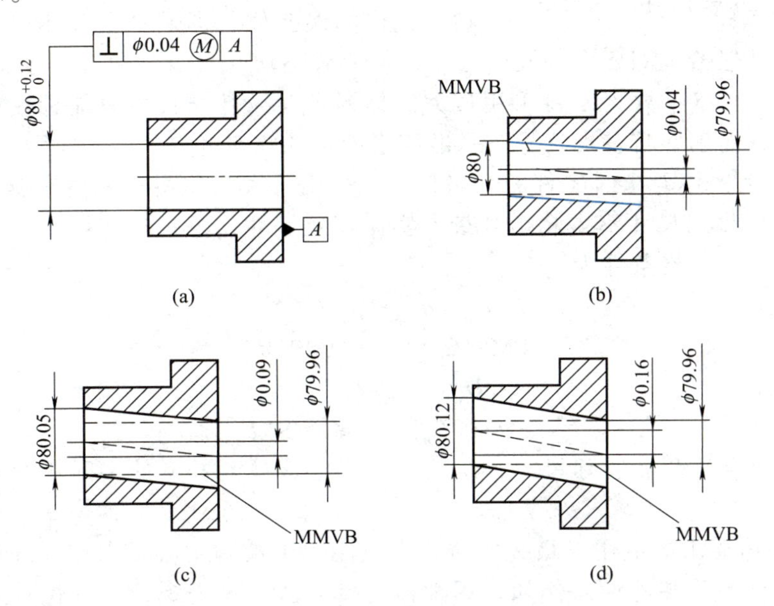

图2-70　关联要素的最大实体要求示例

最大实体要求用于被测要素时，应特别注意以下两点：

a. 当采用最大实体要求的被测关联要素的几何公差值标注为“0”或“$\phi 0$”时，如图2-71所示，被测关联要素遵守的边界是最大实体实效边界的特殊情况，即最大实体实效边界这时就变成了最大实体边界，这种情况称为最大实体要求的零几何公差。

b. 当对被测要素的几何公差有进一步要求时，应采用图2-72所示的方法标注，该标注表示轴$\phi 20_{-0.021}^{\ 0}$mm的轴线直线度公差采用最大实体要求，该直线度公差不允许超过公差框格中的给定值ϕ0.01mm，当轴的实际直径超出其最大实体尺寸向最小实体尺寸方向偏离时，允许将偏离量补偿给直线度公差，但该直线度公差不得大于ϕ0.02mm。

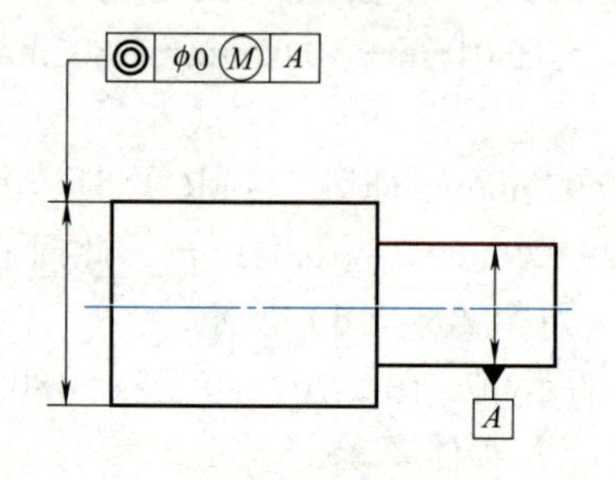

图2-71　最大实体要求的零几何公差

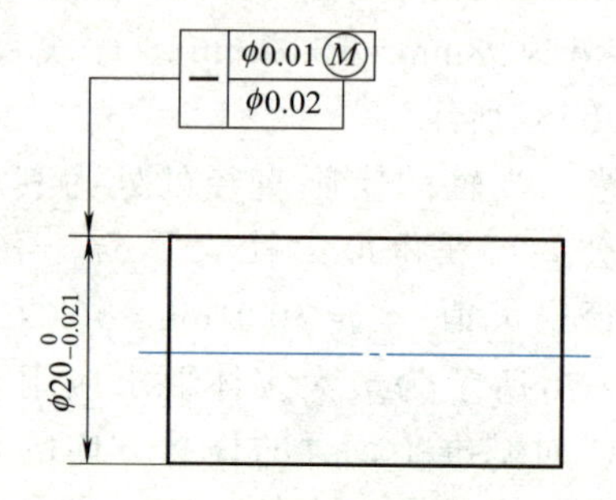

图2-72　对几何公差有进一步要求时的标注

最大实体要求应用于基准要素时，应在图样上相应的几何公差框格的基准字母后面加注符号“Ⓜ”，如图2-73所示。此时基准要素的实际尺寸超越其最大实体尺寸而向最小实体尺寸偏离时，允许其实际轮廓在尺寸偏离的区域内浮动。基准实际轮廓的这种浮动会对被测要素的误差值（如同轴度误差、位置度误差）产生影响。必须指出：这个变化不同于被测要素采用最大实体要求时的直接补偿，而是根据基准要素的实际浮动情况影响其允许的误差值，即基准轴线相对其最大实体尺寸的偏离量可补偿给被测要素的几何公差，但两者仍均受自身的边界所控制。

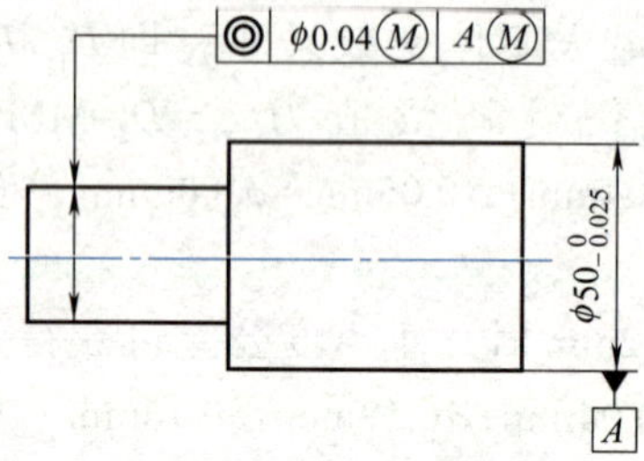

图2-73　最大实体要求应用于基准要素

必须强调：当基准要素本身采用最大实体要求时，基准代号只能标注在基准要素公差框格的下端，而不能将基准代号与基准要素的尺寸线对齐。

② 采用最大实体要求时零件的合格条件。采用最大实体要求的要素遵守最大实体实效边界，其体外作用尺寸不得超出其最大实体实效尺寸，且局部实际尺寸在最大与最小实体尺寸之间，即合格条件为：

对于外表面：

$$d_{fe} \leqslant d_{MV}（d_{max}+t_{形位}）$$

$$LMS（d_{min}）\leqslant d_a \leqslant MMS（d_{max}）$$

对于内表面：

$$D_{fe} \geqslant D_{MV}（D_{min}-t_{形位}）$$

$$MMS（D_{min}）\leqslant D_a \leqslant LMS（D_{max}）$$

检测时用两点法测量实际尺寸，用功能量规检验被测要素的实际轮廓是否超越最大实体实效边界。

③ 最大实体要求的应用。最大实体要求只能用于被测中心要素或基准中心要素，主要用于保证零件的可装配性。例如，用螺栓连接的法兰盘，螺栓孔的位置度公差采用最大实体要求，可以充分利用图样上给定的公差，既可以提高零件的合格率，又可以保证

法兰盘的可装配性，达到较好的经济效益。关联要素采用最大实体要求的零几何公差时，主要用来保证配合性质，其适用场合与包容要求相同。

(3) 最小实体要求

① 最小实体要求的含义和图样标注。最小实体要求是指被测要素的实际轮廓应遵守最小实体实效边界，当其实际尺寸偏离其最小实体尺寸时，允许其几何误差值超出图样上(在最小实体状态下)的给定值的公差要求。最小实体要求应用于被测要素时，应在图样上该要素公差框格的公差值后面加注符号"Ⓛ"，如图2-74（a）所示。

该图样表示尺寸为$\phi 20^{+0.1}_{0}$的孔的轴线对基准A的同轴度公差采用最小实体要求，此时，被测要素的实际轮廓被控制在最小实体实效边界内，即该孔的体内作用尺寸不得超越其最小实体实效尺寸，该孔的实际尺寸不得超越其最大实体尺寸和最小实体尺寸。当孔的实际尺寸超越最小实体尺寸而向最大实体尺寸偏离时，允许将超出值补偿给几何公差，即将图样上给定的几何公差值扩大。例如:

a. 当$D_a=D_L=\phi 20.1$mm时，同轴度公差$t_{形位}=\phi 0.08$mm；

b. 当$D_a=\phi 20.05$mm时，同轴度公差获得补偿值$\Delta t=D_L-D_a=\phi 20.1\text{mm}-\phi 20.05\text{mm}=\phi 0.05$mm，即同轴度公差$t_{形位}=\phi 0.08\text{mm}+\phi 0.05\text{mm}=\phi 0.13$mm；

c. 显然，当$D_a=D_M=\phi 20$mm时，同轴度公差有最大值，即同轴度公差$t_{形位}=\phi 0.08\text{mm}+T_h=\phi 0.08\text{mm}+\phi 0.1\text{mm}=\phi 0.18$mm。

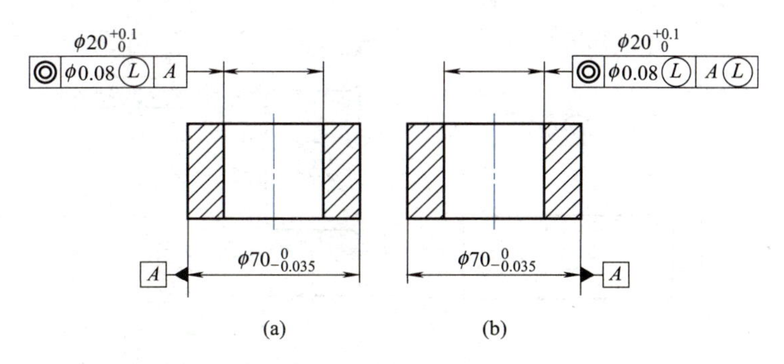

图2-74 最小实体要求的标注

最小实体要求用于基准要素时，应在图样上相应几何公差框格的基准字母后面加注符号"Ⓛ"，如图2-74（b）所示。此时基准A本身采用独立原则，遵守最小实体边界。图2-75表示基准D本身采用最小实体要求，其遵守的边界为最小实体实效边界。当基准要素的实际尺寸超越其最小实体尺寸而向最大实体尺寸偏离时，基准轴线可获得一个浮动的区域，基准轴线的浮动，使被测轴线相对于基准轴线的同轴度误差改变，即基准轴线相对其最小实体尺寸的偏离量可补偿给被测要素的几何公差，但两者仍均受自身的边界所控制。

同样地，当采用最小实体要求的关联要素的几何公差值标注为"0"或"$\phi 0$"时，称为最小实体要求的零几何公差，此时该要素遵守最小实体边界。

② 采用最小实体要求时零件的合格条件。采用最小实体要求的要素遵守最小实体实效边界，其体内作用尺寸不得超出其最小实体实效尺寸，且局部实际尺寸在最大与最小实体尺寸之间，即合格条件为

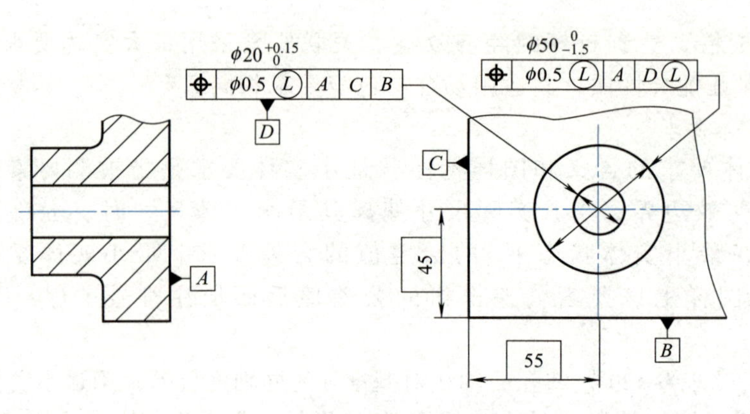

图2-75　最小实体要求用于基准要素时的标注

对于外表面：　$d_{fi} \geqslant d_{LMV}(d_{min}-t_{形位})$　$d_{min} \leqslant d_a \leqslant d_{max}$

对于内表面：　$D_{fi} \leqslant D_{LMV}(D_{max}+t_{形位})$　$D_{min} \leqslant D_a \leqslant D_{max}$

③ 最小实体要求的应用。最小实体要求只能用于被测中心要素或基准中心要素，主要用来保证零件的强度和最小壁厚。

除了上述几种公差要求之外，还有可逆要求。可逆要求是指中心要素的几何误差值小于给出的几何公差值时，允许在满足零件功能要求的前提下扩大尺寸公差的公差要求。可逆要求通常用于最大实体要求和最小实体要求，其图样标注如图2-76所示，在相应的公差框格中符号Ⓜ或Ⓛ后面再加注符号“Ⓡ”。

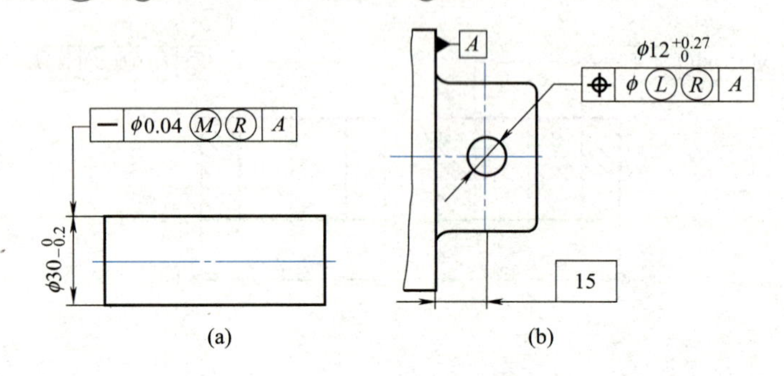

图2-76　可逆要求用于最大、最小实体要求时的标注

2.2.10.4　公差原则的选择

在何种情况下应选择何种公差原则与公差要求，这是较复杂的问题，必须结合具体的使用要求和工艺条件作具体分析，但就总体应用原则来说，是在保证使用功能要求的前提下，尽量提高加工的经济性。具体来说，应综合考虑下面几个因素。

（1）功能性要求

采用何种公差原则，主要应从零件的使用功能要求考虑。当被测要素的尺寸精度与几何精度要求相差较大，并且无明显的使用功能上的联系时，几何精度和尺寸精度需要分别满足要求，即应该采用独立原则。如滚筒类零件的尺寸精度要求很低，圆柱度要求较高；平板的平面精度要求较高，尺寸精度要求不高；冲模架的下模座尺寸精度要求不高，平行度要求较高；导轨的形状精度要求严格，尺寸精度要求次之。以上情况注几何公差均采用独立原则。凡未注尺寸公差和（或）未注几何公差的均采用独立原则。

对零件有配合要求的表面，特别是涉及和影响零件的定位精度、运动精度等重要性能而配合性质要求较严格的表面，一般采用包容要求。利用孔和轴的最大实体边界控制孔和轴的体外作用尺寸，从而保证配合时的最小间隙与最大过盈，满足配合性质要求。如回转轴的轴颈和滑动轴承的配合、喷油泵柱塞和孔的配合、滑块和滑块槽的配合等。

尺寸精度和几何精度要求不高，但要求能保证自由装配的零件，对其中心要素应采用最大实体要求。如轴承盖和法兰盘连接螺钉的通孔的位置度公差、阶梯孔和阶梯轴的同轴度公差等均采用最大实体要求。这样既能保证零件的自由装配性，又能增大零件的几何误差或尺寸误差的允许值，提高了产品的合格率，具有较好的经济性。

（2）设备状况

机床的精度在很大程度上决定了加工中零件的几何误差的大小，因而采用相关要求时，应分析由于设备因素所造成的几何误差有多大，并考虑尺寸公差补偿的余地有多大。因为几何公差得到补偿是以牺牲尺寸公差为代价的，特别是采用包容要求和最大实体要求的零几何公差时更为突出。

如果机床加工精度较高，零件的几何误差较小，则可采用包容要求或最大实体要求的零几何公差，尺寸公差补偿几何公差后，仍留有较大的余地满足加工中的尺寸要求。此时加工出的零件既能满足设计的功能要求，又具有较好的经济性。如果机床设备状况较差，加工零件的几何误差较大，那么采用包容要求或最大实体要求的零几何公差，会使尺寸精度保证的难度增大，加工的经济性变差，此时应采用独立原则或最大实体要求。但这也不是绝对的，如果操作人员技术水平较高，能确保较高的尺寸加工精度，则使用包容要求或最大实体要求的零几何公差仍然是可行的。

（3）生产批量

一般情况下，大批量生产时采用相关要求较为经济。由于相关要求只要求被测要素不超出理想边界，而不考虑几何误差的具体情况，这就省去了大量的几何误差的检测工作。实际生产中，常采用光滑极限量规或位置量规检验被测要素，即用通规和止规分别进行检验，以判断零件是否合格，而并不测量要素的几何误差。

由于量规是单一尺寸的专用量具，制造成本较高，因此当零件的生产批量小到一定程度时，采用通用检具检测几何误差反而比使用量规经济，这时若从经济性原则出发，宜采用独立原则。

（4）操作技能

操作技能的高低在很大程度上决定了尺寸误差的大小。操作技能越高，加工零件的尺寸精度越高，所能补偿给几何公差的数值就越大；反之，补偿量就小甚至不能补偿。因而在设计时应考虑操作人员的技术水平，分析在此条件下尺寸公差对几何公差能有多大的补偿量，进而确定采用何种公差原则。一般来说，补偿量较大时可采用包容要求或最大实体要求的零几何公差，补偿量较小时宜采用独立原则或最大实体要求。

以上只是定性地论述了选择公差原则时应考虑的因素，实际生产中，这些因素往往交织在一起，必须综合分析。常常出现这种情况，某一公差原则相对于某一工艺条件不宜使用，但从综合条件来看，则是合理的。另外，功能性要求也是相对的，在一定程度上受加工经济性的制约，在有些场合，常适当降低某些功能性要求，以获取较大的经济效益。因此，在选择公差原则时，必须处理好功能性要求与加工经济性这一对矛盾，使产品既有较好的使用功能，又有较好的加工经济性。

表2-3列出了几种公差原则和要求的应用场合和示例，可供选择时参考。

表2-3 公差原则选择示例

公差原则	应用场合	举例
独立原则	尺寸精度与几何精度需要分别满足要求	齿轮箱体孔的尺寸精度与两孔轴线的平行度,连杆活塞销孔的尺寸精度与圆柱度,滚动轴承内、外圈滚道的尺寸精度与形状精度
	尺寸精度与几何精度要求相差较大	滚筒类零件尺寸精度要求很低,形状精度要求较高;平板的尺寸精度要求不高,形状精度要求很高;通油孔的尺寸有一定精度要求,形状精度无要求
	尺寸精度与几何精度无联系	滚子链条的套筒或滚子内、外圆柱面的轴线同轴度与尺寸精度,发动机连杆上的尺寸精度与孔轴线间的位置精度
	保证运动精度	导轨的形状精度要求严格,尺寸精度要求一般
	保证密封性	气缸的形状精度要求严格,尺寸精度要求一般
包容要求	保证国家标准规定的配合性质	未注尺寸公差与未注几何公差,都采用独立原则,如退刀槽、倒角和圆角等非功能要求
	尺寸公差与几何公差间无严格比例关系要求	如ϕ50H7Ⓔ孔与ϕ50h6Ⓔ轴的配合,可以保证配合的最小间隙等于零
最大实体要求	保证关联作用尺寸不超越最大实体尺寸	关联要素的孔与轴有配合性质要求,在公差框格的第二格标"ϕ0Ⓜ"
	保证可装配性	轴承盖上用于穿过螺钉的通孔,法兰盘上用于穿过螺栓的通孔
最小实体要求	保证零件强度和最小壁厚	孔组轴线的任意方向位置度公差,采用最小实体要求可保证孔组间的最小壁厚
可逆要求	与最大(最小)实体要求联用	能充分利用公差带,扩大被测要素实际尺寸的变动范围,在不影响使用性能的前提下可以使用

2.2.11 几何公差的选用

正确选用几何公差项目、合理确定几何公差值对提高产品质量和降低生产成本具有十分重要的意义。

几何公差的选用主要包括选择几何公差项目、几何公差值、基准以及选择正确的标注方法。

2.2.11.1 几何公差项目的选择

几何公差项目选择的基本依据是要素。因为任何一个机械零件都是由简单的几何要素组成的，机械加工时，零件上的要素总是存在着几何误差。几何公差项目就是针对零件上某个要素的形状和要素之间相互位置的精度要求而选择的。因此，选择几何公差项目的基本依据是要素，然后按照零件的几何特征、功能要求、方便检测来选定。

（1）零件的几何特征

零件的几何特征不同，会产生不同的几何误差。如回转类（轴类、套类）零件中的阶梯轴，它的轮廓要素是圆柱面、端面，中心要素是轴线。圆柱面选择圆柱度是理想的项目，因为它能综合控制径向的圆度误差、轴向的直线度误差和素线的平行度误差，也可选用圆度和素线的平行度。但需注意，当选定为圆柱度，而对圆度无进一步要求时，就不必再选择圆度，以免重复。

从项目特征看，同轴度主要用于轴线，是为了限制轴线的偏离。跳动能综合限制要素的形状和跳动公差。其他诸如平面零件选用平面度项目，槽类零件选用对称度项目，均基于零件存在不同的几何特征。

(2) 零件的功能要求

机器对零件不同的功能要求，决定了零件需选用不同的几何公差项目。若阶梯轴两轴承位置明确要求限制轴线间的偏差，则应采用同轴度。但如果阶梯轴对几何精度有要求，而无须区分轴线的位置误差与圆柱面的形状误差，则可选择跳动项目。

其他诸如箱体类零件，轴承孔轴线之间平行度的要求都是基于保证运动件之间的正常啮合，提高承载能力的性能要求而确定的。给定接合面的平面度要求是为保证平面的良好密封性。

(3) 检测的方便性

在满足功能要求的前提下，为了方便检测，应该选用测量简便的项目，有时可将所需的公差项目用控制效果相同或相近的公差项目来代替。如与滚动轴承内孔相配合的轴颈位置公差的确定，为了保证可装配性和运动精度，应控制两轴颈的同轴度误差，但考虑到两轴颈的同轴度在生产中不便于检测，可用径向圆跳动公差来控制同轴度误差。但应注意，径向跳动是同轴度误差与圆柱面形状误差的综合结果，故当同轴度用径向跳动代替时，给出的跳动公差应略大于同轴度公差，否则要求过严。端面圆跳动代替端面垂直度有时并不可靠，而端面全跳动与端面垂直度因它们的公差带相同，故可以等价替换。

总之，设计者只有在充分明确所设计零件的精度要求，熟悉零件的加工工艺和有一定的检测经验的情况下，才能对零件给出合理、恰当的几何公差特征项目。

2.2.11.2　几何公差值（或公差等级）的选择

(1) 几何公差值及有关规定

图样上对几何公差值的表示方法有两种：一种是用几何公差代号标注，在几何公差框格内注出公差值，称作注出几何公差；另一种是不用代号标注，图样上不注出公差值，而用几何公差的未注公差来控制，这种图样上虽未用代号注出，但仍有一定要求的几何公差，称为未注几何公差。

① 图样上注出公差值的规定。对几何公差有较高要求的零件，均应在图样上按规定的标注方法注出公差值。几何公差值的大小由几何公差等级并依据主要参数的大小来确定，因此确定几何公差值实际上就是确定几何公差等级。

在国家标准中，将几何公差分为12个等级，1级最高，依次递减，6级与7级为基本级。圆度和圆柱度还增加了精度更高的0级。见表2-4。

表2-4　几何公差基本级

基本级	项目				
6	—	⏥	∥	⊥	∠
7	○	⌭	◎	⌯	↗

国家标准还给出了各几何公差项目的公差值表，见表2-5~表2-8。

表 2-5　圆度和圆柱度公差值（GB/T 1184—1996）

主参数 d、D/mm	公差等级/μm												
	0	1	2	3	4	5	6	7	8	9	10	11	12
≤3	0.1	0.2	0.3	0.5	0.8	1.2	2	3	4	6	10	14	25
>3~6	0.1	0.2	0.4	0.6	1	1.5	2.5	4	5	8	12	18	30
>6~10	0.12	0.25	0.4	0.6	1	1.5	2.5	4	6	9	15	22	36
>10~18	0.15	0.25	0.5	0.8	1.2	2	3	5	8	11	18	27	43
>18~30	0.2	0.3	0.6	1	1.5	2.5	4	6	9	13	21	33	52
>30~50	0.25	0.4	0.6	1	1.5	2.5	4	7	11	16	25	39	62
>50~80	0.3	0.5	0.8	1.2	2	3	5	8	13	19	30	46	74
>80~120	0.4	0.6	1	1.5	2.5	4	6	10	15	22	35	54	87
>120~180	0.6	1	1.2	2	3.5	5	8	12	18	25	40	63	100
>180~250	0.8	1.2	2	3	4.5	7	10	14	20	29	46	72	115
>250~315	1.0	1.6	2.5	4	6	8	12	16	23	32	52	81	130
>315~400	1.2	2	3	5	7	9	13	18	25	36	57	89	140
>400~500	1.5	2.5	4	6	8	10	15	20	27	40	63	97	155

主参数 d、D 图例

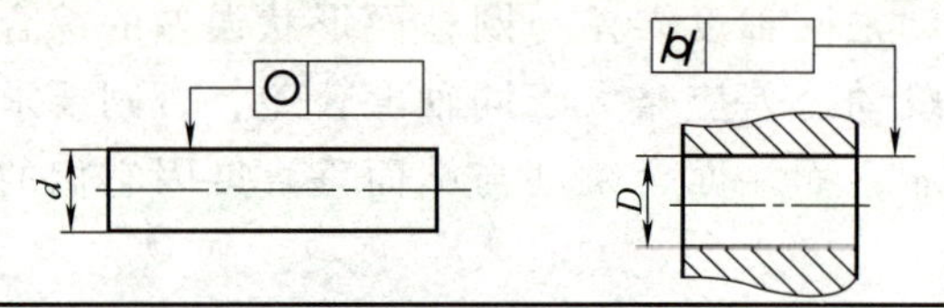

表 2-6　直线度和平面度公差值（GB/T 1184—1996）

主参数 L/mm	公差等级/μm											
	1	2	3	4	5	6	7	8	9	10	11	12
≤10	0.2	0.4	0.8	1.2	2	3	5	8	12	20	30	60
>10~16	0.25	0.5	1	1.5	2.5	4	6	10	15	25	40	80
>16~25	0.3	0.6	1.2	2	3	5	8	12	20	30	50	100
>25~40	0.4	0.8	1.5	2.5	4	6	10	15	25	40	60	120
>40~63	0.5	1	2	3	5	8	12	20	30	50	80	150
>63~100	0.6	1.2	2.5	4	6	10	15	25	40	60	100	200
>100~160	0.8	1.5	3	5	8	12	20	30	50	80	120	250
>160~250	1	2	4	6	10	15	25	40	60	100	150	300
>250~400	1.2	2.5	5	8	12	20	30	50	80	120	200	400
>400~630	1.5	3	6	10	15	25	40	60	100	150	250	500
>630~1000	2	4	8	12	20	30	50	80	120	200	300	600
>1000~1600	2.5	5	10	15	25	40	60	100	150	250	400	800
>1600~2500	3	6	12	20	30	50	80	120	200	300	500	1000
>2500~4000	4	8	15	25	40	60	100	150	250	400	600	1200
>4000~6300	5	10	20	30	50	80	120	200	300	500	800	1500
>6300~10000	6	12	25	40	60	100	150	250	400	600	1000	2000

主参数 L 图例

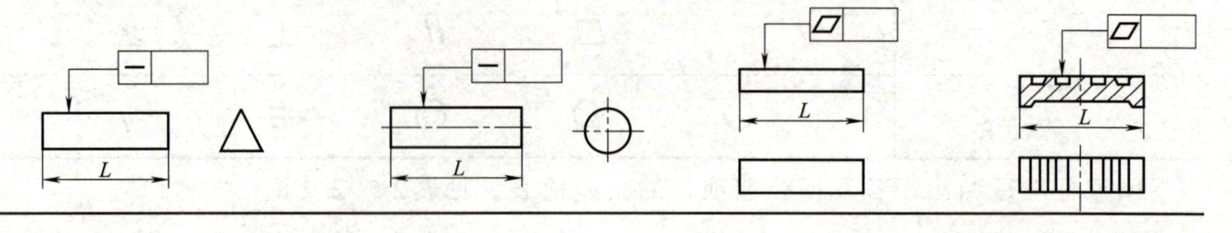

表2-7　平行度、垂直度和倾斜度公差值（GB/T 1184—1996）

主参数L、$d(D)$/mm	公差等级/μm											
	1	2	3	4	5	6	7	8	9	10	11	12
≤10	0.4	0.8	1.5	3	5	8	12	20	30	50	80	120
>10~16	0.5	1	2	4	6	10	15	25	40	60	100	150
>16~25	0.6	1.2	2.5	5	8	12	20	30	50	80	120	200
>25~40	0.8	1.5	3	6	10	15	25	40	60	100	150	250
>40~63	1	2	4	8	12	20	30	50	80	120	200	300
>63~100	1.2	2.5	5	10	15	25	40	60	100	150	250	400
>100~160	1.5	3	6	12	20	30	50	80	120	200	300	500
>160~250	2	4	8	15	25	40	60	100	150	250	400	600
>250~400	2.5	5	10	20	30	50	80	120	200	300	500	800
>400~630	3	6	12	25	40	60	100	150	250	400	600	1000
>630~1000	4	8	15	30	50	80	120	200	300	500	800	1200
>1000~1600	5	10	20	40	60	100	150	250	400	600	1000	1500
>1600~2500	6	12	25	50	80	120	200	300	500	800	1200	2000
>2500~4000	8	15	30	60	100	150	250	400	600	1000	1500	2500
>4000~6300	10	20	40	80	120	200	300	500	800	1200	2000	3000
>6300~10000	12	25	50	100	150	250	400	600	1000	1500	2500	4000

主参数d（D）、L图例

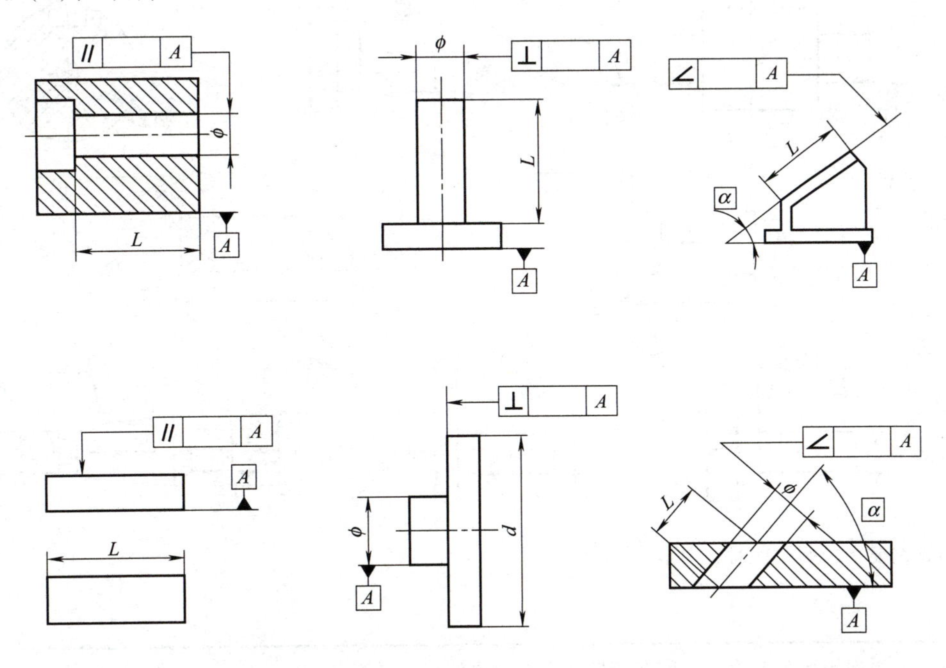

表 2-8　同轴度、对称度、圆跳动和全跳动公差值（GB/T 1184—1996）

主参数 $d(D)$、B、L/mm	公差等级/μm											
	1	2	3	4	5	6	7	8	9	10	11	12
≤1	0.4	0.6	1.0	1.5	2.5	4	6	10	15	25	40	60
>1~3	0.4	0.6	1.0	1.5	2.5	4	6	10	20	40	60	120
>3~6	0.5	0.8	1.2	2	3	5	8	12	25	50	80	150
>6~10	0.6	1	1.5	2.5	4	6	10	15	30	60	100	200
>10~18	0.8	1.2	2	3	5	8	12	20	40	80	120	250
>18~30	1	1.5	2.5	4	6	10	15	25	50	100	150	300
>30~50	1.2	2	3	5	8	12	20	30	60	120	200	400
>50~120	1.5	2.5	4	6	10	15	25	40	80	150	250	500
>120~250	2	3	5	8	12	20	30	50	100	200	300	600
>250~500	2.5	4	6	10	15	25	40	60	120	250	400	800
>500~800	3	5	8	12	20	30	50	80	150	300	500	1000
>800~1250	4	6	10	15	25	40	60	100	200	400	600	1200
>1250~2000	5	8	12	20	30	50	80	120	250	500	800	1500
>2000~3150	6	10	15	25	40	60	100	150	300	600	1000	2000
>3150~5000	8	12	20	30	50	80	120	200	400	800	1200	2500
>5000~8000	10	15	25	40	60	100	150	250	500	1000	1500	3000
>8000~10000	12	20	30	50	80	120	200	300	600	1200	2000	4000

主参数 d（D）、B、L 图例

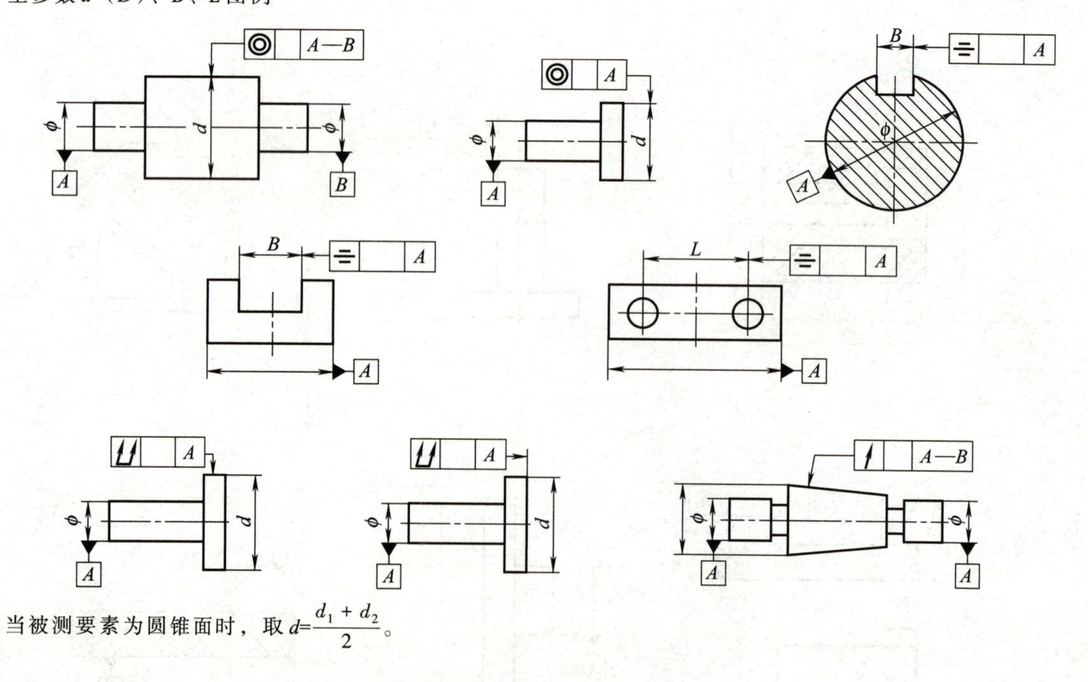

当被测要素为圆锥面时，取 $d=\dfrac{d_1+d_2}{2}$。

注：使用同轴度公差值时，应在表中查得的数值前加注“ϕ”。

对位置度没有划分等级，只提供了位置度数系，见表 2-9。目前没有对线轮廓度和面轮廓度规定统一的公差值。

表2-9　位置度数系（GB/T 1184—1996）

1	1.2	1.5	2	2.5	3	4	5	6	8
1×10^n	1.2×10^n	1.5×10^n	2×10^n	2.5×10^n	3×10^n	4×10^n	5×10^n	6×10^n	8×10^n

注：n为正整数。

应根据零件的功能要求选择公差值，要进行类比或计算，并考虑加工的经济性和零件的结构、刚性等情况。各种公差值之间的协调合理非常重要，例如：同一要素上给出的形状公差值应小于位置公差值；圆柱形零件的形状公差值（轴线的直线度除外）一般情况下应小于其尺寸公差值；平行度公差值应小于被测要素和基准要素之间的距离公差值等。

位置度公差通常需要计算后确定。对于用螺栓或螺钉连接两个或两个以上的零件，被连接零件的位置度公差按下列方法计算。

a. 用螺栓连接时，被连接零件上的孔均为光孔，孔径大于螺栓的直径，位置度公差的计算公式为

$$t=X_{\min}$$

b. 用螺钉连接时，有一个零件上的孔是螺孔，其余零件上的孔均是光孔，且孔径大于螺钉直径，位置度公差的计算公式均为

$$t=0.5X_{\min}$$

式中，t为位置度公差计算值；$X_{\min}$为通孔与螺栓或螺钉间的最小间隙。

对计算值经圆整后按表2-8选择标准公差值。若被连接零件之间需要调整，位置度公差应适当减小。

② 几何公差的未注公差值的规定。图样上没有具体标明几何公差值的要求，并不是没有几何精度的要求，和尺寸公差相似，也有一个未注公差的问题，其几何精度要求由未注几何公差来控制。标准规定：未注公差值符合工厂的常用精度等级，无须在图样上注出。采用了未注几何公差后，可节省设计绘图时间，使图样清晰易读，并突出了零件上几何精度要求较高的部位，便于更合理地安排加工和检验，以更好地保证产品的工艺性和经济性。

a. 直线度、平面度的未注公差值，共分H、K、L三个公差等级。其中“基本长度”是指被测长度，对于平面是指被测平面的长边或圆平面的直径，见表2-10。

表2-10　直线度和平面度的未注公差值　　单位：mm

公差等级	直线度和平面度基本长度范围					
	≤10	>10~30	>30~100	>100~300	>300~1000	>1000~3000
H	0.02	0.05	0.1	0.2	0.3	0.4
K	0.05	0.1	0.2	0.4	0.6	0.8
L	0.1	0.2	0.4	0.8	1.2	1.6

b. 圆度。规定采用相应的尺寸公差值，但不能大于表2-11中的径向跳动公差值。

c. 圆柱度。圆柱度误差由圆度、直线度、相对素线平行度组成。其中每一项均由其注出公差或未注公差控制。如果圆柱度遵守包容原则，则受其最大实体边界控制。

表2-11　圆跳动未注公差值　　单位：mm

公差等级	公差值
H	0.1
K	0.2
L	0.5

d. 线轮廓度、面轮廓度。未作规定，受线轮廓、面轮廓的线性尺寸或角度公差控制。

e. 平行度。平行度的未注公差值等于给出的尺寸公差值或直线度（平面度）未注公差值。

f. 垂直度。参见表2-12垂直度未注公差值，分为H、K、L三个等级。

表2-12　垂直度未注公差值　　单位：mm

公差等级	垂直度基本长度范围			
	≤100	>100~300	>300~1000	>1000~3000
H	0.2	0.3	0.4	0.5
K	0.4	0.6	0.8	1
L	0.6	1	1.5	2

g. 对称度。参见表2-13对称度未注公差值，分为H、K、L三个等级。

表2-13　对称度未注公差值　　单位：mm

公差等级	对称度基本长度范围			
	≤100	>100~300	>300~1000	>1000~3000
H	0.5			
K	0.6		0.8	1
L	0.6	1	1.5	2

h. 位置度。未作规定，属于综合性误差，由分项公差值控制。

i. 圆跳动。参见表2-11圆跳动未注公差值，分为H、K、L三个等级。

j. 全跳动。未作规定，属于综合项目，可通过圆跳动公差、素线直线度公差或其他注出或未注出的尺寸公差控制。

③ 未注公差的标注。在图样上采用未注公差时，应在图样的标题栏附近或在技术要求、技术文件（如企业标准）中标出未注标准编号及公差的等级代号，如GB/T 1184—1996-K、GB/T 1184—1996-H等。

在同一张图样中，未注公差应采用同一个公差等级。

（2）几何公差等级与有关因素的关系

几何公差等级与尺寸公差等级、表面粗糙度值、加工方法等因素有关，故选择几何公差等级时，可参照这些影响因素综合加以确定，详见表2-14~表2-27。

表2-14　几种主要加工方法能达到的直线度和平面度公差等级

加工方法			公差等级											
			1	2	3	4	5	6	7	8	9	10	11	12
车	卧式车 立车 自动车	粗											○	○
		细									○	○		
		精					○	○	○	○				
铣	万能铣	粗											○	○
		细										○	○	
		精						○	○	○	○			
刨	龙门刨 牛头刨	粗											○	○
		细									○	○		
		精							○	○	○	○		

续表

加工方法			公差等级											
			1	2	3	4	5	6	7	8	9	10	11	12
磨	无心磨 外圆磨 平磨	粗									○	○	○	
		细							○	○	○			
		精		○	○	○	○	○	○					
研磨	机动研磨 手工研磨	粗				○	○							
		细			○									
		精	○	○										
刮		粗						○	○					
		细				○	○							
		精	○	○	○									

表2-15 直线度和平面度公差等级与表面粗糙度值的对应关系

主参数/mm	公差等级											
	1	2	3	4	5	6	7	8	9	10	11	12
	表面粗糙度 *Ra* 值不大于/μm											
≤25	0.025	0.050	0.10	0.10	0.20	0.20	0.40	0.80	1.60	1.60	3.2	6.3
>25~160	0.050	0.10	0.10	0.20	0.20	0.40	0.80	0.80	1.60	3.2	6.3	12.5
>160~1000	0.10	0.20	0.40	0.40	0.80	1.60	1.60	3.2	3.2	6.3	12.5	12.5
>1000~10000	0.20	0.40	0.80	1.60	1.60	3.2	6.3	6.3	12.5	12.5	12.5	12.5

注：6、7、8、9级为常用的几何公差等级，6级为基本等级。

表2-16 直线度和平面度公差等级应用举例

公差等级	应用举例
1、2	用于精密量具、测量仪器以及精度要求较高的精密机械零件。如零级样板平尺、零级宽平尺、工具显微镜等精密测量仪器的导轨面，喷油嘴针、阀体，液压泵柱塞套等
3	用于零级及1级宽平尺工作面、1级样板平尺的工作面、测量仪器圆弧导轨、测量仪器的测杆等
4	用于量具、测量仪器和机床的导轨。如1级宽平尺、零级平板、测量仪器的V形导轨、高精度平面磨床的V形导轨和滚动导轨、轴承磨床及平面磨床床身等
5	用于1级平板，2级宽平尺，平面磨床纵导轨、垂直导轨、立柱导轨和其工作台，液压龙门刨床导轨面，转塔车床床身导轨面，柴油机进、排气门导杆等
6	用于1级平板，卧式车床床身导轨面，龙门刨床导轨面，滚齿机立柱导轨，床身导轨及工作台，自动车床床身导轨，平面磨床垂直导轨，卧式镗床、铣床工作台以及机床主轴箱导轨，柴油机进、排气门导杆，柴油机机体上部接合面等
7	用于2级平板、游标卡尺尺身、机床主轴箱体、滚齿机、床身导轨、镗床工作台、摇臂钻座工作台，柴油机气门导杆、液压泵盖、压力机导轨及滑块
8	用于2级平板，车床溜板箱体，机床主轴箱体，机床传动箱体，自动车床底座，气缸盖接合面、气缸座、内燃机连杆分离面，减速机壳体的接合面
9	用于3级平板、机床溜板箱、立钻工作台、螺纹磨床的挂轮架、金相显微镜的载物台、柴油机气缸体连杆的分离面、缸盖的接合面、阀片、空气压缩机气缸体、柴油机缸孔环面以及辅助机构及手动机械的支撑面
10	用于3级平板、自动车床床身底面、车床挂轮架、柴油机气缸体、摩托车的曲轴箱体、汽车变速箱的壳体与汽车发动机缸盖接合面、阀片，以及液压、管件和法兰的连接面等
11、12	用于易变形的薄片零件，如离合器的摩擦片、汽车发动机缸盖的接合面等

表 2-17　圆度和圆柱度公差等级与表面粗糙度值的对应关系

主参数/mm	公差等级												
	0	1	2	3	4	5	6	7	8	9	10	11	12
	表面粗糙度 Ra 值不大于/μm												
≤3	0.00625	0.0125	0.0125	0.025	0.05	0.1	0.2	0.2	0.4	0.8	1.6	3.2	3.2
>3~18	0.00625	0.0125	0.025	0.05	0.1	0.2	0.4	0.4	0.8	1.6	3.2	6.3	12.5
>18~120	0.0125	0.025	0.05	0.1	0.2	0.2	0.4	0.8	1.6	3.2	6.3	12.5	12.5
>120~500	0.025	0.05	0.1	0.2	0.4	0.8	0.8	1.6	3.2	6.3	12.5	12.5	12.5

注：7、8、9 级为常用的几何公差等级，7 级为基本等级。

表 2-18　圆度和圆柱度公差等级与尺寸公差等级的对应关系

尺寸公差等级（IT）	圆度、圆柱度公差等级	公差带占尺寸公差的百分比/%	尺寸公差等级（IT）	圆度、圆柱度公差等级	公差带占尺寸公差的百分比/%	尺寸公差等级（IT）	圆度、圆柱度公差等级	公差带占尺寸公差的百分比/%
01	0	66	5	4	40	9	10	80
0	0	40		5	60	10	7	15
	1	80		6	95		8	20
1	0	25	6	3	16		9	30
	1	50		4	26		10	50
	2	75		5	40		11	70
2	0	16		6	66	11	8	13
	1	33		7	95		9	20
	2	50	7	4	16		10	33
	3	85		5	24		11	46
3	0	10		6	40		12	83
	1	20		7	60	12	9	12
	2	30		8	80		10	20
	3	50	8	5	17		11	28
	4	80		6	28		12	50
4	1	13		7	43	13	10	14
	2	20		8	57		11	20
	3	33		9	85		12	35
	4	53	9	6	16	14	11	11
	5	80		7	24		12	20
5	2	15		8	32	15	12	12
	3	25		9	48	—	—	—

表 2-19　圆度和圆柱度公差等级应用举例

公差等级	应用举例
1	高精度量仪主轴、高精度机床主轴、滚动轴承滚珠和滚柱等
2	精密量仪主轴、外套、阀套，高压液压泵柱塞及套，纺锭轴承，高速柴油机进、排气门，精密机床主轴轴颈，针阀圆柱表面，喷油泵柱塞及柱塞套
3	工具显微镜套管外圈，高精度外圆磨床轴承，磨床砂轮主轴套筒，喷油嘴针、阀体，高精度微型轴承内外圈
4	较精密机床主轴，精密机床主轴箱孔，高压阀门活塞、活塞销、阀体孔，工具显微镜顶针，高压液压泵柱塞，较高精度滚动轴承配合轴，铣削动力头箱体孔等

续表

公差等级	应用举例
5	一般量仪主轴，测杆外圆，陀螺仪轴颈，一般机床主轴，较精密机床主轴及主轴箱孔，柴油机、汽油机的活塞和活塞销孔，铣削动力头轴承箱座孔，高压空气压缩机十字头销、活塞，较低精度的滚动轴承配合轴等
6	仪表端盖外圆，一般机床主轴及箱体孔，中等压力下液压装置工作面(包括泵、压缩机的活塞和气缸)，汽车发动机凸轮轴，纺机锭子，通用减速器轴颈，高速船用发动机曲轴，拖拉机曲轴主轴颈
7	大功率低速柴油机曲轴、活塞、活塞销、连杆、气缸，高速柴油机箱体孔，千斤顶或压力液压缸活塞，液压传动系统的分配机构，机车传动轴，水泵及一般减速器轴颈
8	低速发动机、减速器、大功率曲柄轴轴颈，压气机连杆盖、体，拖拉机气缸体、活塞，炼胶机冷铸轴辊，印刷机传墨辊，内燃机曲轴，柴油机机体孔、凸轮轴，拖拉机、小型船用柴油机气缸套
9	空气压缩机缸体，液压传动筒，通用机械杠杆与拉杆用套筒销子，拖拉机活塞环、套筒孔
10	印染机导布辊，绞车、吊车、起重机滑动轴承轴颈等

表2-20 几种主要加工方法能达到的圆度和圆柱度公差等级

表面	加工方法		公差等级											
			1	2	3	4	5	6	7	8	9	10	11	12
轴	车	自动、半自动车							○	○	○			
		立车、转塔车						○	○	○	○			
		卧式车					○	○	○	○	○	○	○	○
		精车			○	○	○							
	磨	无心磨			○	○	○	○	○	○				
		外圆磨	○	○	○	○	○	○	○					
	研磨		○	○	○	○	○							
孔	普通钻孔								○	○	○	○	○	○
	铰(拉)孔							○	○	○				
	车(扩)孔						○	○	○	○	○			
	镗	普通镗					○	○	○	○	○			
		精镗			○	○	○							
	珩磨						○	○	○					
	磨孔					○	○	○						
	研磨		○	○	○	○	○							

表2-21 平行度、垂直度和倾斜度公差等级与尺寸公差等级的对应关系

平行度(线对线、面对面)公差等级	3	4	5	6	7	8	9	10	11	12
尺寸公差等级(IT)					3、4	5、6	7、8、9	10、11、12	12、13、14	14、15、16
垂直度和倾斜度公差等级	3	4	5	6	7	8	9	10	11	12
尺寸公差等级(IT)		5	6	7、8	8、9	10	11、12	12、13	14	15

注：6、7、8、9级为常用的几何公差等级，6级为基本等级。

表 2-22　几种主要加工方法能达到的平行度公差等级

公差等级	加工方法																				
	轴线对轴线(或对平面)的平行度								平面对平面的平行度												
	车		钻	镗			磨	坐标镗钻	刨		铣		拉	磨			刮			研磨	超精磨
	粗	细		粗	细	精			粗	细	粗	细		粗	细	精	粗	细	精		
1																			○	○	○
2																○			○	○	○
3																○		○		○	
4								○							○			○		○	
5							○	○						○	○		○				
6						○	○	○				○		○	○		○				
7		○				○	○			○	○	○	○	○							
8		○			○		○		○	○	○	○	○	○							
9		○	○	○					○	○	○		○								
10	○	○	○	○					○		○										
11	○								○		○										

表 2-23　几种主要加工方法能达到的垂直度和倾斜度公差等级

公差等级	加工方法																							
	轴线对轴线(或对平面)的垂直度和倾斜度											平面对平面的垂直度和倾斜度												
	车		钻	镗					金刚石镗	磨		刨			铣		插		磨			刮		研磨
				车立铣		镗床																		
	粗	细		细	精	粗	细	精		粗	细	粗	细	精	粗	细	粗	细	粗	细	精	粗	细	
3																					○			○
4									○		○										○		○	○
5									○		○									○		○	○	○
6					○			○	○		○			○		○				○		○		
7					○		○	○		○	○		○			○		○		○		○		
8		○		○	○	○	○			○		○	○		○	○	○		○					
9		○		○		○						○	○			○								
10	○	○	○	○		○						○	○		○	○								
11	○		○									○			○									
12			○																					

表 2-24　平行度和垂直度公差等级应用举例

公差等级	面对面平行度应用举例	面对线、线对线平行度应用举例	垂直度应用举例
1	高精度机床、高精度测量仪器、量具等主要基准面和工作面		高精度机床、高精度测量仪器、量具等主要基准面和工作面
2、3	精密机床,精密测量仪器、量具以及夹具的基准面和工作面	精密机床上重要箱体主轴孔对基准面及对其他孔的要求	精密机床导轨,普通机床重要导轨,机床主轴轴向定位面,精密机床主轴肩端面,滚动轴承座圈端面,齿轮测量仪的心轴,光学分度头心轴端面,精密刀具、量具工作面和基准面

续表

公差等级	面对面平行度应用举例	面对线、线对线平行度应用举例	垂直度应用举例
4、5	卧式车床，测量仪器、量具的基准面和工作面，高精度轴承座圈、端盖、挡圈的端面	机床主轴孔对基准面的要求，重要轴承孔对基准面的要求，床头箱体重要孔间的要求，齿轮泵的端面等	普通机床导轨，精密机床重要零件，机床重要支撑面，普通机床主轴偏摆，测量仪器、刀、量具，液压传动轴瓦端面，刀具、量具工作面和基准面
6、7、8	一般机床零件的工作面和基准面，一般刀具、量具、夹具	机床一般轴承孔对基准面的要求，主轴箱一般孔间的要求，主轴花键对定心直径的要求，刀具、量具、模具	普通精度机床主要基准面和工作面，回转工作台端面，一般导轨，主轴箱体孔、刀架、砂轮架及工作台回转中心，一般轴肩对轴线
9、10	低精度零件，重型机械滚动轴承端盖	柴油机和煤气发动机的曲轴孔、轴颈等	花键轴轴肩端面，带运输机法兰盘等的端面、轴线，手动卷扬机及传动装置中轴承端面，减速器壳体平面等
11、12	零件的非工作表面，绞车、运输机上用的减速器壳体表面	—	农业机械齿轮端面等

注：1. 在满足设计要求的前提下，考虑到零件加工的经济性，对于线对线和线对面的平行度和垂直度公差等级，应选用低于面对面的平行度和垂直度公差等级的公差等级。

2. 使用本表选择面对面的平行度和垂直度时，宽度应不大于1/2长度；若宽度大于1/2长度，则降低一级公差等级选用。

表2-25　同轴度、对称度、圆跳动、全跳动公差等级与尺寸公差等级的对应关系

同轴度、对称度、径向圆跳动、径向全跳动公差等级	1	2	3	4	5	6	7	8	9	10	11	12
尺寸公差等级(IT)	2	3	4	5	6	7、8	8、9	10	11、12	12、13	14	15
端面圆跳动、斜向圆跳动、端面全跳动公差等级	1	2	3	4	5	6	7	8	9	10	11	12
尺寸公差等级(IT)	1	2	3	4	5	6	7、8	8、9	10	11、12	13、14	14

注：6、7、8、9级为常用的几何公差等级，7级为基本等级。

表2-26　几种主要加工方法能达到的同轴度、对称度、圆跳动、全跳动公差等级

加工方法		公差等级											
		1	2	3	4	5	6	7	8	9	10	11	12
		同轴度、对称度和径向圆跳动											
车	粗								○	○	○		
	细							○	○				
镗	粗				○	○	○	○					
铰	细						○	○					
磨	粗							○	○				
	细					○	○						
	精	○	○	○	○								
内圆磨	细				○	○	○						
珩磨			○	○	○								
研磨		○	○	○	○								

续表

加工方法		公差等级											
		1	2	3	4	5	6	7	8	9	10	11	12
		同轴度、对称度和径向圆跳动											
车	粗										○	○	
	细								○	○	○		
	精						○	○	○	○			
磨	细					○	○	○	○	○			
	精				○	○	○	○					
刮	细		○	○	○	○							

表 2-27　同轴度、对称度、跳动公差等级应用举例

公差等级	应用实例
5	机床主轴轴颈、计量仪器的测杆，涡轮机主轴，柱塞油泵转子，高精度滚动轴承外圈，一般精度滚动轴承内圈
6、7	内燃机曲轴、凸轮轴轴颈，柴油机机体主轴承孔，水泵轴，油泵柱塞，汽车后桥输出轴，一般精度齿轮的轴颈，涡轮盘，印刷机传墨辊的轴颈
8、9	内燃机凸轮轴孔，水泵叶轮，离心泵体，气缸套外径配合面对内径工作面，运输机械滚筒表面，棉花精梳机前后滚子，自行车中轴，键槽

（3）确定几何公差等级应考虑的问题

① 考虑零件的结构特点。对于刚性较差的零件，如细长的轴或孔，某些结构特点要素，如跨距较大的轴或孔，以及宽度较大的零件表面（一般大于1/2长度），因加工时易产生较大的几何误差，因此应较正常情况选择低1~2级几何公差等级。

② 协调几何公差值与尺寸公差值之间的关系。在同一要素上给出的形状公差值应小于位置公差值。例如：要求平行的两个表面，其平面度公差值应小于平行度公差值。

圆柱形零件的形状公差值（轴线的直线度除外）一般情况下应小于其尺寸公差值。

平行度公差值应小于其相应的距离尺寸的尺寸公差值。

所以，协调几何公差值与相应要素的尺寸公差值，一般原则是

$$t_{形}<t_{位置}<t_{尺寸}$$

③ 形状公差与表面粗糙度值的关系。表面粗糙度 Ra 的数值与形状公差 $t_{形}$ 的关系：对于中等尺寸、中等精度的零件，一般为 $Ra=(0.2\sim0.3)t_{形}$；对高精度及小尺寸零件，$Ra=(0.5\sim0.7)t_{形}$。

2.2.11.3　基准的选择

基准是确定关联要素间方向或位置的依据。在考虑选择位置公差项目时，必然同时考虑要采用的基准，如单一基准、组合基准和多基准几种形式。

单一基准由一个要素作为基准，如平面、圆柱面的轴线，可建立基准平面、基准轴线。组合基准由两个或两个以上要素组成，作为单一基准。选择基准时，一般应从如下几方面考虑：

① 从要素的功能及与被测要素间的几何关系考虑。如轴类零件，通常以两个轴承为支撑来运转，其运转轴线是安装轴承的两轴颈的公共轴线。因此，从功能要求和控制其他要素的位置精度来看，应选这两轴颈的公共轴线为基准。

② 从装配关系考虑。应选择零件相互配合、相互接触的表面作为各自的基准，以保证装配要求。如盘、套类零件，多以其内孔轴线径向定位装配或以其端面轴向定位装配，因此根据需要可选其轴线或端面作为基准。

③ 从零件结构考虑。应选较宽大的平面、较长的轴线作为基准，以保证定位稳定。对结构复杂的零件，一般应选 3 个基准面，以确定被测要素在空间的方向和位置。

④ 从加工、检验角度考虑。应选择在夹具、检具中定位的相应要素为基准。这样能使所选基准与定位基准、检测基准、装配基准重合，以消除由于基准不重合引起的误差。

例如图 2-77 所示的圆柱齿轮，它以内孔 ϕ40H7 安装在轴上，轴向定位是以齿轮端面靠在轴肩上。因此，齿轮端面对 ϕ40H7 轴线有垂直度要求，且要求齿轮两端面平行；考虑齿轮内孔加工与切齿分开，切齿时齿轮以端面和内孔定位在机床心轴上，当齿顶圆作为测量基准时，还要求齿顶圆的轴线与内孔 ϕ40H7 轴线同轴。事实上端面和轴线都是设计基准，因此从使用要求、要素的几何关系、基准重合等考虑，选择 ϕ40H7 轴线作为端面与齿顶圆的基准是合适的。为了检测方便，图 2-77 中采用了跳动公差（或全跳动公差）。

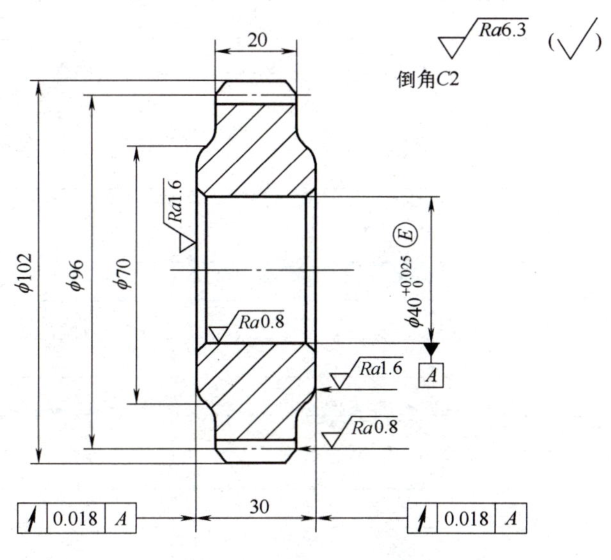

图 2-77　圆柱齿轮基准选择

选定 ϕ40H7 轴线为基准，还满足了装配基准、检测基准、加工基准与设计基准的重合，同时又使圆柱齿轮上各项位置公差采用统一的基准。

通常对于方向公差项目，基准是单一基准；对于位置公差项目中的同轴度、对称度，其基准可以是单一基准，也可以是组合基准；对于位置度公差，采用三基面较为常见。

2.3　任务实施一

2.3.1　轴套类零件几何公差的选用、标注与识读

如图1-20所示导柱与导套零件，通过项目1的学习，已完成尺寸公差的设计，但几何误差的存在，也会使其导向精度受到严重影响，甚至无法使用，故零件图中还需对相应的几何误差加以限制。本任务的内容就是为导柱、导套零件确定并标注合适的几何公差。

几何公差的识读与标注案例

2.3.1.1　导柱零件几何公差的设计

导柱零件属于回转类零件，重要表面是两处ϕ22mm圆柱段，几何公差设计主要针对此进行，其他非工作表面一般无须严格要求，采用未注几何公差要求足够。

（1）几何公差项目的选择

① 形状公差项目。上段ϕ22mm圆柱面与导套形成滑动配合，精度要求较高，为保证各向受力均匀，防止磨损不一致，形状误差应严格控制，应注出形状公差要求。一般来说，对于圆柱面形状公差项目，选用圆柱度是比较理想的，因为它能综合控制径向的圆度误差、轴向的直线度误差和素线的平行度误差。下段ϕ22mm圆柱面属于装配基准面，与模座板采用过盈配合压入，已采用较高的尺寸公差m6控制其加工精度，不必另外增加形状公差要求。

② 位置公差项目。装配基准面与主要工作面之间应保证相互位置准确，导柱两处ϕ22mm圆柱段相互位置应有明确的偏差限制，具体几何公差项目适合选用同轴度。

（2）确定几何公差等级

对于上段ϕ22mm圆柱面的圆柱度要求，参考表2-19可选用6~7级；参考表2-20可选用1~7级。由于圆柱度公差为综合公差，故可考虑选用6级。

查表2-5“圆度和圆柱度公差值”为t=4μm。

对于两处ϕ22mm之间的同轴度要求，参考表2-27推荐同轴度公差等级可取为5~7级；参考表2-25则可取为5~6级；参考表2-26（细磨加工方法）可取为5~6级。综合考虑认为5~6级较合适。

查表2-8“同轴度、对称度、圆跳动和全跳动公差值”t=6~10μm，取t=8μm。

（3）基准选择

虽然上段ϕ22mm轴线较长，但下段ϕ22mm轴线是装配基准，作为基准要素较合适，符合基准统一的工艺原则。

（4）几何公差标注

设计确定的几何公差应采用标准的框格和符号标注在设计图样上，本例导柱零件以图1-20（a）为基础，添加几何公差标注后见图2-78（a）。

2.3.1.2　导套零件几何公差的设计

导套与导柱类似，同样属于回转类零件，重要表面也是两处圆柱段，与导柱配合的ϕ22mm内圆柱面及与上模座压配的ϕ35mm外圆柱面，需要设计几何公差，其他非工作表面采用未注几何公差要求。

（1）几何公差项目的选择

① 形状公差项目。ϕ22mm内圆柱面与导柱形成滑动配合，同样应注出形状公差要求，选用圆柱度公差。ϕ35mm外圆柱面无形状公差要求。

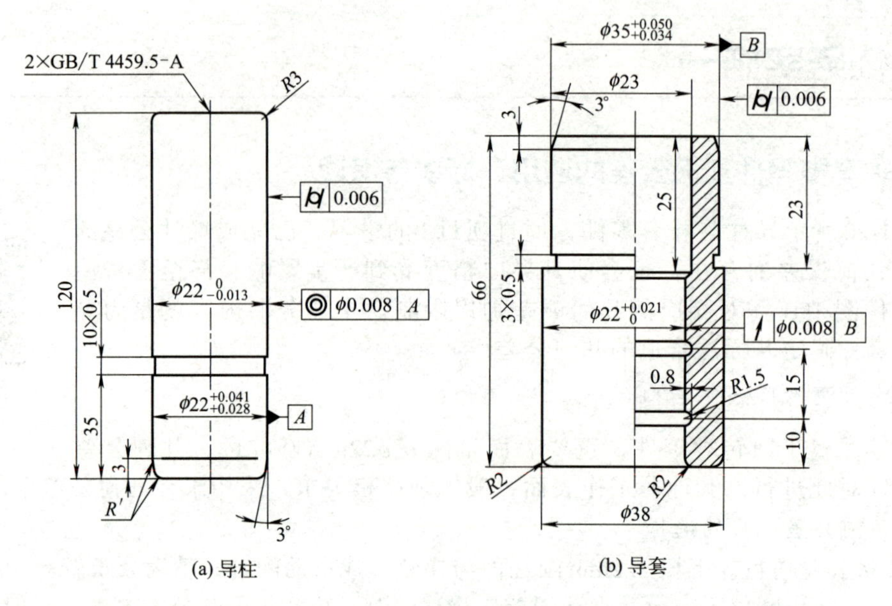

(a) 导柱　　(b) 导套

图2-78　导柱与导套零件尺寸及几何公差标注图

② 位置公差项目。ϕ22mm 内圆柱面及ϕ35mm 外圆柱面之间，为了保证可装配性和运动精度，应控制两者同轴度误差，但考虑到内、外圆柱面的同轴度在生产中不便于检测，可用径向圆跳动公差来控制同轴度误差。

（2）确定几何公差等级

对于ϕ22mm 内圆柱面的圆柱度要求，同样参考表2-19选用6~7级，参考表2-20选用1~7级。综合考虑选用6级。

圆柱度公差查表2-5为t=4μm。

对于径向圆跳动公差，参考表2-27推荐公差等级可取为5~7级；参考表2-25则可取为5~6级；参考表2-26（细磨加工方法）可取为5~6级。综合考虑选用6级。

查表2-8可得到径向圆跳动公差值t=8μm。

（3）基准选择

ϕ35mm 外圆柱面轴线是装配基准，作为基准要素较合适。

（4）几何公差标注

导套零件以标注尺寸公差的图1-20（b）为基础，添加几何公差标注后见图2-78（b）。

2.3.2　盘类零件几何公差的选用与标注

盘类零件是机械加工中常见的典型零件之一，其一般为长径比小于1的回转体零件，通常起支撑和导向作用，如支撑传动轴的各种形式的轴承座、夹具上的导向套、气缸套等。从加工要求来看，盘类零件一般有较高的尺寸精度、形状精度和表面粗糙度要求，同时也有较高的同轴度等位置精度要求。

（1）任务描述及要求

如图2-79所示法兰盘零件，已给出了三处尺寸，试分析并标注其几何公差。

（2）任务分析与实施

① 分析。根据法兰盘零件的使用要求，一般需要选择的主要几何公差项目包括：左端面（安装基准面）有平面度要求；左、右端面有平行度要求；中心轴线对安装基准面

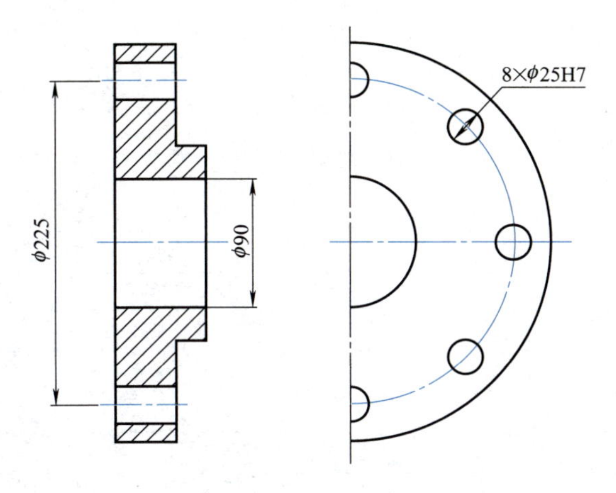

图2-79　法兰盘零件

有垂直度要求；外圆柱面对中心轴线有径向圆跳动要求；8个均布的孔对安装基准面及中心轴线有位置度要求。

② 标注。根据上述分析，参考几何公差等级的选用要求，法兰盘零件的几何公差标注如图2-80所示。

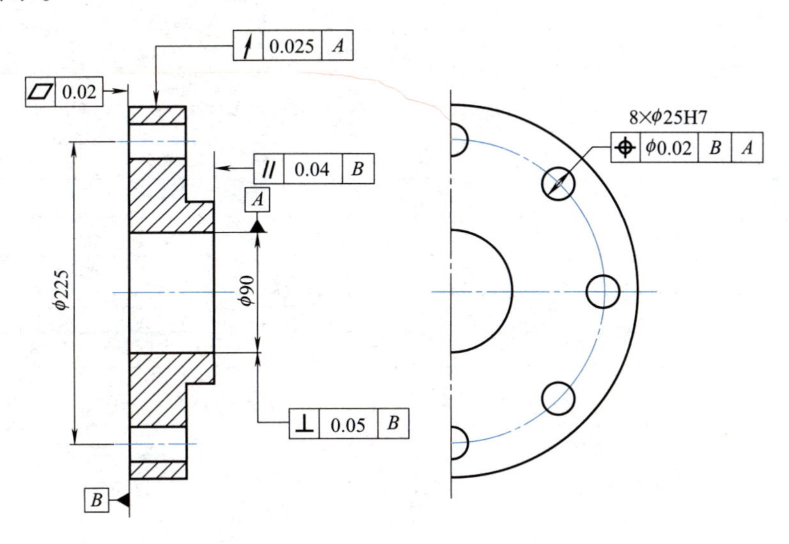

图2-80　法兰盘零件几何公差标注

2.4　任务资讯二

2.4.1　几何误差的检测原则

由于零件结构的形式多种多样，形位误差的特征项目又较多，所以形位误差的检测方法很多。为了便于准确选用，国家标准《产品几何技术规范（GPS）几何公差　检测与验证》（GB/T 1958—2017）根据各种检测方法整理概括出五条检测原则。

（1）与拟合要素比较原则

与拟合要素比较原则即测量时将被测提取要素与其理想要素相比较，用直接或间接测量法测得形位误差值的原则。理想要素用模拟方法获得，必须有足够的精度，如以一束光线、拉紧的钢丝或刀口尺等体现理想直线，以平板或平台的工作面体现理想平面等。根据该原则所测结果与规定的误差定义一致，因此它是一条基本原则，为大多数形位误差的检测所遵循。

如图2-81所示为利用指示表和平板来测量平面度误差，根据指示表上的读数可直接得到被测各点相对于测量基准距离的线性值，因此为直接法。

如图2-82所示为利用自准直仪、反射镜和桥板测量直线度误差，为间接法，即被测提取要素上各测量点相对于测量基准的量值只能间接得到。

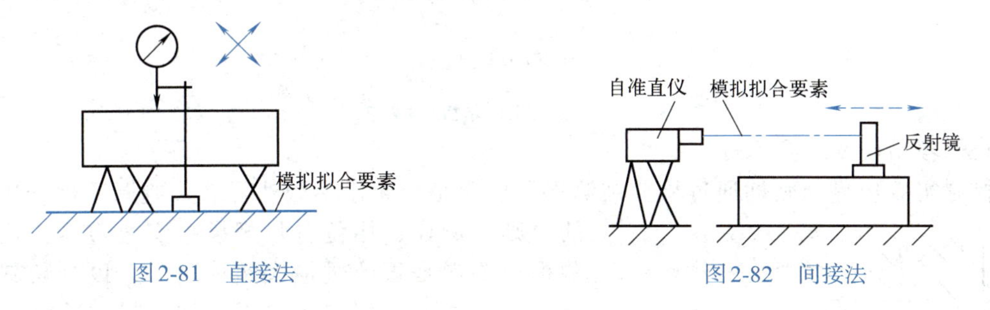

图2-81　直接法　　　图2-82　间接法

（2）测量坐标值原则

测量坐标值原则即通过测量被测提取要素的坐标值（如直角坐标值、极坐标值、圆柱面坐标值），并经数据处理而获得形位误差值的原则，如图2-83所示测量直角坐标值。这条原则适用于测量形状复杂的表面，但数据处理往往十分烦琐。但随着计算机技术的发展，其应用将会越来越广泛。

（3）测量特征参数原则

测量特征参数原则即通过测量被测提取要素上具有代表性的参数（特征参数）来表示形位误差值的原则。如图2-84所示采用两点法测量圆度特征参数。此原则虽然是近似值，但易于实践，为生产中所常用。

（4）测量跳动原则

测量跳动原则即在被测提取要素绕基准轴回转过程中，沿给定方向测量其对某参考点或线的变动量，以此变动量作为误差值的原则。变动量是指示器的最大与最小读数之差。这条原则的测量方法和设备均较简单，适合在车间条件下使用，但只限于回转零件。如图2-85所示，常用的模拟体现基准轴线的测量工具有V形架、顶尖、导向心轴和导向套筒等。

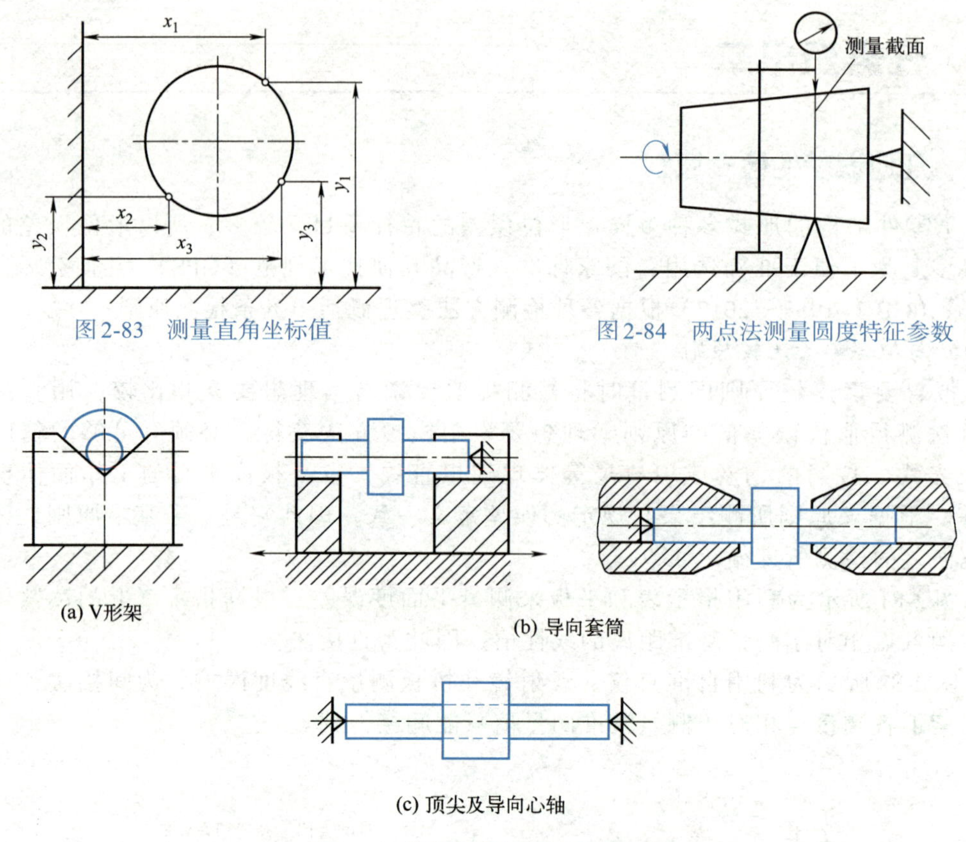

图2-83　测量直角坐标值

图2-84　两点法测量圆度特征参数

图2-85　模拟体现基准轴线的方法

（5）控制实效边界原则

控制实效边界原则即通过检验被测提取要素是否超出实效边界，以判断零件合格与否的原则。例如，用位置量规模拟实效边界，检测被测提取要素是否超过最大实体边界，以判断其是否合格。又如，应用包容要求，被测提取要素的检验也采用控制边界的检验方式，不同的是，所控制的边界是最大实体边界。该原则适用于采用最大实体要求的场合，一般采用综合量规来检验。如图2-86所示为用综合量规检验同轴度误差。

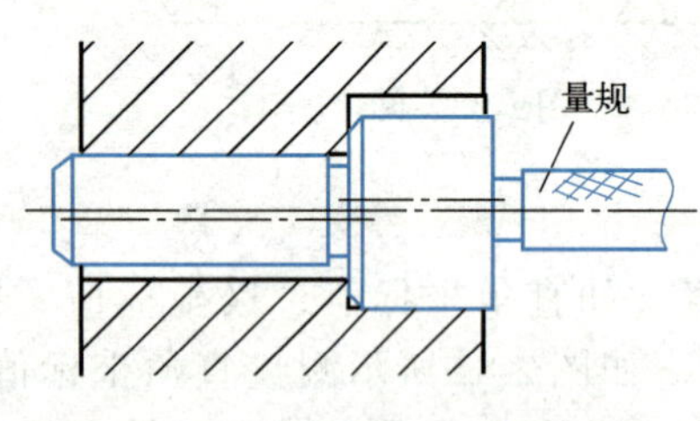

图2-86　综合量规检验同轴度误差

2.4.2　形状误差的测量方法

（1）直线度误差的测量方法

① 比较法。工件尺寸小于300mm时，用模拟理想要素（如刀口尺、平尺、平板等）与被测表面贴切后，估读光隙大小，以判别直线度。光隙颜色与间隙大小的关系为：当不透光时，间隙值＜0.5μm；蓝色光隙，间隙值约为0.8μm；红色光隙，间隙值为1.25~1.75μm；色花光隙，间隙大于2.5μm。当间隙大于20μm时用塞尺测量。

② 指示表测量法。用指示表测量圆柱体的素线或轴线的直线度误差。

③ 节距法。对于较长表面（如导轨），将被测长度分段，用仪器（水平仪、自准直仪）逐段测取数值后，进行数据处理，求出误差值。

直线度误差的测量方法见表2-28。

表2-28　直线度误差的测量方法

测量方法	测量设备	图例	操作要点
比较法	刀口尺等	直线度误差测量	（1）刀口尺直接与被测件表面接触，并使两者之间最大间隙为最小，该最大间隙即为直线度误差。（2）误差的大小根据光隙来判断。可用标准光隙来估读
指示表测量法	平板、带表的测架、支撑块	轴类零件直线度误差测量	以平板上某一方向作为理想直线，与用等高块支撑的零件上的被测实际线相比较
节距法	桥板、小角度仪器（自准直仪、合像水平仪、水平仪）	较长表面直线度误差测量	小角度仪器安装在桥板上，依次逐段移动桥板，用小角度仪器分别测出实际线各段的斜率变化，然后经过计算，求得直线度误差值

（2）平面度误差的测量方法

① 光波干涉法。适用于精密加工后的较小平面的测量，如量仪的测量工作面。测量时，以平面上出现干涉带的最大弯曲量 b 与干涉带间隔口 a 的比值乘以 $\lambda/2$（λ 为光源波长，自然光的 $\lambda\approx0.6$），即平面度 $f=b/a\times\lambda/2$。

② 三点法与对角线法。适用于加工精度不太高的平面的测量。

③ 最小条件评定法。将已测量的数值通过基准面的变换，变为符合最小条件的平面度误差值，适合较高精度要求及仲裁时采用。

平面度误差的测量方法见表2-29和表2-30。

表2-29　平面度误差的检测方法

测量方法	测量设备	图例	操作要点
光波干涉法	平晶		以平晶作为测量基准，应用光波干涉原理，根据干涉带的排列形状和弯曲程度来评定被测表面的平面度误差。此方法适用于经过精密加工的小平面的测量

续表

测量方法	测量设备	图例	操作要点
三点法	标准平板、可调支撑、带表的测架	指示表 被测零件 标准平板 可调支撑 三点法测量平面度误差	调整被测表面上相距最远的三点1、2和3，使三点与平板等高，作为评定基准。被测表面内，指示表的最大读数与最小读数之差即为平面度误差
对角线法		指示表 被测零件 标准平板 可调支撑 对角线法测量平面度误差	调整被测表面的对角线上的1和2两点与平板等高；再调整另一对角线3和4两点与平板等高。移动指示表，在被测表面内最大读数与最小读数之差即该平面的平面度误差

表2-30　平面度误差最小条件评定准则

名称	示意图	说明
三角形准则		由两平行平面包容被测面时，两平行平面与被测面接触点分别为3个等值最高（低）点与1个最低（高）点，且最低（高）点的投影落在由3个等值最高（低）点所组成的三角形之内
交叉准则		由两平行平面包容被测面时，两平行平面与被测面接触点分别为2个等值最高点与2个等值最低点，且最高点连线的投影与最低点连线相互交叉
直线准则		由两平行平面包容被测面时，两平行平面与被测面接触点分别为2个等值最高（低）点与1个最低（高）点，且1个最低（高）点的投影位于2等值最高（低）点的连线上

注：图中○表示最高点；□表示最低点。

（3）圆度和圆柱度误差的测量方法

圆度和圆柱度误差相同之处在于均是用半径差来表示，不同之处在于圆度公差控制横截面误差，圆柱度公差则控制横截面和轴向截面的综合误差。

① 对于一般精度的工件，通常可用采用千分尺、比较仪等测量的两点测量法，或将工件放在V形架上，用指示表进行三点法测量。

② 对于精度要求高的工件，应使用圆度仪测量圆度或圆柱度。测量时，将被测工件与仪器的精密测头在回转运动中所形成的轨迹（理想圆）与理想要素相比较，确定圆度或圆柱度误差。

③ 由于受到测量仪器（如圆度仪）测量范围的限制，尤其对于长径比很大的工件，如液压缸、枪、炮内径的圆度或圆柱度，要用专用量仪进行测量。

圆度和圆柱度误差的测量方法见表2-31。

表2-31　圆度、圆柱度误差的测量方法

测量方法	测量设备	图例	操作要点
三点法	平板、V形架、带表的测架	指示表 被测件 V形架 180°−α	(1)将V形架放在平板上,被测件放在比它长的V形架上。 (2)被测件回转一周过程中,测取一个横截面上的最大与最小读数。 (3)按上述方法测量若干个横截面,取其各截面所测得的最大读数与最小读数之差的一半作为该工件的圆柱度误差(此方法适用于测量奇数棱形状的外表面)
圆度仪法	圆度仪	被测件　测头　立柱 上截面　下截面 V　IV　III　II　I	(1)将被测件的轴线调整到与仪器同轴。 (2)记录被测件回转一周过程中截面上各点的半径差。 (3)在测头没有径向偏移的情况下,按需要重复上述方法测量若干个横截面。 (4)用计算机按最小条件确定圆柱度误差,也可用极坐标图近似求圆柱度误差

(4) 线轮廓度、面轮廓度的测量方法

① 线轮廓度误差的测量。利用轮廓投影仪或万能工具显微镜的投影装置，将被测工件的轮廓放大成像于投影屏上进行比较测量。当工件要求精度较低时，可用轮廓样板观察贴切间隙的大小以检测其合格性。

② 面轮廓度误差的测量。精度要求较高时，可用三坐标机或光学跟踪轮廓测量仪进行测量。当工件要求精度较低时，一般用截面轮廓样板测量。

线、面轮廓度误差的测量方法见表2-32。

表2-32　线、面轮廓度误差的测量方法

测量方法	测量设备	图例	操作要点
投影法	轮廓投影仪	极限轮廓线	将被测轮廓投影于投影屏上,并与极限轮廓相比较,实际轮廓的投影应在极限轮廓之间
样板法	截面轮廓样板	用截面轮廓样板测量面轮廓度误差 轮廓样板 A　A—A A 被测件	将若干截面轮廓样板放在各指定位置上,用光隙法估计间隙的大小
跟踪法	光学跟踪轮廓测量仪	用光学跟踪轮廓测量仪测量面轮廓度误差 截形理想轮廓板	(1)将被测件置于工作台上,进行正确定位。 (2)仿形测头沿被测剖面轮廓移动,画有剖面形状的理想轮廓板随之一起移动,被测轮廓的投影应落在其公差带内

2.4.3 方向误差的检测方法

测量方向误差就是通过适当的方法测出被测要素相对于基准要素在方向上存在的最大变动量，若该变动量没有超出图样给定的方向公差，则认为合格。

（1）平行度误差的测量方法

见表2-33，将面对面、面对线、线对线的平行度误差测量方法以图例表示。

表2-33 平行度误差的测量方法

序号	测量设备	图例	测量方法
1	平板、带表的测架	面对面的平行度误差测量 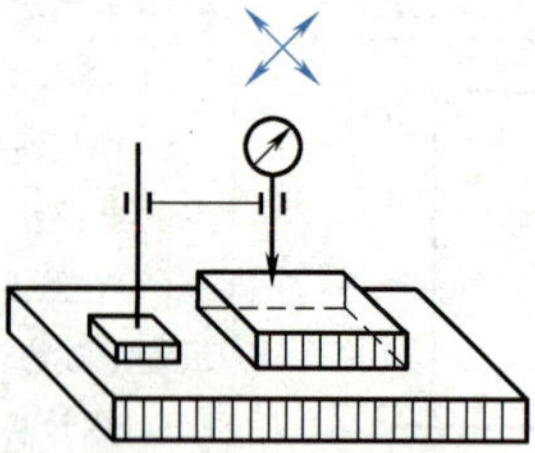	被测件直接置于平板上，在整个被测面上按规定测量线进行测量，取指示表最大读数差为平行度误差
2	平板、心轴、等高支撑、带表的测架	面对线的平行度误差测量 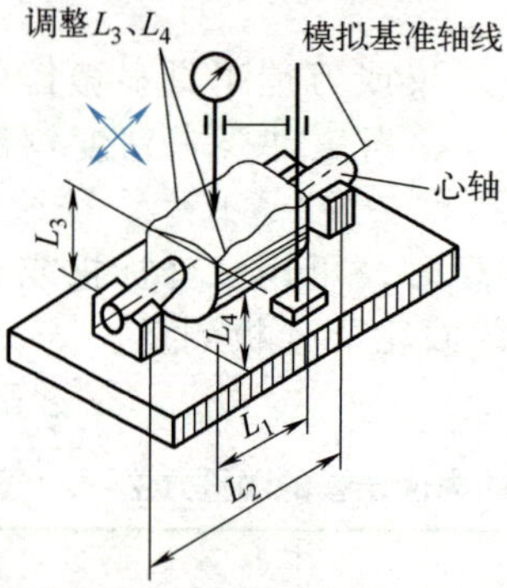 调整L_3、L_4　模拟基准轴线　心轴	被测件放在等高支撑上，调整工件使L_3=L_4，然后测量被测表面，以指示表的最大读数为平行度误差
3	平板、心轴、等高支撑、带表的测架	两个方向上线对线的平行度误差测量 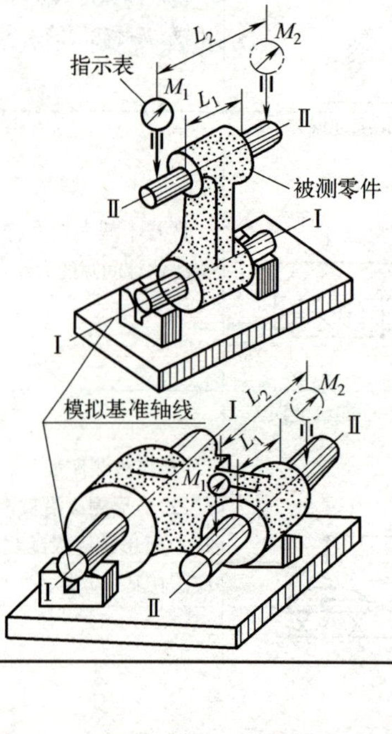 指示表　被测零件　模拟基准轴线	基准轴线和被测轴线由心轴模拟。将被测件放在等高支撑上，在选定长度L_2的两端位置上测得指示表的读数M_1和M_2，其平行度误差为 $\Delta=\frac{L_1}{L_2}\left\|M_1-M_2\right\|$ 式中，L_1、L_2为被测线长度。 对于在互相垂直的两个方向上有公差要求的被测件，则在两个方向上按上述方法分别测量，两个方向上的平行度误差应分别小于给定的公差值。 $f=\frac{L_1}{L_2}\sqrt{\left(M_{1V}-M_{1V}\right)^2+\left(M_{2H}-M_{2H}\right)^2}$ 式中，V、H为相互垂直的测位符号

（2）垂直度误差的测量方法

见表2-34，将面对面、面对线、线对线的垂直度误差测量方法以图例表示。

表2-34　垂直度误差的测量方法

序号	测量设备	图例	测量方法
1	水平仪、固定和可调支撑	面对面的垂直度误差测量 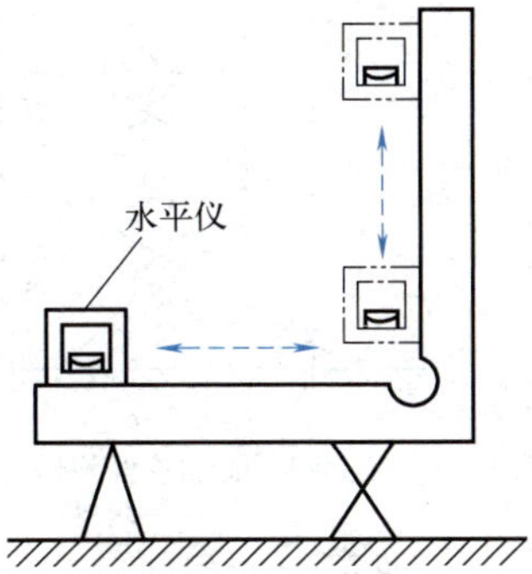 水平仪	用水平仪调整基准表面至水平。把水平仪分别放在基准表面和被测表面，分段逐步测量，记下读数，换算成线值。用图解法或计算法确定基准方位，再求出相对于基准的垂直度误差
2	平板、导向块、支撑、带表的测架	面对线的垂直度误差测量 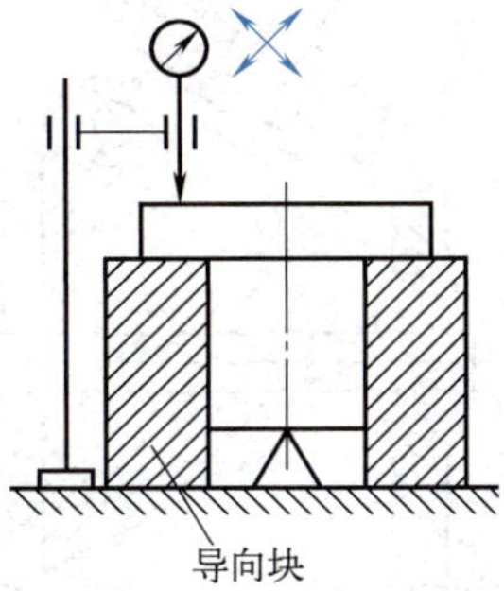 导向块	将被测件置于导向块内，基准由导向块模拟。在整个被测表面上测量，所得数值中的最大读数差即为垂直度误差
3	心轴、支撑、带表的测架	线对线的垂直度误差测量 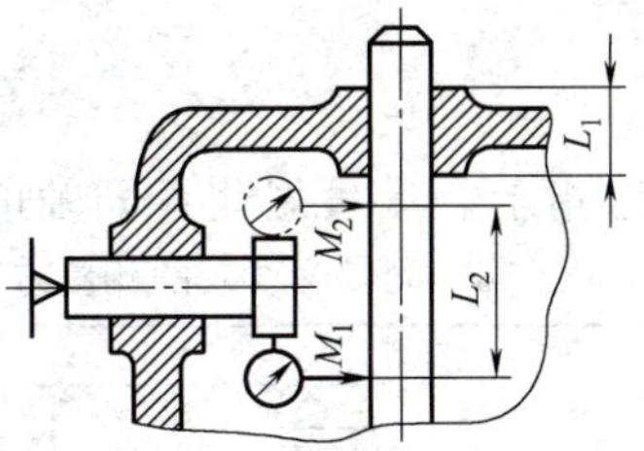 L_1　M_2　L_2　M_1	基准轴线和被测轴线由心轴模拟。转动基准心轴，在测量距离L_2的两个位置上测得读数M_1和M_2，垂直度误差为 $\Delta=\frac{L_1}{L_2}(M_1-M_2)$

（3）倾斜度误差的测量方法

见表2-35，将面对面、面对线、线对线的倾斜度误差测量方法以图例表示。

表2-35　倾斜度误差的测量方法

序号	测量设备	图例	测量方法
1	平板、定角座、支撑（或正弦规）、带表的测架	面对面的倾斜度误差测量 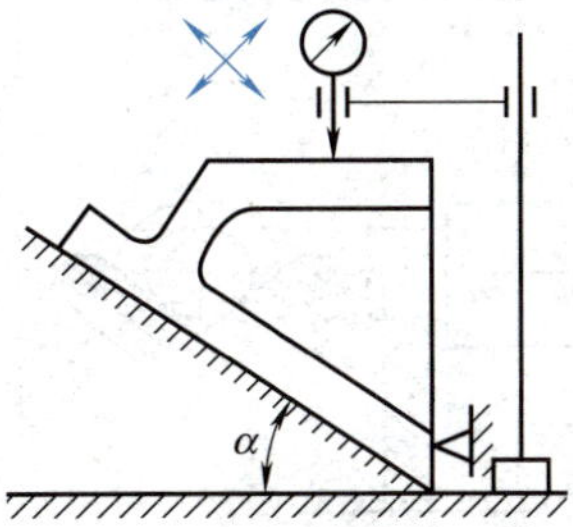 α	将被测件放在定角座上调整，使整个测量面的读数差为最小值。取指示表的最大与最小读数差为该工件的倾斜度误差

续表

序号	测量设备	图例	测量方法
2	平板、直角座、定角垫块、固定、支撑、心轴、带表的测架	线对面的倾斜度误差测量 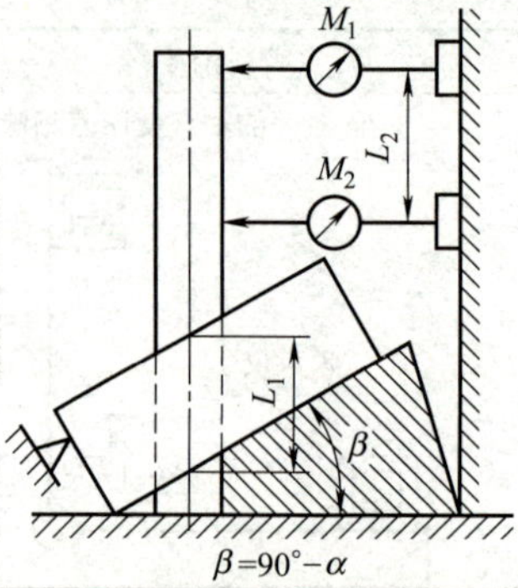 	被测轴线由心轴模拟。调整被测件，使指示表的M_1示值为最大。在测量距离L_2的两个位置上测得读数M_1和M_2，倾斜度误差为 $\Delta=\frac{L_1}{L_2}\left\|M_1-M_2\right\|$
3	心轴、定角锥体、支撑、带表的装置	线对线的倾斜度误差测量 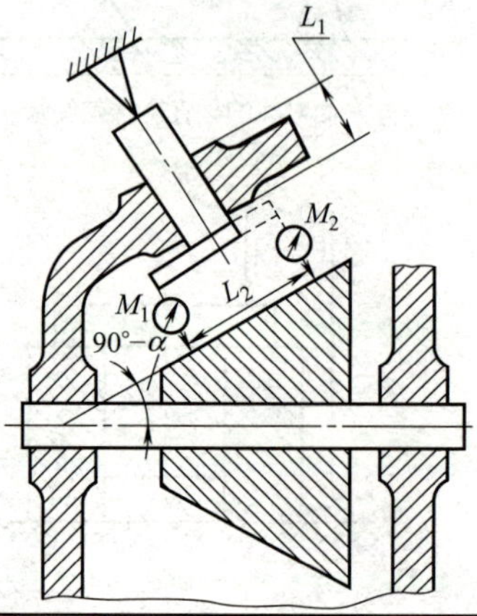 	在测量距离L_2的两个位置上测得读数M_1和M_2，倾斜度误差为 $\Delta=\frac{L_1}{L_2}\left\|M_1-M_2\right\|$

2.4.4 位置误差的检测方法

（1）同轴度误差的测量方法

见表2-36，列举了用仪器、指示表、量规测量同轴度误差的常用方法。

表2-36 同轴度误差的测量方法

序号	测量设备	图例	测量方法
1	径向变动测量装置、记录器或计算机、固定和可调支撑	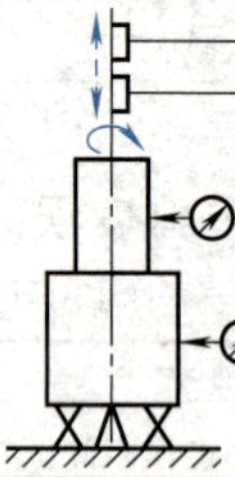	调整被测件，使基准轴线与仪器主轴的回转轴线同轴。测量被测工件的基准和被测部位，并记下在若干横剖面上测量的各轮廓图形。根据剖面图形，按定义经计算求出基准轴线至被测轴线最大距离的2倍，即为同轴度误差
2	刃口状V形架、平板、带表的测架	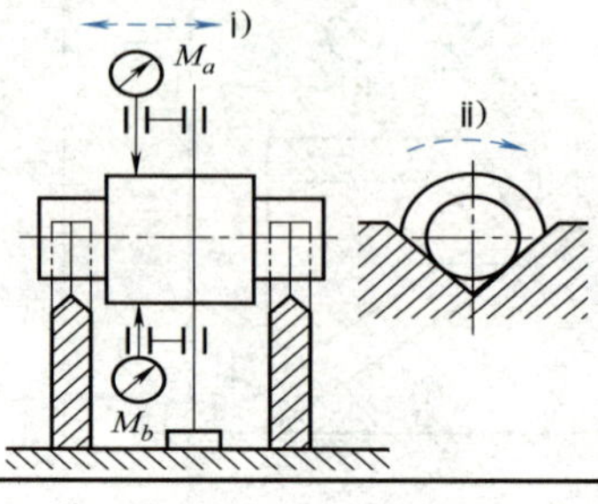	在被测件基准轮廓要素的中剖面处用两等高的刃口状V形架支撑起来。在轴剖面内测上下两条素线相互对应的读数差，取其最大读数差值为该剖面同轴度误差，即 $\Delta=\left\|M_a-M_b\right\|_{max}$ 转动被测件，按上述方法在若干剖面内测量，取各轴剖面所得的同轴度误差值的最大者，作为该工件的同轴度误差

续表

序号	测量设备	图例	测量方法
3	综合量规	被测件 量规	量规的直径分别为基准孔的最大实体尺寸和被测孔的实效尺寸。凡被量规通过的工件为合格

（2）对称度误差的测量

见表2-37，列举了面对面、面对线对称度误差的测量的常用方法。

表2-37　对称度误差的测量方法

序号	测量设备	图例	测量方法
1	平板、带表的测架	面对面的对称度误差测量 ii) i)	将被测件置于平板上。测量被测表面与平板之间的距离；将被测件翻转，再测量另一被测表面与平板之间的距离。取各剖面内测得的对应点最大差值作为对称度误差
2	V形架、定位块、平板、带表的测架	面对线的对称度误差测量 定位块 h	基准轴线由V形架模拟，被测中心平面由定位块模拟。 调整被测件，使定位块沿径向与平板平行。测量定位块与平板之间的距离。再将被测件翻转180°后，在同一剖面上重复上述测量。该剖面上下两对应点的读数差的最大值为a，则该剖面的对称度误差为 $\Delta_{剖}=\dfrac{a\times h}{d-h}$ 式中，h为槽深；d为轴的直径。 沿键槽长度方向测量，取长度方向两点的最大读数差为长度方向对称度误差 $\Delta_{长}=a_{高}-a_{低}$ 取两个方向误差值最大值者为该工件对称度误差

（3）位置度误差的测量

见表2-38，列举了位置度误差测量的常用方法。

表 2-38　位置度误差的测量方法

序号	测量设备	图例	测量方法
1	分度和坐标测量装置、指示表、心轴	线位置度误差测量 心轴 (a) 径向误差 理论正确位置　$f/2$　实际点　α　f_α　f_R　R (b) 角向误差　(c) 指示计测量 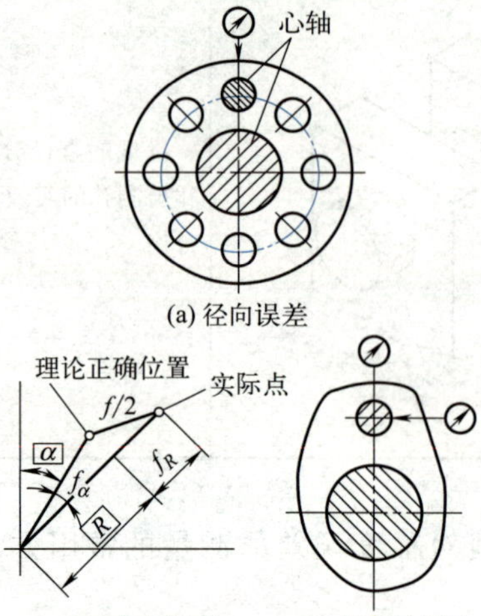	调整被测件，使基准轴线与分度装置的回转轴线同轴。 任选一孔，以其中心做角向定位，测出各孔的径向误差 ΔR 和角向误差 $\Delta\alpha$，其位置度误差为 $\varDelta=\sqrt{\Delta R^2+(R\times\Delta\alpha)^2}$ 式中，$\Delta\alpha$ 为弧度值，$R=\frac{D}{2}$。 或用两个指示表分别测出各孔径向误差 Δy 和切向误差 Δx，位置度误差为 $\varDelta=2\sqrt{\Delta x^2+\Delta y^2}$ 必要时，$\varDelta$ 值可按定位最小区域进行数据处理。翻转被测件，按上述方法重复测量，取其中较大值为该要素的位置度误差
2	综合量规	线位置度误差测量 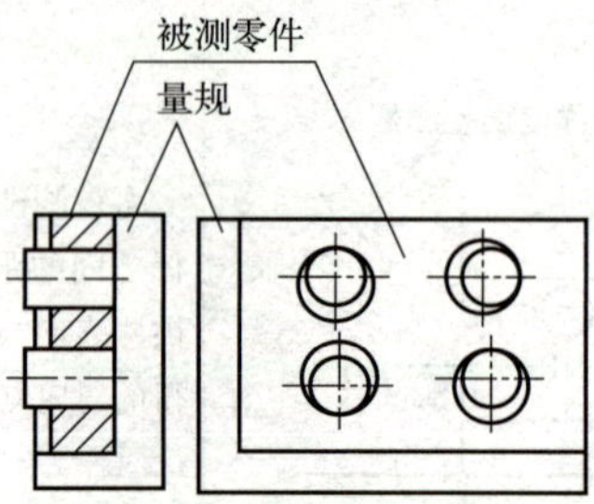 被测零件 量规	量规销的直径为被测孔的实效尺寸，量规各销的位置与被测孔的理论位置相同，凡被量规通过的工件，而且与量规定位面相接触，则表示位置度合格

2.4.5　跳动误差的检测方法

跳动误差分圆跳动误差和全跳动误差，均包括径向跳动、端面跳动和斜向跳动等测量方向。其测量方法见表2-39。

表 2-39　圆跳动、全跳动误差的测量方法

序号	测量设备	图例	测量方法
1	支架、指示表等	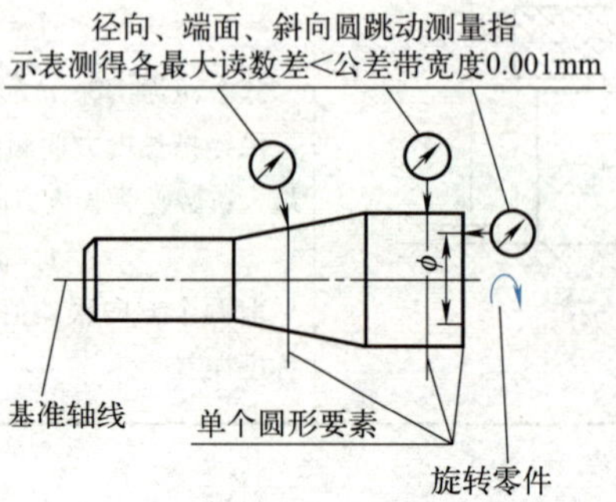 径向、端面、斜向圆跳动测量指示表测得各最大读数差<公差带宽度0.001mm ϕ 基准轴线　单个圆形要素　旋转零件	当零件绕基准回转时，在被测面任何位置，要求跳动量不大于给定的公差值。在测量过程中应绝对避免轴向移动

续表

序号	测量设备	图例	测量方法
2	支撑、平板、指示表等	径向、端面、斜向全跳动测量 各项在被测整个表面的最大读数 应小于公差带宽度0.03mm 基准表面 旋转零件 基准轴线	当零件绕基准旋转时，使指示表的测头相对基准沿被测表面移动，测遍整个表面，要求整个表面的跳动处于给定的全跳动公差带内

应用说明：

① 斜向圆跳动的测量方向是被测表面的法线方向。

② 全跳动是一项综合性指标，可同时控制圆度、同轴度、圆柱度、素线的直线度、平行度、垂直度等误差，即全跳动合格，则其圆跳动误差、圆柱度误差、同轴度误差、垂直度误差等也都合格。

2.5　任务实施二

2.5.1　定位套零件几何公差的识读与检测

（1）任务描述

如图2-87所示定位套零件，试识读图样上标注的几何公差，选择合适的检测量仪，完成几何误差的测量，并对零件的合格性进行判断。

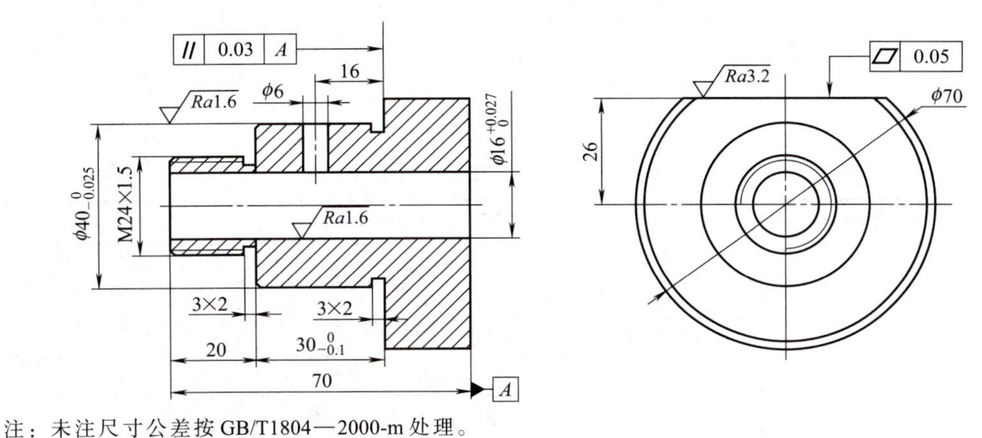

注：未注尺寸公差按GB/T1804—2000-m处理。

图2-87　定位套零件图

（2）定位套零件几何公差的识读

几何公差的识读，实质就是准确指出图样中标注的几何公差项目的被测要素是什么、基准要素是什么，以及正确理解几何公差带的形状、大小、方向、位置的含义。

如图2-87所示定位套零件，图样上标注的几何公差有平行度公差和平面度公差两项。

平行度公差的含义：被测表面必须位于距离为0.03mm且与基准平面A平行的两平行平面之间，即该平行度公差带的形状为两平行平面，公差带的大小为0.03mm，公差带的方向与基准平面平行，公差带无位置要求。

平面度公差的含义：被测表面必须位于距离为0.05mm的两平行平面之间，即该平面度公差带的形状为两平行平面，公差带的大小为0.05mm，公差带无方向和位置要求。

（3）定位套零件几何误差的检测

① 平行度误差检测。本任务采用“指示表”法检测。

测量器具：平板、测量架、指示（百分）表。

测量步骤：

a. 将工件和平板擦拭干净，按图2-88将测量器具和被测零件安装到位，做好实验准备。

b. 将指示表装在表架上，调整指示表测杆，使测头与被测表面接触并垂直，压缩指示表指针1~2圈，拨动表盘调节百分表指针到零刻度，紧固表架。

c. 使工件与百分表缓慢地发生相对移动，观察百分表指针偏摆，记下最大和最小读数之差，即为该测量平面相对于基准平面在平行方向上的误差。

d. 测量过程中，必须使百分表的触头尽量走过被测面的所有位置。

e. 根据测量读数值进行数据处理，作出正确的判断（表2-40）。

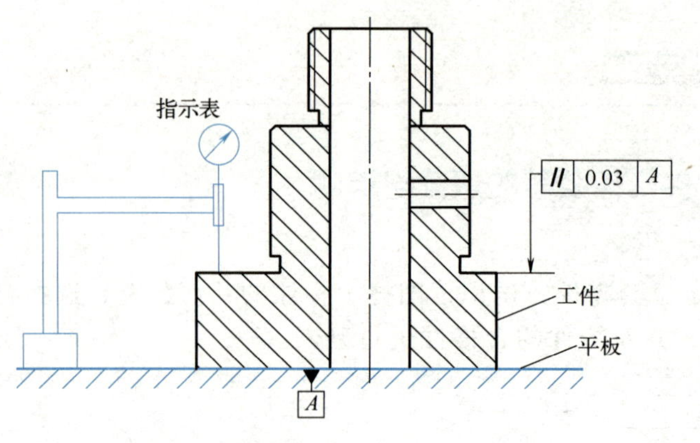

图2-88　平行度误差测量示意

表2-40　平行度、平面度误差测量结果

测量项目	图样要求/mm	测量结果/mm			合格性
平行度	0.03	最大读数	最小读数	平行度误差	合格
		0.06	0.04	0.02	
平面度	0.05	最大读数	最小读数	平面度误差	不合格
		0.08	0.02	0.06	
零件合格性(理由)		不合格。平面度误差超出图样给定的公差值			

(2) 平面度误差检测。本任务采用“三点法”测量平面度。

测量器具：平板、V形架、测量架、指示表（示值0.01mm）。

测量步骤：

a. 将工件和平板、V形架擦拭干净，按图2-89将测量器具和被测零件安装到位，做好实验准备。

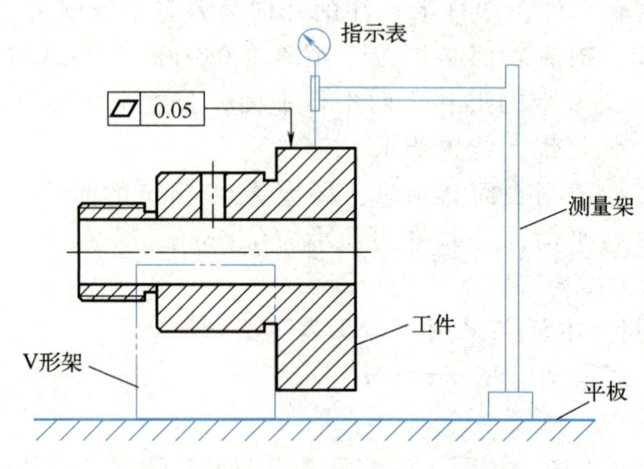

图2-89　平面度误差测量示意

b. 将V形架放在平板上，被测件放在比它长的V形架上。

c. 调整被测表面上相距尽量远的三点（三点不能共线），使三点与平板等高，作为评定基准。

d. 被测表面内，指示表的最大读数与最小读数之差即为平面度误差。

e. 根据测量读数值进行数据处理，作出正确的判断（表2-40）。

2.5.2　端盖零件几何公差的识读与检测

（1）任务描述

如图2-90所示端盖零件，试识读图样上标注的几何公差，选择合适的检测量仪，完成几何误差的测量，并对零件的合格性进行判断。

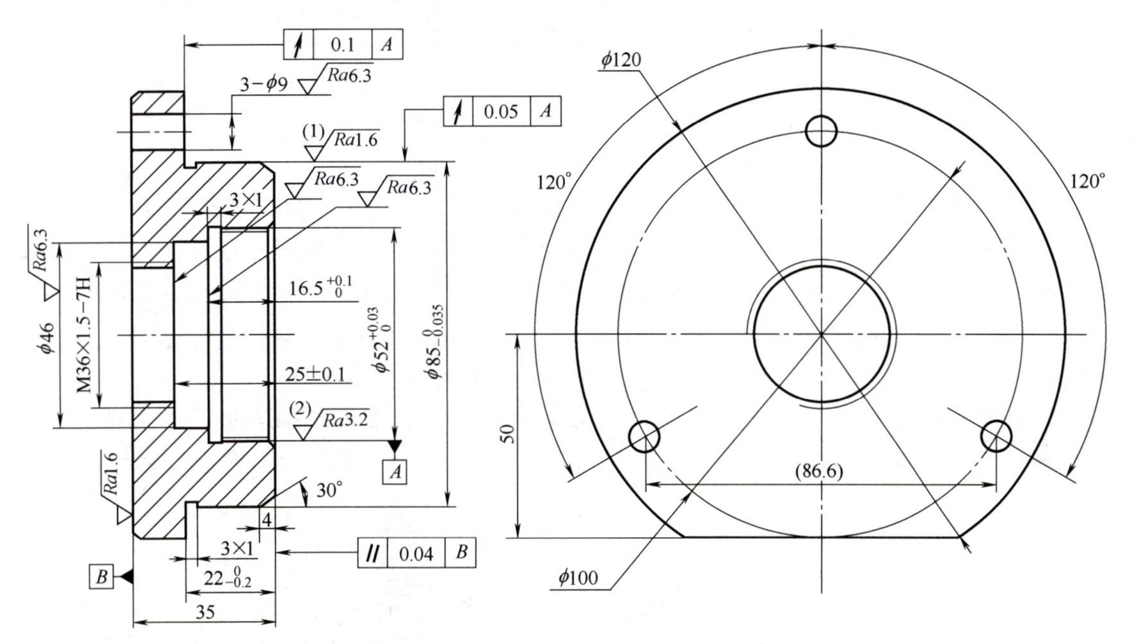

注：未注尺寸公差按GB/T 1804—2000-m处理。

图2-90　端盖零件图

（2）端盖零件几何公差的识读

如图2-90所示端盖零件，图样上标注的几何公差有平行度公差、径向圆跳动公差和端面圆跳动公差三项。

① 平行度公差的含义：被测表面必须位于距离为0.04mm且与基准平面B平行的两平行平面之间，即该平行度公差带的形状为两平行平面，公差带的大小为0.04mm，公差带的方向与基准平面平行，公差带无位置要求。

② 径向圆跳动公差的含义：被测外圆柱表面的任一正截面圆必须位于半径差为0.05mm的两同心圆之间，且同心圆的圆心在基准轴线上，即该径向圆跳动公差带的形状为两同心圆，公差带的大小为0.05mm，公差带的方向与基准轴线垂直，公差带位置（两同心圆的圆心）落在基准轴线上。

③ 端面圆跳动公差带的含义：公差带是在与基准同轴的任一半径位置的测量圆柱面上距离为0.1mm的两圆之间的区域。

（3）端盖零件几何误差的检测

① 圆跳动误差的检测。

测量器具：偏摆检查仪、指示（百分）表、测量架。

a. 偏摆检查仪结构。如图2-91所示，偏摆检查仪主要由固定顶尖座1、顶尖2、底座3、指示表支架4、活动顶尖座5、活动顶尖移动手柄6等部件组成。

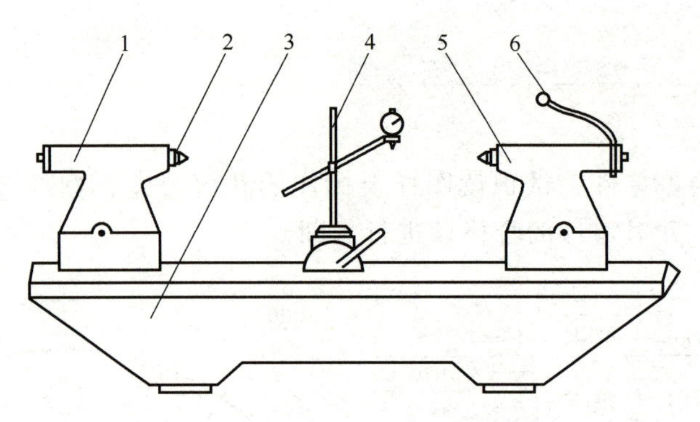

图2-91　偏摆检查仪结构

1—固定顶尖座；2—顶尖；3—底座；4—指示表支架；5—活动顶尖座；6—活动顶尖移动手柄

b. 偏摆检查仪的使用方法。首先用锁紧手柄将固定顶尖座固定在仪器底座上，按被测零件长度将活动顶尖座固定在合适的位置。压下活动顶尖移动手柄装入零件，使其(芯棒)中心孔顶在仪器的两顶尖上，拧紧把手将活动顶尖固定。移动指示表支架4至所需位置后固定，通过其上所装的百分表（或千分表）进行检测工作。

c. 百分表的结构。如图2-92所示，百分表由刻度盘、带齿条的测量杆、弹簧、大齿轮、小齿轮、指针和游丝等组成。

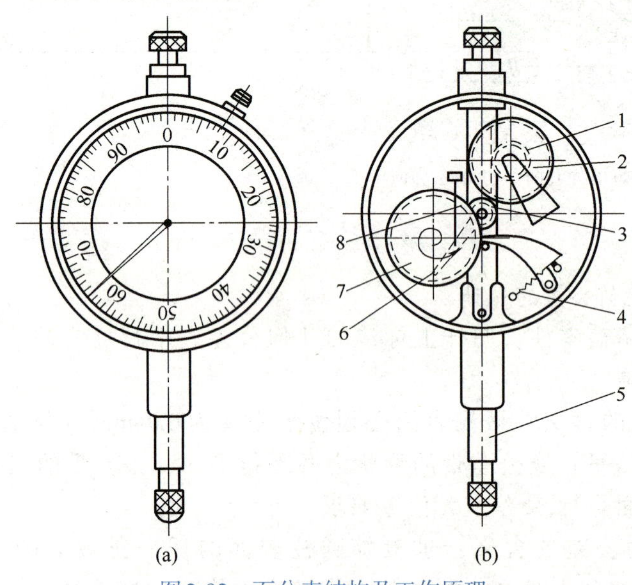

图2-92　百分表结构及工作原理

1—小齿轮；2，7—大齿轮；3—中心齿轮；4—弹簧；5—带齿条的测量杆；6—指针；8—游丝

d. 百分表的使用方法。百分表用于测量各类零件的尺寸、形状和位置误差，找正工件位置或与其他仪器配套使用。其工作原理如图2-92所示，带齿条的测量杆5和与之一体的齿条上下移动，使双连齿轮2和7一起转动，带动中心齿轮3和与之相连的指针转动，从而在刻度盘上指出示值的变化量。当测量头移动0.01mm时，百分表指针尖端处转动1小格，这样就能非常方便地读取0.01mm变化量，并可估读到0.001mm。

测量步骤：

a. 将端盖和芯棒擦拭干净，使芯棒与端盖内孔配合并紧固后安装在偏摆检查仪两顶尖之间（图2-91），锁紧仪器底座螺钉，转动顶尖调试装置，使接触间隙为最佳状态，方可进行测量（注意：工件转动自由，但要防止轴向窜动）。

b. 径向圆跳动误差的测量。将指示表装在表架上，调整指示表测量杆，使其垂直并通过工件轴线，测量头与工件外圆表面最高点接触，并压缩指针1~2圈，紧固表架后，转动被测件一周，记下最大、最小读数之差，即为该测量平面上的径向圆跳动量。按上述方法，测量若干个截面，取各截面上测得的跳动量中的最大值作为该工件的径向圆跳动误差。

c. 端面圆跳动误差的测量。将指示表测量杆与两顶尖连线（公共基准）调整为平行，使测量头与轴的端面接触并适当压缩，转动被测零件一周，记下最大、最小读数之差，即为该测量圆柱面上的端面圆跳动量。按上述方法，测量若干个圆柱面，取各圆柱面上测量的跳动量的最大值作为该零件的端面圆跳动误差。

d. 根据测量读数值进行数据处理，作出正确的判断（表2-41）。

② 平行度误差的检测。平行度误差的检测操作方法同2.5.1节。

③ 端盖零件几何误差的检测结果见表2-41。

表2-41 圆跳动、平行度误差测量结果

测量项目	图样要求/mm	测量结果/mm					结论
		测量记录	1	2	3	误差值	合格性
径向圆跳动	0.05	径向误差	0.03	0.05	0.04	0.05	合格
端面圆跳动	0.1	端面误差	0.08	0.15	0.12	0.15	不合格
平行度	0.04	平行度误差	0.06	0.05	0.07	0.07	不合格
零件合格性结论		不合格	理由	平行度误差及端面圆跳动误差不合格			

注：径向和端面圆跳动都应测若干截面和圆柱面的误差，表中以3次为例。

项目小结

通过本项目的学习，学生应该熟练掌握几何公差的国家标准，能够运用国家标准进行几何公差的选择、标注与识读等；掌握几何公差选用的一般原则及方法，具有对简单零件提出合适的几何公差要求的能力；掌握一般几何公差项目检测量仪的使用方法，具有合理确定检测方法、选择检测基准、正确安装检测工件、正确使用检测量仪对几何误差实施检测操作的能力。

本项目的主要知识（技能）点如下：

① 几何公差项目及基本概念。

② 几何公差的选用、标注及识读方法，被测要素、基准要素及几何公差带的形状、大小、方向、位置的含义。

③ 几何公差与尺寸公差的关系，独立原则与各项相关原则的含义与应用场合。

④ 各类几何误差项目的检测包括检测工具、检测方法、检测步骤、数据处理等。

巩固与提高

2-1 判断题

1. 某平面对基准平面的平行度误差为0.05mm，则该平面的平面度误差一定不大于0.05mm。(　　)

2. 某圆柱面的圆柱度公差为0.03mm，则该圆柱面对基准轴线的径向全跳动公差不小于0.03mm。(　　)

3. 对同一要素既有位置公差要求，又有形状公差要求时，形状公差值应大于位置公差值。(　　)

4. 对称度的被测中心要素和基准中心要素都应视为同一中心要素。(　　)

5. 某实际要素存在形状误差，则一定存在位置误差。(　　)

6. 图样标注中$\phi 20^{+0.021}_{0}$孔，如果没有标注其圆度公差，那么它的圆度误差值可任意确定。(　　)

7. 圆柱度公差是控制圆柱形零件横截面和轴向截面内形状误差的综合性指标。(　　)

8. 线轮廓度公差带是指包络一系列直径为公差值t的圆的两包络线之间的区域，诸圆圆心应位于理想轮廓线上。(　　)

9. 零件图样上规定ϕd实际轴线相对于ϕD基准轴线的同轴度公差为ϕ0.02mm。这表明只要ϕd实际轴线上各点分别相对于ϕD基准轴线的距离不超过0.02mm，就能满足同轴度要求。(　　)

10. 若某轴的轴线直线度误差未超过直线度公差，则此轴的同轴度误差合格。(　　)

11. 端面全跳动公差和平面对轴线垂直度公差两者控制的效果完全相同。(　　)

12. 端面圆跳动公差和端面对轴线垂直度公差两者控制的效果完全相同。(　　)

13. 尺寸公差与几何公差采用独立原则时，零件加工的实际尺寸和几何误差中有一项超差，则该零件不合格。(　　)

14. 作用尺寸是由局部尺寸和几何误差综合形成的理想边界尺寸。对一批零件来说，若已知给定的尺寸公差值和几何公差值，则可以分析计算出作用尺寸。(　　)

15. 被测要素处于最小实体尺寸且几何误差为给定公差值时的综合状态，称为最小实体实效状态。(　　)

16. 当包容要求用于单一要素时，被测要素必须遵守最大实体实效边界。(　　)

17. 当最大实体要求应用于被测要素时，则被测要素的尺寸公差可补偿给形状误差，几何误差的最大允许值应小于给定的公差值。(　　)

18. 被测要素采用最大实体要求的零几何公差时，被测要素必须遵守最大实体边界。(　　)

19. 最小条件是指被测要素对基准要素的最大变动量为最小。(　　)

20. 可逆要求应用于最大实体要求时，当其几何误差小于给定的几何公差，允许实际尺寸超出最大实体尺寸。(　　)

2-2　简答题

1. 几何公差带有哪些要素？几何公差带有哪些典型形状？

2. 几何公差带与尺寸公差带有何区别？

3. 国家标准规定了哪几条几何误差的检测原则？

4. 包容原则的含义是什么？主要应用于什么场合？

5. 最大实体原则的含义是什么？主要应用于什么场合？

6. 平行度、垂直度误差常用的测量方法有哪些？

2-3　几何公差的识读

1. 如图2-93所示，如何解释上表面对基准的平行度要求？若用两点法测量尺寸h后，得知其实际尺寸的最大差值为0.03mm，能否说平行度误差一定不会超差？为什么？

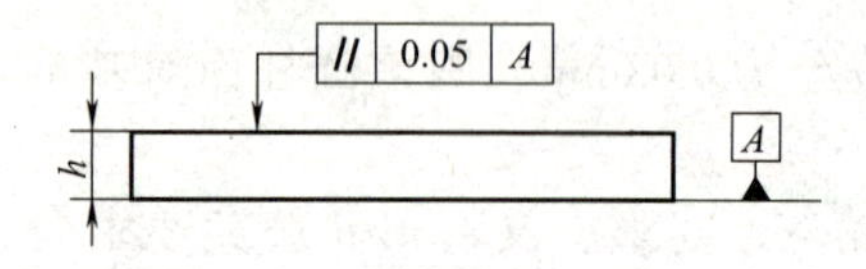

图2-93　几何公差识读

2. 如图2-94所示零件，试解释其标注的对称度公差的含义。若测得Δ=0.03mm，问对称度误差是否超差？为什么？

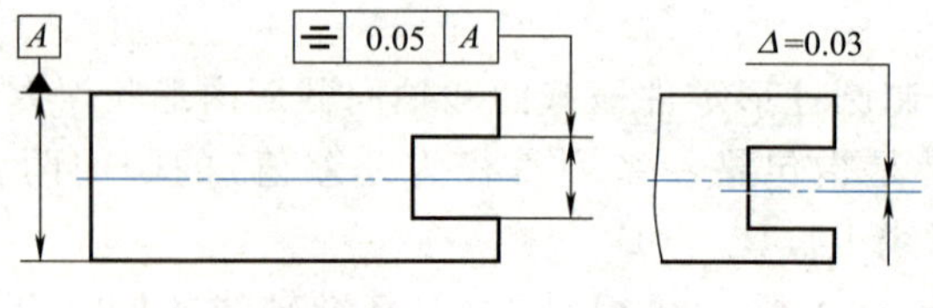

图2-94　几何公差识读

2-4　几何公差的标注

1. 将下列技术要求标注在图2-95上。

（1）圆锥面的圆度公差为0.01mm，圆锥素线直线度公差为0.02mm。

（2）圆锥轴线对ϕd_1和ϕd_2两圆柱面公共轴线的同轴度为0.05mm。

（3）端面Ⅰ对ϕd_1和ϕd_2两圆柱面公共轴线的端面圆跳动公差为0.03mm。

（4）ϕd_1和ϕd_2圆柱面的圆柱度公差分别为0.008mm和0.006mm。

2. 试将下列技术要求标注在图2-96上。

（1）ϕ30K7和ϕ50M7采用包容原则。

（2）底面F的平面度公差为0.02mm；ϕ30K7孔和ϕ50M7孔的内端面对它们的公共轴线的圆跳动公差为0.04mm。

（3）ϕ30K7孔和ϕ50M7孔对它们的公共轴线的同轴度公差为0.03mm。

（4）6×ϕ11H10对ϕ50M7孔的轴线和F面的位置度公差为0.05mm，基准要素的尺寸和被测要素的位置度公差应用最大实体要求。

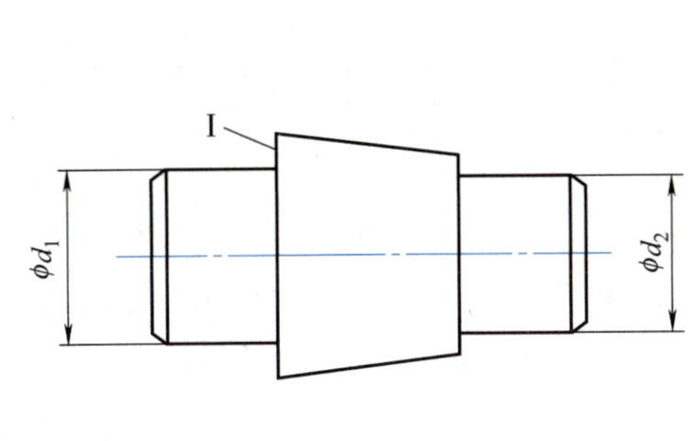

图2-95　几何公差标注（1）

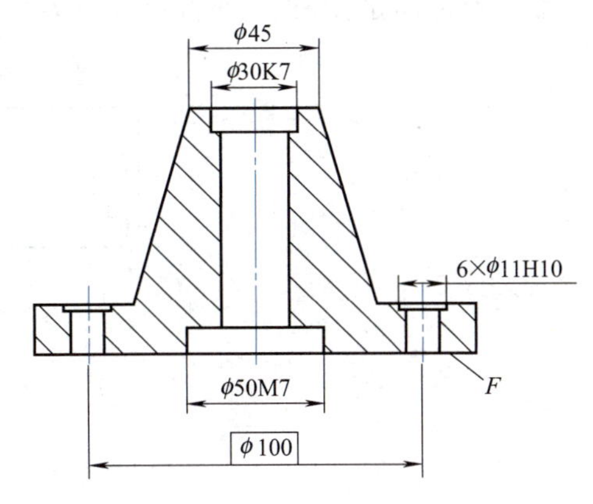

图2-96　几何公差标注（2）

2-5　公差原则（要求）的识读

1. 根据如图2-97所示零件标注，回答以下问题。

（1）该公差要求遵守的边界是什么？边界尺寸是多少？

（2）若该零件加工后测得其实际尺寸为ϕ29.980mm，测得其轴线的直线度误差为ϕ0.015mm，请问该零件是否合格？

（3）若测得该零件的实际尺寸为ϕ29.975mm，请问该零件是否合格？

2. 根据如图2-98所示零件标注，回答以下问题。

（1）该公差要求遵守的边界是什么？边界尺寸是多少？

（2）若该零件加工后测得其内孔的实际尺寸为ϕ30.015mm，测得其轴线对基准A的垂直度误差为ϕ0.035mm，请问该零件是否合格？

（3）若测得该内孔的实际尺寸为ϕ29.990mm，请问该零件是否合格？

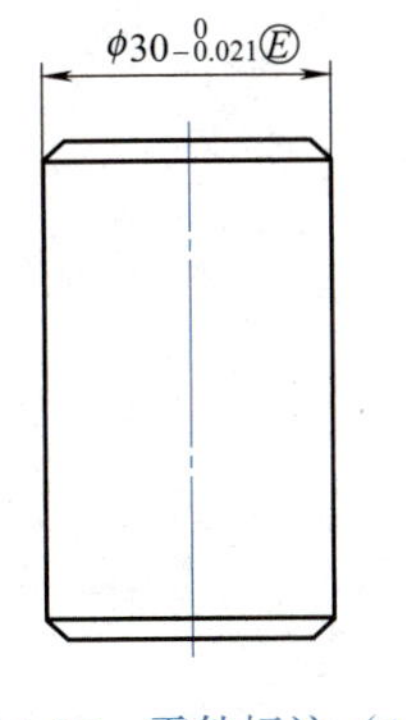

图2-97　零件标注（1）

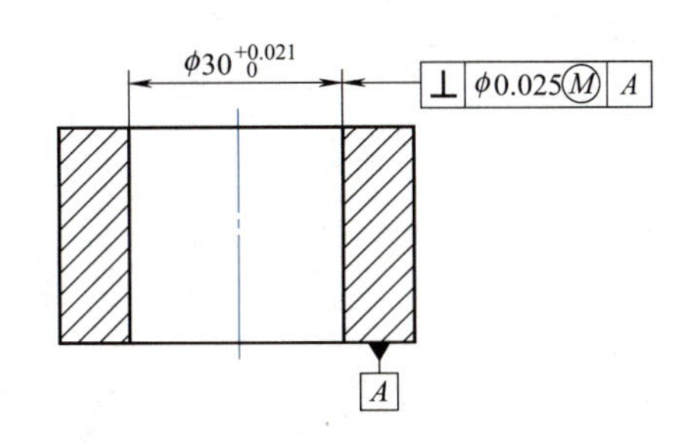

图2-98　零件标注（2）

3. 如图2-99所示为用千分尺测量$\phi 30_{-0.021}^{\ 0}$轴的圆度和圆柱度误差示意图，回答下面问题。

分别在截面1、截面2和截面3上测得各截面的最大和最小极限尺寸为

截面1：$d_{1max}=\phi24.992$，$d_{1min}=\phi24.980$

截面2：$d_{2max}=\phi24.993$，$d_{2min}=\phi24.982$

截面3：$d_{3max}=\phi24.997$，$d_{3min}=\phi24.981$

（1）该轴的圆度和圆柱度误差分别是多少？

（2）能否满足图样标注的圆度公差要求？

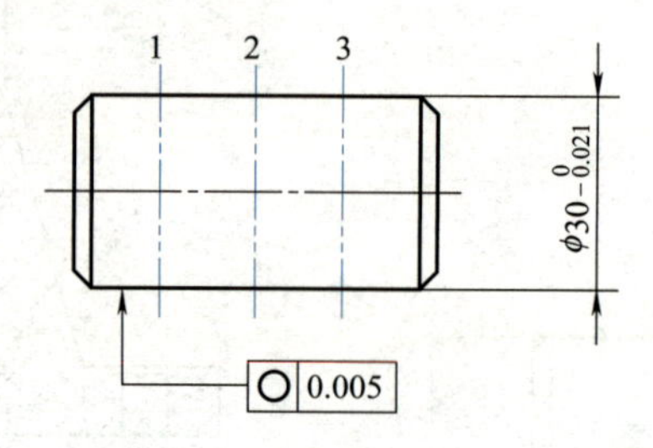

图2-99　用千分尺测量圆度和圆柱度

项目3

表面结构的标注、识读与检测

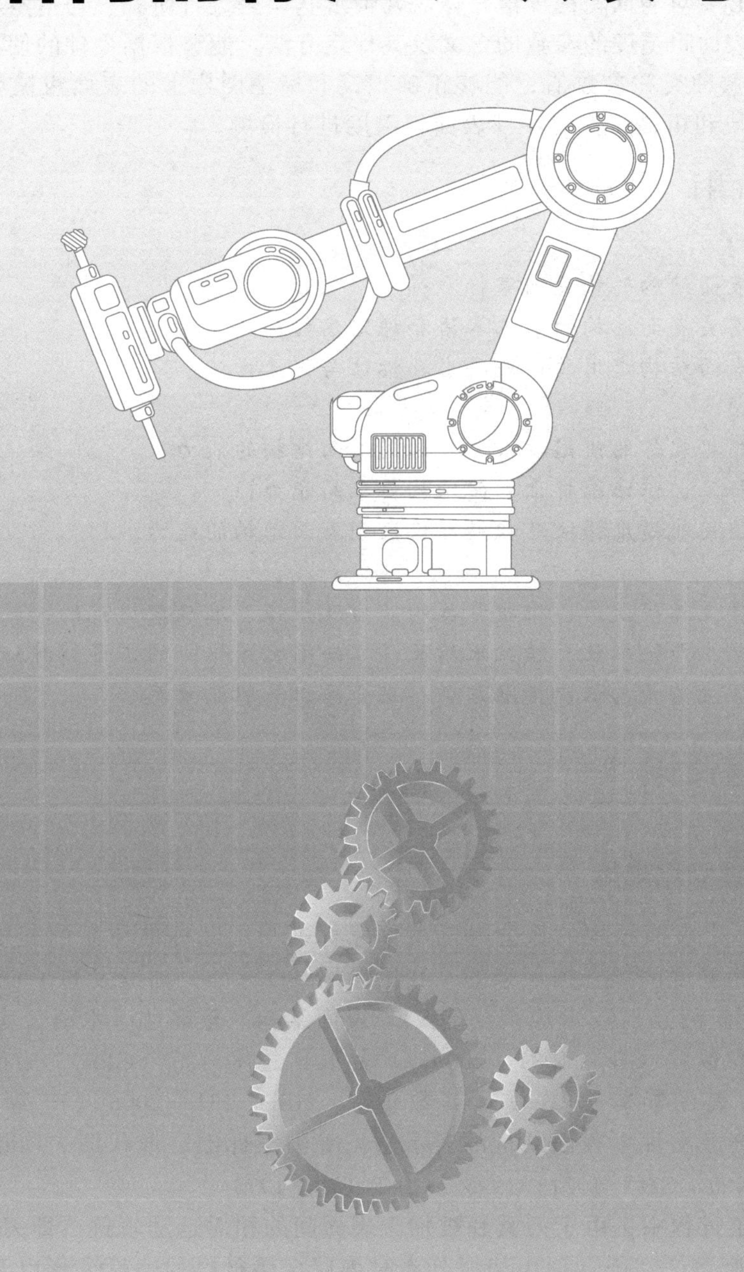

3.1 项目描述及学习目标

3.1.1 项目描述

机械零件在加工过程中，由于各项因素（如工件装夹、刀具磨损、材料分离时的塑性变形、工艺系统的振动等）的影响，除了会产生尺寸误差和几何误差外，也会在零件表面产生具有较小间距和微小峰谷的微观几何形状误差。这种较小间距和微小峰谷的微观几何形状特性称为表面粗糙度。实践证明，表面粗糙度对零件的使用性能有很大的影响。因此，有必要对表面粗糙度这一微观几何形状误差进行研究。通过本项目的学习，学生应掌握表征表面粗糙度的参数的含义及其评定方法，能够根据零件的使用要求合理选用表面粗糙度参数种类和参数值，能够正确识读和标注图样上的表面粗糙度。同时，能够使用粗糙度样块和粗糙度仪对零件表面粗糙度进行检测。

3.1.2 学习目标

【知识目标】

（1）熟悉表面结构的相关国家标准；

（2）理解有关表面结构的基本术语和评定参数；

（3）掌握表面结构选用的一般要求及标注与识读方法。

【技能目标】

（1）具有根据零件的使用要求合理选用表面结构的能力；

（2）具有标注、识读图样上表面结构要求的能力；

（3）具有使用粗糙度样块及粗糙度仪检测表面结构的能力。

【素养目标】

（1）培养学生正确使用、维护量具的能力及严谨、准确、规范的检测操作习惯；

（2）培养学生严谨细致、精益求精及“零缺陷无差错”的工匠精神；

（3）培养学生质量意识、标准意识、安全意识等职业素养。

3.2 任务资讯

3.2.1 认识表面粗糙度

表面粗糙度

表面结构的概念是随着国家标准与国际标准体系的逐步接轨，由表面粗糙度的概念拓展来的。我国参照ISO标准，陆续发布了GB/T 3505—2009《产品几何技术规范（GPS） 表面结构 轮廓法 术语、定义及表面结构参数》、GB/T 1031—2009《产品几何技术规范（GPS） 表面结构 轮廓法 表面粗糙度参数及其数值》、GB/T 131—2006《产品几何技术规范（GPS） 技术产品文件中表面结构的表示法》等国家标准，取代原表面粗糙度国家标准GB/T 3505—2000、GB/T 1031—1995、GB/T 131—1993。

在切削加工过程中，由于刀具和被加工表面间的相对运动轨迹（即刀痕）、刀具和被加工表面间的摩擦、切削过程中切屑分离时表层金属材料的塑性变形以及工艺系统的高频振动等原因，零件表面会出现许多间距较小的、凹凸不平的微小峰谷。这种微观几何形状误差称为表面粗糙度。表面粗糙度以数值形式表示，作为评价零件表面结构特征的主要指标，表面粗糙度值越小，则表面越光滑。

表面粗糙度不但影响零件的外观与测量精度，而且对机械零件的使用性能有很大影响，主要表现在以下几个方面：

① 耐磨性。表面越粗糙，配合表面间的有效接触面积越小，压强越大，磨损就越快。

② 配合性质。对间隙配合来说，表面越粗糙，就越易磨损，使工作过程中间隙逐渐增大；对过盈配合来说，由于装配时将微观凸峰挤平，减小了实际有效过盈，降低了连接强度。

③ 疲劳强度。粗糙的零件表面存在较大的“波谷”，它们像尖角缺口和裂纹一样，对应力集中很敏感，从而影响零件的疲劳强度。

④ 耐腐蚀性。粗糙的表面，易使腐蚀性气体或液体通过表面的微观凹谷渗入到金属内层，造成表面锈蚀。

⑤ 密封性。粗糙的表面之间无法严密地贴合，气体或液体易通过接触面间的缝隙渗漏。

可见，表面结构要求在零件的精度设计中是必不可少的，作为零件质量评定指标是十分重要的。本项目的任务就是为机械零件选用表面结构要求，并正确识读与标注。

3.2.2　表面结构的评定

3.2.2.1　表面结构的评定基准

（1）取样长度 *lr*

取样长度是指测量和评定表面结构状况时所规定的一段基准线长度，如图3-1所示。取样长度的方向与轮廓总的走向一致。规定取样长度的目的在于限制和减弱其他几何形状误差，特别是表面波度对测量的影响，表面越粗糙，取样长度就越大。在所选取的取样长度内，一般至少包含五个波峰和波谷。

（2）评定长度 *ln*

评定长度是指用于判别被评定轮廓表面结构特征所必需的一段长度，如图3-1所示。由于零件各部分的表面结构不一定均匀，为了充分、合理地反映表面的特性，通常取几个取样长度（测量后的算术平均值作为测量结果）来评定表面粗糙度，一般 $ln=5lr$。如果被测表面均匀性较好，可选用小于 $5lr$ 的评定长度；反之，可选用大于 $5lr$ 的评定长度。

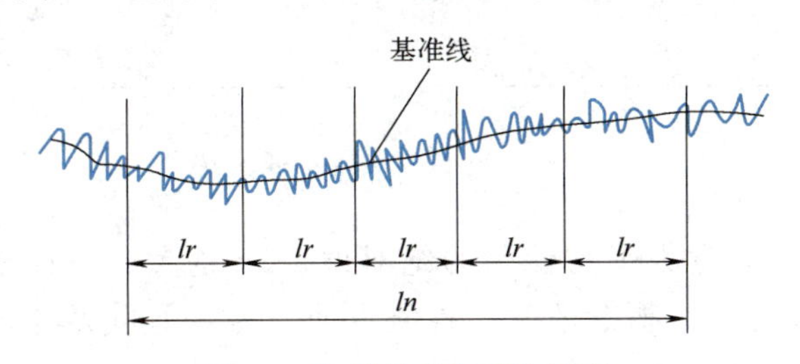

图3-1　取样长度和评定长度

（3）基准线

基准线是定量计算表面粗糙度数值大小的一条轮廓中线，通常有以下两种：

① 轮廓最小二乘中线。在取样长度范围内，实际被测轮廓线上的各点至一条假想线的距离的平方和为最小，即 $\sum y_i^2$ 最小，这条假想线就是轮廓最小二乘中线，如图3-2（a）中的 O_1O_1 和 O_2O_2 所示。

② 轮廓算术平均中线。在取样长度内，由一条假想线将实际轮廓分成上、下两部分，而且使上部分面积之和等于下部分面积之和，即$\sum F_i=\sum F'_i$，这条假想线就是轮廓算术平均中线，如图3-2（b）中的O_1O_1和O_2O_2所示。

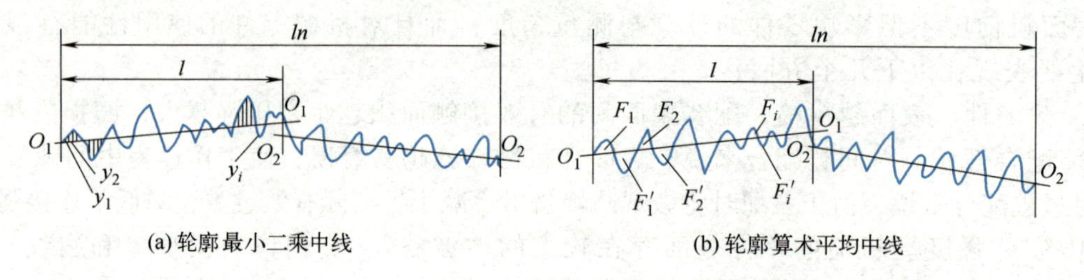

图3-2　轮廓中线

在轮廓图形上确定轮廓最小二乘中线的位置比较困难，在实际工作中可用轮廓算术平均中线代替轮廓最小二乘中线。通常轮廓算术平均中线可用目测估计来确定。

3.2.2.2　表面结构的评定参数

为了满足对表面不同的功能要求，国家标准GB/T 3505—2009《产品几何技术规范（GPS）表面结构　轮廓法　术语、定义及表面结构参数》从表面微观几何形状的高度、间距和形状三个方面的特征，规定了相应评定参数。

（1）高度特征参数——主参数

① 轮廓算术平均偏差Ra：在取样长度内，被测表面轮廓上各点至基准线距离y_i的绝对值的平均值，如图3-3所示。

$$Ra=\frac{1}{lr}\int_0^{lr}\left|y(x)\right|\mathrm{d}x \quad 或 \quad Ra=\frac{1}{n}\sum_{i=1}^{n}\left|y_i\right|$$

式中，$y(x)$为表面轮廓上点到基准线的距离；y_i为表面轮廓上第i个点到基准线的距离；lr为取样长度；n为取样数。

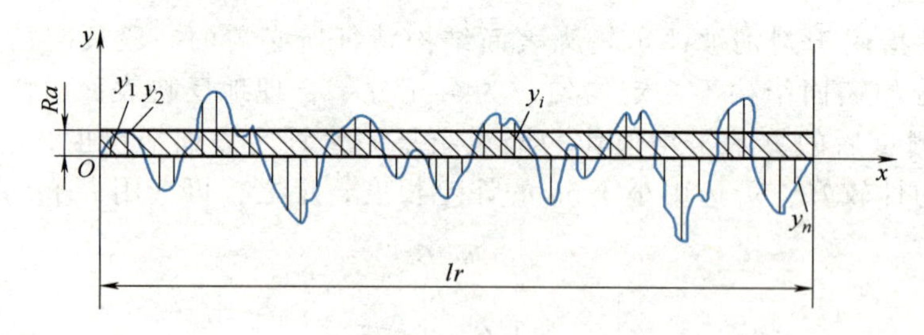

图3-3　轮廓算术平均偏差Ra

轮廓算术平均偏差Ra意为平均偏距的绝对值，Ra越大，表面越粗糙。Ra较全面地反映了表面结构的高度特征，概念清楚，检测方便，为当前世界各国普遍采用。

② 轮廓最大高度Rz：在取样长度内，轮廓的最高峰顶线与轮廓最低谷底线之间的距离。

$$Rz=\left|y_{\mathrm{p\,max}}\right|+\left|y_{\mathrm{v\,max}}\right|$$

轮廓峰顶线和轮廓谷底线指在取样长度lr内，平行于基准线并分别通过轮廓最高点和最低点的线，如图3-4所示。

轮廓最大高度Rz虽然只能说明在取样长度内轮廓上最突出的情况，但测量极为方便，对某些不允许出现较深加工痕迹的表面更具实用意义。

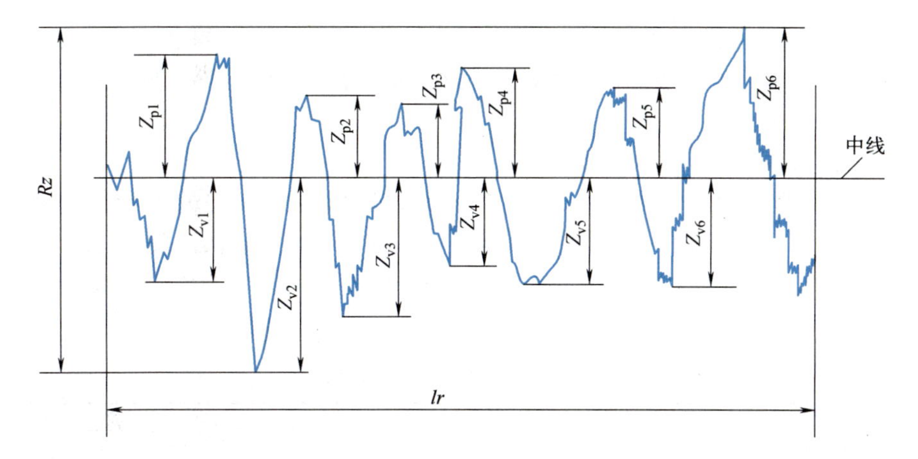

图3-4　轮廓最大高度 Rz

在评定表面结构时，标准推荐优先选用 Ra。

(2) 间距特征、形状特征参数——附加参数

① 轮廓单元的平均宽度 Rsm：在取样长度内，轮廓单元宽度 X_{si} 的平均值。所谓轮廓单元宽度 X_{si}，是指含有一个轮廓峰和相邻轮廓谷的轮廓单元的中线长度，如图3-5所示。用下式表示为

$$Rsm=\frac{1}{m}\sum_{i=1}^{m}X_{si}$$

式中，m 为轮廓单元的个数；X_{si} 为第 i 个轮廓单元的宽度。

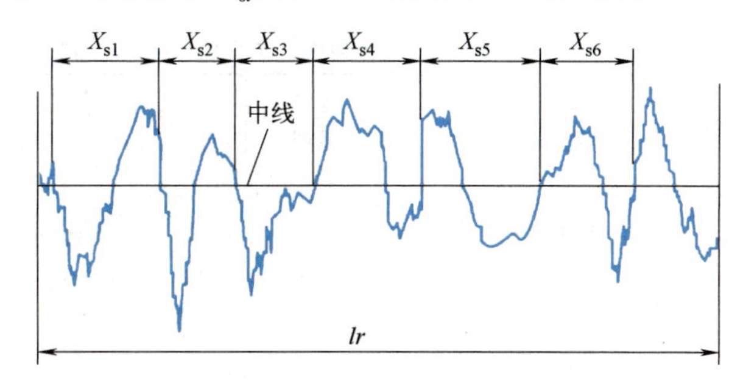

图3-5　轮廓单元长度 X_{si}

② 轮廓的支承长度率 $Rmr(c)$：在取样长度内，轮廓的实体材料长度 $Ml(c)$ 与取样长度 lr 之比。所谓轮廓的实体材料长度 $Ml(c)$，是在给定水平位置 c 上，用一条平行于基准线的线与轮廓单元相截所得到的各段截线长度 Ml_i 之和，如图3-6所示。用下式表示为

$$Rmr(c)=\frac{Ml(c)}{lr}$$

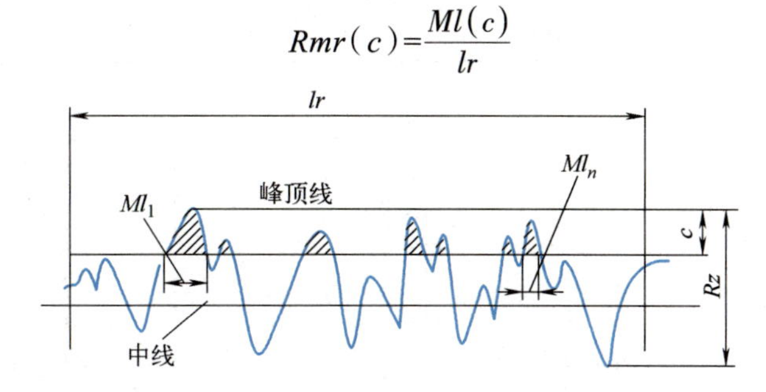

图3-6　轮廓的实体材料长度

Ml(*c*)是对应于不同的水平截距*c*给出的。*Rmr*(*c*)能反映接触面积的大小。*Rmr*(*c*)越大，表面的承载能力及耐磨性越好。在附加参数中，*Rsm*属于间距特征参数，*Rmr*(*c*)属于形状特征参数。

（3）表面结构的参数值

表面结构的参数值已经标准化，设计时应根据国家标准规定的参数值系列选取。国家标准GB/T 1031—2009《产品几何技术规范（GPS） 表面结构 轮廓法 表面粗糙度参数及其数值》对参数系列值规定了基本系列和补充系列，要求优先选用基本系列，见表3-1~表3-5。

表3-1 *Ra*的数值（摘自GB/T 1031—2009）

系列值	补充系列	系列值	补充系列	系列值	补充系列	系列值	补充系列
	0.008	0.1			1.25	12.5	
	0.010		0.125				16.0
0.012			0.160	1.6	2.0		20
	0.016	0.2			2.5	25	
	0.020		0.25				32
0.025			0.32	3.2	4.0		40
	0.032	0.4			5.0	50	
	0.040		0.50				
0.05			0.63	6.3			63
	0.063	0.8			8.0	100	80
	0.080		1.00		10.0		

表3-2 *Rz*的数值（摘自GB/T 1031—2009）

系列值	补充系列	系列值	补充系列	系列值	补充系列	系列值	补充系列	系列值	补充系列
			0.125		1.25	12.5			125(1250)
			0.160	1.6			16.0		160
		0.2			2.0		20	200	
0.025			0.25		2.5	25			250
	0.032		0.32	3.2			32		320
	0.040	0.4			4.0		40	400	
0.05			0.50		5.0	50			500
	0.063		0.63	6.3			63		630
	0.080	0.8			8.0		80	800	
0.10			1.0		10.0	100			1000

表3-3 *Rsm*的数值（摘自GB/T 1031—2009）

0.006	0.1	1.6
0.0125	0.2	3.2
0.025	0.4	6.3
0.05	0.8	12.5

表3-4　*Rmr*(*c*)的数值（摘自GB/T　1031—2009）

10	15	20	25	30	40	50	60	70	80	90

注：选用轮廓的支承长度率*Rmr*（*c*）时，必须同时给出轮廓的水平截距*c*值。*c*值多用*Rz*的百分数表示。百分数系列如下：*Rz*的5%、10%、15%、20%、25%、30%、40%、50%、60%、70%、80%、90%。

表3-5　*Ra*和*Rz*参数值与*lr*和*ln*的对应关系（摘自GB/T　1031—2009）

Ra/μm	*Rz*/μm	*lr*/mm	*ln*(*ln*=5*lr*)/mm
≥0.008~0.02	≥0.025~0.10	0.08	0.4
>0.02~0.1	>0.10~0.50	0.25	1.25
>0.1~2.0	>0.50~10.0	0.8	4.0
>2.0~10.0	>10.0~50.0	2.5	12.5
>10.0~80.0	>50.0~320	8.0	40.0

3.2.3　表面结构要求的标注

表面结构的评定参数及数值确定后，应按GB/T　131—2006《产品几何技术规范（GPS）　技术产品文件中表面结构的表示法》中的规定，将表面结构要求正确地标注在零件图样上。

表面粗糙度的标注

（1）表面结构的图形符号及意义

标注表面结构的图形符号包括基本图形符号、扩展图形符号、完整图形符号和全周符号，见表3-6。

表3-6　表面结构的符号及意义

符号	意义及说明
	基本图形符号，表示表面可用任何方法获得（包括镀涂、表面处理、局部热处理等）。当不加注粗糙度参数值或有关说明时，仅适用于简化代号的标注
	基本图形符号加一短划，表示表面是用去除材料的方法获得的，如车、钳、磨、钻、剪切、抛光、腐蚀、气割、电火花加工等
	基本图形符号加一小圆，表示表面是用不去除材料的方法获得的，如铸、锻、冲压、热轧、冷轧、粉末冶金等。 或者是用于表示保持原供应状况的表面（包括保持上道工序的状况）
	在上述三个符号的长边上均可加一横线，用于标注有关参数和说明
	在上述三个符号上均可加一小圆，表示所有表面具有相同的表面粗糙度要求

（2）表面结构要求的参数注写

为明确表面结构要求，除了标注表面结构参数和数值外，必要时应标注补充要求，包括传输带、取样长度、加工工艺、表面纹理及方向和加工余量等。规定注写位置如图3-7所示。

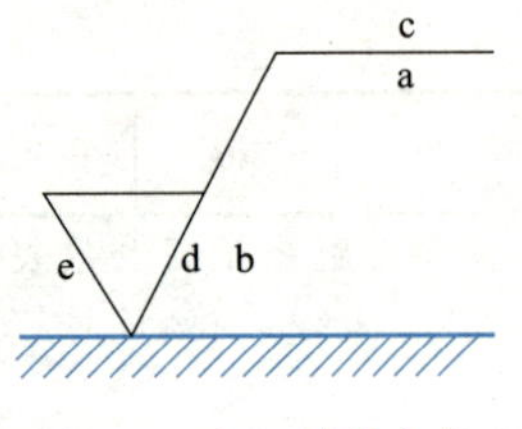

图3-7　表面结构完整

图中a~e各符号表示：

a——表面结构的单一要求，包括参数代号、极限值和传输带或取样长度。为了避免误解，在参数代号和极限值之间应插入空格，传输带或取样长度后应有一斜线“/”，之后是参数代号，最后是数值。如0.0025-0.8/*Rz*　6.3。

b——第二个表面结构要求。如果要注写第三个或更多个表面结构要求，图形符号应在垂直方向扩大，a和b的位置随之上移。

c——加工方法、表面处理、涂层或其他工艺要求。

d——表面纹理和方向。如=、⊥、×等，见表3-7。

e——加工余量。以毫米为单位注写数值。

表3-7　表面纹理的表示

符号	示意图
=	= 纹理方向 纹理平行于视图所在的投影面
⊥	⊥ 纹理方向 纹理垂直于视图所在的投影面
×	× 纹理方向 纹理呈两斜向交叉且与视图所在的投影面相交

符号	示意图
P	P 纹理呈微粒、凸起，无方向
M	M 纹理呈多方向
C	C 纹理呈近似同心圆且圆心与表面中心相关
R	R 纹理呈近似放射状且与表面圆心相关

为简化表面结构要求的标注，定义了一系列默认值，包括默认极限值为单向上限值；极限值判断规则默认为“16% 规则”，即允许表面结构参数的所有实测值中超过规定值的个数少于总数的16%；粗糙度 R 轮廓默认传输带为0.0025~0.008mm 取样长度；评定长度默认为5个取样长度等。表面结构要求的参数注写示例见表3-8。

对其他附加要求，如加工方法、加工纹理方向、加工余量等附加参数，可根据需要确定是否标注。

表3-8　不同功能要求的表面结构表示方法示例

符号	含义/解释
Rz0.4	表示不允许去除材料，单向上限值，默认传输带，粗糙度的最大高度0.4μm，评定长度为5个取样长度（默认），“16% 规则”（默认）
Rz_{max}0.2	表示去除材料，单向上限值，默认传输带，粗糙度的最大高度0.2μm，评定长度为5个取样长度（默认），“最大规则”
0.008−0.8Ra3.2	表示去除材料，单向上限值，传输带0.008~0.8mm，算术平均偏差3.2μm，评定长度为5个取样长度（默认），“16% 规则”（默认）
−0.8/Ra3 3.2	表示去除材料，单向上限值，传输带：根据GB/T　6062—2009《产品几何规范（GPS）　表面结构　轮廓法　接触（触针）式仪器的标称特性》，取样长度0.8mm（λs 默认0.0025mm），算术平均偏差3.2μm，评定长度包含3个取样长度，“16% 规则”（默认）
U Ra_{max}3.2 L Ra0.8	表示不允许去除材料，双向极限值，两极限值均使用默认传输带。上限值：算术平均偏差3.2μm，评定长度为5个取样长度（默认），“最大规则”。下限值：算术平均偏差0.8μm，评定长度为5个取样长度（默认），“16% 规则”（默认）
0.0025−0.1/3.2/Rx0.2	表示任意加工方法，单向上限值，传输带 λs=0.0025mm，A=0.1mm，评定长度3.2mm（默认），粗糙度图形参数，粗糙度图形最大深度0.2μm，“16% 规则”（默认）
0.008−0.5/10/R10	表示不允许去除材料，单向上限值，传输带 λs=0.008mm（默认），A=0.5mm（默认），评定长度10mm，粗糙度图形参数，粗糙度图形平均深度10μm，“16% 规则”（默认）
0.008−0.3/6/AR0.09	表示任意加工方法，单向上限值，传输带 λs=0.008mm（默认），A=0.3mm（默认），评定长度6mm，粗糙度图形参数，粗糙度图形平均间距0.09mm，“16% 规则”（默认）

注：这里给出的表面粗糙度参数、传输带/取样长度和参数值以及所选择的符号仅作为示例。

（3）表面结构要求在图样上的标注

表面结构要求对每个表面一般只标注一次，并尽可能注在相应的尺寸及其公差的同一视图上。除非另有说明，所标注的表面结构要求是对完工零件表面的要求。

① 表面结构符号、代号的标注位置与方向。总的原则是根据GB/T　4458.4—2003《机械制图　尺寸注法》的规定，使表面结构的注写和读取方向一致，如图3-8所示。

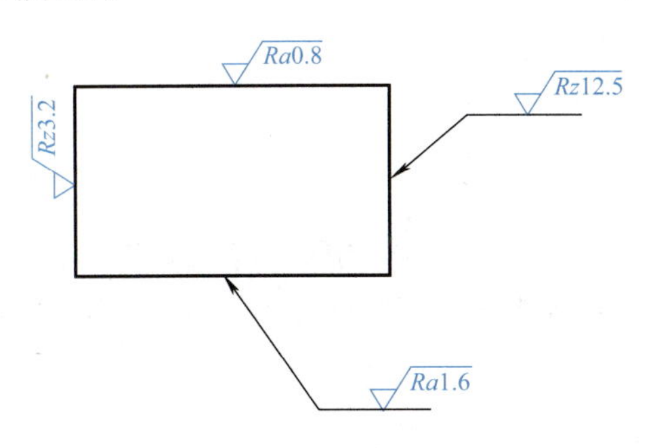

图3-8　表面结构要求的注写方向

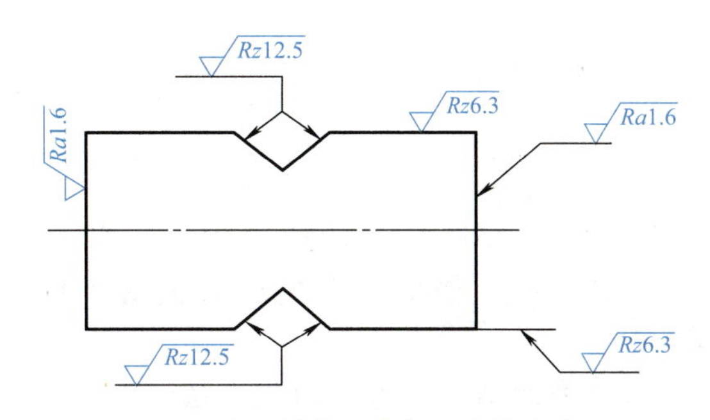

图3-9　表面结构要求标注在轮廓线上

a. 标注在轮廓线上或指引线上。表面结构要求可标注在图样的可见轮廓线上，其符号应从材料外指向并接触表面。必要时，表面结构符号也可用带箭头或黑点的指引线引出标注。如图3-9和图3-10所示。

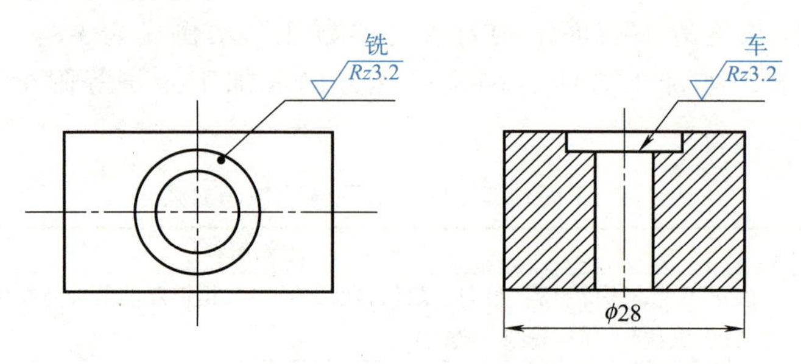

图3-10　用指引线引出标注表面结构要求

b. 标注在特征尺寸的尺寸线上。在不致引起误解时，表面结构要求可标注在给定的尺寸线上，如图3-11所示。

c. 标注在几何公差的框格上方。表面结构要求可标注在几何公差框格的上方，如图3-12所示。

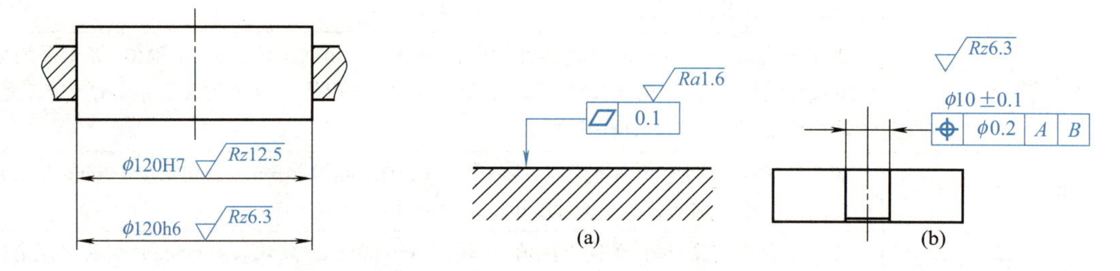

图3-11　表面结构要求标注在尺寸线上　　图3-12　表面结构要求标注在几何公差框格上方

d. 标注在延长线上。表面结构要求可直接标注在延长线上，如图3-13所示。

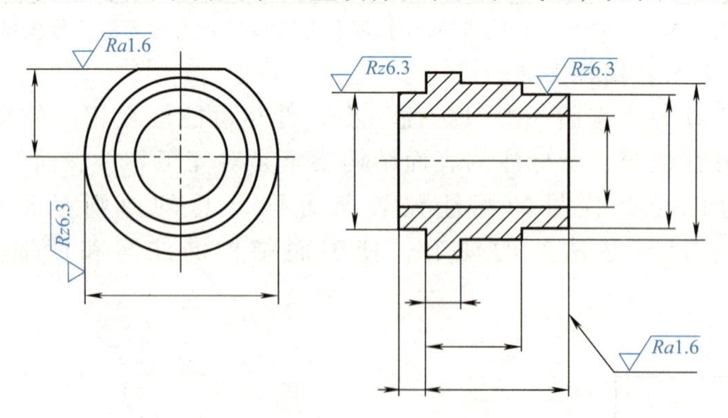

图3-13　表面结构要求标注在圆柱特征的延长线上

e. 标注在圆柱和棱柱表面上。圆柱和棱柱表面的表面结构要求只标注一次，如图3-13所示。如果每个棱柱表面有不同的表面结构要求，则应分别标注，如图3-14所示。

② 表面结构要求的简化注法。

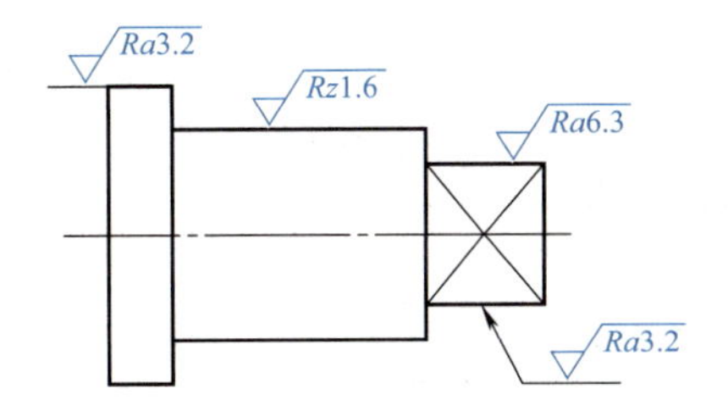

图3-14 表面结构要求标注在圆柱和棱柱表面上

a. 有相同表面结构要求的简化注法。当工件的多数（包括全部）表面具有相同的表面结构要求时，可统一标注在图样的标题栏附近。此时（除全部表面有相同的要求的情况外），表面结构要求的符号后面应有：

➢在圆括号内给出无任何其他标注的基本符号，如图3-15（a）所示。

➢在圆括号内给出不同的表面结构要求，如图3-15（b）所示。

不同的表面结构要求应直接标注在图形中。

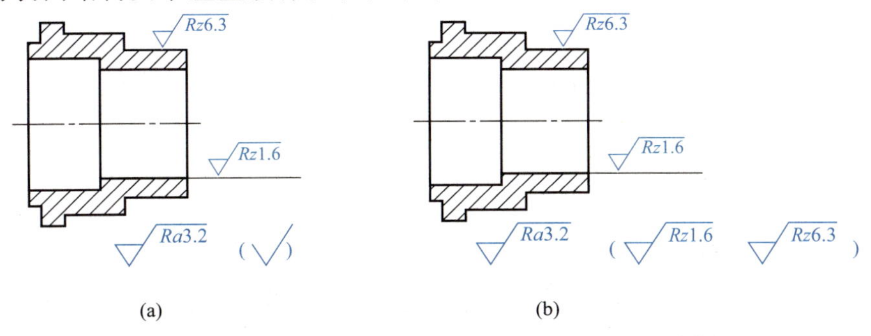

图3-15 大多数表面有相同表面结构要求的简化注法

b. 多个表面有相同要求的简化注法。当多个表面有相同的表面结构要求或图纸空间有限时，可以采用简化注法。此时，既可用带字母的完整符号，以等式的形式在图形或标题栏附近对有相同表面结构要求的表面进行简化标注，如图3-16所示，也可以用基本图形符号或扩展图形符号，以等式的形式进行简化标注，如图3-17所示。

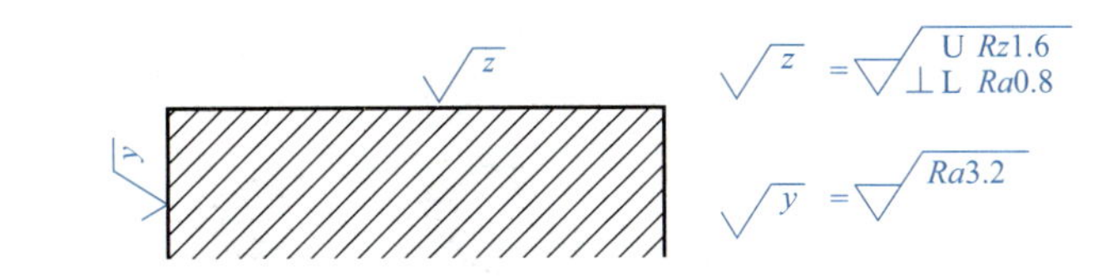

图3-16 有相同表面结构要求表面的简化标注（一）

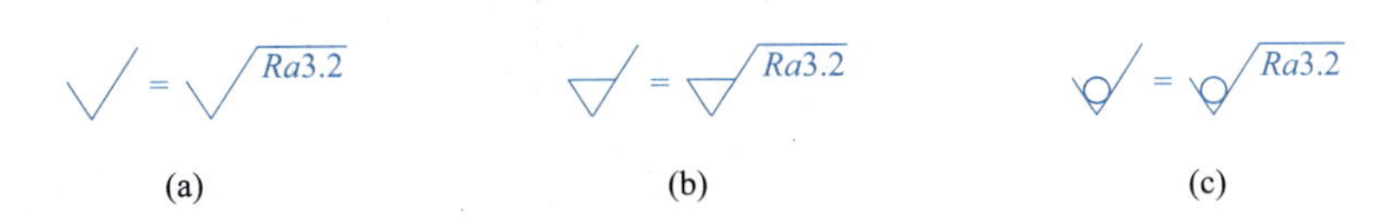

图3-17 有相同表面结构要求表面的简化标注（二）

c. 两种或多种工艺获得的同一表面的注法。由几种不同的工艺获得的同一表面，当需要明确每种工艺的表面结构要求时，可按图3-18进行标注。

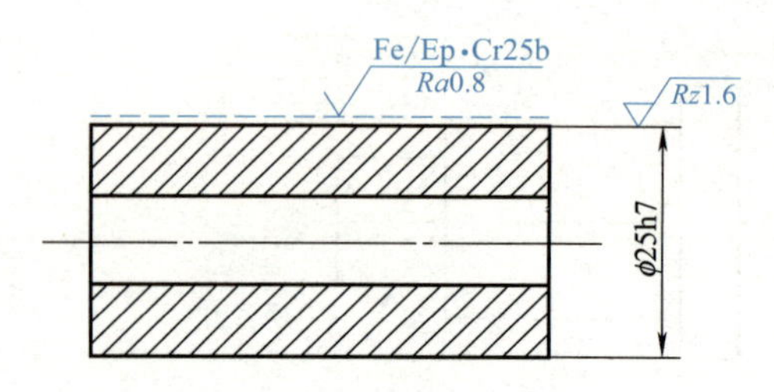

图3-18　同时给出镀覆前后的表面结构要求的标注

d. 下述一些要素的表面结构代号都不必标注在工作表面上，可以标注在其他表示这些工作表面的线上。如中心孔的代号引线，键槽工作表面、圆角、倒角的尺寸线，齿轮、渐开线花键的分度圆，螺纹代号的指引线等，参见图3-19~图3-21。

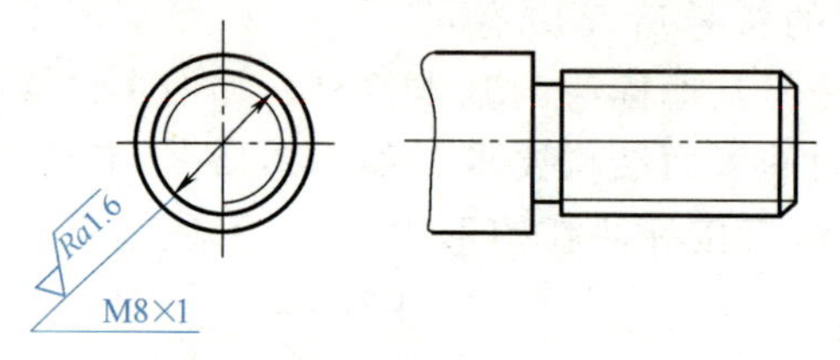

图3-19　螺纹表面结构要求标注示例

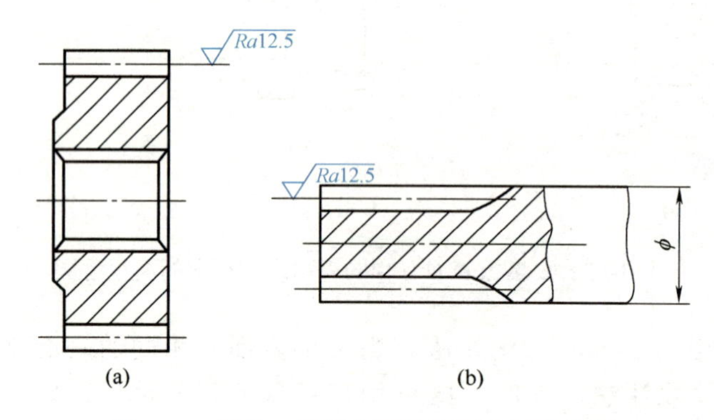

图3-20　齿轮、花键表面结构要求标注示例

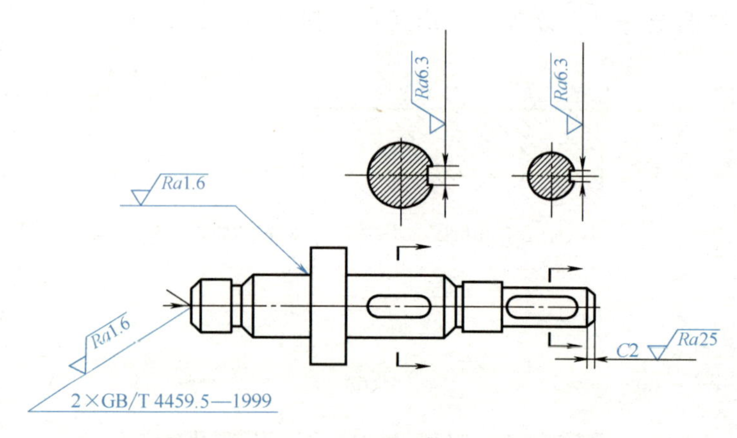

图3-21　中心孔、键槽、圆角、倒角表面结构要求标注示例

（4）表面结构要求的图样标注的演变

表面结构要求的图样标注，从GB/T 131—1983演变到GB/T 131—2006，已是第三

版，参见表3-9。

表3-9　表面结构要求的图样标注的演变

序号	GB/T 131的版本			
	1983(第一版)	1993(第二版)	2006(第三版)	说明主要问题的示例
1	3.2	3.2　3.2	*Ra*1.6	*Ra*只采用"16%规则"的参数
2	*Ry*3.2	*Ry*3.2　*Ry*3.2	*Ry*3.2	除了*Ra*"16%规则"的参数
3	—d	3.2max	Ra_{max}1.6	"最大规则"
4	1.6 0.8	1.6 0.8	1.6 -0.8/*Ra*1.6	*Ra*加取样长度
5	—d	—d	1.6 0.025-0.8/*Ra*1.6	传输带
6	*Ry*3.2 0.8	*Ry*3.2 0.8	-0.8/*Rz*6.3	除*Ra*外其他参数及取样长度
7	1.6 *Ry*6.3	1.6 *Ry*6.3	*Ra*1.6 *Rz*6.3	*Ra*及其他参数
8	—d	*Ry*3.2	*Rz*3 6.3	评定长度中的取样长度个数如果不是5
9	—d	—d	L *Ra*6.3	下限值
10	3.2 1.6	3.2 1.6	U *Ra*3.2 L *Ra*1.6	上、下限值

3.2.4　表面结构要求的选用

（1）评定参数的选用

评定参数的选择首先应考虑零件使用功能的要求，同时也应考虑检测的方便性及仪器设备条件等因素。

在高度参数中，*Ra*参数最常用，因为它能比较全面、客观地反映零件表面微观几何特征。通常在常用的参数值范围内（*Ra*=0.025~6.3μm）优先选用*Ra*。在上述范围内，用轮廓仪能很方便地测出*Ra*的实际值。在表面相当粗糙（*Ra*=6.3~100μm）或相当光滑（*Ra*=0.008~0.02μm）时，用双管显微镜、干涉显微镜测量*Rz*较为方便，所以当表面不允许出现较深加工痕迹、防止应力集中或表面长度很小不宜采用*Ra*时，可选用*Rz*，但*Rz*反映轮廓表面特征不如*Ra*全面。*Rz*可以与*Ra*联用，用以控制微观不平度的谷深，从而控制表面微观裂纹。

一般情况下，选用高度参数*Ra*（或*Rz*）控制表面粗糙度即可满足要求。但对有特殊要求的零件表面，如要求喷涂均匀、涂层有极好的附着性和光泽或要求有良好的密封性时，就要控制*Rsm*的值；对于要求有较高支承刚度和耐磨性的表面，应规定*Rmr*(*c*)参数。

（2）评定参数值的选用

表面结构要求是一项重要的技术经济指标，选取时应在满足零件使用性能的要求下，考虑工艺的可行性和经济性。其选用原则是在满足功能要求的前提下，粗糙度参数的允许值尽量大［除*Rmr*(*c*)外］，以减小加工困难、降低生产成本。选择的方法有计算法、试验法和类比法。在实际工作中，由于粗糙度和零件的功能关系十分复杂，因此，评定参数值的选用目前多采用类比法。

用类比法确定表面结构评定参做数值时，可先根据经验和统计资料，初步选定粗糙度参数值，然后对比工作条件做适当修正，同时还需要考虑下列情况：

① 同一零件上，工作表面（或配合面）的粗糙度参数值应比非工作表面（或非配合面）小。

② 相对运动速度高、单位面积压力大的摩擦表面，其粗糙度参数值应小一些。

③ 承受交变应力的零件，易产生应力集中处，如圆角、沟槽等，其粗糙度参数值应小一些。

④ 配合性质要求稳定可靠配合表面，如小间隙配合和受重载的过盈配合，粗糙度参数值应小。配合性质相同时，尺寸越小的接合面，粗糙度参数值也应越小。同一精度等级，小尺寸比大尺寸、轴比孔的粗糙度参数值要小。

⑤ 有耐腐蚀、密封性要求和要求外表美观的表面，其粗糙度参数值应小。

⑥ 粗糙度参数值应与尺寸公差及形状公差值相协调。尺寸公差、形状公差和表面结构要求是在设计图样上同时给出的基本要求，三者相互存在密切联系，故取值时应相互协调。表3-10列出了表面粗糙度参数值与尺寸公差、形状公差的对应关系，以供参考。

表3-10　表面粗糙度参数值与尺寸公差、形状公差的关系

形状公差t占尺寸公差T的百分比$t/T\times100\%$/%	表面粗糙度参数值占尺寸公差的百分比/%	
	$Ra/T\times100\%$	$Rz/T\times100\%$
约60	≤5	≤20
约40	≤2.5	≤10
约25	≤1.2	≤5

⑦ 凡有关标准已对表面粗糙度参数值作出规定的（如与滚动轴承配合的轴颈和外壳孔、键槽、各级精度齿轮的主要表面等），应按标准规定执行。

表面粗糙度参数值的获得与加工方法有密切的关系，在确定零件的表面结构要求时，应考虑可能的加工方法，表3-11和表3-12列出了表面粗糙度的表面微观特征、经济加工方法及应用举例，轴和孔表面粗糙度参数推荐值，供选取时参考。

表3-11　表面结构特征、经济加工方法及应用举例

表面微观特征		Ra/μm	Rz/μm	加工方法	应用举例
粗糙表面	可见刀痕	>20~40	>80~160	粗车、粗刨、粗铣、钻、毛锉、锯断	半成品粗加工的表面，非配合的加工表面，如轴端面、倒角、钻孔、齿轮、带轮侧面，键槽底面、垫圈接触面等
	微见刀痕	>10~20	>40~80		
半光表面	可见加工痕迹	>5~10	>20~40	车、刨、铣、镗、钻、粗铰	轴上不安装轴承、齿轮处的非配合表面，紧固件的自由装配面，轴和孔的退刀槽等
	微见加工痕迹	>2.5~5	>10~20	车、刨、铣、镗、磨、拉、粗刮、滚压	半精加工表面，箱体、支架、盖面、套筒等和其他零件接合而无配合要求的表面，需要发蓝处理的表面等

续表

表面微观特征		Ra/μm	Rz/μm	加工方法	应用举例
半光表面	看不清加工痕迹方向	>1.25~2.5	>6.3~10	车、刨、铣、镗、磨、拉、刮、压、铣齿	接近精加工表面，箱体上安装轴承的镗孔表面，齿轮的工作面
光表面	可辨加工痕迹方向	>0.6~1.25	>3.2~6.3	车、镗、磨、拉、刮、精铰、磨齿、滚压	圆柱销、圆锥销与滚动轴承配合的表面，卧式车床导轨面，内、外花键定位表面
	微辨加工痕迹方向	>0.32~0.63	>1.6~3.2	精铰、精镗、磨刮、滚压	要求配合性质稳定的配合表面，工作时受交变应力的重要零件，较高精度的车床导轨面
	不可辨加工痕迹方向	>0.1~0.32	>0.8~1.6	精磨、珩磨、研磨、超精加工	精密机床主轴锥孔、顶尖圆锥面，发动机曲轴，凸轮轴工作面，高精度齿轮齿面
极光表面	暗光泽面	>0.08~0.16	>0.4~0.8	精磨、研磨、普通抛光	精密机床主轴颈表面，一般量规工作表面，气缸套内表面，活塞销表面等
	亮光泽面	>0.04~0.08	>0.2~0.4	超精磨、精抛光、镜面磨削	精密机床主轴颈表面，滚动轴承的滚珠，高压液压泵柱塞和与柱塞配合的表面镜状光泽面
	镜状光泽面	>0.02~0.04	>0.1~0.2		
	雾状光泽面	>0.01~0.02	>0.005~0.1	镜面磨削、超精研	高精度量仪、量块的工作表面，光学仪器中的金属镜面
	镜面	≤0.01	≤0.005		

表3-12 轴和孔的表面粗糙度参数（*Ra*）推荐值 单位：μm

		公差等级	≤50mm		>50~120mm		>120~500mm	
			轴	孔	轴	孔	轴	孔
经常装拆零件的配合表面		IT5	≤0.2	≤0.4	≤0.4	≤0.8	≤0.4	≤0.8
		IT6	≤0.4	≤0.8	≤0.8	≤1.6	≤0.8	≤1.6
		IT7	≤0.8		≤1.6		≤1.6	
		IT8	≤0.8	≤1.6	≤1.6	≤3.2	≤1.6	≤3.2
过盈配合	压入装配	IT5	≤0.2	≤0.4	≤0.4	≤0.8	≤0.4	≤0.8
		IT6~IT7	≤0.4	≤0.8	≤0.8	≤1.6	≤1.6	
		IT8	≤0.8	≤1.6	≤1.6	≤3.2	≤3.2	
	热装	—	≤1.6	≤3.2	≤1.6	≤3.2	≤1.6	≤3.2
滑动轴承的配合表面		公差等级	轴			孔		
		IT6、IT9	≤0.8			≤1.6		
		IT10、IT12	≤1.6			≤3.2		
		液体湿摩擦条件	≤0.4			≤0.8		
圆锥接合的工作面			密封接合		对中接合		其他	
			≤0.4		≤1.6		≤6.3	
密封材料处的孔、轴表面		密封形式	速度					
			<3m·s^{-1}		3~5m·s^{-1}		>5m·s^{-1}	
		橡胶圈密封	0.8~1.6（抛光）		0.4~0.8（抛光）		0.2~0.4（抛光）	
		毛毡密封	0.8~1.6（抛光）					
		迷宫式	3.2~6.3					
		涂油槽式	3.2~6.3					
精密定心零件的配合表面	IT5~IT8	径向跳动	2.5	4	6	10	16	25
		轴	≤0.05	≤0.1	≤0.1	≤0.2	≤0.4	≤0.8

续表

精密定心零件的配合表面	IT5~IT8	孔	≤0.1	≤0.2	≤0.2	≤0.4	≤0.8	≤1.6
V带和平带轮工作表面		带轮直径						
		<120mm		120~315mm			>315mm	
		1.6		3.2			6.3	
箱体分界面(减速箱)	类型	有垫片			无垫片			
	需要密封	3.2~6.3			0.8~1.6			
	不需要密封	6.3~12.5						

例 3-1 判断下列每对配合（或工件）使用性能相同时，哪一个表面结构要求高？为什么？

① ϕ50H7/f6 和 ϕ50H7/h6； ② ϕ30h7 和 ϕ90h7；

③ ϕ40H7/e6 和 ϕ40H7/r6； ④ ϕ60g6 和 ϕ60G6。

解： ①ϕ50H7/h6 要求高些，因为它是最小间隙为零的间隙配合，对表面结构要求比小间隙配合 ϕ50H7/f6 更敏感。

② ϕ30h7 要求高些，因为 ϕ90h7 尺寸较大，加工更困难，故应放松要求。

③ ϕ40H7/r6 要求高些，因为是过盈配合，为连接可靠、安全，应减小粗糙度参数值，以避免装配时将微观不平的峰、谷挤平而减小实际过盈量。

④ ϕ60g6 要求高些，因为精度等级相同时，孔比轴难加工。

3.2.5 表面粗糙度的检测

检测表面粗糙度的方法很多，常用的检测方法有比较法、光切法、干涉法、印模法、针描法等。

（1）比较法

比较法是将被测表面与标有数值的粗糙度标准样板进行比较。两者的加工方法和材料应尽可能相同，否则将产生较大的误差。可用肉眼或借助放大镜、比较显微镜比较；也可用手摸、指甲划动的感觉来判断被测表面的粗糙度。

这种方法器具简单、使用简便，多用于在车间评定一些表面粗糙度参数值较大的工件，评定的准确性在很大程度上取决于检验人员的经验。其测量范围一般为 Ra0.1~50μm。

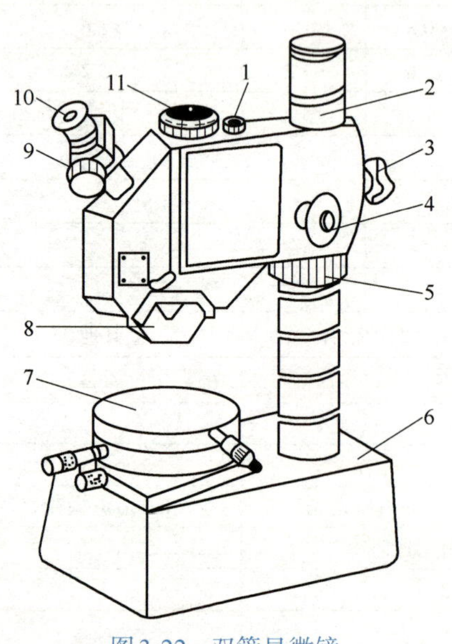

图 3-22 双管显微镜

1—光源；2—立柱；3—锁紧螺钉；4—微调手轮；5—粗调手轮；6—底座；7—工作台；8—物镜组；9—测微鼓轮；10—目镜；11—照相机插座

（2）光切法

应用“光切原理”来测量表面粗糙度的方法称为光切法。光切法常用于测量粗糙度参数值为 0.5~0.8μm 的表面。常用的仪器是双管显微镜（又称光切显微镜）如图 3-22 所示。

光切法的基本原理如图 3-23 所示。光切显微镜由两个镜管组成，右侧为投射照明管，左侧为观察管，两个镜管轴线成90°。投射照明管中光源 1 发出的光线经过聚光镜 2、光阑 3 及物镜 4 后，形成一束平行光带，这束平行光带以 45°的倾角投射到被测表面，被测表面的轮廓影像沿另一方向反射后，可通过观察显微镜目镜得到被测表面的微观不平度。

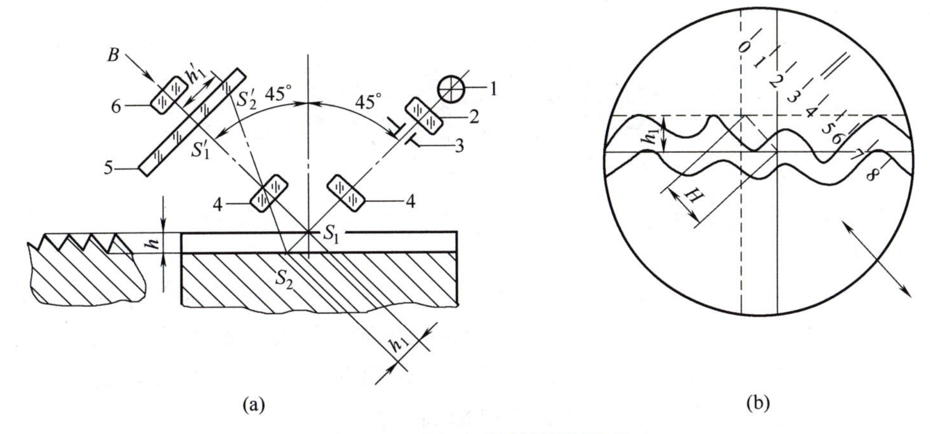

图3-23　光切显微镜测量原理

1—光源；2—聚光镜；3—光阑；4—物镜；5—分划板；6—目镜

这种仪器适用于车、铣、刨或其他类似加工方法所加工的零件平面和外圆表面的测量，不便于检验用磨削或抛光等加工方法加工的金属零件的表面。

（3）干涉法

干涉法是利用光波干涉原理来测量表面粗糙度的，常用的测量仪器是干涉显微镜（图3-24）。因为这种仪器具有较高的放大倍数及鉴别率，所以可以测量精密表面的粗糙度。通常测量范围为0.025~0.8μm。

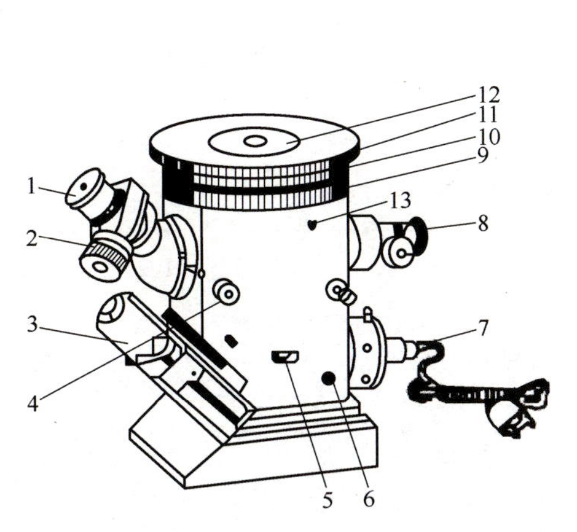

图3-24　干涉显微镜外形图

1—光源；2，6，13—聚光镜；3，11—反光镜；4，5—光阑；7—分光镜；8—补偿镜；9，10—物镜；12—目镜

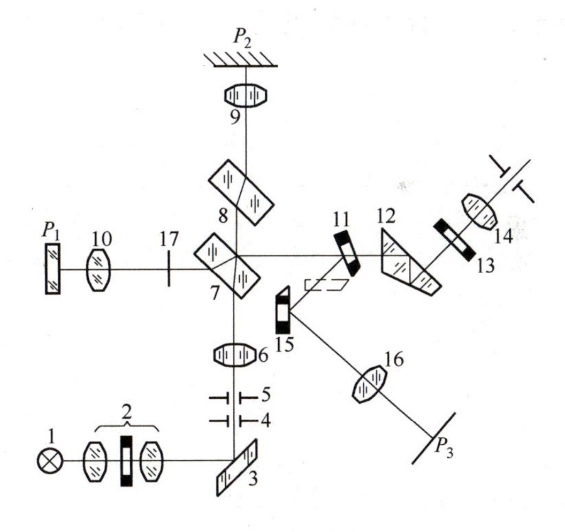

图3-25　干涉显微镜光学系统图

1—光源；2，6，13—聚光镜；3，11，15—反光镜；4，5—光阑；7—分光镜；8—补偿镜；14—目镜；9，10，16—物镜；12—折射镜；17—滤光片

图3-25为干涉显微镜光学系统图。光源1发出的光线经聚光镜2和反光镜3变向，通过光阑4、5，聚光镜6投射到分光镜7上，然后通过分光镜7的半透半反膜后分成两束。一束光透过分光镜7，经补偿镜8、物镜9射至被测表面P_2，再由P_2反射经原光路返回，再经分光镜7反射至目镜14。另一束光经分光镜7反射，经滤光片17、物镜10射至参考镜P_1，再由P_1反射回来，透过分光镜7射至目镜14。两束光在目镜14的焦平面上相遇叠加。由于被测表面粗糙不平，因此这两束光相遇后形成与表面粗糙度对应的起伏不平的

干涉条纹，如图 3-26 所示。

图 3-26　干涉条纹

干涉法不适合测量非规则表面（如磨、研磨等）的表面粗糙度。

（4）印模法

印模法是指用塑性材料将被测表面印模下来，然后对印模表面进行测量。常用的印模材料有川蜡、石蜡和低熔点合金等。这些材料的强度和硬度都不高，故一般不用针描法测量。由于印模材料不可能填满谷底，且取下印模时往往使印模波峰被削平，所以测得印模的 *Rz* 值比实际值略有缩小，一般需根据实验修正。

印模法适用于大尺寸零件的内表面的测量，通常测量范围为 0.8~330μm。

（5）针描法

针描法利用传感器端部的金刚石触针直接在被测表面上轻轻划过，被测表面的微观不平度将使触针做垂直方向的移动，通过传感器将移动量转换成电量，再由滤波器将表面轮廓上属于形状误差和波纹度的部分滤去，留下属于表面粗糙度的轮廓曲线信号送入放大器，在记录装置上得到实际轮廓的放大图，然后直接从仪器的指示表上得到 *Ra* 值或其他参数值。

电动轮廓仪就是利用针描法来测量表面粗糙度的，由传感器、驱动器、指示表、记录器和工作台等部件组成，适用于测量 0.25~5μm 的 *Ra* 值，测量迅速方便，精确度高。

3.3 任务实施

3.3.1 轴套类零件表面结构要求的选用与标注

（1）任务描述及要求

如图3-27所示导柱与导套零件，通过项目1和项目2的学习，已完成尺寸公差和几何公差的选用与标注。本任务需对导柱、导套两个零件的各加工表面选用并标注表面结构要求。

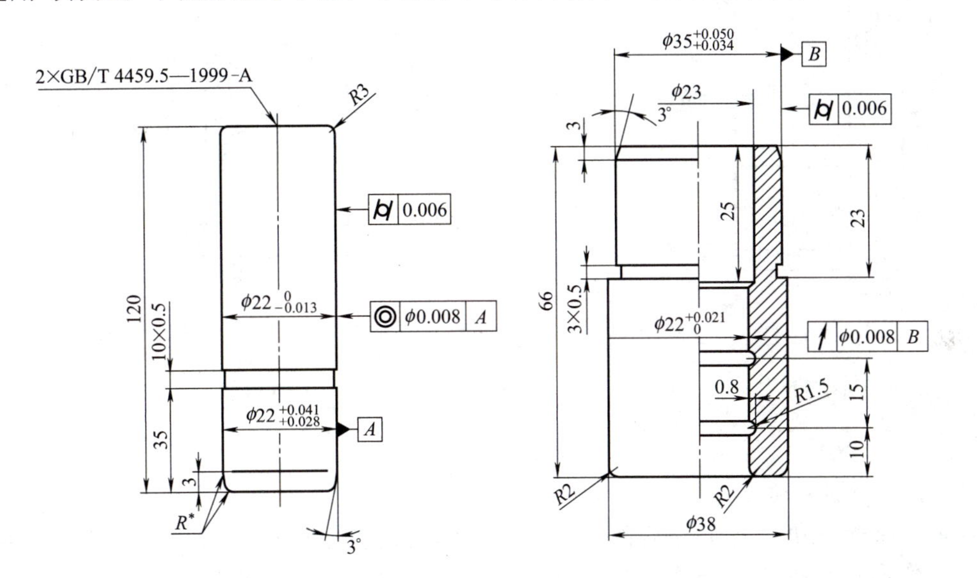

图3-27 导柱与导套零件尺寸及几何公差标注图

（2）任务分析与实施

表面结构参数优先选用轮廓的算术平均偏差*Ra*。各加工表面参数值的选用按其功用分别考虑。

① 导向配合面。导向配合面包括导柱$\phi22_{-0.013}^{\ 0}$及导套$\phi22_{\ 0}^{+0.021}$两处。查表3-12，精密配合面径向跳动公差为8μm，轴类尺寸表面结构要求*Ra*值推荐取0.1~0.2μm，孔类尺寸表面结构要求*Ra*值推荐取0.2~0.4μm，考虑滑动配合导向、承受动载荷，*Ra*值宜取小些，则导柱$\phi22_{-0.013}^{\ 0}$处取0.1μm，导套$\phi22_{\ 0}^{+0.021}$处取0.2μm。

② 装配基准面。装配基准面包括导柱$\phi22_{+0.028}^{+0.041}$及导套$\phi35_{+0.034}^{+0.050}$两处。查表3-12，过盈配合面，轴类尺寸小于50mm，公差等级IT6，表面结构要求*Ra*值推荐取0.4μm。

③ 辅助工作面。辅助工作面包括导柱上端*R*3、下端3°锥面及其过渡圆角*R**，导套下端*R*2、上端3°锥面，均起引入作用，表面宜光滑，可取*Ra*值为0.8μm。另外，导柱中心孔定位面取*Ra*值为0.8μm。

④ 非工作表面。其他非工作表面可按一般加工条件取*Ra*值为6.3μm。

将以上选用结果标注在零件图中，见图3-28。

3.3.2 样块比较法检测定位套零件的表面粗糙度

（1）任务描述及要求

如图1-34所示定位套零件，图样上标注的$\phi40_{-0.025}^{\ 0}$的外圆柱表面粗糙度为*Ra*1.6μm $\phi16_{\ 0}^{+0.027}$

的内孔表面粗糙度为*Ra*1.6μm，尺寸26mm的平面的表面粗糙度为*Ra*3.2μm。要求使用粗糙度样块对零件上三处表面粗糙度参数值的范围进行判定，并判别被测表面的粗糙度是否符合图样要求。

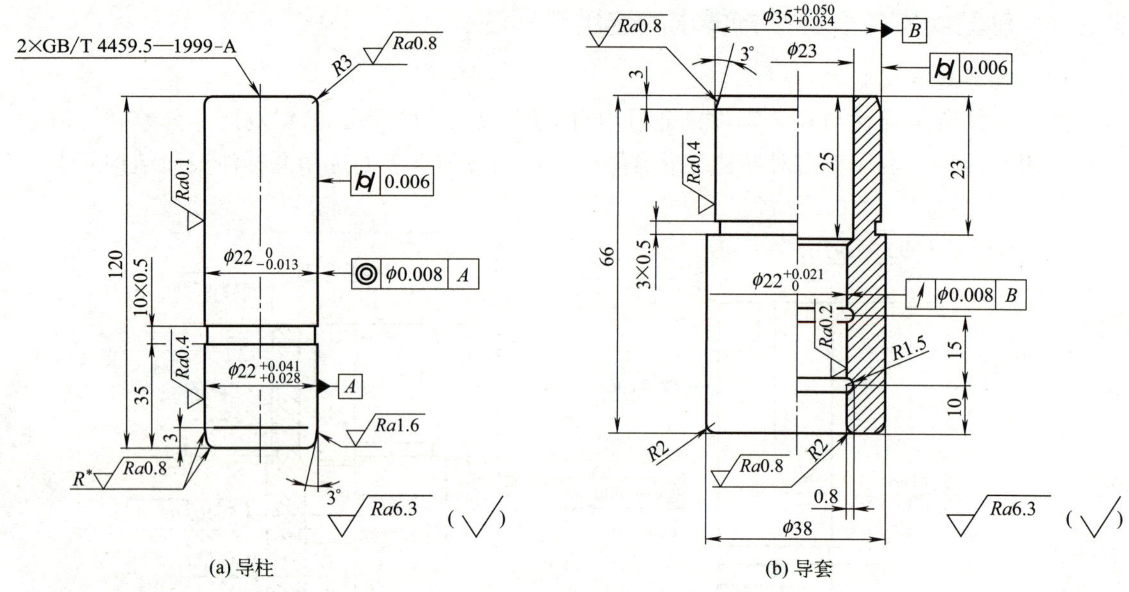

图3-28　导柱、导套表面结构要求标注

（2）任务分析与实施

表面粗糙度样块是对加工后的工件表面粗糙度进行定性检测的量具。其使用方法是以样块工作面的粗糙度为标准，凭触觉（如手摸）或视觉（可借助放大镜、比较显微镜等）与待测的工件表面进行比对，从而判别被测工件表面的粗糙度是否符合要求。其实施步骤如下：

① 准备好被测工件和表面粗糙度样块，置于检测工作台上。

② 正确选择表面粗糙度样块，所选用的样块和被测工件表面的加工方法必须相同，样块的材料、形状、表面色泽等应尽可能与被测工件一致。

例如，$\phi 40_{-0.025}^{\ 0}$的外圆柱表面的最终加工方法为精车，则应该选用车削加工的样块进行比对。同样，$\phi 16_{\ 0}^{+0.027}$的内孔表面最终加工方法为铰削，尺寸26mm的平面的加工方法为铣削，因此这两处表面粗糙度应分别选用铰削和铣削加工的粗糙度样块进行比对。

③ 凭触觉或视觉进行比对。当被测工件表面的加工痕迹的深浅程度相当或者小于样块工作面加工痕迹的深度时，被测工件表面粗糙度一般不大于样块的标记公称值，从而判定被测表面粗糙度符合图样（或工艺）要求。

（3）填写样块比对检测任务单（表3-13）

表3-13　样块比较法检测定位套零件的表面粗糙度任务单

序号	被测表面	图样标注	检测结果(范围)	合格性判断
1	$\phi 40_{-0.025}^{\ 0}$外圆柱表面	*Ra*1.6μm		
2	$\phi 16_{\ 0}^{+0.027}$内孔表面	*Ra*1.6μm		
3	尺寸26mm平面	*Ra*3.2μm		

可见，用样块比对的方法检测表面粗糙度，虽然简便、快速、经济实用，但只能定性判断或给出粗糙度值的变化范围，无法得到表面粗糙度的具体量值。

3.3.3 表面粗糙度仪检测端盖零件的表面粗糙度

（1）任务描述及要求

如图1-35所示端盖零件，图样上标注的$\phi 85_{-0.035}^{\ 0}$的外圆柱表面粗糙度为$Ra1.6\mu m$，$\phi 52_{\ 0}^{+0.030}$的内孔表面粗糙度为$Ra3.2\mu m$。要求使用表面粗糙度仪对零件上两处表面粗糙度参数值进行定量检测，并判别被测表面的粗糙度是否符合图样要求。

（2）任务分析与实施

采用针描法（或称触针法）原理的表面粗糙度仪由传感器、驱动器、指零表、记录器和工作台等主要部件组成。测量时，由仪器内部的驱动机构带动传感器沿被测表面做等速滑行，传感器通过锐利触针感受被测表面的粗糙度。由于被测表面轮廓峰、谷起伏，触针将在垂直于被测轮廓表面方向上产生上下移动，通过电子装置将移动信号放大，然后通过指零表或其他输出装置将有关粗糙度的数据或图形输出。其实施步骤如下。

① 测前准备。取出表面粗糙度仪，传感器测头保护门应处于关闭状态。向右推动测头保护门，露出传感器测头准备测量。

② 样件校准。将标准样件放在工作台上，按测量需要对其进行调平，即调整被测标准样件的平面或素线，使其与导轨平行；同时被测部位的加工痕迹与触针运动方向（X轴）垂直。

按下启动键，开始测量标准样件，将测量值与标准样件的标定值进行比较。反复测量、调整，直至测量值与被测标准样件的标定值一致为止。按启动键退出样件校准状态，校准结束。

③ 参数选择。启动表面粗糙度仪前选择好测试参数Ra、Rz及合适的取样长度，如25mm、2.5mm及0.25mm等。

④ 工件测量。将仪器的触针对准被测表面，放稳后轻按启动键，传感器带动触针等速移动，开始测量，液晶屏显示值即为被测表面的粗糙度值。测量完毕后将传感器升至安全位置，退出测量程序，关上主机电源。

⑤ 表面粗糙度仪的自校准与核查。仪器在正常使用过程中应进行定期校准与核查，核查周期为一年，核查标准为仪器所配置的粗糙度标准样块。

在使用过程中，如对检测结果的准确性存疑，重新对仪器校准后再进行测量。

（3）填写样块比对检测任务单（表3-14）

表3-14　表面粗糙度仪检测端盖零件的表面粗糙度任务单

序号	被测表面	图样标注	检测结果(范围)	合格性判断
1	$\phi 85_{-0.035}^{\ 0}$外圆柱表面	$Ra1.6\mu m$		
2	$\phi 52_{\ 0}^{+0.030}$内孔表面	$Ra3.2\mu m$		

项目小结

本项目围绕“微观几何形状误差”这一表面结构特性展开，主要阐释了表面结构的国家标准、定义及其对零件使用性能的影响，表面结构的评定基准及主要评定参数，表面结构要求的标注与识读方法，表面结构要求的选用原则，以及表面粗糙度的检测方法。

通过本项目的学习，学生应该熟练掌握表面结构要求的国家标准，能够运用国家标准进行表面结构要求的选用、标注与识读，能够正确运用检具（粗糙度样块、表面粗糙度仪等）对主评定参数进行检测，并给出合格性判断。

巩固与提高

3-1　判断题

1. 确定表面结构要求时，通常可在高度特性方面的参数中选取。(　　)

2. 评定表面结构要求所必需的一段长度称为取样长度，它可以包含几个评定长度。(　　)

3. *Rz* 参数由于测量点不多，因此在反映微观几何形状高度方面的特性方面不如 *Ra* 参数充分。(　　)

4. *Ra* 参数对某些不允许出现较深的加工痕迹的表面和小零件的表面的质量有实用意义。(　　)

5. 选择表面结构参数值应尽量小。(　　)

6. 零件的尺寸精度越高，通常表面结构参数值相应取得越小。(　　)

7. 零件的表面结构参数值越小，则零件的尺寸精度越高。(　　)

8. 摩擦表面应比非摩擦表面的表面结构参数值小。(　　)

9. 要求配合精度高的零件，其表面结构参数值应大。(　　)

10. 受交变载荷的零件，其表面结构参数值应小。(　　)

3-2　理解识读题

1. 识读下列表面结构要求：

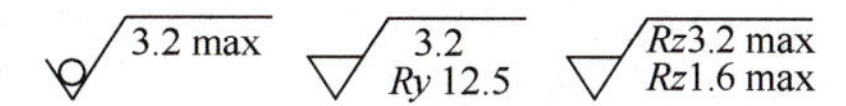

2. 在一般情况下，ϕ40H7 和 ϕ80H7 相比，ϕ50f6 和 ϕ50F6 相比，ϕ30H7/f 6 和 ϕ30H7/s6 相比，哪个应选较小的表面结构参数值？

3-3　标注题

1.解释图3-29所示零件上标出的各表面结构要求的含义。

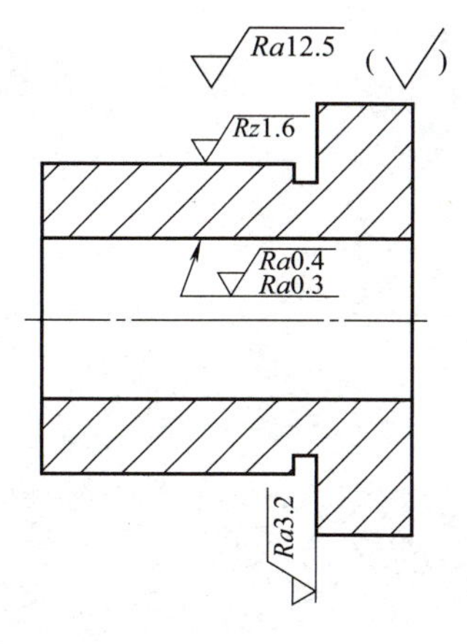

图3-29　轴套

2.试将下列表面结构要求标注在图3-30上。

① 用去除材料的方法获得表面 *a* 和 *b*，表面结构参数 *Ra* 的上限值为 1.6μm。

② 可用任何方法加工 ϕd_1 和 ϕd_2 圆柱面，要求表面结构参数 *Rz* 的上限值为 6.3μm，下限值为 3.2μm。

③ 其余各表面用去除材料的方法获得，要求 *Ra* 的最

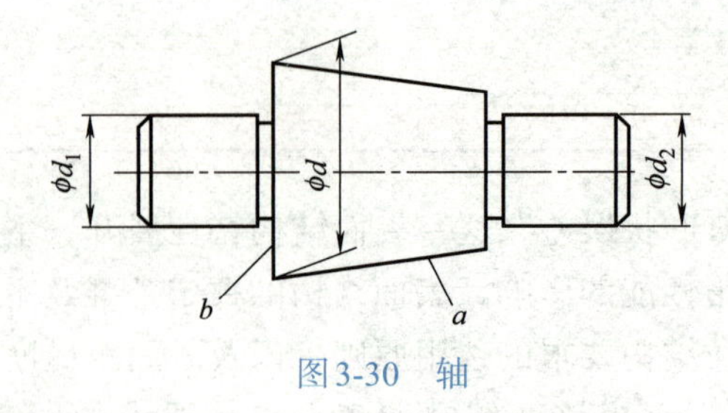

图3-30　轴

大值均为12.5μm。

3-4　表面粗糙度的选用与标注

1. 试为图3-31联轴节零件选用并标注表面结构要求。

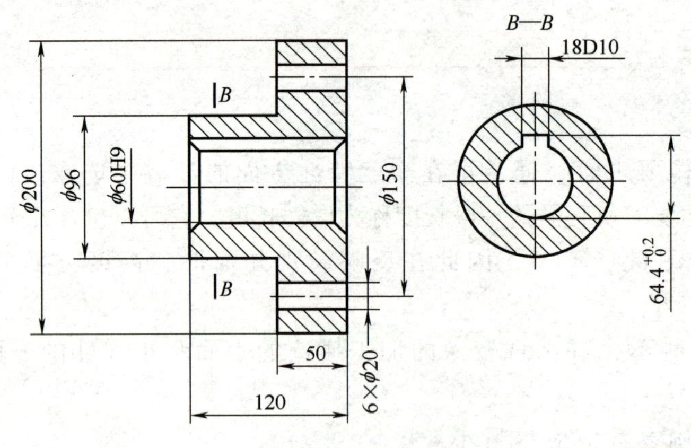

图3-31　联轴节

2. 试为图3-32连杆零件选用并标注表面结构要求。

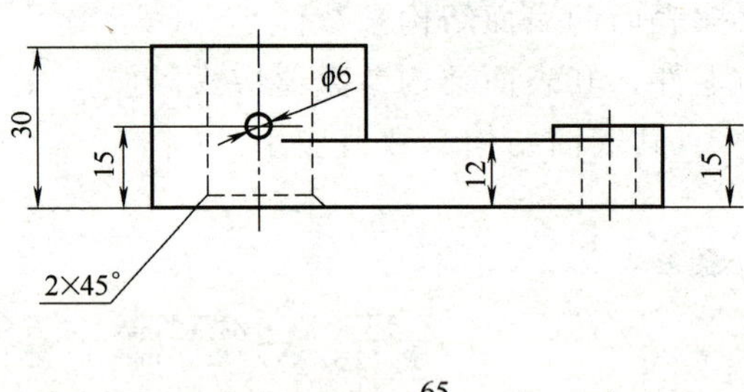

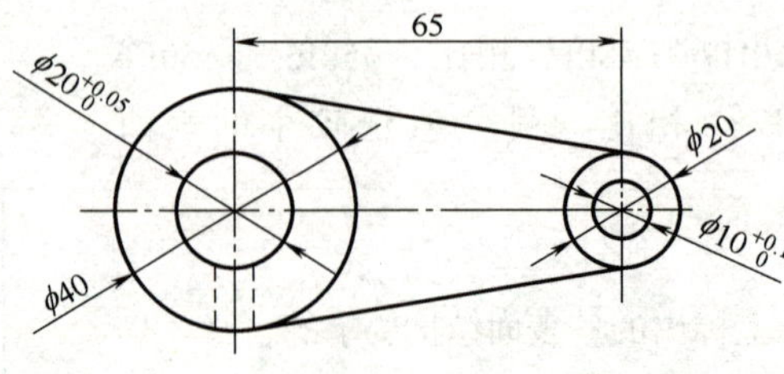

图3-32　连杆

项目4

常用结构件的公差配合与精度检测

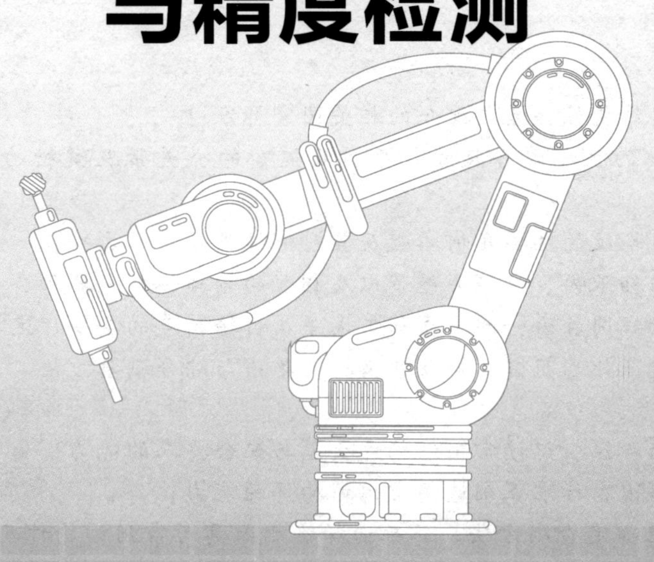

4.1 项目描述及学习目标

4.1.1 项目描述

本项目主要介绍了键、螺纹、轴承及齿轮等常用结构件公差与配合的标注、识读、选用及其几何量误差的检测方法。通过本项目的学习，学生应了解常用结构件相关国家标准，掌握键、螺纹、轴承等标准件的公差与配合的标注、识读与选用方法，掌握渐开线圆柱齿轮的加工与安装误差对齿轮传动精度的影响、齿轮精度的主要评定参数与检测方法。

4.1.2 学习目标

【知识目标】

（1）了解常用结构件公差与配合的相关国家标准；

（2）理解平键的主要配合尺寸、平键及键宽的公差带及键槽的几何公差与粗糙度要求；

（3）理解普通螺纹的主要几何参数及其对螺纹互换性的影响；

（4）理解滚动轴承内、外径公差带以及相配的轴颈、外壳孔的公差带的特点；

（5）理解渐开线圆柱齿轮的主要加工误差及齿轮精度的主要评定参数；

（6）掌握平键、矩形花键、螺纹及齿轮的单项与综合测量方法。

【技能目标】

（1）具有正确标注、识读常用结构件公差与配合要求的能力；

（2）具有依据国家标准正确选用常用结构件的能力；

（3）具有合理确定检测方法、正确选择检测器具对常用结构件几何量误差实施检测的能力。

【素养目标】

（1）培养学生正确使用、维护量具的能力及严谨、准确、规范的检测操作习惯；

（2）培养学生严谨细致、精益求精及“零缺陷无差错”的工匠精神；

（3）培养学生质量意识、标准意识、安全意识等职业素养。

4.2 任务资讯

4.2.1 键与花键的公差配合与检测

4.2.1.1 概述

键连接和花键连接是机械部件中常用的可拆连接，通常用于轴和轴上传动件（如齿轮、带轮、链轮、联轴器等）之间的连接，也可用作轴上传动件的导向，如变速箱中变速齿轮花键孔与花键轴的连接。键按其结构形式不同可分为平键 （包括普通平键、导向平键、滑键）、半圆键、楔键（包括普通楔键、钩头楔键）和切向键四种，其中平键应用最为广泛。花键按键齿形状可分为矩形花键、渐开线花键和三角形花键等。

本项目只讨论普通平键和矩形花键的公差配合及检测。

4.2.1.2　平键连接的公差配合与检测

（1）平键连接的互换性

平键连接由轴槽、轮毂槽和键三部分组成，如图4-1所示。它是通过键的侧面分别与轴槽和轮毂槽的侧面相互接触来传递运动和转矩的。键的上表面和轮毂槽间留有适当的间隙。因此，键宽和键槽宽 b 是决定配合性质的主要互换性参数，是配合尺寸，应规定较小的公差；键的高度 h 和长度 L 以及轴槽深度 t_1 和轮毂槽深度 t_2 均为非配合尺寸，应给予较大的公差。

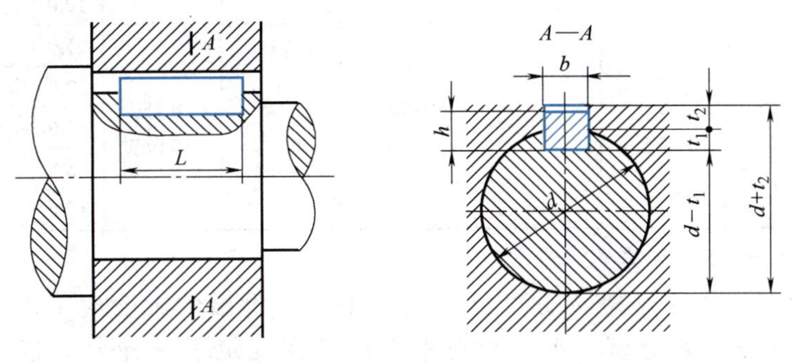

图4-1　普通平键连接的剖面尺寸

普通平键连接的键槽的尺寸与极限偏差见表4-1。为保证键与键槽侧面接触良好且又便于装拆，键和键槽配合的过盈量或间隙量应小。对于导向平键，要求键与轮毂槽之间做相对滑动，并有较好的导向性，配合的间隙也要适当。另外，在键连接中，几何误差的影响较大，应给出几何公差要求加以限制。

表4-1　普通平键连接的键槽尺寸与极限偏差　　单位：mm

轴的公称直径 d 推荐值	键尺寸 $b\times h$	键槽									
		宽度 b						深度			
		基本尺寸	极限偏差					轴 t_1		毂 t_2	
			正常连接		紧密连接	松连接		基本尺寸	极限偏差	基本尺寸	极限偏差
			轴N9	毂JS9	轴和毂P9	轴H9	毂D10				
>6~8	2×2	2	−0.004	±0.0125	−0.006	+0.025	+0.060	1.2	+0.1 0	1.0	+0.1 0
>8~10	3×3	3	−0.029		−0.031	0	+0.020	1.8		1.4	
>10~12	4×4	4	0 −0.030	±0.015	−0.012 −0.042	+0.030 0	+0.078 +0.030	2.5		1.8	
>12~17	5×5	5						3.0		2.3	
>17~22	6×6	6						3.5		2.8	
>22~30	8×7	8	0 −0.036	±0.018	−0.015 −0.051	+0.036 0	+0.098 +0.040	4.0	+0.2 0	3.3	+0.2 0
>30~38	10×8	10						5.0		3.3	
>38~44	12×8	12	0 −0.043	±0.0215	−0.018 −0.061	+0.043 0	+0.120 +0.050	5.0		3.3	
>44~50	14×9	14						5.5		3.8	
>50~58	16×10	16						6.0		4.3	
>58~65	18×11	18						7.0		4.4	
>65~75	20×12	20	0 −0.052	±0.026	−0.022 −0.074	+0.052 0	+0.149 +0.065	7.5	+0.2 0	4.9	+0.2 0

续表

轴的公称直径d推荐值	键尺寸b×h	键槽										
		宽度b						深度			
		基本尺寸	极限偏差					轴t_1		毂t_2	
			正常连接		紧密连接	松连接		基本尺寸	极限偏差	基本尺寸	极限偏差
			轴N9	毂JS9	轴和毂P9	轴H9	毂D10				
>75~85	22×14	22	0 −0.052	±0.026	−0.022 −0.074	+0.052 0	+0.149 +0.065	9.0	+0.2 0	5.4	+0.2 0
>85~95	25×14	25						9.0		5.4	
>95~110	28×16	28						10.0		6.4	
>110~130	32×18	32	0 −0.062	±0.031	−0.026 −0.088	+0.062 0	+0.180 +0.080	11.0		7.4	
>130~150	36×20	36						12.0	+0.3 0	8.4	+0.3 0
>150~170	40×22	40						13.0		9.4	
>170~200	45×25	45						15.0		10.4	
>200~230	50×28	50						17.0		11.4	

（2）平键连接的公差带与配合

在平键连接中，由于平键为标准件，因此平键与键槽的配合应采用基轴制。国家标准GB/T 1096—2003《普通型 平键》对平键的键宽规定了一种公差带，代号为h8。可以通过改变键槽的公差带来实现不同的配合性质。国家标准GB/T 1095—2003《平键 键槽的剖面尺寸》对轴槽宽规定了三种公差带，代号分别为H9、N9和P9；对轮毂槽规定了三种公差带，代号分别为D10、JS9和P9。键宽和键槽宽b的公差带图如图4-2所示，包括松连接、正常连接和紧密连接三种不同配合，以满足不同的使用要求。平键连接的三种配合及应用见表4-2。

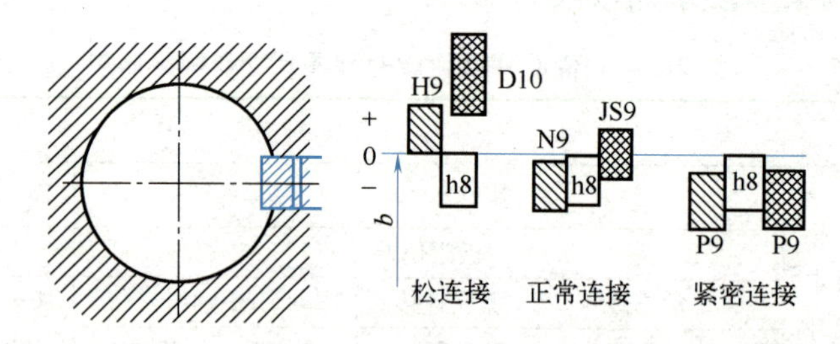

图4-2 普通平键、轴槽宽和轮毂槽宽的公差带

□—键公差带；▧—轴槽公差带；▩—轮毂槽公差带

表4-2 普通平键连接的三种配合及应用

配合类型	尺寸b的公差带			应用
	键	轴槽	轮毂槽	
松连接	h8	H9	D10	用于导向平键，轮毂可在轴上移动
正常连接		N9	JS9	键在轴槽和轮毂槽中均固定，用于载荷不大的场合
紧密连接		P9	P9	键在轴槽和轮毂槽中均牢固固定，用于载荷较大、有冲击和双向转矩的场合

平键连接的非配合尺寸中，轴槽深度t_1和轮毂槽深度t_2的公差带由国家标准GB/T 1095—2003《平键 键槽的剖面尺寸》规定，见表4-1。键高h的公差带为h11，对于正方形截面的平键，键高和键宽相等，都选用h8。键长L的公差带为h14，轴槽长度的公差带

为H14。为了便于测量，在图样上对轴槽深度t_1和轮毂槽深度t_2分别标注尺寸“$d-t_1$”和“$d-t_2$”。

（3）平键连接的几何公差、表面粗糙度及图样标注

为了保证键和键槽的侧面具有足够的接触面积和避免装配困难，国家标准对键和键槽的几何公差作了以下规定：

① 由于键槽的实际中心平面在径向产生偏移和在轴向产生倾斜，造成了键槽的对称度 误差，故应分别规定轴槽和轮毂槽对轴线的对称度公差。对称度公差等级按GB/T 1184—1996《形状和位置公差　未注公差值》规定执行，一般取7~9级。

② 当平键的键长L与键宽b之比$L/b \geqslant 8$时，应规定键宽b的两工作侧面在长度方向上的平行度要求。当$b \leqslant 6$mm时，公差等级取7级；当8mm$\leqslant b \leqslant$36mm时，公差等级取6级；当$b \geqslant$40mm时，公差等级取5级。

③ 键槽配合的表面粗糙度参数值一般取1.6~3.2μm，非配合面的值取6.3~12.5μm。键槽尺寸和几何公差图样标注示例如图4-3所示。

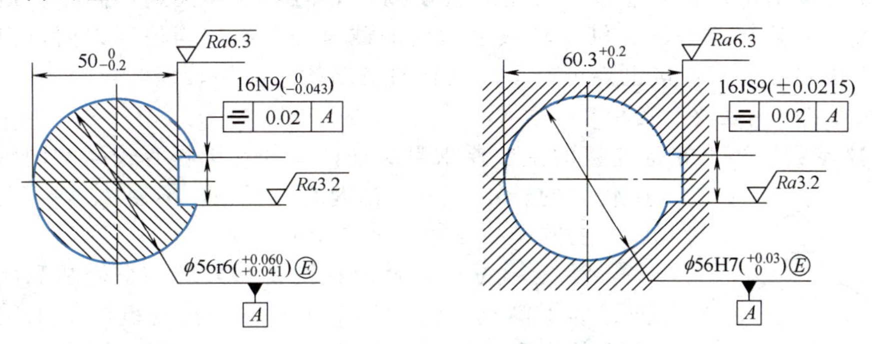

图4-3　键槽尺寸及几何公差的标注

（4）平键连接的检测

对于平键连接，需要检测的项目有键宽、轴槽和轮毂槽的宽度和深度及槽的对称度。键宽和槽宽为单一尺寸，在单件小批量生产时，一般采用通用计量器具（如千分尺、游标卡尺等）测量；在大批量生产时，用极限量规控制，如图4-4（a）所示。

① 轴槽和轮毂槽深的测量。在单件小批量生产时，一般用游标卡尺或外径千分尺测量轴尺寸（$d-t_1$），用游标卡尺或内径千分尺测量轮毂尺寸($d+t_2$)；在大批量生产时，用专用量规，如轮毂槽深度极限量规和轴槽深度极限量规，如图4-4（b）、（c）所示。

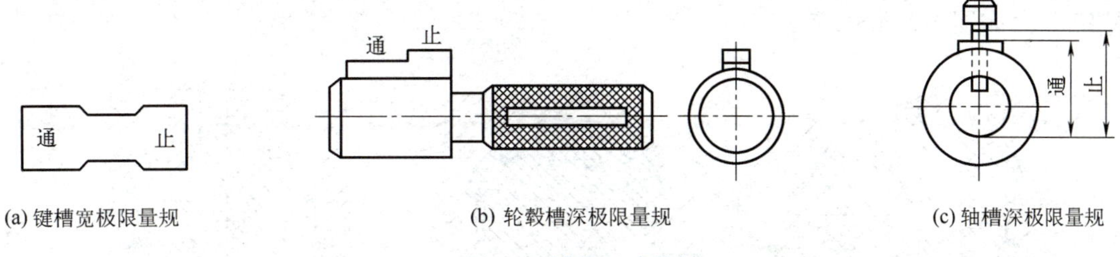

(a) 键槽宽极限量规　　(b) 轮毂槽深极限量规　　(c) 轴槽深极限量规

图4-4　键槽尺寸量规

② 键槽对称度的测量。在单件小批量生产时，可用分度头、V形块和百分表测量；在大批量生产时，一般用综合量规检验，如对称度极限量规，只要量规通过即为合格，如图4-5所示。图4-5（a）所示为轴槽对称度量规，图4-5（b）所示为轮毂槽对称度量规。

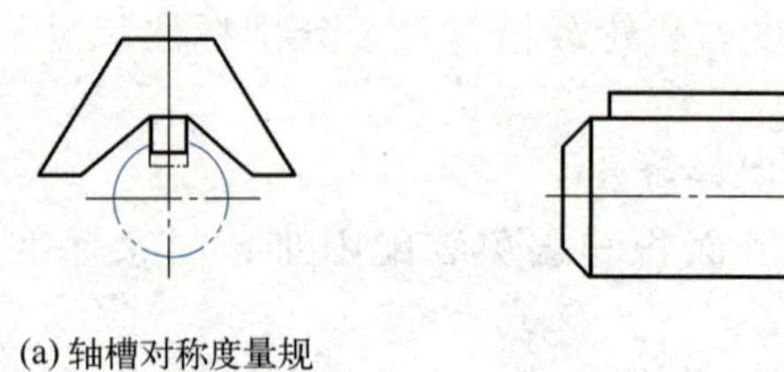

(a) 轴槽对称度量规

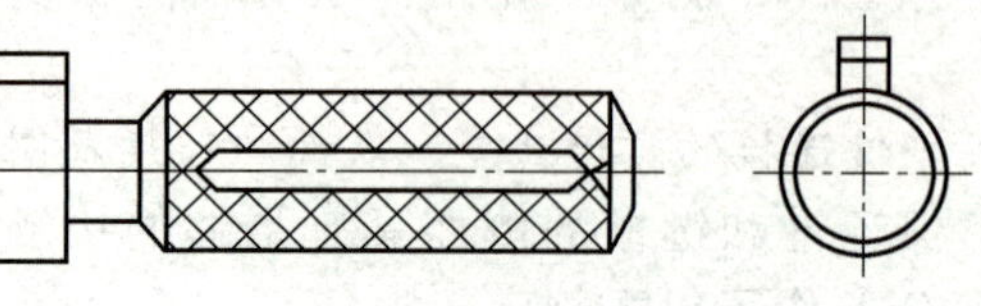

(b) 轮毂槽对称度量规

图 4-5　键槽对称度量规

4.2.1.3　花键连接的公差配合与检测

矩形花键是将多个平键与轴及多个键槽与孔制成一个整体，前者称为外花键（花键轴），后者称为内花键（花键孔）。花键连接由花键孔和花键轴两个零件组成，既可用于固定连接，也可用于滑动连接。

与平键连接相比，花键连接具有定心精度高、导向性好等优点。同时，由于键数目的增加，键与轴连接成一体，轴和轮毂上承受的载荷分布比较均匀，因而可以传递较大的转矩，连接强度高，连接也更可靠，因而在机械结构中应用较多。

（1）矩形花键的主要参数和定心方式

① 主要参数。矩形花键连接的主要要求是保证内、外花键具有较高的同轴度，并传递较大的转矩。矩形花键有大径 D、小径 d、键（键槽）宽 B 三个主要尺寸参数，如图 4-6 所示。

图 4-6　矩形花键的主要参数

② 定心方式。矩形花键具有大径、小径和侧面三个接合面，为了简化花键的加工工艺，提高花键的加工质量，保证装配的定心精度和稳定性，通常在这三个接合面中选取一个作为定心表面，依此确定花键连接的配合性质。

实际生产中，大批量生产的花键孔主要采用拉削方式加工，花键孔的加工精度主要由拉刀来保证。如果采用大径定心，生产中当花键孔要求硬度较高时，热处理后花键孔变形，很难用拉刀进行修正。另外，对于定心精度和表面粗糙度要求较高的花键，拉削工艺也很难保证加工的质量要求。如果采用小径定心，热处理后的花键孔小径可通过内圆磨削进行修复，使其具有更高的尺寸精度和更小的表面粗糙度；同时花键轴的小径也可以通过成形磨削达到所要求的精度和表面质量。因此，为保证花键连接具有较高的定心精度、较好的定心稳定性、较长的使用寿命，国家标准规定采用小径定心，如图 4-7 所示。

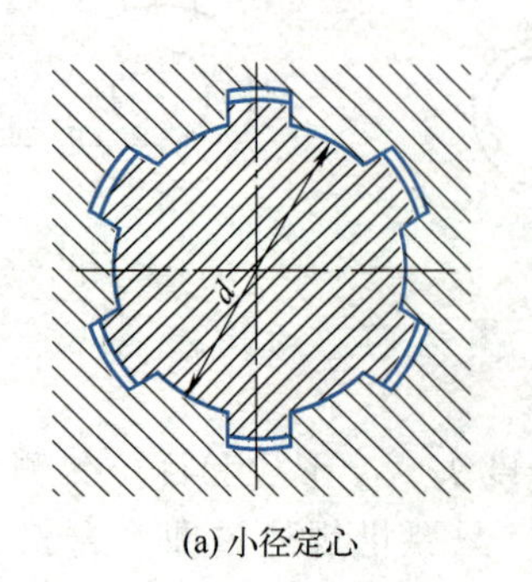

(a) 小径定心

(b) 大径定心

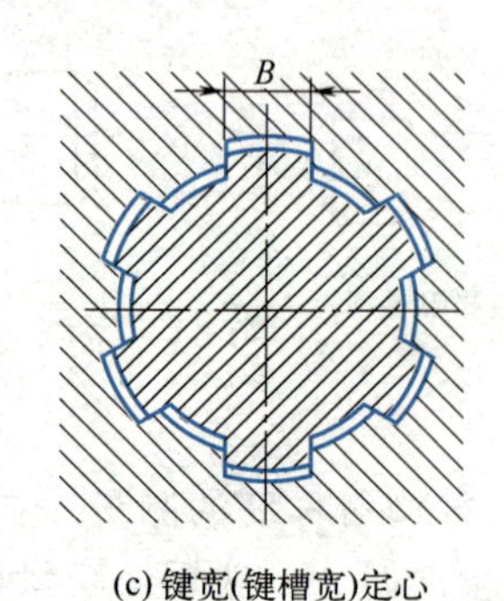

(c) 键宽(键槽宽)定心

图 4-7　矩形花键连接的定心方式

为便于加工和测量，GB/T 1144—2001《矩形花键尺寸、公差和检验》规定矩形花键的键数(头数)为偶数，有6、8、10三种，沿圆周均布。按承载能力不同，矩形花键可分为轻、中两个系列。轻系列的键高尺寸较小，承载能力较低；中系列的键高尺寸较大，承载能力较强。矩形花键公称尺寸见表4-3。

表4-3　矩形花键的公称尺寸（摘自GB/T 1144—2001）　　单位：mm

小径 d	轻系列				中系列			
	规格 $N\times d\times D\times B$	键数 N	大径 D	键宽 B	规格 $N\times d\times D\times B$	键数 N	大径 D	键槽宽 B
11	—	—	—	—	6×11×14×3		14	3
13	—	—	—	—	6×13×16×3.5		16	3.5
16	—	—	—	—	6×16×20×4		20	4
18	—	—	—	—	6×18×22×5	6	22	5
21	—	—	—	—	6×21×25×5		25	
23	6×23×26×6		26	6	6×23×28×6		28	6
26	6×26×30×6	6	30		6×26×32×6		32	
28	6×28×32×7		32	7	6×28×34×7		34	7
32	6×32×36×6		36	6	8×32×38×6		38	6
36	8×36×40×7		40	7	8×36×42×7		42	7
42	8×42×46×8		46	8	8×42×48×8		48	8
46	8×46×50×9	8	50	9	8×46×54×9	8	54	9
52	8×52×58×10		58	10	8×52×60×10		60	10
56	8×56×62×10		62		8×56×65×10		65	
62	8×62×68×12		68		8×62×72×12		72	
72	10×72×78×12		78	12	10×72×82×12		82	12
82	10×82×88×12		88		10×82×92×12		92	
92	10×92×98×14	10	98	14	10×92×102×14	10	102	14
102	10×102×108×16		108	16	10×102×112×16		112	16
112	10×112×120×18		120	18	10×112×125×18		125	18

(2) 矩形花键的公差与配合

① 矩形花键的尺寸公差带与配合基准制。GB/T 1144—2001《矩形花键尺寸、公差和检验》规定，矩形花键的尺寸公差采用基孔制，以减少定值刀具（拉刀）的规格数量。花键小径 d、大径 D 和键（键槽）宽 B 的尺寸公差带分为一般用和精密传动用两类。其选用原则：定心精度要求高或传递较大转矩时，应选用精密传动用的公差带；反之，则选用一般用的尺寸公差带。矩形内、外花键的尺寸公差带见表4-4。

表4-4　矩形内、外花键的尺寸公差带

内花键				外花键			装配形式
小径 d	大径 D	键宽 B		小径 d	大径 D	键槽宽 B	
		拉削后不热处理	拉削后热处理				
一般用							
				f7		d10	滑动
H7	H10	H9	H11	g7	a11	f9	紧滑动
				h7		h10	固定

续表

内花键				外花键			装配形式
小径 d	大径 D	键宽 B		小径 d	大径 D	键槽宽 B	
		拉削后不热处理	拉削后热处理				
精密传动用							
H5	H10	H7、H9		f5	a11	d8	滑动
				g5		f7	紧滑动
				h5		h8	固定
H6				f6		d8	滑动
				g6		f7	紧滑动
				h6		h8	固定

注：1. 精密传动用的内花键，当需要控制键侧配合间隙时，键宽可选H7，一般情况下可选H9。
2. 小径 d 为H6和H7的内花键，允许与高一级的外花键配合。

② 矩形花键连接公差和配合的选用。通过改变外花键的小径和外花键键宽的尺寸公差带可以形成不同的配合性质。按装配形式配合性质可分为滑动、紧滑动和固定三种配合。

滑动连接通常用于在移动距离较长、移动频率较高的条件下工作的花键。在内、外花键的定心精度要求高、传递转矩大并常伴有反向转动的情况下，可选用配合间隙较小的紧滑动连接。这两种配合在工作过程中，内花键既可以传递转矩，又可以沿花键轴做轴向移动。对于内花键在轴上固定不动、只用来传递转矩的情况，应选用固定连接。

一般传动用的内花键拉削后需再进行热处理，其键槽宽的变形不易修正，故要降低公差要求（由H9降为H11）；对于精密传动用的内花键，当连接要求键侧配合间隙较高时，键槽宽公差带选用H7，一般情况下可选H9。

花键配合的定心精度要求较高、传递转矩较大时，花键应选用较高的公差等级。例如，汽车、拖拉机变速箱中多采用一般级别的花键，而机床变速箱中多采用精密级别的花键。

③ 矩形花键的几何公差要求及标注。几何误差是影响花键连接质量的主要因素，因此，国家标准GB/T 1144—2001《矩形花键尺寸、公差和检验》对其几何误差作了具体的要求。内、外花键小径定心表面的几何公差和尺寸公差遵守包容原则。为控制内、外花键的分度误差，一般应规定位置度公差，并采用相关要求，图样标注如图4-8所示，位置度公差值 t_1 见表4-5。

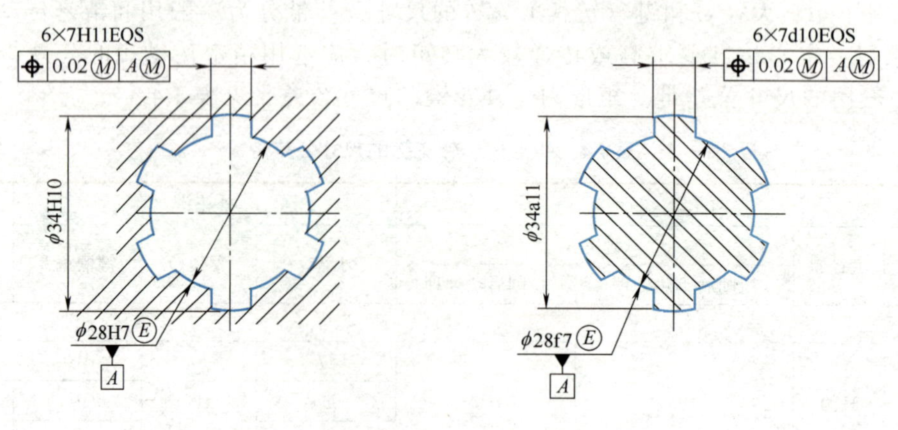

图4-8 矩形花键位置度公差的标注

表4-5　矩形花键的位置度公差值（摘自GB/T 1144—2001）　单位：mm

键槽宽或键宽B			3	3.5~6	7~10	12~18
t_1	键槽宽		0.010	0.015	0.020	0.025
	键宽	滑动、固定	0.010	0.015	0.020	0.025
		紧滑动	0.006	0.010	0.013	0.016

在单件小批量生产时，一般规定键或键槽的两侧面的中心平面对定心表面轴线的对称度公差和花键等分度公差，并遵守独立原则。图样标注如图4-9所示，其键宽的对称度公差值t_2见表4-6。

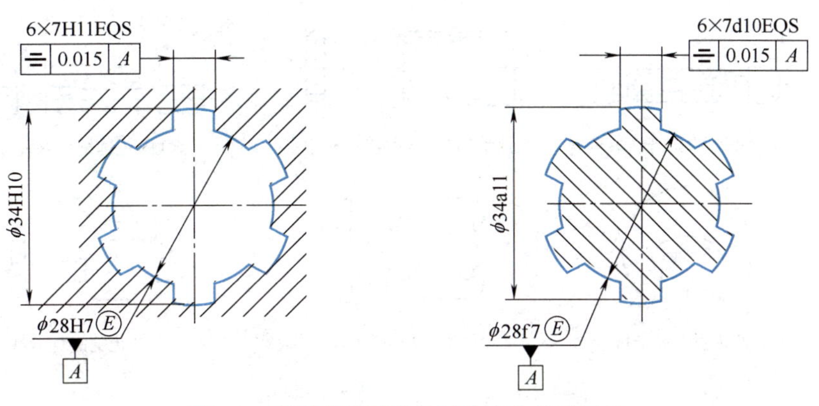

图4-9　矩形花键键宽的对称度公差的标注

表4-6　矩形花键的对称度公差值（摘自GB/T 1144—2001）　单位：mm

键槽宽或键宽B		3	3.5~6	7~10	12~18
t_2	一般用	0.010	0.012	0.015	0.018
	精密传动用	0.006	0.008	0.009	0.011

对于连接长度较长的花键，应规定内花键各键槽侧面和外花键各键侧面对定心表面轴线的平行度公差，其公差值根据产品性能来确定。另外，矩形花键各接合面的表面粗糙度推荐值见表4-7。

表4-7　矩形花键的表面粗糙度推荐值（摘自GB/T 1144—2001）　单位：μm

加工表面	内花键	外花键
	*Ra*不大于	
小径	0.8	0.8
大径	6.3	3.2
键侧	3.2	0.8

④ 矩形花键的标记。矩形花键连接在图样上的标记代号，应按次序包含如下项目：键数N、小径d、大径D、键（键槽）宽B的公差带代号或配合代号。另外，还应注明矩形花键的标准代号GB/T 1144—2001。例如，对N=6，d=23H7/f7，D=26H10/a11，B=6H11/d10的花键标记如下。

内花键：6×23H7×26H10×6H11　GB/T 1144—2001

外花键：6×23f7×26a11×6d10　GB/T 1144—2001

花键连接：6×23H7/f7×26H10/a11×6H11/d10　GB/T 1144—2001

（3）矩形花键的检测

矩形花键的检测包括单项检测和综合检测两种。

① 单项检测。单项检测是指对花键的单项参数如小径、大径、键（键槽）宽等尺寸以及大径对小径的同轴度误差、键（键槽）的位置度误差等进行测量或检验，以保证各尺寸误差及几何误差在其公差范围内。单项检测主要用于单件、小批量生产。

当花键小径定心表面采用包容原则，各键（键槽）的对称度公差及花键各部位均遵守独立原则时，一般采用单项检测。当采用单项检测时，小径定心表面应采用光滑极限量规检验；大径、键（键槽）宽的尺寸在单件、小批量生产时采用普通计量器具测量，在成批大量生产中，可用专用极限量规来检验。图4-10所示为检验花键各要素极限尺寸的量规。

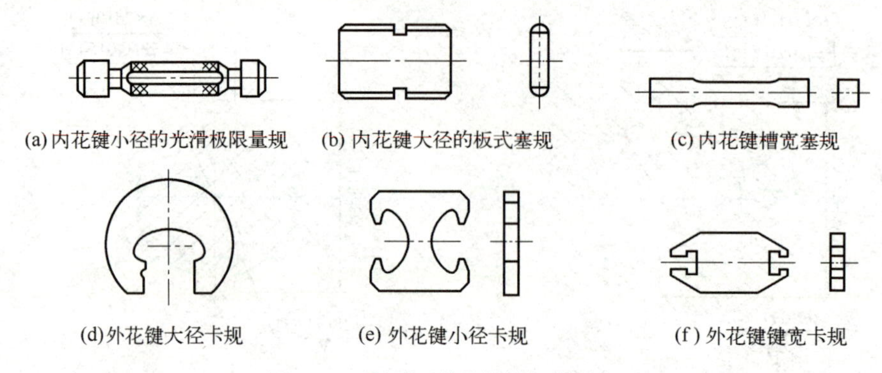

图4-10　检测矩形花键的极限量规

② 综合检测。综合检测就是对花键的尺寸和几何误差按控制实效边界原则，用综合量规进行检测的方法。当花键小径定心表面采用包容原则，各键（键槽）的位置度公差与键（键槽）宽的尺寸公差关系采用最大实体原则，且该位置度公差与小径定心表面（基准）尺寸公差的关系采用最大实体要求时，就采用综合检测。

花键的综合量规（内花键为综合塞规，外花键为综合环规）均为全形通规，如图4-11所示。其作用是检验内、外花键的实际尺寸和几何误差的综合结果，即同时检验花键的小径、大径、键（键槽）宽的实际尺寸和几何误差以及各键（键槽）的位置误差、大径对小径的同轴度误差等综合结果。对于判断小径、大径、键（键槽）宽的实际尺寸是否超越各自的最小实体尺寸，则采用相应的单项止端量规（或其他计量器具）来检测。

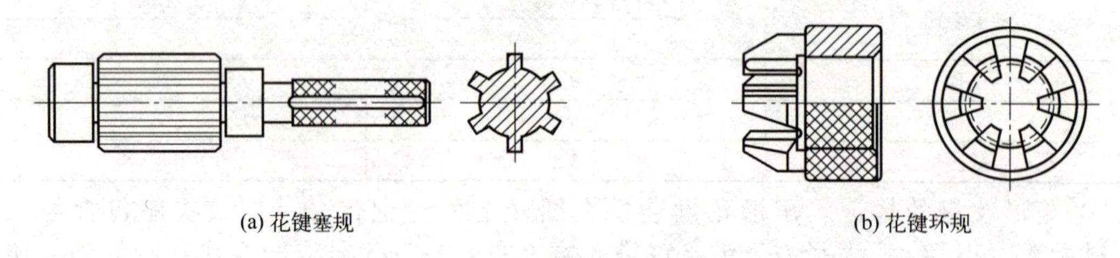

图4-11　检测矩形花键的综合量规

综合检测内、外花键时，若综合量规通过，单项止端量规不通过，则花键合格；否则，为不合格。

4.2.2 螺纹的公差配合与检测

螺纹广泛应用于各种机械和仪器仪表中，内、外螺纹通过相互旋合及牙侧面的接触作用，实现零件的密封、紧固、连接，以及实现运动的传递和精确的位移。根据结合性质和使用要求的不同，螺纹分为三类：连接螺纹、传动螺纹和密封螺纹。本项目主要介绍用于连接的米制普通螺纹的公差与配合，其他类型的螺纹可参考有关资料和标准。

4.2.2.1　普通螺纹的基本牙型和主要几何参数

（1）普通螺纹的基本牙型

螺纹牙型是指在通过螺纹轴线的剖面上的螺纹轮廓形状。它由牙顶、牙底及两个牙侧构成。将原始正三角形（公制螺纹）按规定的削平高度截去顶部和底部（顶部截去$H/8$，底部截去$H/4$）所形成的螺纹牙型称为基本牙型，如图4-12所示。该牙型具有螺纹的公称尺寸。

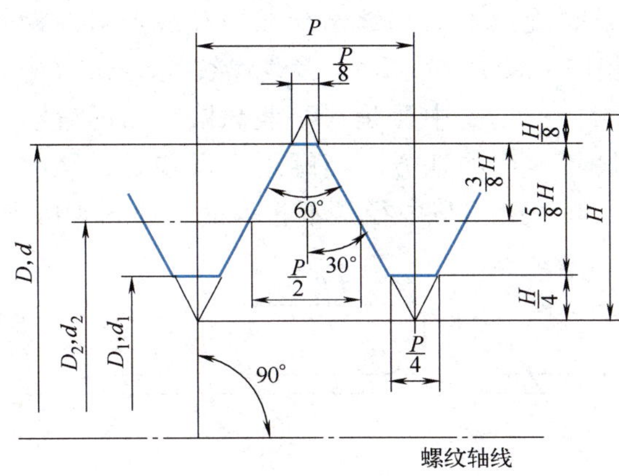

图4-12　普通螺纹的基本牙型

（2）普通螺纹的主要几何参数

由图4-12可知，普通螺纹的主要几何参数如下。

① 大径(D、d)。大径是指与外螺纹牙顶或内螺纹牙底相切的假想圆柱面的直径。在标准中被定义为公称直径，相配合的内、外螺纹的公称直径相等，即$D=d$。

② 小径(D_1、d_1)。小径是指与外螺纹牙底或内螺纹牙顶相重合的假想圆柱面的直径。相配合的内、外螺纹的小径公称尺寸相等，即$D_1=d_1$。

外螺纹的大径d和内螺纹的小径D_1统称为“顶径”；外螺纹的小径d_1和内螺纹的大径D统称为“底径”，如图4-13所示。

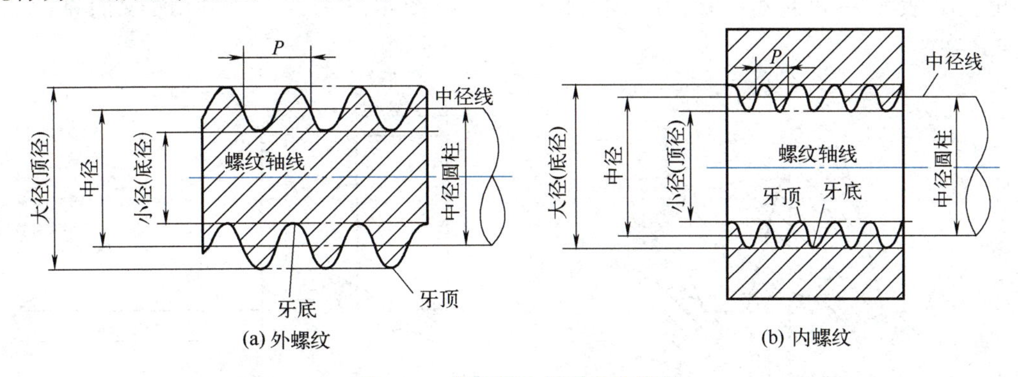

图4-13　普通螺纹的顶径和底径

③ 中径(D_2、d_2)。中径是一个假想圆柱面的直径，该圆柱面的母线通过牙型上沟槽与凸起的宽度相等的地方。该假想圆柱称为中径圆柱，中径圆柱的母线称为中径线，如

图 4-14 所示。相配合的内、外螺纹的中径公称尺寸相等，即 $D_2=d_2$。注意：普通螺纹的中径不是大径和小径的平均值。

④ 线数（n）。线数是指螺纹的螺旋线数目。沿一条螺旋线形成的螺纹称为单线螺纹，沿两条以上的等距螺旋线形成的螺纹称为多线螺纹。常用的连接螺纹要求自锁，故多用单线螺纹；传动螺纹要求传递效率高，故多用两线或三线螺纹。为了便于制造，一般螺纹的线数 $n\leqslant 4$ 。

⑤ 螺距（P）和导程（P_h）。

a. 螺距是指相邻两牙在中径线上对应两点间的轴向距离。

b. 导程是指在同一条螺旋线上的相邻两牙在中径线上对应两点间的轴向距离。对于单线螺纹，导程与螺距相同，即 $P_h=P$；对于多线螺纹，$P_h=nP$。

⑥ 单一中径（D_{2s}、d_{2s}）。单一中径是一个假想圆柱面的直径，该圆柱面的母线通过沟槽宽度等于螺距公称尺寸一半的地方。当螺距无误差时，螺纹的中径就是螺纹的单一中径；当螺距有误差时，单一中径与中径是不相等的，如图 4-14 所示。

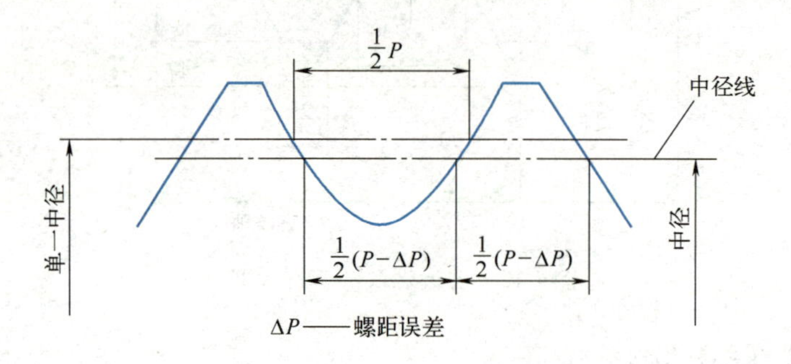

图 4-14 普通螺纹的中径与单一中径

由于单一中径在沟槽宽度为固定值处测量，因此测量方便，常用来表示螺纹的实际中径。

⑦ 牙型角（α）和牙型半角（$\alpha/2$）。牙型角是指在螺纹牙型上相邻两牙侧间的夹角，牙型角的一半称为牙型半角。普通螺纹的理论牙型角为60°，牙型半角为30°。

⑧ 牙侧角（α_1、α_2）。牙侧角是指在螺纹牙型上某一牙侧与螺纹轴线的垂线之间的夹角。α_1 表示左牙侧角，α_2 表示右牙侧角，如图 4-15 所示。普通螺纹的基本牙侧角 $\alpha_1=\alpha_2=30°$ 。

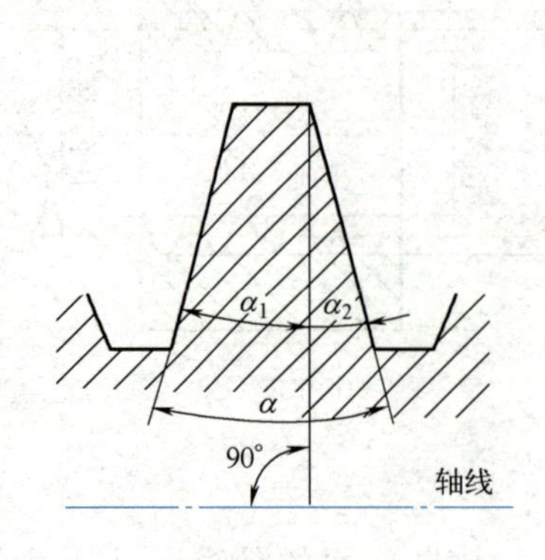

图 4-15 普通螺纹的牙型角和牙侧角

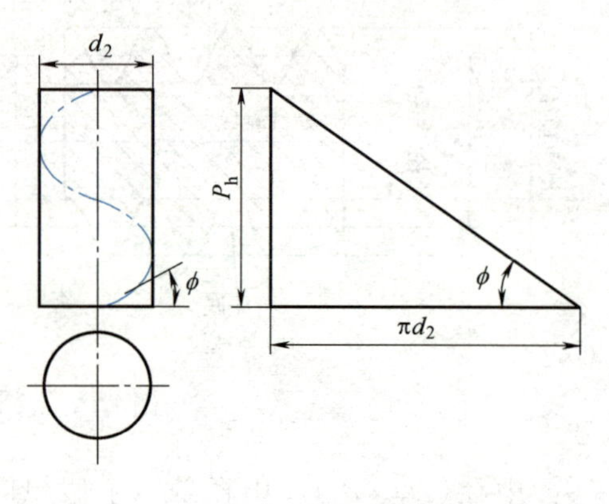

图 4-16 螺纹升角

⑨ 螺纹升角（ϕ）。螺纹升角是指在中径圆柱面或中径圆锥面上，螺旋线的切线与垂直于螺纹轴线的平面的夹角，如图4-16所示。

⑩ 旋合长度（L）。旋合长度是指两个相互配合的螺纹沿螺纹轴线方向相互旋合部分的长度，如图4-17所示。

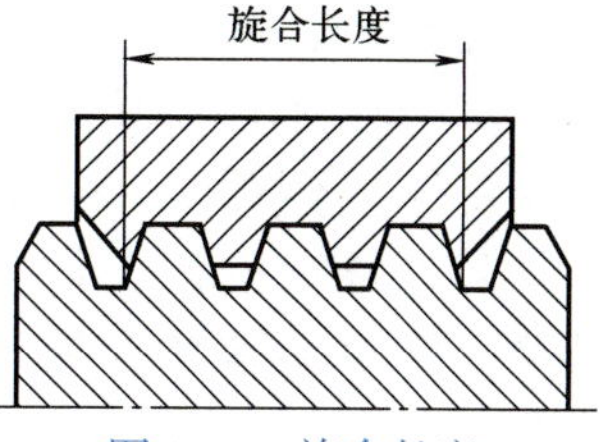

图4-17　旋合长度

螺纹的公称尺寸见表4-8。

表4-8　普通螺纹的公称尺寸（摘自GB/T 196—2003）　　单位：mm

大径D,d			螺距P	中径$D_2、d_2$	小径$D_1、d_1$	大径D,d			螺距P	中径$D_2、d_2$	小径$D_1、d_1$
第一系列	第二系列	第三系列				第一系列	第二系列	第三系列			
6			**1**	5.350	4.917		14		1	13.350	12.917
			0.75	5.513	5.188			15	**1.5**	14.026	13.376
		7	**1**	6.350	5.917				1	14.350	13.917
			0.75	6.513	6.188	16			**2**	14.701	13.835
8			**1.25**	7.188	6.647				1.5	15.026	14.376
			1	7.350	6.917				1	15.350	14.917
			0.75	7.513	7.188			17	**1.5**	16.026	15.376
		9	**1.25**	8.188	7.647				1	16.350	15.917
			1	8.350	7.917		18		**2.5**	16.376	15.294
			0.75	8.513	8.188				2	16.701	15.835
10			**1.5**	9.026	8.376				1.5	17.026	16.376
			1.25	9.188	8.647				1	17.350	16.917
			1	9.350	8.917	20			**2.5**	18.376	17.294
			0.75	9.513	9.188				2	18.701	17.835
		11	**1.5**	10.026	9.376				1.5	19.026	18.376
			1	10.350	9.917				1	19.350	18.917
			0.75	10.513	10.188		22		**2.5**	20.376	19.294
12			**1.75**	10.863	10.106				2	20.701	19.835
			1.5	11.026	10.376				1.5	21.026	20.376
			1.25	11.188	10.647				1	21.350	20.917
			1	11.350	10.917	24			**3**	22.051	20.752
	14		**2**	12.701	11.835				2	22.701	21.835
			1.5	13.026	12.376				1.5	23.026	22.376
			1.25	13.188	12.647				1	23.350	22.917

注：1. 直径优先选用第一系列，其次选择第二系列，最后选择第三系列。

2. 用黑体表示的螺距为粗牙螺距。

4.2.2.2　普通螺纹几何参数误差对互换性的影响

普通螺纹连接要实现互换性，必须保证良好的旋合性和一定的连接强度。影响螺纹互换性的几何参数有五个：大径、小径、中径、螺距和牙侧角等。这些参数在加工过程中不可避免地会产生一定的加工误差，这不仅会影响螺纹的旋合性、接触高度、配合的松紧程度，还会影响螺纹连接的可靠性，从而影响螺纹的互换性。

为了保证螺纹的旋合性，外螺纹的大径和小径要分别小于内螺纹的大径和小径，但过小又会使牙顶和牙底间的间隙增大，实际接触高度减小，连接强度降低。螺纹旋合后主要依靠牙侧面工作，如果内、外螺纹的牙侧接触不均匀，就会造成载荷分布不均，势必会降低螺纹的配合均匀性和连接强度。因此，影响螺纹连接互换性的主要因素是中径误差、螺距误差和牙侧角误差。为了保证有足够的连接强度，对顶径也应提出一定的精度要求。

（1）中径误差对互换性的影响

中径误差是指中径的实际尺寸（以单一中径体现）与公称尺寸的代数差。由于内、外螺纹相互作用集中在牙侧面，因此中径的大小直接影响牙侧的径向位置，从而影响螺纹的配合性质。若外螺纹的中径大于内螺纹的中径，则内、外螺纹的牙侧就会产生干涉而难以旋合；若中径过小，则会导致配合过松，难以保证牙侧面的良好接触，降低连接强度。在国家标准中，规定了中径公差，以限制中径的加工误差。

（2）螺距误差对互换性的影响

对于紧固螺纹来说，螺距误差主要影响螺纹的可旋合性和连接的可靠性；对于传动螺纹来说，螺距误差直接影响传动精度，影响螺牙上载荷分布的均匀性。

螺距误差包括单个螺距误差（ΔP）和螺距累积误差（ΔP_{Σ}）。前者是指在螺纹全长上任意单个螺距的实际值与其公称值的最大差值，它与螺纹的旋合长度无关；后者是指在规定的长度内（如旋合长度），任意两同名牙侧与中径线交点的实际轴向距离与其公称值的最大差值，它与螺纹的旋合长度有关。螺距累积误差对螺纹互换性的影响更明显。

为便于分析，假设具有螺距累积误差ΔP_{Σ}的外螺纹与没有任何误差的理想内螺纹结合，内、外螺纹将会在牙侧处产生干涉，如图4-18中剖面线部分所示，外螺纹不能旋入内螺纹。为了消除该干涉区，可将外螺纹的中径减少一个数值f_p。同理，当内螺纹具有螺距累积误差时，为避免产生干涉，可将内螺纹的中径增大一个数值f_p。可见f_p是为了补偿螺距累积误差而折算到中径上的数值，称为螺距误差的中径当量。由图4-18中的$\triangle abc$可知

$$f_p=\left|\Delta P_{\Sigma}\right|\cot\frac{\alpha}{2} \tag{4-1}$$

对于普通螺纹$\alpha=60°$：

$$f_p=1.732\left|\Delta P_{\Sigma}\right| \tag{4-2}$$

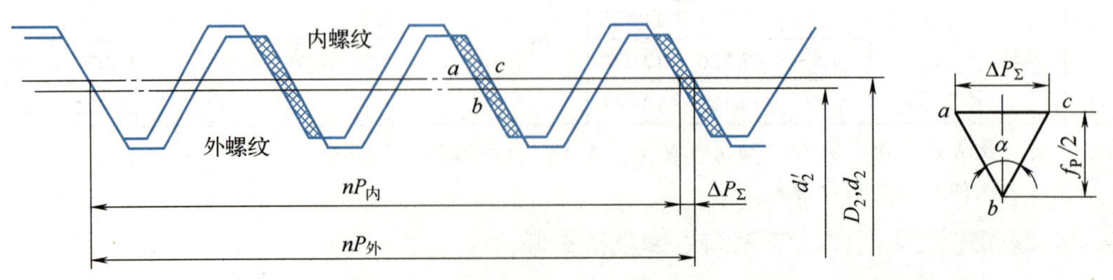

图4-18　螺距累积误差对旋合性的影响

由于ΔP_{Σ}不论是正值或负值，都影响螺纹的旋合性，故ΔP_{Σ}应取绝对值。

对普通螺纹，由于螺距误差可以折算到中径上，所以在国家标准中没有单独规定螺距公差，而是通过中径公差间接控制螺距误差。

（3）牙侧角误差对互换性的影响

牙侧角误差是指牙侧角的实际值与其公称值之差，是螺纹牙侧相对于螺纹轴线的位置误差，它直接影响螺纹的旋合性和牙侧接触面积，因此应对其加以限制。

假设内螺纹具有理论牙型，与其相结合的外螺纹仅存在牙侧角误差。当左牙侧角误差$\Delta\alpha_1<0$，右牙侧角误差$\Delta\alpha_2>0$时，将在外螺纹牙顶左侧和牙根右侧处产生干涉，如图4-19中剖面线部分所示。为了消除干涉，保证旋合性，必须使外螺纹的牙型沿垂直于螺纹轴线的方向向螺纹轴线方向移动$f_{\alpha i}/2$，从而使外螺纹的中径减小一个数值$f_{\alpha i}$。同理，内螺纹存在牙侧角误差时，为了保证旋合性，就须将内螺纹中径增大一个数值$f_{\alpha i}$。可见，$f_{\alpha i}$是为补偿牙侧角误差而折算到中径上的数值，称为牙侧角误差的中径当量。

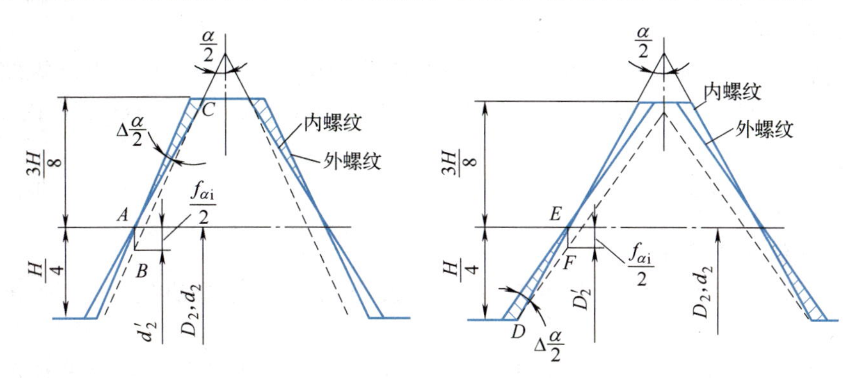

图4-19　牙侧角误差对旋合性的影响

根据任意三角形的正弦定理，考虑到左、右牙侧角误差可能同时出现的各种情况及必要的单位换算，可得

$$f_{\alpha i}=0.073P\left(K_1\left|\Delta\alpha_1\right|+K_2\left|\Delta\alpha_2\right|\right) \tag{4-3}$$

式中，P为螺距，mm；$\Delta\alpha_1$、$\Delta\alpha_2$为左、右牙侧角误差，（′），$\Delta\alpha_1=\alpha_1-30°$，$\Delta\alpha_2=\alpha_2-30°$；$K_1$、$K_2$为左、右牙侧角误差系数。对外螺纹，当牙侧角误差为正值时，K_1和K_2取2；为负值时，K_1和K_2取3。对内螺纹，左、右牙侧角误差系数的取值规则与外螺纹相反。

（4）螺纹中径的合格条件

由于螺距误差和牙侧角误差可以折算为相当于中径有误差的情况，因此可以不单独规定螺距公差和牙侧角公差，仅规定中径总公差，用它来控制中径本身的误差、螺距误差和牙侧角误差的综合影响。可见，中径总公差是一项综合公差，这样规定是为了加工和检验方便，按中径总公差进行检验，可保证螺纹的互换性。

当实际外螺纹存在螺距误差和牙侧角误差时，该实际外螺纹只可能与一个中径较大而具有设计牙型的理想内螺纹旋合。在规定的旋合长度内，恰好包容实际外螺纹的一个假想内螺纹的中径称为外螺纹的作用中径d_{2fe}。该假想内螺纹具有理想的螺距、牙侧角及牙型高度，并在牙顶处和牙底处留有间隙，外螺纹的作用中径等于外螺纹的单一中径d_{2s}与螺距误差、牙侧角误差的中径当量值之和，即

$$d_{2fe}=d_{2s}+f_p+f_{\alpha i} \tag{4-4}$$

当实际外螺纹各个部位的单一中径不相同时，d_{2s}应取其中的最大值。同理，在规定的旋合长度内，恰好包容实际内螺纹的一个假想外螺纹的中径称为内螺纹的作用中径D_{2fe}，内螺纹的作用中径等于内螺纹的单一中径D_{2s}与螺距误差、牙侧角误差的中径当量值之差，即

$$D_{2fe}=D_{2s}-(f_P+f_{\alpha i}) \tag{4-5}$$

当实际内螺纹各个部位的单一中径不相同时，D_{2s}应取其中的最小值。

如果外螺纹的作用中径过大、内螺纹的作用中径过小，将使螺纹难以旋合。若外螺纹的单一中径过小，内螺纹的单一中径过大，将会影响螺纹的连接强度。因此，国家标准规定判断螺纹中径合格性应遵循泰勒原则：实际螺纹的作用中径不允许超越其最大实体牙型的中径，任何部位的单一中径不允许超越其最小实体牙型的中径。所谓最大和最小实体牙型，是由设计牙型和各直径的基本偏差及公差所决定的最大实体状态和最小实体状态的螺纹牙型。因此，螺纹中径的合格条件是：

外螺纹：$d_{2fe} \leqslant d_{2MMS}=d_{2max}$，$d_{2s} \geqslant d_{2LMS}=d_{2min}$

内螺纹：$D_{2fe} \geqslant D_{2MMS}=D_{2min}$，$D_{2s} \leqslant D_{LMMS}=D_{2max}$

式中，d_{2MMS}、d_{2LMS}为外螺纹最大、最小实体牙型中径；d_{2max}、d_{2min}为外螺纹最大、最小中径；D_{2MMS}、D_{LMMS}为内螺纹最大、最小实体牙型中径；D_{2max}、D_{2min}为内螺纹最大、最小中径。

4.2.2.3 普通螺纹的公差与配合

（1）普通螺纹的公差带

普通螺纹的公差带与尺寸公差带一样，大小由公差等级决定，位置由基本偏差决定。

① 螺纹的公差等级。国家标准规定了内、外螺纹的公差等级，按公差值的大小分为若干级，见表4-9。

表4-9 螺纹的公差等级（摘自GB/T 197—2018）

螺纹直径	公差等级	螺纹直径	公差等级
内螺纹小径D_1	4、5、6、7、8	外螺纹大径d	4、6、8
内螺纹中径D_2	4、5、6、7、8	外螺纹中径d_2	3、4、5、6、7、8、9

表4-9中，螺纹的6级公差为常用公差等级（基本级），3级精度最高，9级精度最低。在普通螺纹中，对螺距和牙侧角并不单独规定公差，而是用中径公差来综合控制。因此，为了满足互换性要求，只需规定大径、小径和中径公差即可；而内、外螺纹的底径（D和d_1）是在加工时和中径一起由刀具切出的，其尺寸精度由刀具保证，故不规定其公差。因此，在普通螺纹的公差标准中，只规定了内、外螺纹的中径和顶径公差。

普通螺纹的中径和顶径公差值见表4-10和表4-11。

表4-10 内、外螺纹的中径公差（摘自GB/T 197—2018）

公称大径/mm		螺距P/mm	内螺纹中径公差T_{D2}/μm					外螺纹中径公差T_{d2}/μm						
			公差等级					公差等级						
>	≤		4	5	6	7	8	3	4	5	6	7	8	9
5.6	11.2	0.75	85	106	132	170	—	50	63	80	100	125	—	—
		1	95	118	150	190	236	56	71	90	112	140	180	224
		1.25	100	125	160	200	250	60	75	95	118	150	190	236
		1.5	112	140	180	224	280	67	85	106	132	170	212	295
11.2	22.4	1	100	125	160	200	250	60	75	95	118	150	190	236
		1.25	112	140	180	224	280	67	85	106	132	170	212	265
		1.5	118	150	190	236	300	71	90	112	140	180	224	280

续表

公称大径/mm		螺距 P/mm	内螺纹中径公差 T_{D2}/μm					外螺纹中径公差 T_{d2}/μm						
			公差等级					公差等级						
>	≤		4	5	6	7	8	3	4	5	6	7	8	9
11.2	22.4	1.75	125	160	200	250	315	75	95	118	150	190	236	300
		2	132	170	212	265	335	80	100	125	160	200	250	315
		2.5	140	180	224	280	355	85	106	132	170	212	265	335
22.4	45	1	106	132	170	212	—	63	80	100	125	160	200	250
		1.5	125	160	200	250	315	75	95	118	150	190	236	300
		2	140	180	224	280	355	85	106	132	170	212	265	335
		3	170	212	265	335	425	100	125	160	200	250	315	400
		3.5	180	224	280	355	450	106	132	170	212	265	335	425
		4	190	236	300	375	475	112	140	180	224	280	355	450
		4.5	200	250	315	400	500	118	150	190	236	300	375	475

表4-11 内、外螺纹的顶径公差（摘自GB/T 197—2018）

螺距/mm	内螺纹顶径（小径）公差 T_{D1}/μm				外螺纹顶径（大径）公差 T_d/μm		
	公差等级				公差等级		
	5	6	7	8	4	6	8
0.75	150	190	236	—	90	140	—
0.8	160	200	250	315	95	150	236
1	190	236	300	375	112	180	280
1.25	212	265	335	425	132	212	335
1.5	236	300	375	475	150	236	375
1.75	265	335	425	530	170	265	425
2	300	375	475	600	180	280	450
2.5	355	450	560	710	212	335	530
3	400	500	630	800	236	375	600

② 普通螺纹基本偏差。螺纹的基本偏差是指公差带两极限偏差中靠近零线的那个偏差。它确定了公差带相对基本牙型的位置。内螺纹的基本偏差是下极限偏差（EI），外螺纹的基本偏差是上极限偏差（es）。根据螺纹不同的使用要求，国家标准对普通内螺纹规定了两种基本偏差，其代号为 H、G，其公差带均在基本牙型之上，如图4-20（a）、（b）所示；对普通外螺纹主要规定了四种基本偏差，其代号为e、f、g、h，其公差带均在基本牙型之下，如图4-20（c）、（d）所示。

（2）普通螺纹公差带的选用

由螺纹的公差等级和基本偏差代号可以组成很多公差带，但在实际生产中为了减少刀具、量具的规格和种类，国家标准规定了既能满足当前使用要求、数量又有限的常用公差带，见表4-12和表4-13。其中，只有一个公差带代号的，如6H，表示中径和顶径公差带是相同的；有两个公差带代号的，如7g6g，前者表示中径公差带，后者表示顶径公差带。

表4-12和表4-13中所规定的公差带宜优先选取，优先选取的顺序为粗体字公差带、一般字体公差带、括号内公差带。带方框的粗字体公差带用于大量生产的紧固件螺纹。除

特殊情况外，国家标准规定以外的公差带不宜选用。

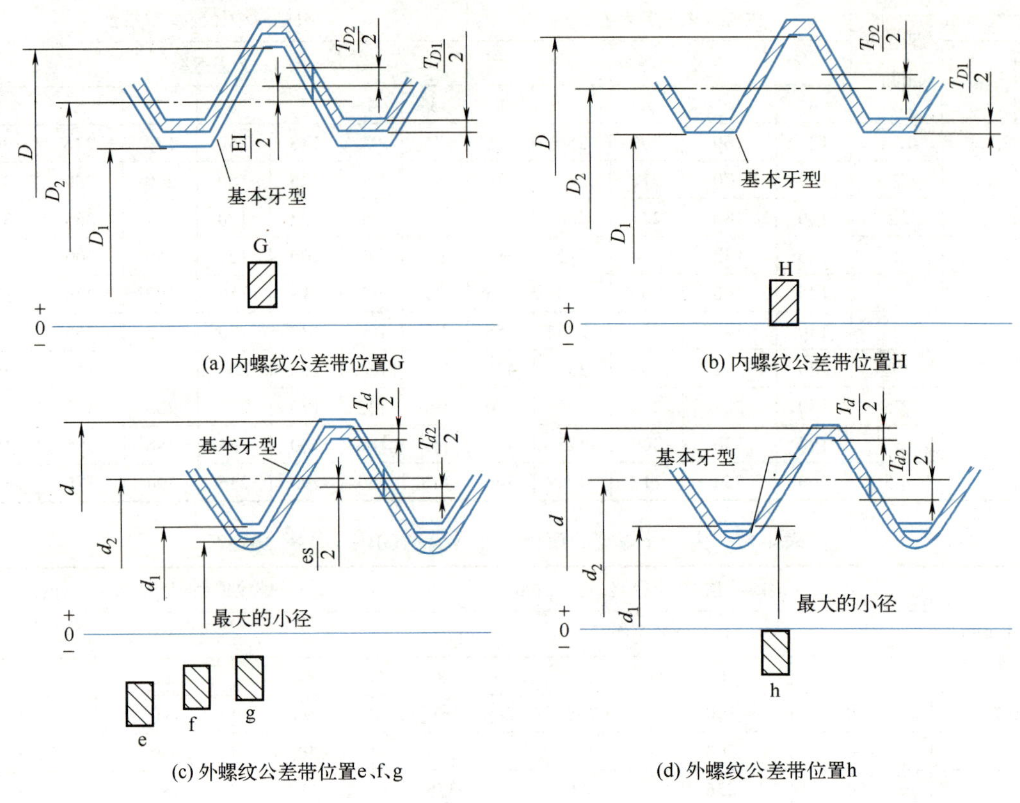

图4-20 内、外螺纹的基本偏差

表4-12 内螺纹的推荐公差带（摘自GB/T 197—2018）

公差精度	公差带位置G			公差带位置H		
	旋合长度			旋合长度		
	S	N	L	S	N	L
精密	—	—	—	4H	5H	6H
中等	（5G）	**6G**	（7G）	**5H**	**6H**	**7H**
粗糙	—	（7G）	（8G）	—	7H	8H

表4-13 外螺纹的推荐公差带（摘自GB/T 197—2018）

公差精度	公差带位置e			公差带位置f			公差带位置g			公差带位置h		
	旋合长度			旋合长度			旋合长度			旋合长度		
	S	N	L	S	N	L	S	N	L	S	N	L
精密	—	—	—	—	—	—	—	（4g）	（5g4g）	（3h4h）	**4h**	（5h4h）
中等	—	**6e**	（7e6e）	—	**6f**	—	（5g6g）	**6g**	（7g6g）	（5h6h）	6h	（7h6h）
粗糙	—	（8e）	（9e8e）	—	—	—	—	8g	（9g8g）	—	—	—

① 公差精度的选用。GB/T 197—2018《普通螺纹 公差》按螺纹的公差等级和旋合长度规定了三种精度等级，分别为精密级、中等级和粗糙级，见表4-12和表4-13。精密级用于精密螺纹，即要求配合性质稳定、配合间隙小，必须保证定位精度的螺纹，如飞机零件上的螺纹；中等级用于一般用途螺纹，如机床和汽车零件上的螺纹；粗糙级用于

要求不高及制造困难的螺纹，如深盲孔的螺纹或热轧棒上的螺纹。

螺纹精度等级的高低代表了螺纹加工的难易程度。同一精度等级，随着旋合长度的增加，螺纹的公差等级相应降低，见表4-13。

② 螺纹旋合长度的确定。由于短件易加工和装配，长件难加工和装配，因此螺纹的旋合长度影响螺纹连接的配合精度和互换性。

GB/T 197—2018《普通螺纹　公差》按公称直径和螺距规定了短、中等和长三种旋合长度，分别用S、N、L表示，其数值见表4-14。设计时，一般选用中等旋合长度，只有当结构和强度需要时，才选用短旋合长度S或长旋合长度L。

表4-14　螺纹的旋合长度（摘自GB/T 197—2018）　　单位：mm

公称直径D、d		螺距P	旋合长度			
			S	N		L
>	≤		≤	>	≤	>
5.6	11.2	0.75	2.4	2.4	7.1	7.1
		1	3	3	9	9
		1.25	4	4	12	12
		1.5	5	5	15	15
11.2	22.4	1	3.8	3.8	11	11
		1.25	4.5	4.5	13	13
		1.5	5.6	5.6	16	16
		1.75	6	6	18	18
		2	8	8	24	24
		2.5	10	10	30	30
22.4	45	1	4	4	12	12
		1.5	6.3	6.3	19	19
		2	8.5	8.5	25	25
		3	12	12	36	36
		3.5	15	15	45	45
		4	18	18	53	53
		4.5	21	21	63	63

③ 螺纹配合的选择。内、外螺纹的公差带可任意组合形成任意配合。但为了保证连接强度、接触高度和装拆方便，推荐完工后螺纹最好组成H/g或G/h 配合。选择时主要考虑以下几种情况。

a. 为了保证可旋合性，内、外螺纹应具有较高的同轴度，并有足够的接触高度和连接强度，一般选用最小间隙为零的配合（H/h）。

b. 需要拆装方便的螺纹，可选用较小间隙的配合，如H/g和G/h。

c. 需要镀层的螺纹，其基本偏差按所需镀层厚度确定。涂镀后，螺纹实际轮廓上的任何点不应超越按公差位置H或h所确定的最大实体牙型。

d. 在高温状态下工作的螺纹，为防止因高温形成金属氧化皮或介质沉积使螺纹卡死，可采用保证间隙的配合。当温度在450℃以下时，可选用H/g配合，当温度在450℃以上时，可选用H/e配合，如汽车上用的M14×1.25火花塞。

一般情况下，选用中等精度、中等旋合长度的公差带，即内螺纹公差带6H，外螺纹公差带6h、6g应用较广。

④ 螺纹的表面粗糙度要求。螺纹的表面粗糙度主要根据中径公差等级来确定。表4-15列出了螺纹牙侧表面粗糙度参数 Ra 的推荐值。

表4-15 螺纹牙侧表面粗糙度参数 Ra 的推荐值 单位：μm

工件	中径公差等级		
	4,5	6,7	7~9
螺栓、螺钉、螺母	≤1.6	≤3.2	3.2~6.3
轴及套上的螺纹	0.8~1.6	≤1.6	≤3.2

（3）普通螺纹的标记

完整的螺纹标记由螺纹特征代号、尺寸代号、公差带代号及其他有必要进一步说明的相关信息组成，如图4-21所示。

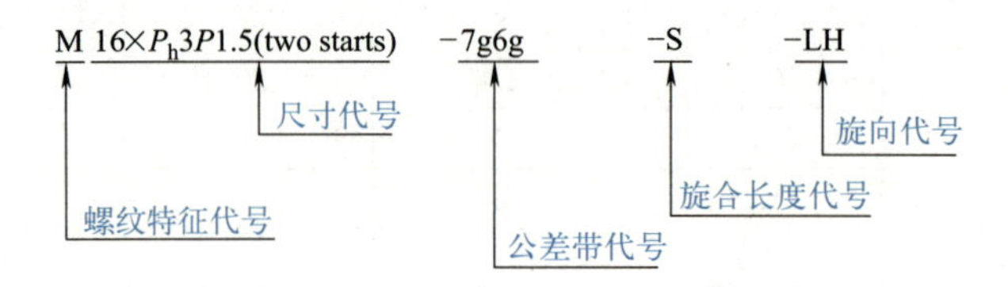

图4-21 普通螺纹的标记示例

① 螺纹特征代号。普通螺纹特征代号用字母“M”表示。

② 尺寸代号。尺寸代号包括公称直径、导程、螺距等，单位为mm。对粗牙螺纹，可以省略标注其螺距项，即

单线螺纹的尺寸代号为“公称直径×螺距”；

多线螺纹的尺寸代号为“公称直径×P_h导程P螺距”。如要进一步表明螺纹的线数，可在后面加括号用英语加以说明。例如，双线为two starts，三线为three starts。

③ 公差带代号。公差带代号包含中径公差带代号和顶径公差带代号。公差带代号由表示公差等级的数值和表示公差带位置的字母组成，中径公差带代号在前，顶径公差带代号在后。如果中径公差带代号与顶径公差带代号相同，则应只标注一个公差带代号。尺寸代号与公差带代号间用“-”隔开。

表示内、外螺纹配合时，内螺纹公差带代号在前，外螺纹公差带代号在后，中间用斜线“/”分开。

④ 旋合长度代号。对于短旋合长度和长旋合长度的螺纹，应在公差带代号后分别标注“S”和“L”。旋合长度代号与公差带代号间用“-”分开。中等旋合长度螺纹不标注旋合长度代号（N）。

⑤ 旋向代号。对左旋螺纹，应在旋合长度代号之后标注“LH”。旋合长度代号与旋向代号间用“-”分开。右旋螺纹不标注旋向代号。

如：M6×0.75-5h6g-S-LH，表示公称直径为6mm，螺距为0.75mm，单线，中径公差带代号为5h，顶径公差带代号为6g，短旋合长度，左旋普通外螺纹。

如：M20×1.5-6H/5g6g，表示公称直径为20mm，螺距为1.5mm，中径公差带和顶径公差带代号均为6H的内螺纹和中径公差带代号为5g、顶径公差带代号为6g的外螺纹组成的中等旋合长度的右旋普通螺纹配合。

4.2.2.4　普通螺纹的检测

普通螺纹的检测方法见项目1。

4.2.3　滚动轴承的公差与配合

滚动轴承广泛应用于各种类型的机电产品中，其主要作用是支承轴及轴上零件，保证轴的旋转精度,减少转轴与支承之间的摩擦和磨损。滚动轴承具有摩擦阻力小、启动灵敏、效率高、润滑简便和易于互换等优点。

4.2.3.1　滚动轴承的组成及结构特点

（1）滚动轴承的组成及分类

滚动轴承的结构与分类如图4-22所示。滚动轴承一般由内圈、外圈、滚动体和保持架4部分组成，内圈用来和轴颈装配，外圈用来和轴承座孔装配。其通常是内圈随着轴颈回转，外圈固定，但也可以用于外圈回转而内圈不动，或是内、外圈同时回转的场合。当内、外圈有相对转动时，滚动体即在内、外圈滚道间滚动。

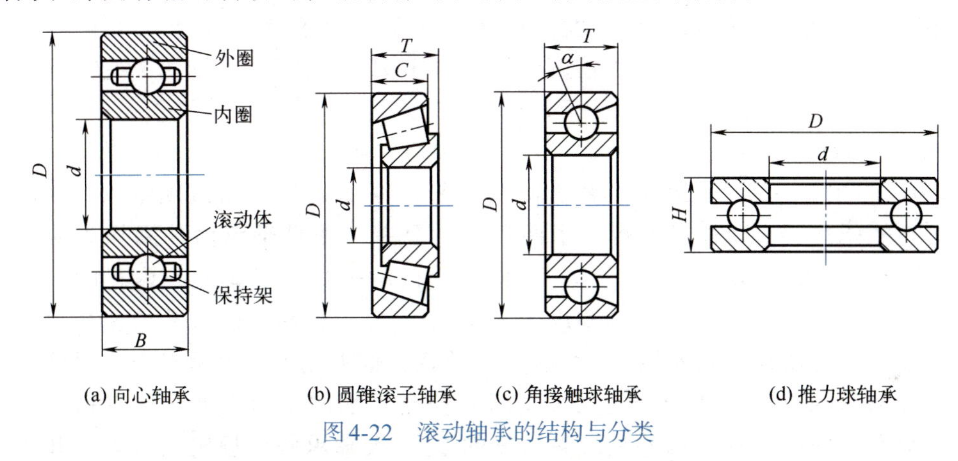

图4-22　滚动轴承的结构与分类

按承受的外载荷方向或公称接触角不同，滚动轴承可以分为向心轴承和推力轴承。主要承受径向载荷的轴承称为向心轴承，其中有几类可同时承受不大的轴向载荷。按公称接触角不同，向心轴承又可以分为径向接触轴承(公称接触角为0°)和向心角接触轴承(公称接触角为0°~45°)。主要承受轴向载荷的轴承称为推力轴承，推力轴承又可以分为轴向接触轴承(公称接触角为90°)和推力角接触轴承(公称接触角为45°~90°)。推力轴承中与轴颈配合的元件称为轴圈，与轴承座孔配合的元件称为座圈。

按滚动体的种类不同，滚动轴承座可分为球轴承和滚子轴承。

（2）滚动轴承的结构特点

滚动轴承是一种标准件，有内、外两种互换性：滚动轴承外圈与外壳孔的配合，内圈与传动轴轴颈的配合，属于典型的光滑圆柱体配合，其互换性为完全互换；而内、外滚道与滚动体的装配一般采用分组装配，其互换性为不完全互换。

合理选用滚动轴承内圈与轴颈、外圈与外壳孔的配合，是保证滚动轴承具有良好的旋转精度、可靠的工作性能以及合理寿命的前提。为了保证滚动轴承与外部件的配合，正确选用轴承的类型和精度等级，国家制定了滚动轴承公差与配合相关的标准，涉及的标准有GB/T 275—2015《滚动轴承　配合》、GB/T 307.1—2017《滚动轴承　向心轴承　产品几何技术规范（GPS）和公差值》、GB/T 307.3—2017《滚动轴承　通用技术规则》等。

4.2.3.2 滚动轴承的公差及公差带

（1）滚动轴承的公差等级

根据GB/T 307.1—2017《滚动轴承 向心轴承 产品几何技术规范（GPS）和公差值》规定，滚动轴承按尺寸公差与旋转精度分级。向心轴承（圆锥滚子轴承除外）分为0、6、5、4、2五级；圆锥滚子轴承分为0、6X、5、4、2五级；推力轴承分为0、6、5、4四级。从0级到2级，轴承精度依次提高。

0级轴承是普通级轴承，在机械中应用最广，一般用在旋转精度要求不高的机械中，如普通车床的变速及进给机构中的轴承、汽车的变速机构的轴承、普通减速器的轴承。0级轴承在产品和图样上不用标注其精度等级。

6级和5级轴承属于中级和较高级精度轴承，主要是用在转速和旋转精度要求较高的机构中。如普通车床主轴的后支撑用6级精度的轴承、前支撑用5级精度的轴承。

4级和2级轴承分属高级和精密级轴承，多用于转速很高或要求旋转精度很高的精密机械中的轴的支撑。例如，高精度的磨床和车床、精密螺纹车床和齿轮磨床的主轴选用4级轴承，精密坐标镗床、高精度齿轮磨床和数控机床的主轴用2级轴承作为轴系的支撑。

（2）滚动轴承的公差带

国家标准GB/T 307.1—2017《滚动轴承 向心轴承 产品几何规范（GPS）和公差值》对向心轴承内径d和外径D规定了两种尺寸公差。滚动轴承内外圈均为薄壁件，在自由状态下容易变形，所以规定了单一径向平面内的平均直径偏差，内径的平均直径偏差用Δd_{mp}表示，外径的平均直径偏差用ΔD_{mp}表示。另一种轴承的尺寸公差是单一径向平面的直径偏差，内径直径偏差用Δd_s表示，外径直径偏差用ΔD_s表示。规定尺寸偏差的目的是保证轴承与轴、壳体孔配合的尺寸精度和控制轴承的变形程度。所有精度的轴承均给出了平均直径偏差，直径偏差只对高精度的2、4级轴承做出规定。表4-16和表4-17分别给出了向心轴承（不包括圆锥滚子轴承）内径和外径公差。

表4-16 向心轴承（不包括圆锥滚子轴承）内径公差 单位：μm

内径/mm		轴承精度													
		0		6		5		4		2		4		2	
		Δd_{mp}										Δd_s			
大于	到	上偏差	下偏差	上偏差	下偏差	上偏差	下偏差	上偏差	下偏差	上偏差	下偏差	上偏差	下偏差	上偏差	下偏差
18	30	0	−10	0	−8	0	−6	0	−5	0	−2.5	0	−5	0	−2.5
30	50	0	−12	0	−10	0	−8	0	−6	0	−2.5	0	−6	0	−2.5
50	80	0	−15	0	−12	0	−9	0	−7	0	−4	0	−7	0	−4
80	120	0	−20	0	−15	0	−10	0	−8	0	−5	0	−8	0	−5
120	180	0	−25	0	−18	0	−13	0	−10	0	−7	0	−10	0	−7
180	250	0	−30	0	−22	0	−15	0	−12	0	−8	0	−12	0	−8

表4-17 向心轴承（不包括圆锥滚子轴承）外径公差 单位：μm

外径/mm		轴承精度													
		0		6		5		4		2		4		2	
		ΔD_{mp}										ΔD_s			
大于	到	上偏差	下偏差	上偏差	下偏差	上偏差	下偏差	上偏差	下偏差	上偏差	下偏差	上偏差	下偏差	上偏差	下偏差
30	50	0	−11	0	−9	0	−7	0	−6	0	−4	0	−6	0	−4
50	80	0	−13	0	−11	0	−9	0	−7	0	−4	0	−7	0	−4
80	120	0	−15	0	−13	0	−10	0	−8	0	−5	0	−8	0	−5
120	150	0	−18	0	−15	0	−11	0	−9	0	−5	0	−9	0	−5
150	180	0	−25	0	−18	0	−13	0	−10	0	−7	0	−10	0	−7
180	250	0	−30	0	−20	0	−15	0	−11	0	−8	0	−11	0	−8
250	315	0	−35	0	−25	0	−18	0	−13	0	−8	0	−13	0	−8

轴承内、外径尺寸公差的特点是所有公差等级的公差都单向配置在零线下方，即上偏差为零，下偏差为负值。图4-23是各级精度的滚动轴承单一径向平面内平均直径d_{mp}和D_{mp}的公差带示意图。

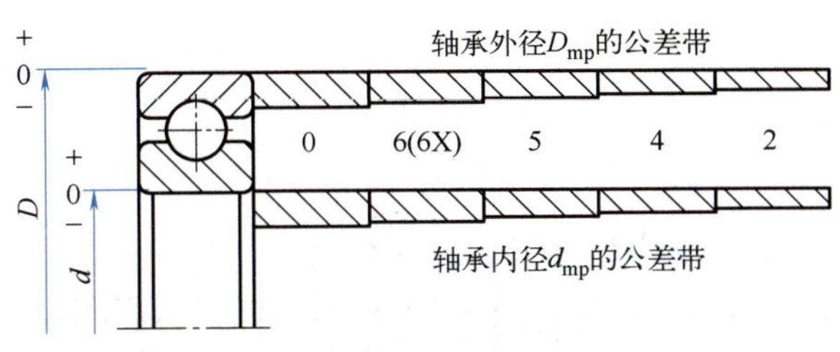

图4-23 轴承单一平面平均内、外径的公差带

滚动轴承是标准件，轴承内圈和外圈在与轴颈和外壳孔配合时，分别作为基准孔和基准轴。光滑圆柱结合即截面形状为圆形的孔、轴结合。基准孔公差带的下偏差等于零，但轴承内圈公差带是其上偏差为零值。因此，滚动轴承的内圈公差带与轴颈公差带构成配合时：在一般基孔制中原属过渡配合将变为过盈配合，如k5、k6、m5、m6、n6等轴的公差带与一般基准孔H配合时是过渡配合，在与轴承内圈配合时则为过盈配合；在一般基孔制中原属间隙配合将变为过渡配合，如h5、h6、g5、g6等轴颈公差带与一般基准孔H配合时是间隙配合，而在与轴承内圈配合时变为过渡配合。也就是说，滚动轴承内圈与轴颈的配合与“公差与配合”中的同名配合比要偏紧些。轴承外径公差带由于公差值不同于一般基准轴，是一种特殊公差带，与基轴制中的同名配合的配合性质相似，但在间隙或过盈量上是不同的，选择时要注意。

4.2.3.3 滚动轴承的配合及其选择

（1）与轴承相配合的轴颈和外壳（轴承座）孔的公差带

滚动轴承内、外圈需分别安装到轴和外壳孔上，它们之间需要选择适当的配合，GB/T 275—2015《滚动轴承　配合》国家标准对滚动轴承与轴和外壳孔的配合做出了相应的规定。

（2）选择滚动轴承与轴颈、外壳孔配合时应考虑的主要因素

图4-24和图4-25中的轴承与轴颈和外壳孔的配合公差带分别有17种和16种，具体选

择哪种与轴承配合的轴颈和外壳孔公差带，要考虑以下几个因素。

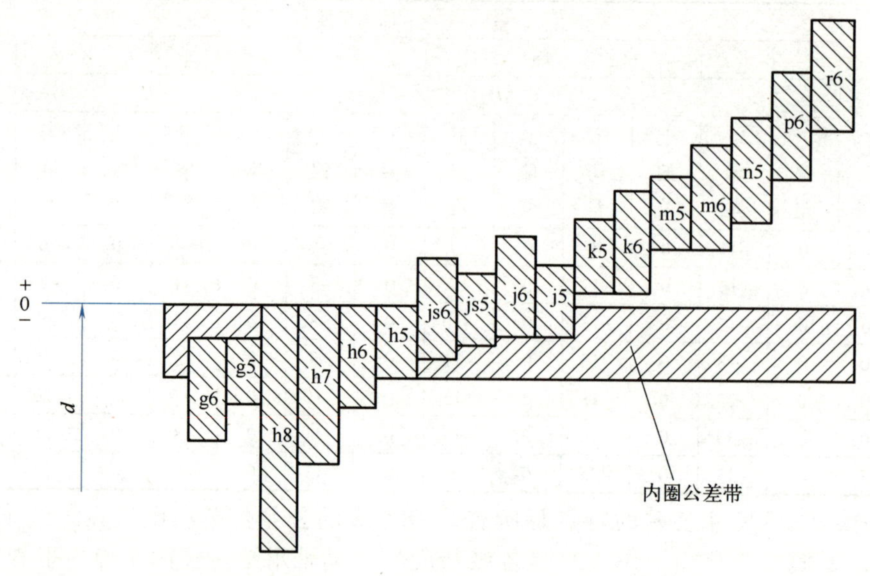

图4-24　与滚动轴承内圈配合的轴颈的常用公差带

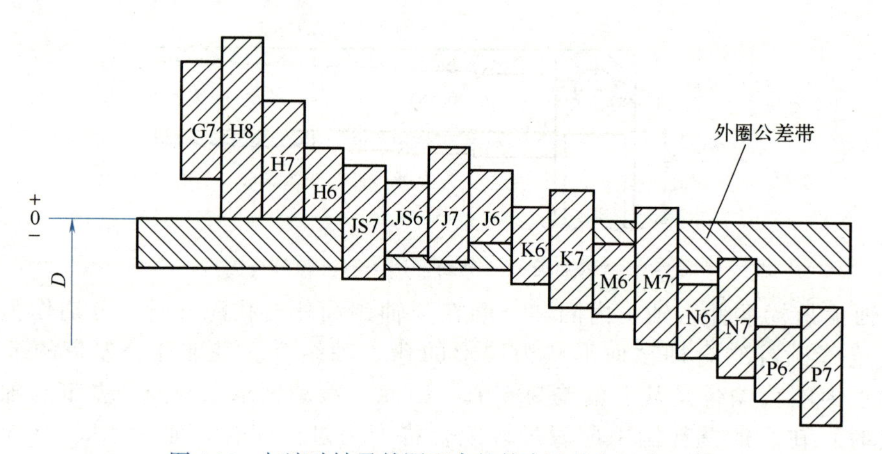

图4-25　与滚动轴承外圈配合的外壳孔的常用公差带

① 轴承套圈与载荷方向的关系。在大多数情况下，轴承的内圈旋转，外圈固定，如减速器上的轴承。汽车轮轴上的轴承则是外圈旋转，内圈固定。旋转的轴承套圈称为转动套圈，不转动的轴承套圈称为固定套圈。轴承套圈相对于载荷方向旋转(如减速器上的轴承内圈和汽车车轮上的轴承外圈)，随着轴承转动套圈的转动，载荷依次作用在轴承套圈的各个部位上，这时套圈所受的载荷为旋转载荷。为了防止轴承转动套圈与其配合件（轴颈或外壳孔）之间相互滑动而产生磨损，两者之间应选择过盈配合或平均能得到过盈的过渡配合。例如，轴颈的公差带可选择 k5、k6、m5、m6等，外壳孔的公差带选择N6、N7、P6、P7等。轴承固定不动的套圈，其所承受的载荷为固定载荷。对于固定套圈，载荷集中作用在轴承套圈的某一很小的局部区域，在套圈局部区域上的滚道容易产生磨损。为了使固定套圈能在摩擦力矩的带动下缓慢转动，套圈滚道各部分均匀磨损，以及轴承装拆方便，相对于载荷方向固定的固定套圈，应选择间隙配合或平均是间隙的过渡配合，如选择H7、JS7等作为外壳孔的公差带，选择 f6、g6、h6等作为轴颈的公差带。

摆动载荷是指轴承转动时，作用于轴承上的固定径向载荷（如齿轮力）与旋转的径向载荷（如离心力）所合成的依次反复作用在固定套圈的局部区域上的径向载荷。轴承套圈承受摆动载荷时，与套圈承受转动载荷的情况类似，应选择过盈配合或过渡配合，但可稍松些。轴承的组合设计中，为防止较长轴工作一段时间后受温度影响而伸长，应将轴承设计成一端固定，一端游动。当以不可分离型轴承作为游动支承时(如深沟球轴承)，则应以相对于载荷方向固定的套圈作为游动套圈，轴承套圈与配合件应选择间隙配合或过渡配合。

② 载荷大小。向心轴承载荷的大小用径向当量动载荷 Pr 与径向基本额定动载荷 Cr 的比值区分。当量动载荷 Pr 是通过轴承受力分析经计算得到，不同型号轴承的 Cr 值可查轴承手册得到。$Pr/Cr \leqslant 0.07$ 称为轻载荷，$Pr/Cr > 0.07 \sim 0.15$ 称为正常载荷，$Pr/Cr > 0.15$ 称为重载荷。承受重载荷或冲击载荷的套圈，容易产生变形，使配合面受力不均匀而引起配合松动，故应选较紧的配合，且载荷越大，配合过盈越大。承受较轻载荷的轴承，可选较松的配合。旋转的内圈受重载荷时，其配合轴颈的公差带可选n6、p6等；轴承受正常载荷时，轴颈的公差带可选k5、m5等。

③ 公差等级的选择。轴承与轴颈、外壳孔配合的公差等级与轴承精度有关。与0、6(6X)级轴承相配合的轴颈公差等级一般取IT6，外壳孔公差等级一般取IT7。对旋转精度和运转平稳性有较高要求的场合，应选用较高精度的轴承，同时与轴承配合部位也应提高相应精度。

④ 其他因素的影响。影响选用滚动轴承配合的因素很多，在选择轴承配合时应考虑轴承游隙、轴承的工作温度、轴承的尺寸大小、轴和轴承座的材料、支承安装和调整性能等方面的影响。如滚动轴承在高于100℃的环境中，轴承内圈的配合将变松，外圈的配合将变紧，在选择配合时要注意；采用剖分式的轴承座孔时，为避免轴承的外圈装配到座孔后产生椭圆变形，应采用较松的配合。随着轴承尺寸的增大，选择的过盈配合过盈量应越大，间隙配合的间隙量应越大。采用过盈配合会导致轴承游隙的减小，应检验安装后轴承的游隙是否满足使用要求，以便正确选择配合及轴承游隙。

根据上述因素，选择向心轴承与轴、外壳孔的配合可分别参考表4-18和表4-19。

表4-18　向心轴承和轴的配合轴公差带代号（参考GB/T 275—2015）

运转状态		载荷状态	深沟球轴承、调心球轴承和角接触轴承	圆柱滚子轴承和圆锥滚子轴承	调心滚子轴承	公差带
说明	示例		轴承公称内径/mm			
旋转的内圈载荷及摆动载荷	一般通用机械电动机、机床主轴、泵、内燃机、直齿轮传动装置、铁路机车车辆轴箱、破碎机等	轻载荷	≤18	—	—	h5
			>18~100	≤40	≤40	j6①
			>100~200	>40~140	>40~100	k6①
			—	>140~200	>100~200	m6①
		正常载荷		—	—	j5,js5
			≤40	≤40	≤40	k5②
			>18~140	>40~100	>40~65	m5②
			>140~200	>100~140	>65~100	m6
			>200~400	>140~200	>100~140	n6
			—	>200~400	>140~280	p6
				—	>280~500	r6

续表

运转状态		载荷状态	深沟球轴承、调心球轴承和角接触轴承	圆柱滚子轴承和圆锥滚子轴承	调心滚子轴承	公差带
说明	示例		轴承公称内径/mm			
旋转的内圈载荷及摆动载荷	一般通用机械电动机、机床主轴、泵、内燃机、直齿轮传动装置、铁路机车车辆轴箱、破碎机等	重载荷		>50~140 >140~200 >200 —	>50~100 >100~140 >140~200 >200	n6③ p6③ r6③ r7③
固定的内圈载荷	精致轴上的各种轮子、张紧滑轮、振动筛、惯性振动器	所有载荷	所有尺寸			f6 g6 h6 j6
仅有轴向载荷	所有尺寸					j6,js6
圆锥孔轴承						
所有载荷	铁路机车车辆轴箱	装在退卸套上的所有尺寸				h8(IT6)④⑤
	一般机械传动	装在紧定套上的所有尺寸				h9(IT7)

① 凡对精度有较高要求的场合，应用j5，k5，m5代替j6，k6，m6；
② 圆锥滚子轴承、角接触轴承配合对游隙影响不大，可用k6、m6代替k5、m5；
③ 重载荷下轴承游隙应选大于N组；
④ 凡有较高精度或转速要求的场合，应选用h7（IT5）代替h8（IT6）等；
⑤ IT6、IT7表示圆柱度公差数值。

表4-19 向心轴承和外壳孔的配合孔公差带代号（参考GB/T 275—2015）

运转状态		载荷状态	其他状况	公差带①	
说明	举例			球轴承	滚子轴承
固定的外圈载荷	一般机械、铁路机车车辆轴箱、电机、泵、曲轴主轴承	轻、正常、重	轴向易移动，可采用剖分式外壳	H7,G7②	
		冲击	轴向能移动，可采用整体式或剖分式外壳	J7,JS7	
摆动载荷		轻、正常			
		正常、重	轴向不移动，采用整体式外壳	K7	
		冲击		M7	
旋转的外圈载荷	张紧滑轮 轮毂轴承	轻		J7	K7
		正常		M7	N7
		重		—	N7,P7

① 并列公差带随尺寸的增大从左至右选择，对旋转精度有较高的要求时，可相应提高一个公差等级；
② 不适用于剖分式外壳。

（3）配合表面的相关技术要求

轴承的内外圈为薄壁件，轴颈和外壳孔表面的形状偏差会映射到轴承的内外圈上。因此，需规定与轴承相接合的工件的圆柱度公差。另外，轴肩及外壳孔对其轴线如果不垂直，会造成轴承偏斜，影响轴承的旋转精度。因此，应规定轴肩和外壳孔的端面圆跳动公差。轴和外壳的几何公差见表4-20，具体的标注部位和公差项目见图4-26。为了保证轴承与轴颈、外壳孔的配合性质，轴颈、外壳孔应采用包容原则，同一轴上安装轴承的两轴颈部位应规定其对自身公共轴线的同轴度公差，支承轴承的两个轴承孔也应规定同轴度公差。

表4-20　轴和轴承座孔的几何公差（摘自GB/T 275—2015）

公称尺寸/mm		圆柱度 t				轴向圆跳动 t_1			
		轴颈		轴承座孔		轴肩		轴承座孔肩	
		轴承公差等级							
		0	6(6X)	0	6(6X)	0	6(6X)	0	6(6X)
超过	到	公差值/μm							
—	6	2.5	1.5	4	2.5	5	3	8	5
6	10	2.5	1.5	4	2.5	6	4	10	6
10	18	3.0	2.0	5	3.0	8	5	12	8
18	30	4.0	2.5	6	4.0	10	6	15	10
30	50	4.0	2.5	7	4.0	12	8	20	12
50	80	5.0	3.0	8	5.0	15	10	25	15
80	120	6.0	4.0	10	6.0	15	10	25	15
120	180	8.0	5.0	12	8.0	20	12	30	20
180	250	10.0	7.0	14	10.0	20	12	30	20
250	315	12.0	8.0	16	12.0	25	15	40	25
315	400	13.0	9.0	18	13.0	25	15	40	25
400	500	15.0	10.0	20	15.0	25	15	40	25

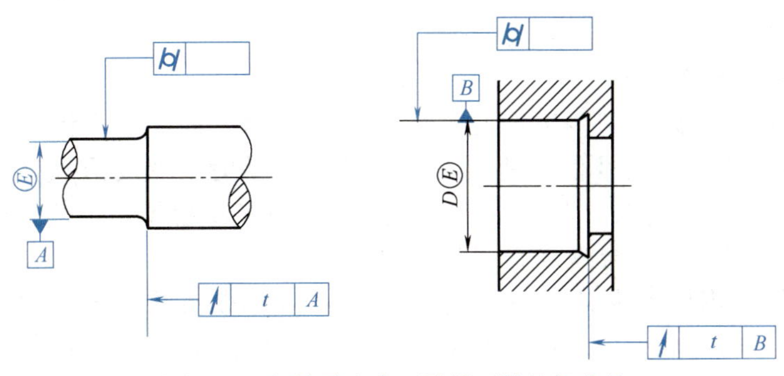

图4-26　与轴承配合面及端面的几何公差

与滚动轴承配合的轴颈和外壳孔的表面粗糙度达不到要求，在装配后会使理论过盈量减小。为了保证轴承的工作性能，规定了两者的表面粗糙度要求。表4-21所列是与轴承配合表面及端面的表面粗糙度的限定值。

表4-21　配合表面及端面的表面粗糙度（参考GB/T 275—2015）

轴或轴承座直径/mm		轴或轴承座配合表面直径公差等级								
		IT7			IT6			IT5		
		表面粗糙度/μm								
超过	到	Rz	Ra		Rz	Ra		Rz	Ra	
			磨	车		磨	车		磨	车
—	80	10	1.6	3.2	6.3	0.8	1.6	4	0.4	0.8
80	500	16	1.6	3.2	10	1.6	3.2	6.3	0.8	1.6
端面		25	3.2	6.3	25	6.3	6.3	10	6.3	3.2

4.2.4 渐开线圆柱齿轮的传动精度与检测

齿轮传动是机械传动的基本形式之一，广泛应用于传递回转运动、传递动力和精密分度。齿轮传动是由齿轮副、轴、轴承和箱体等零件组成的齿轮传动装置来实现的。这些零件的制造和安装精度都将影响机械系统的工作性能、承载能力、使用寿命和工作精度，其中齿轮和齿轮副的精度是主要的影响因素。因此，研究齿轮误差对使用性能的影响、齿轮互换性原理、齿轮精度标准及检测技术，对提高齿轮加工质量和齿轮传动精度具有重要的意义。

4.2.4.1 齿轮的使用要求

齿轮的各项偏差基本上与齿轮的使用要求有关。对齿轮的使用性能要求可归纳为以下 4 个方面。

（1）传递运动的准确性

传递运动的准确性要求齿轮在一转范围内，实际速比相对于理论速比的变动量应限制在允许的范围内，以保证从动齿轮与主动齿轮的运动准确、协调。

（2）传动平稳性

传动平稳性要求齿轮在一个齿距范围内的转角误差的最大值限制在一定范围内，使齿轮副瞬时传动比变化小，以保证传动的平稳性。

（3）载荷分布的均匀性

载荷分布的均匀性要求齿轮啮合时，齿面接触良好，工作面上的载荷分布均匀，以避免因载荷集中在局部区域而使部分齿面载荷过大而出现齿面点蚀、磨损甚至轮齿折断等现象，从而影响齿轮的承载能力和寿命。

（4）齿轮副侧隙的合理性

侧隙即齿侧间隙。齿轮副侧隙的合理性要求啮合轮齿的非工作齿面间应有一定的间隙，用于存储润滑油，以及补偿制造与安装误差或传动时的热变形和弹性变形等，防止咬死。 但是侧隙也不宜过大，对于经常需要正反转的传动齿轮副，侧隙过大会引起换向冲击，产生空程。因此，应合理确定侧隙的数值。

以上 4 项齿轮使用要求中，(1)~(3) 项是针对齿轮提出的要求，(4) 项是对齿轮副的要求。不同用途的齿轮对这 4 项要求的侧重点是不同的。例如，重载低速的轧钢机和起重机的齿轮要求接触良好，所以对齿轮的 (3) 项使用性能要求较高，在设计这种齿轮时，齿轮载荷分布均匀性的偏差项目应给较高的精度等级。又如，一般汽车的变速箱齿轮要求平稳性好，即对齿轮的 (2) 项使用性能要求较高，所以这种齿轮的传动平稳性偏差项目应有较高的精度等级。再如，汽轮机减速器齿轮是在高速重载的情况下工作，对工作平稳性有很高要求的同时又对运动精度和接触精度要求高，另外，为了补偿变形和存储润滑油，齿轮副应有较大的齿侧间隙，因此，设计这种齿轮时，对齿轮的 (1)~(3) 项使用性能要求所对应的偏差项目均应选用较高的精度等级，同时还应给予较大的侧隙量。

4.2.4.2 齿轮误差的种类及产生的原因

齿轮在各种加工、安装过程中产生的误差都会影响齿轮的正常工作。影响齿轮传动质量的因素有很多，主要包括齿轮加工系统中的机床、刀具、夹具和齿坯的加工误差及安装、调整误差，以及影响齿轮副的箱体孔中心线的平行度偏差、两齿轮的中心距偏差和轴、轴套等的制造误差和装配误差等。采用滚齿或插齿等范成法加工齿轮是比较常见的齿轮加工方法，现以滚齿机加工齿轮为例，分析加工过程中产生的误差，如图4-27所示。

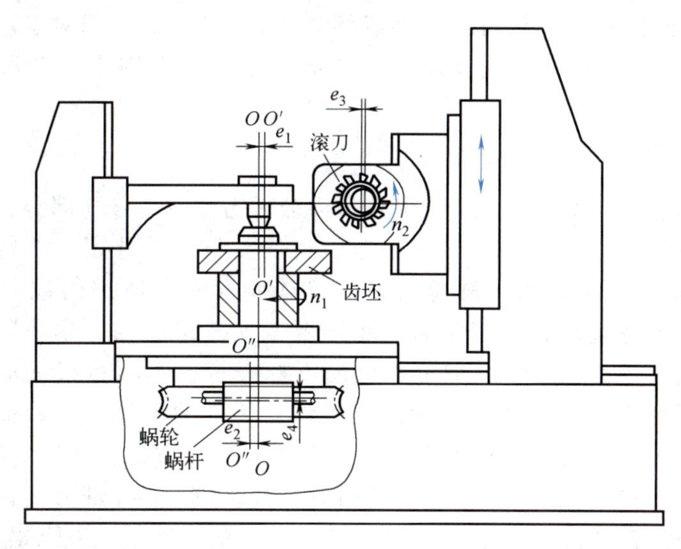

图4-27　滚齿机加工示意

（1）几何偏心误差

几何偏心误差由齿轮齿圈的基准轴线与齿轮工作时的旋转轴线不重合引起。加工时，齿坯定位孔心线$O'O'$与加工齿轮机床心轴OO之间存在间隙，造成齿坯孔基准轴线与机床工作台回转轴线不重合产生几何偏心（偏心距e_1）。滚刀相对机床工作台回转中心距离视为不变时，切削出来的齿轮轮齿相对于工作台回转中心均匀分布，而相对于齿轮基准孔心（齿轮工作时的实际回转中心）存在着径向误差。

（2）运动偏心误差

运动偏心误差由机床分度蜗轮中心线$O''O''$与工作台中心线OO安装不同心（偏距e_2）引起。由于分度蜗轮带动机床工作台以OO轴线为中心转动，分度蜗轮的转动半径在最大值（$r_{蜗轮}+e_2$）和最小值（$r_{蜗轮}-e_2$）之间变化。此时，即使机床传动链的分度蜗杆匀速转动，由于蜗轮蜗杆的中心距周期性变化，使工作台带动齿坯非匀速（时快时慢）转动，由此产生的运动偏心使齿轮齿距产生切向误差。

齿轮轮齿分布在圆周上，其误差具有周期性。在齿轮一转中只出现一次的误差属于长周期误差。几何偏心和运动偏心产生的误差是长周期误差，主要影响齿轮传递运动的准确性。

（3）滚刀的制造和安装误差

加工齿轮的滚刀存在制造和安装误差。滚刀安装误差（e_3）破坏了滚刀和齿坯之间的相对运动关系，使被加工齿轮产生基圆误差，导致基节偏差和齿廓偏差。刀具成形面的近似造型、刀具的制造误差、刃磨误差等因素，会使被切齿轮齿面产生波纹，造成齿廓总偏差。滚刀误差在齿轮一转中重复出现，所以是短周期误差，主要影响齿轮传动的平稳性和载荷分布的均匀性。

（4）机床传动链误差

齿轮加工机床传动链中各个传动元件的制造与安装误差，会影响齿轮的加工精度。例如，分度蜗杆的安装误差和轴向窜动，使分度蜗轮转速发生周期性变化，最终使被加工齿轮出现齿距偏差和齿廓偏差而产生切向误差。机床分度蜗杆造成的齿轮偏差在齿轮一转中重复出现，是短周期误差。

滚齿机刀架导轨相对于工作台回转轴线倾斜或歪斜(即前者相对于后者存在平行度误差)，以及加工时齿坯定位端面与基准孔的中心线不垂直等因素，会形成齿廓总偏差和螺旋线偏差。

4.2.4.3 齿轮精度的评定参数及检测

在GB/T 10095.1—2022《圆柱齿轮 ISO齿面公差分级制 第1部分：齿面偏差的定义和允许值》中，齿轮误差、偏差统称为偏差，将偏差与公差共用一个符号表示。例如，F_α既表示齿廓总偏差，又表示齿廓总公差。单项要素测量所用的偏差符号用小写字母（如f）加上相应的下标表示；而表示若干单项要素偏差组成的“累积”或“总”偏差所用的符号，采用大写字母（如F）加上相应的下标表示。本项目根据加工后齿轮各项误差对齿轮使用性能的影响，从传递运动的准确性、传动的平稳性、载荷分布的均匀性以及齿轮副齿侧间隙四个方面来阐释各自的评定参数及检测方法。

GB/T 10095.1—2022《圆柱齿轮 ISO齿面公差分级制 第1部分：齿面偏差的定义和允许值》规定单个齿轮必检项目是齿距偏差（单个齿距偏差f_{pt}、齿距累积总偏差F_p）、齿廓总偏差F_α、螺旋线总偏差F_β。为了评定齿轮齿厚减薄量（影响齿侧间隙），对于单个齿轮常用齿厚偏差f_{sn}或公法线长度偏差E_{bn}作为检测项目。

（1）影响传递运动准确性的主要齿轮偏差及检测

① 齿距累积偏差（F_{pk}）。齿距累积偏差F_{pk}是指任意k个齿距的实际弧长与理论弧长的代数差（图4-28）。理论上它等于这k个齿距的单个齿距偏差的代数和。图4-28中是k=3（跨3个齿）的齿距累积偏差为F_{p3}。图中的实线表示实际齿廓，虚线表示理论齿廓。

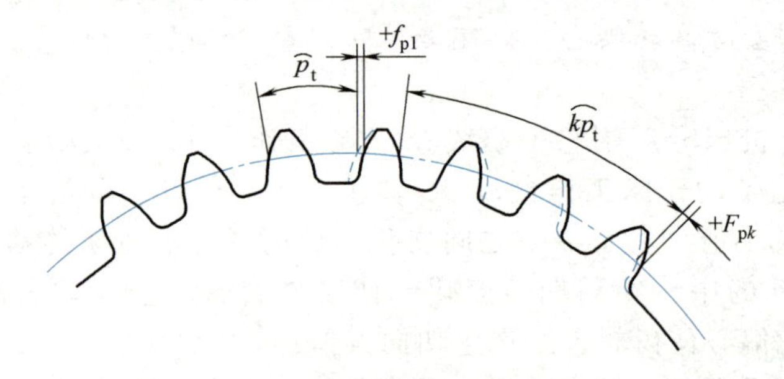

图4-28 齿距累积偏差（F_{pk}）

除非另有规定，F_{pk}值一般限定在不大于1/8的圆周上评定。因此，F_{pk}的允许值适用于齿距数k为2到小于z/8的弧段内。通常F_{pk}取$k \approx z/8$就足够了。对于特殊的应用（如高速齿轮）还需检验较小弧段，并规定相应的k值数。

② 齿距累积总偏差（F_p）。齿距累积总偏差F_p是指齿轮同侧齿面任意弧段（k=1~z）内的最大齿距累积偏差，它表现齿距累积偏差曲线的总幅值，如图4-29所示。图4-29（a）中的细虚线表示公称齿廓，粗实线表示实际齿廓。由图4-29（a）可见，第2~4齿的实际齿距比公称齿距大，是“正”的齿距偏差，第5~8齿的实际齿距比公称齿距小，是“负”的齿距偏差。逐齿累积齿距偏差并按齿序将其画到坐标图上，如图4-29（b）所示，图中的齿距累积偏差变动的最大幅度就是齿距累积总偏差F_p。

测量齿距偏差（F_{pk}、F_p、f_{pt}）可以采用绝对法（直接法）和相对法。其中相对法测量齿距偏差比较常用，所用的仪器有齿距比较仪、万能测齿仪等。手持式齿距比较仪是采用相对法的测量原理，用于测量外啮合直齿轮和斜齿轮的齿距偏差的仪器。具体测量原理及步骤请查阅相关资料。

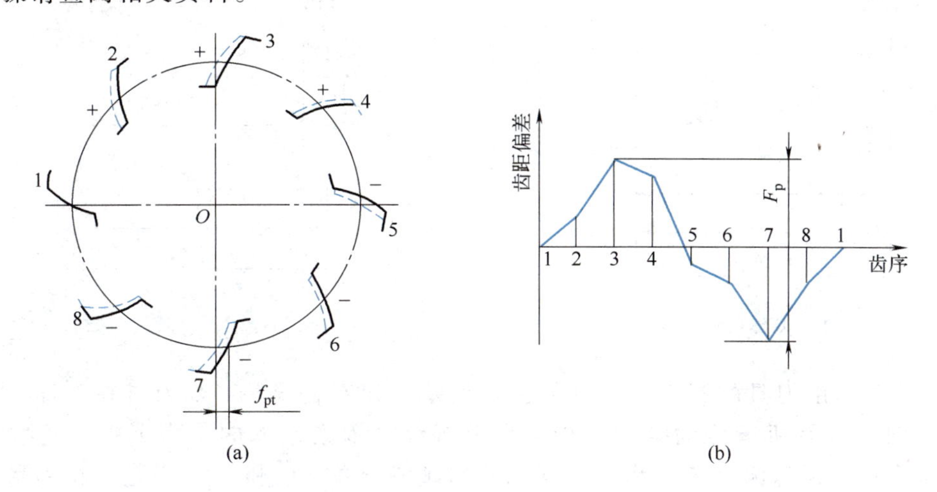

图4-29　齿距累积总偏差F_p

（2）影响传动平稳性的主要齿轮偏差及检测

① 单个齿距偏差（f_{pt}）。单个齿距偏差f_{pt}是指在齿轮端平面上，在接近齿高中部的一个与齿轮轴线同心的圆上，实际齿距与理论齿距的代数差。

单个齿距偏差的测量是与齿距累积偏差测量同时进行的，经过数据处理分别得到f_{pt}、F_{pk}。

② 齿廓总偏差（F_α）

齿廓总偏差是指在计值范围L_α内，包容实际齿廓迹线的两条设计齿廓迹线间的距离，如图4-30所示。该量在端平面内且垂直于渐开线齿廓的方向上计值。齿廓迹线是由齿轮齿廓检查仪在检查齿廓时描绘在纸上或其他适当的介质上的齿廓偏差曲线。设计齿廓的迹线是渐开线（未修形齿廓），工程上也采用修形的设计齿廓（主要是考虑了齿轮的制造和安装误差、承载后轮齿的变形，以及为了降低噪声和改善齿轮的承载能力、提高传动质量而对渐开线齿廓进行的修形）。一般的修形齿廓为凸齿形、修缘齿形等。

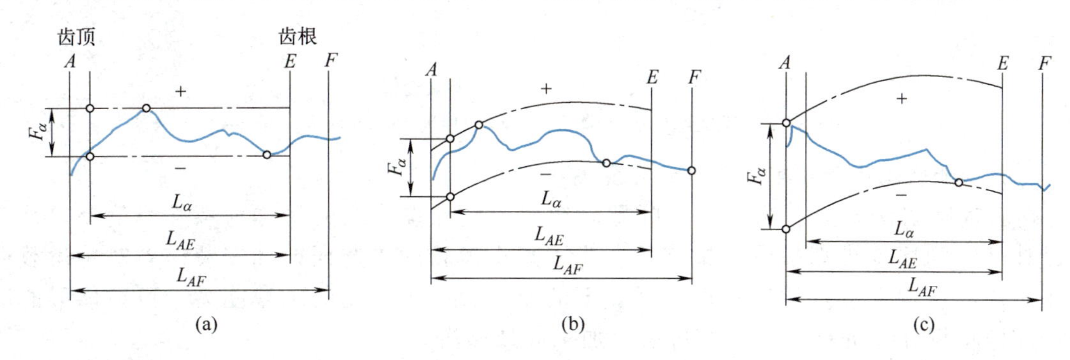

图4-30　齿廓总偏差F_α

③ 齿廓形状偏差（$f_{f\alpha}$）。在计值范围L_α内，包容实际齿廓迹线的两条与平均齿廓迹线走向完全相同的设计齿廓迹线间的距离为齿廓形状偏差$f_{f\alpha}$，且这两条曲线与平均齿廓迹线的距离为常数，如图4-31所示。

④ 齿廓倾斜偏差（$f_{H\alpha}$）。在计值范围L_α内，包容实际齿廓迹线，两端与平均齿廓迹线相交的两条设计齿廓迹线间的距离为齿廓倾斜偏差$f_{H\alpha}$，如图4-32所示。

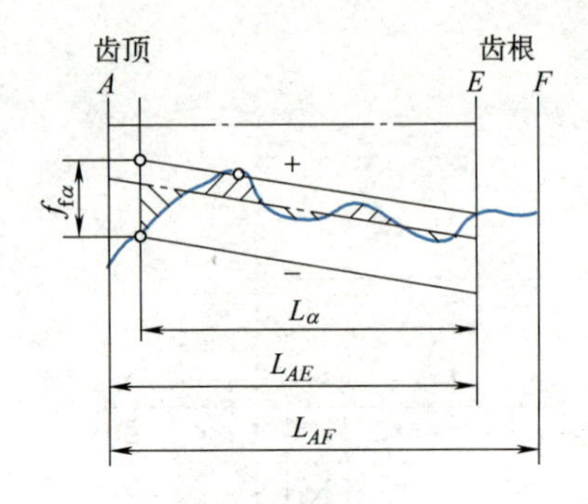

图4-31　齿廓形状偏差$f_{f\alpha}$

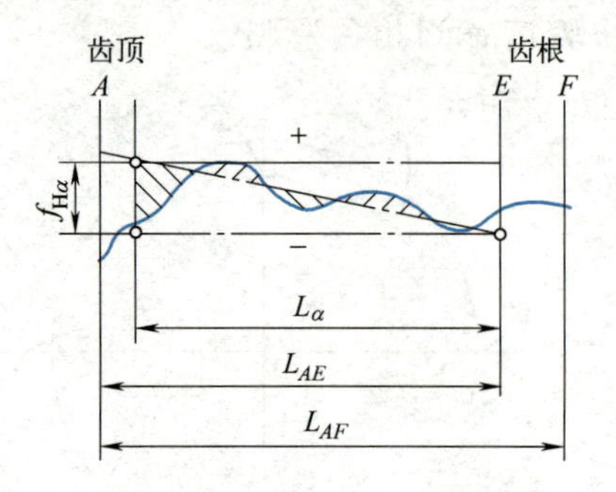

图4-32　齿廓倾斜偏差$f_{H\alpha}$

齿廓偏差是由刀具的制造误差（如齿形误差）和安装误差（如刀具在刀杆上的安装偏心及倾斜）以及机床传动链中短周期误差等综合因素造成的。为了将齿轮按质量分等，只需检验齿廓总偏差F_α。齿廓形状偏差和倾斜偏差（$f_{f\alpha}$和$f_{H\alpha}$）不是必检项目，一般在做工艺分析时，需要检测这两个偏差项目。

齿廓偏差可在渐开线检查仪上测量，图4-33是基圆盘式渐开线检查仪的原理图。应注意的是，修形的设计齿廓迹线不是直线(是适当形状的曲线)，不能将其视为齿廓偏差。齿廓偏差应至少测量在圆周上均布的三个轮齿。

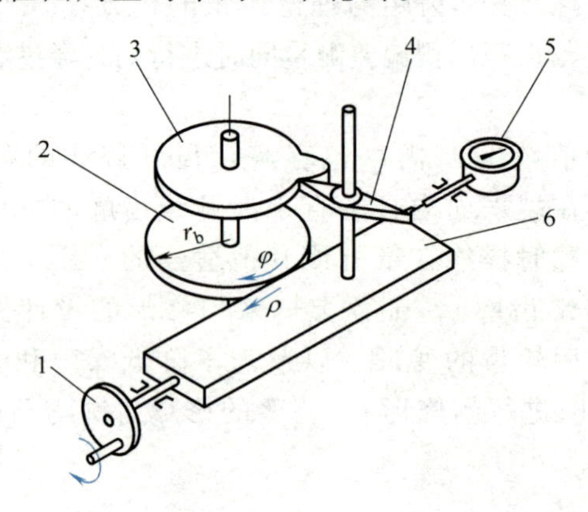

图4-33　基圆盘式渐开线检查仪

1—手轮；2—基圆盘；3—被测齿轮；4—杠杆；5—指示表；6—直尺

(3) 影响齿轮载荷分布均匀性的主要偏差及检测

端面基圆切线方向上测得的实际螺旋线偏离设计螺旋线的量称为螺旋线偏差。凡符合设计规定的螺旋线都是设计螺旋线。为了减小齿轮的制造误差和安装误差对轮齿载荷分布不均的影响，以及补偿轮齿在受载下的变形，提高齿轮的承载能力，可像修形的渐开线那样将螺旋线进行修形，如将齿轮加工成鼓形齿。

齿轮螺旋线的偏差主要包括螺旋线总偏差、螺旋线形状偏差和螺旋线倾斜偏差三种。

① 螺旋线总偏差(F_β)。螺旋线总偏差F_β是在计值范围L_β内，包容实际螺旋线迹线的两条设计螺旋线迹线间的距离。螺旋线总偏差是在齿轮端面基圆切线方向上测得的实际螺旋线偏离设计螺旋线的量，如图4-34所示。在图4-34~图4-36中用点画线表示设计螺旋线的迹线，用粗实线表示实际螺旋线迹线，Ⅰ、Ⅱ分别表示基准面和非基准面，b表

示齿宽，L_β表示螺旋线计值范围。为了改善承载能力，高速重载齿轮的设计螺旋线也可采用修形的形式，此时设计螺旋线迹线是适当形状的曲线。

② 螺旋线形状偏差（$f_{f\beta}$）。螺旋线形状偏差$f_{f\beta}$是在计值范围L_β内，包容实际螺旋线迹线的两条与平均螺旋线迹线走向完全相同的直线（修形的螺旋线则是曲线）间的距离，且两条直线（或曲线）与平均螺旋线迹线的距离为常数，如图4-35所示。

③ 螺旋线倾斜偏差（$f_{H\beta}$）。螺旋线倾斜偏差$f_{H\beta}$是指在计值范围L_β的两端与平均螺旋线迹线相交的设计螺旋线迹线间的距离，如图4-36所示。

上述螺旋线偏差的计值范围L_β等于轮齿两端处各减去5%的齿宽或一个模数的长度（迹线长度），所减数值取两个数值中较小者。平均螺旋线迹线是评价螺旋线形状和倾斜偏差的基准，它是用实际螺旋线迹线按“最小二乘法”求得的直线（修形螺旋线则为曲线），实际螺旋线迹线对平均螺旋线迹线偏差的平方和最小，图4-35和图4-36中的虚线表示平均螺旋线迹线。

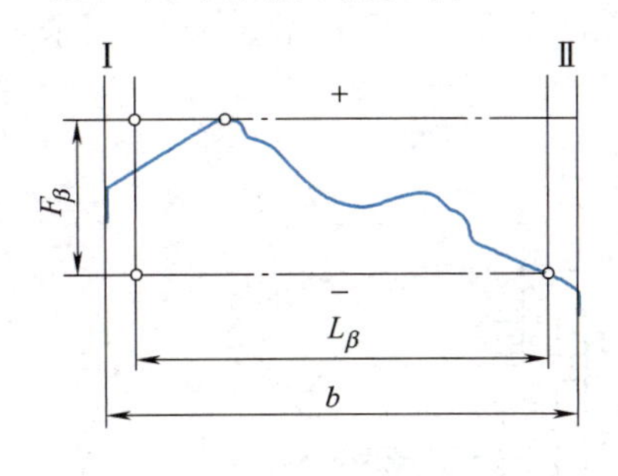

图4-34　螺旋线总偏差

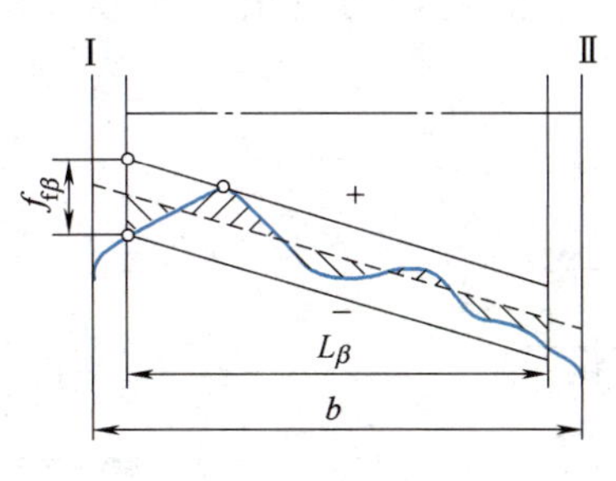

图4-35　螺旋线形状偏差

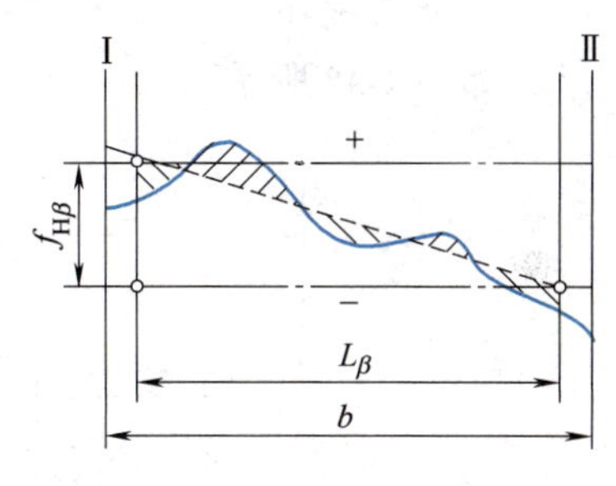

图4-36　螺旋线倾斜偏差

螺旋线的形状偏差和倾斜偏差不是必检项目。一般情况下，被测齿轮只需检测螺旋线总偏差F_β即可。螺旋线偏差反映了在不同截面上齿厚沿轴向的变化情况。直齿轮可看成斜齿轮的特例，即螺旋角β=0。因此，螺旋线偏差适用于直齿轮和斜齿轮。

上述螺旋线偏差均指在端面基圆切线方向上测得的实际螺旋线偏离设计螺旋线的量， 从齿面法向上测得的螺旋线偏差应转换到齿廓端面上来。螺旋线偏差应至少测量在圆周上均布的三个轮齿。

螺旋线偏差影响齿轮的承载能力和传动质量，其测量方法有展成法和坐标法等。展成法是用渐开线螺旋线检查仪、导程仪等仪器进行测量；坐标法则用螺旋线样板检查仪、齿轮测量中心、三坐标测量机等仪器进行测量。

（4）影响侧向间隙的偏差及检测

为了保证齿轮副能在规定的侧隙下运行，必须控制轮齿的齿厚。侧隙不是精度指标，而是齿轮的一项使用要求，它是两个相配齿轮的工作齿面相接触时，在两个非工作齿面之间形成的间隙。

齿轮副侧隙的大小与齿轮的齿厚减薄量有着密切的关系。齿轮齿厚减薄量可由齿厚偏差或公法线长度偏差来控制。通常，大模数齿轮测量齿厚，中小模数齿轮一般测量公法线长度。

① 齿厚偏差。齿厚偏差是在齿轮的分度圆柱面上，齿厚的实际值与公称值之差，如图4-37所示。齿厚偏差是反映齿轮副侧隙要求的单项性指标。

在齿轮分度圆柱上，法向平面的法向齿厚s_n是齿厚理论值（公称齿厚），s_n在具有理论齿厚的齿轮与具有理论齿厚的相配齿轮在理论中心距下无侧隙啮合时计算得到，即

$$s_n = m_n\left(\frac{\pi}{2} \pm 2x\tan\alpha_n\right) \tag{4-6}$$

式中，m_n为法向模数；x为变位系数；α_n为法向压力角。

外齿轮用加号“+”，内齿轮用减号 “–”。

齿厚极限偏差是指齿厚上偏差E_{sns}与齿厚下偏差E_{sni}。其计算公式为

$$E_{sns} = s_{ns} - s_n \tag{4-7}$$

$$E_{sni} = s_{ni} - s_n \tag{4-8}$$

齿厚公差T_{sn}是齿厚上偏差E_{sns}与齿厚下偏差E_{sni}之差，其计算公式为

$$T_{sn} = E_{sns} - E_{sni} \tag{4-9}$$

为了获得适当的齿轮副侧隙，规定用齿厚极限偏差来限制实际齿厚偏差f_{sn}，实际齿厚偏差f_{sn}（实际齿厚与公称齿厚之差）应满足

$$E_{sni} \leqslant f_{sn} \leqslant E_{sns} \tag{4-10}$$

一般情况下，齿厚上下极限偏差均为负值。实际齿厚s_{na}的测量可采用齿厚游标卡尺，如图4-38所示。

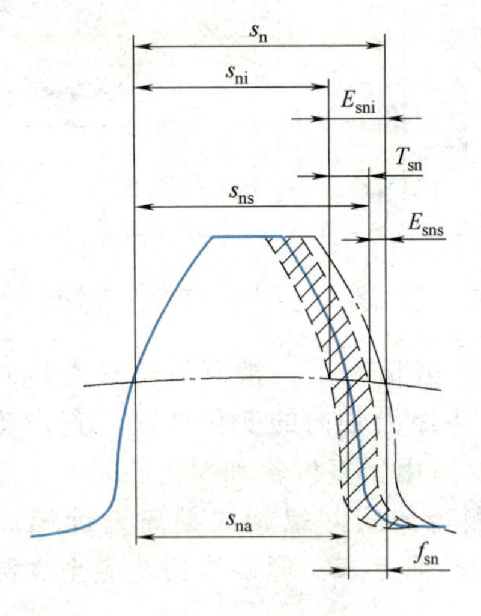

图4-37　齿厚偏差

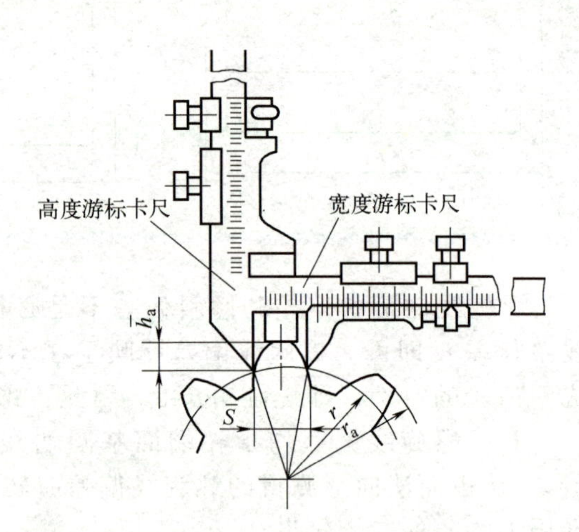

图4-38　齿厚偏差的测量

② 公法线长度偏差。公法线长度是指两相对齿廓上，处于法线刚好重合的两点之间的距离。公法线长度可用图4-39所示的公法线千分尺测量。

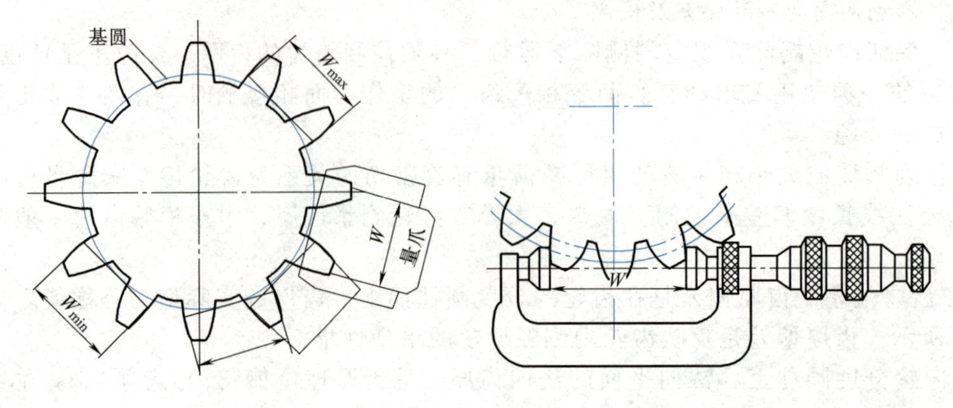

图4-39　用公法线千分尺测量齿轮公法线长度

公法线长度偏差是指在齿轮一转范围内，实际公法线长度 W_{ka} 与公称公法线长度 W_k 之差。由渐开线性质可知，跨 k 个齿的齿廓间所有法线长度都是常数，这样就可以较方便地测量齿轮的公法线长度。如果齿厚有减薄，则相应公法线也会变短。因此，可用公法线长度偏差来评定齿厚的减薄量。

图4-40所示是公法线长度的允许偏差，图中 W_{kthe}（简写为 W_k）、$W_{kactual}$（简写为 W_{ka}）分别指公法线长度的理论值（公称值）和实际值。

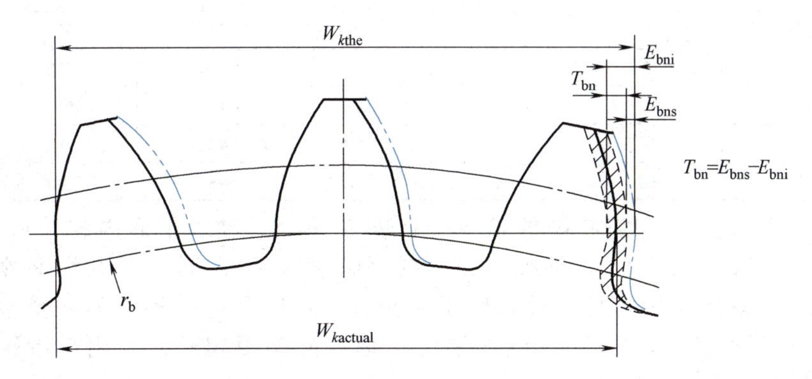

图4-40　公法线长度偏差

被测齿轮的公法线长度的理论值（公称值）可由公式(4-11)得到。

$$W_k=m_n\cos\alpha_n[(k-0.5)\pi+z\mathrm{invi}(\alpha_t)+2x\tan\alpha_n] \quad (4\text{-}11)$$

式中，m_n 为齿轮的法面模数；z 为齿数；α_n 为法面压力角；α_t 为端面压力角；x 为变位系数；$\mathrm{invi}(\alpha_t)$ 为渐开线函数；k 为跨测齿数。

直齿轮、非变位齿轮利用式（4-11）计算 W_k 时，取 $\alpha_n=\alpha_t$，$x=0$。

测量公法线时，为使测量器具的测量面大致与轮齿在齿高中部接触，对于标准直齿轮和斜齿轮（非变位、压力角20°），测量时的跨齿数 k 的计算式如下。

$$k=z/9+0.5\text{（直齿轮）} \quad (4\text{-}12)$$

$$k=z'/9+0.5\text{（斜齿轮）} \quad (4\text{-}13)$$

式中，z' 为斜齿轮的假想齿数，$z'=z\mathrm{invi}(\alpha_t)/\mathrm{invi}(\alpha_n)$。

计算出的 k 值若不是整数，则取最接近的整数作为测量时的跨测齿数。

公法线长度上偏差 E_{bns}、下偏差 E_{bni} 通过齿厚上偏差 E_{sns}、下偏差 E_{sni} 换算得到，即

$$E_{bns}=E_{sns}\cos\alpha_n \quad (4\text{-}14)$$

$$E_{bni}=E_{sni}\cos\alpha_n \quad (4\text{-}15)$$

实测的公法线长度 W_{ka} 应满足下列条件

$$W_k\pm E_{bni}\leqslant W_{ka}\leqslant W_k\pm E_{bns} \quad (4\text{-}16)$$

式中，外齿轮取加号“+”，内齿轮取减号“-”。

4.2.4.4　齿轮副和齿坯精度评定指标

（1）齿轮副评定指标

一对相互啮合的齿轮构成齿轮副，齿轮副偏差的主要评定指标有中心距允许偏差、轴线平行度偏差以及轮齿接触斑点等。

① 中心距允许偏差(f_a)。中心距允许偏差 f_a 是实际中心距与公称中心距的差值。齿轮副存在中心距允许偏差时，会影响齿轮副的侧隙。中心距允许公差是设计者规定的允许偏差，公称中心距是在考虑了最小侧隙及两齿轮齿顶和其相啮合的非渐开线齿廓齿根

部分的干涉后确定的。选择中心距允许极限偏差$\pm f_a$时可参考表4-22。

表4-22　中心距允许极限偏差$\pm f_a$　　单位：μm

齿轮精度等级		1~2	3~4	5~6	7~8	9~10	11~12
f_a		1/2IT4	1/2IT6	1/2IT7	1/2IT8	1/2IT9	1/2IT11
齿轮副的中心距 a/mm	>50~80	4	9.5	15	23	37	95
	>80~120	5	11	17.5	27	43.5	110
	>120~180	6	12.5	20	31.5	50	125
	>180~250	7	14.5	23	36	57.5	145
	>250~315	8	16	26	40.5	65	160
	>315~400	9	18	28.5	44.5	70	180
	>400~500	10	20	31.5	48.5	77.5	200

② 轴线平行度偏差。齿轮副的轴线平行度偏差分为轴线平面内的平行度偏差$f_{\Sigma\delta}$和垂直平面内的平行度偏差$f_{\Sigma\beta}$。轴线平面内的平行度偏差$f_{\Sigma\delta}$是在公共平面测得的两轴线的平行度偏差，该公共平面是由较长轴承跨距L的轴线和另一轴上的一个轴承确定（一条轴线和一个点构成一个平面），或如果两个轴承的跨距相同，则用小齿轮轴和大齿轮轴上的各一个轴承构成公共平面。垂直平面内的平行度偏差$f_{\Sigma\beta}$是在与轴线公共平面相垂直的“交错轴平面”上测量的两轴线的平行度偏差。轴线平行度偏差影响齿长方向的正确接触，如图4-41所示。

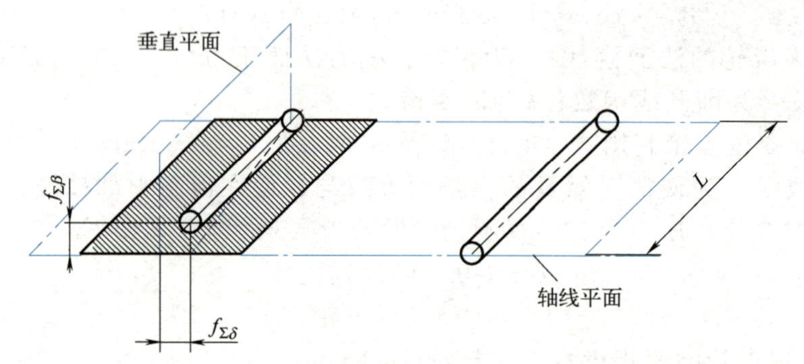

图4-41　轴线平行度偏差

轴线平行度偏差影响齿轮副的接触精度和齿侧间隙，因此对这两种偏差给出了最大推荐值计算公式，即

$$\text{垂直平面内：} f_{\Sigma\beta}=0.5(L/d)F_{\beta} \tag{4-17}$$

$$\text{轴线平面内：} f_{\Sigma\delta}=2f_{\Sigma\beta} \tag{4-18}$$

③ 轮齿接触斑点。接触斑点是装配好的齿轮副，在轻微制动下，运转后在齿面上分布的接触擦亮痕迹。 轮齿的展开图上的接触斑点分布如图4-42所示。

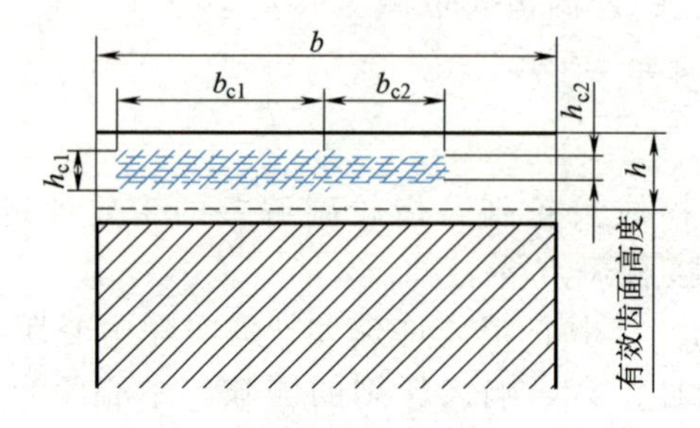

图4-42　轮齿接触斑点分布示意

接触斑点的大小由齿高方向和齿长方向的百分数表示。图中b_{c1}、b_{c2}是齿长方向上较大的接触长度和较小的接触长度；h_{c1}、h_{c2}分别表示齿高方向上的较大接触高度和较小接触高度。用b表示齿宽，h表示有效齿面高度，则齿轮在不同精度时轮齿的接触斑点要求见表4-23。

表4-23 齿轮装配后的接触斑点（GB/Z 18620.4—2008） 单位：%

精度等级	直齿轮				斜齿轮			
	b_{c1}占齿宽的百分比	h_{c1}占有效齿面高度的百分比	b_{c2}占齿宽的百分比	h_{c2}占有效齿面高度的百分比	b_{c1}占齿宽的百分比	h_{c1}占有效齿面高度的百分比	b_{c2}占齿宽的百分比	h_{c2}占有效齿面高度的百分比
4及更高	50	70	40	50	50	50	40	30
5和6	45	50	35	30	45	40	35	20
7和8	35	50	35	30	35	40	35	20
9~12	25	50	25	30	25	40	25	20

安装在箱体的齿轮副的接触斑点可评估轮齿间的载荷分布情况，测量齿轮与产品齿轮的接触斑点可评估产品齿轮装配后的螺旋线和齿廓精度。接触斑点的检查比较简单，经常用在大齿轮或现场没有检查仪的场合。

（2）齿轮坯精度评定指标

齿轮坯的加工精度影响齿轮的加工、检查和安装精度。给出较高精度的齿轮坯公差比加工高精度齿轮更经济，因此应给出合理的齿轮坯相应的公差项目。其主要的公差项目包括基准面、安装面、工作面的形状公差，齿轮坯尺寸公差，齿轮表面粗糙度。

① 基准面、安装面、工作面的形状公差。基准圆柱面应给定圆柱公差或圆柱度公差；基准平面应给定平面度公差；当基准轴线与工作轴线不同轴时，应给出工作安装面（安装轴承处）跳动公差。各项几何公差见表4-24和表4-25。

表4-24 基准面与安装面的形状公差

确定轴线的基准面	公差项目		
	圆度	圆柱度	平面度
两个“短的”圆柱或圆锥形基准面	$0.04(L/b)F_\beta$或$0.1F_p$，取两者中小值		
一个“长的”圆柱或圆锥形基准面		$0.04(L/b)F_\beta$或$0.01F_p$，取两者中小值	
一个“短的”圆柱面和一个端面	$0.06F_p$		$0.06(D_d/b)F_\beta$

注：齿轮坯的公差应减至能经济制造的最小值。

表4-25 基准面的跳动公差

确定轴线的基准面	跳动量（总的指示幅度）	
	径向	轴向
仅指圆柱或圆锥形基准面	$0.15(L/b)F_\beta$或$0.3F_p$，取两者中大值	
用一个圆柱面和一个端面确定基准面	$0.3F_p$	$0.2(D_d/b)F_\beta$

注：齿轮坯的公差应减至能经济制造的最小值。

② 齿轮坯尺寸公差。齿轮坯尺寸公差涉及齿顶圆直径、齿轮轴轴颈直径、盘状齿轮基准孔直径等公差。GB/Z 18620.4—2008《圆柱齿轮 检测实施规范 第4部分：表面结构和轮齿接触斑点的检验》中只给出了原则性的意见，即齿轮坯的公差应减至能经济制造的最小值，以及应适当选择齿顶圆直径的公差以保证最小限度的设计重合度，同时又

具有足够的“顶隙”。在设计齿轮坯尺寸公差时，可参考表4-26。

表4-26　齿轮坯尺寸公差（摘自GB/Z 18620.4—2008）

齿轮精度等级	3	4	5	6	7	8	9	10	11	12
盘状齿轮基准孔直径公差	IT4		IT5	IT6	IT7		IT8		IT9	
齿轮轴轴颈直径公差	通常按滚动轴承的公差等级确定									
齿顶圆直径公差	IT7			IT8			IT9		IT11	

注：1. 齿轮的各项精度不同时，齿轮基准孔的尺寸公差按齿轮的最高精度等级；

2. 标准公差IT值见标准公差表；

3. 齿顶圆柱面不作为测量齿厚的基准面时，齿顶圆直径公差按IT11给定，但不得大于0.1mm。

③ 齿轮表面粗糙度。齿轮齿面的表面结构会对齿轮的传动精度和抗疲劳性能等产生影响。齿面的表面粗糙度的推荐极限值见表4-27。

表4-27　齿面表面粗糙度的推荐极限值（摘自GB/Z 18620.4—2008）　　单位：μm

齿轮精度等级	*Ra*			*Rz*		
	模数*m*/mm					
	m≤6	6<*m*≤25	*m*>25	*m*≤6	6<*m*≤25	*m*>25
1	—	0.04	—	—	0.25	—
2	—	0.08	—	—	0.5	—
3	—	0.16	—	—	1.0	—
4	—	0.32	—	—	2.0	—
5	0.5	0.63	0.80	3.2	4.0	5.0
6	0.8	1.00	1.25	5.0	6.3	8.0
7	1.25	1.6	2.0	8.0	10.0	12.5
8	2.0	2.5	3.2	12.5	16	20
9	3.2	4.0	5.0	20	25	32
10	5.0	6.3	8.0	32	40	50
11	10.0	12.5	16	63	80	100
12	20.0	25	32	125	160	200

基准面的尺寸精度根据与之配合面的配合性质选定，齿轮的基准孔、基准端面、径向找正用的圆柱面、齿顶圆柱面（作为测量齿厚偏差的基准时）的表面粗糙度值可参考表4-28。齿轮轴颈的表面粗糙度值可按与之配合的轴承的公差等级确定。

表4-28　齿轮基准面的表面粗糙度轮廓幅度参数　　单位：μm

齿轮精度等级	3	4	5	6	7	8	9	10
齿轮的基准孔	≤0.2	≤0.2	0.2~0.4	≤0.8	0.8~1.6	≤1.6	≤3.2	≤3.2
端面、齿顶圆柱面	0.1~0.2	0.2~0.4	0.4~0.8	0.4~0.8	0.8~1.6	1.6~3.2	≤3.2	≤3.2
齿轮轴的轴颈	≤0.1	0.1~0.2	≤0.2	≤0.4	≤0.8	≤1.6	≤1.6	≤1.6

4.3　任务实施

4.3.1　平键键槽几何量误差的检测

在单件或小批量生产中，平键键槽的尺寸误差通常采用游标卡尺、千分尺等通用计量器具进行测量，键槽对其轴线的对称度误差可采用“平板+V形架+带表的测架”装置进行测量。

如图 4-43（a）所示零件，测量其键槽对轴线的对称度误差的示意图见图 4-43（b）。测量步骤如下。

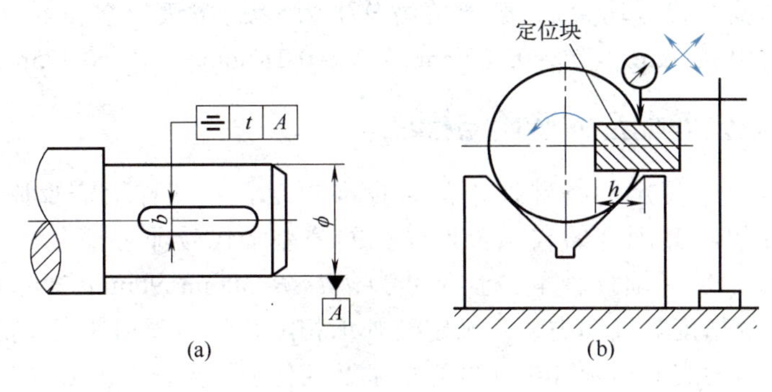

图 4-43　键槽对称度误差的测量

① 将与键槽宽度相等的定位块插入键槽，将零件安放在V形架上，用V形架模拟基准轴线。

② 调整被测零件，使定位块沿径向与平板平行，测量定位块至平板的距离。

③ 将被测零件旋转180°，重复②的测量，得到该横截面上、下两对应点的读数差a，则该横截面上的对称度误差可表示为

$$f_{截}=ah/(d-h)$$

式中，d为轴的直径；h为键槽深。

④ 重复②和③，沿键槽长度方向测量若干个截面，取$f_{截}$在整个键槽长度上的最大值作为该零件的对称度误差。

在成批生产中，键槽的尺寸及键槽的中心平面对轴线的对称度误差的测量可分别采用键槽尺寸量规和键槽对称度量规，如图 4-4 和图 4-5 所示。

4.3.2　普通螺纹的标注与识读

例 4-1　识读螺纹标记 M22×1.5-7g6g-24-LH 的含义。

螺纹的标注

解： M—普通螺纹代号；

22—普通螺纹公称直径；

1.5—细牙螺纹螺距（粗牙螺距不注）；

7g—螺纹中径公差带代号，字母小写代表外螺纹；

6g—螺纹顶径公差带代号，字母小写代表外螺纹；

24—螺纹旋合长度值；

LH—左旋（右旋不注）。

例 4-2 一对M20×2-6H/5g6g的内、外螺纹配合，试查表确定内、外螺纹的中径、小径和大径的公称尺寸及公差。

解： ①确定内、外螺纹的中径、小径和大径的公称尺寸

已知标记中的公称直径为螺纹大径的公称尺寸，即$D=d=20$mm。

从普通螺纹各参数的关系可知

$$D_1=d_1=d-1.0825P=17.835\text{（mm）}$$

$$D_2=d_2=d-0.6495P=18.701\text{（mm）}$$

实际生产中，可直接查表4-8确定。

② 确定内、外螺纹的中径、小径公差

内螺纹中径、顶径（小径）的基本偏差代号均为H，公差等级为6级；外螺纹的中径、顶径（大径）基本偏差代号均为g，公差等级分别为5级、6级。查表4-10和表4-11可知

$$T_{d2}=0.125\text{mm},\quad T_{d1}=0.280\text{mm},\quad T_{D2}=0.212\text{mm},\quad T_{D1}=0.375\text{mm}$$

4.3.3 滚动轴承公差配合的选用与标注

由于滚动轴承公差规定的特殊性，国家标准规定，在图样上需反映滚动轴承的公差配合时，只需标注出与其配合的轴颈及外壳孔的公差带代号即可。

某C616型车床主轴后轴颈轴承，其尺寸为$d\times D\times B$=50mm×90mm×20mm，旋转精度要求较高。试选择轴承的精度等级和类型；确定与轴承相配合的轴颈和外壳孔的精度，并画出公差带图；确定配合面的表面结构（粗糙度）要求及几何公差要求，并在图样上完成标注。

（1）确定轴承精度等级和类型

C616型车床属于普通机床，根据轴承公差等级及类型选用的条件，与后轴颈相配合的轴承可选用公差等级为6级的单列向心球轴承(210)。

查表4-16与表4-17，单一平面平均内径公差Δd_{mp}的上极限公差为0，下极限公差为−10μm；单一平面平均外径公差ΔD_{mp}的上极限公差为0，下极限公差为−13μm。

（2）确定轴颈和外壳孔的精度

① 轴颈。根据已知条件，从表4-18查得，与轴承内圈配合的轴颈的公差带应选j6，但考虑到该机床选择精度要求较高（参见表4-18中的注①），应选用j5。

② 外壳孔。根据已知条件，从表4-19查得，与轴承外圈配合的外壳孔的公差带应选J7。

图4-44所示为轴承、轴颈及外壳孔尺寸公差带图，从图中可以看出，内圈配合比外圈配合稍紧，是由于机床主轴随内圈旋转，且旋转精度有较高的要求，故所选配合符合要求。

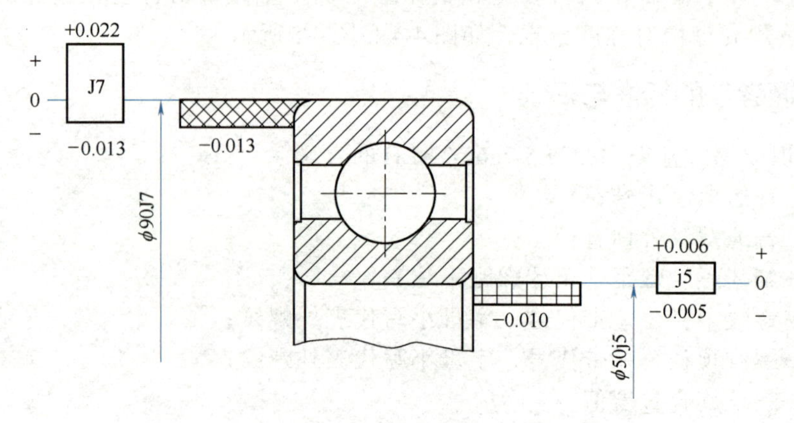

图4-44 轴承、轴颈及外壳孔尺寸公差带图

（3）配合面的表面结构（粗糙度）要求

查表4-21，外壳孔的表面粗糙度选 *Ra*1.6μm，外壳孔端面的表面粗糙度选 *Ra*3.2μm；轴颈的表面粗糙度选 *Ra*0.4μm，轴肩端面的表面粗糙度选 *Ra*3.2μm。

（4）几何公差要求

查表4-20，外壳孔表面的圆柱度公差为10μm，外壳孔端面的轴向圆跳动公差为25μm；轴颈表面的圆柱度公差为4μm，轴肩端面的轴向圆跳动公差为12μm。

（5）轴承配合的标注

轴承的尺寸公差、几何公差及表面结构要求的标注如图4-45所示。

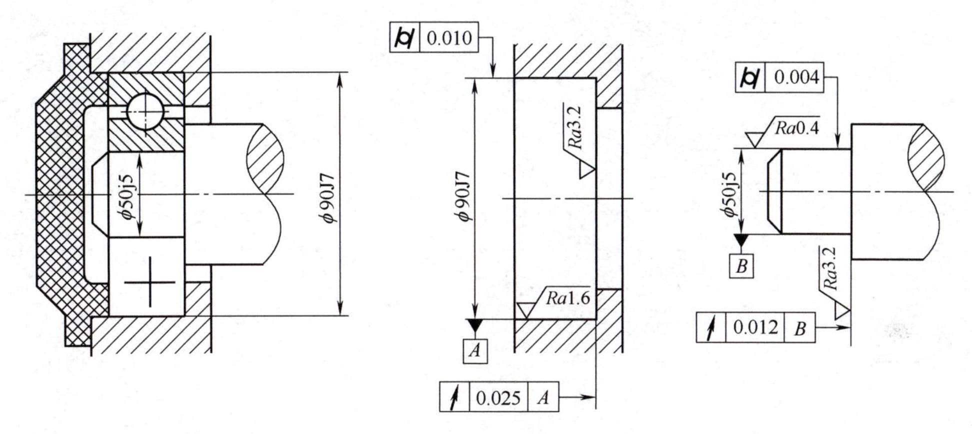

图4-45　轴承尺寸公差、几何公差及表面结构要求的标注

项目小结

本项目主要学习了常用结构件公差与配合的标注、识读、选用及其几何量误差的检测方法。通过本项目的学习，学生应了解常用结构件相关国家标准，掌握键、螺纹、轴承等标准件的公差与配合的标注、识读与选用方法，掌握渐开线圆柱齿轮的加工与安装误差对齿轮传动精度的影响、齿轮精度的主要评定参数与检测方法。本项目的主要知识（技能）点如下：

① 普通平键、键槽、矩形花键的公差要求及标注、识读与检测方法；

② 普通螺纹的主要参数，螺纹的标记、识读及检测方法；

③ 滚动轴承公差配合的选用及标注方法；

④ 渐开线圆柱齿轮及其传动精度的评定参数与检测方法。

巩固与提高

简答题

1. 在平键连接中，键宽和键槽宽的配合采用哪种基准制？为什么？

2. 平键连接的配合种类有哪些？各应用于什么场合？平键连接为什么要限制键和键槽的对称度误差？

3. 矩形花键的主要几何参数有哪些？在矩形花键连接中，通常采用的是哪种定心方式？为什么？

4. 花键连接和单键连接相比，有哪些优缺点？

5. 普通螺纹的几何参数有哪些？其中影响螺纹互换性的主要几何参数是哪几项？

6. 螺纹的检测方法分为哪两大类？各适用于哪种场合？内、外螺纹中径是否合格的判断原则是什么？

7. 试解释下列螺纹标记的含义。

（1）M22×1，5-5H6H-L；　　（2）M12-5g6g；

（3）M10×1-6H-LH；　　（4）M30-6H/5g。

8. 滚动轴承的公差等级有哪几种？代号是什么？应用较多的是哪些等级？

9. 滚动轴承的内、外径公差带有何特点？滚动轴承与轴颈和外壳孔的配合分别采用哪种基准制？

10. 齿轮传动的使用要求有哪些？齿轮误差的种类及产生的原因是什么？

11. 渐开线圆柱齿轮精度的评定参数有哪些？单个齿轮检测时必检的偏差项目是哪几项？

12. 用公法线千分尺测量齿轮公法线长度时，跨测齿数 k 如何确定？

项目5

精密测量技术应用

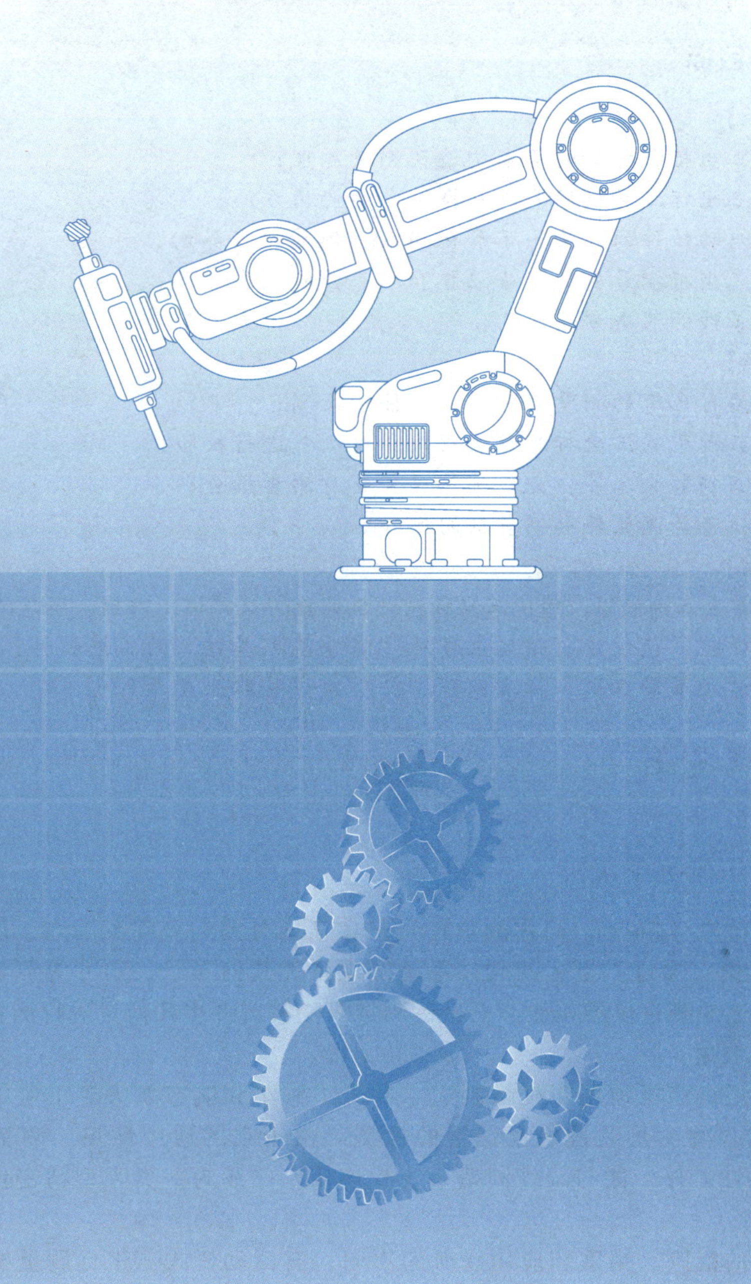

5.1 项目描述及学习目标

5.1.1 项目描述

精密测量又称工程测量，是机械工业发展的基础和先决条件，在机械生产制造的加工过程中广泛应用。从生产发展的历史来看，机械加工精确度的提高总是与测量技术的发展水平密切相关。材料精密加工、精密测量与控制是现代精密制造工程的三大支柱，对于精密制造工程，测量与控制是使其发展的促进因素，测量的精确度和效率在一定程度上决定了精密制造技术的水平。

5.1.2 学习目标

【知识目标】

（1）了解三坐标测量机的基本构造及测量原理；

（2）掌握三坐标测量机的开机和操纵盒的使用方法；

（3）掌握启动软件的方法，了解PC-DMIS测量软件界面；

（4）掌握三坐标测量机的测头配置和测头校验方法；

（5）掌握工件的装夹方法。

【技能目标】

（1）能够运行已有的测量程序完成工件的检测；

（2）能够正确配置三坐标测量机测头并对测头进行校验；

（3）能够正确装夹工件，会正确保存和查看测量报告；

（4）能够执行关闭软件和测量机的操作。

【素养目标】

（1）培养学生正确使用、维护三坐标测量机的能力及严谨、准确、规范的检测操作习惯；

（2）培养学生严谨细致、精益求精及“零缺陷无差错”的工匠精神；

（3）培养学生质量意识、标准意识、安全意识等职业素养。

5.2 任务资讯

5.2.1 认识三坐标测量机

三坐标测量机（CMM，简称测量机）是在三维可测的空间范围内，能够根据测头系统返回的点数据，通过三坐标的软件系统实现各类几何形状、尺寸等测量的仪器。与简单的、单一用途的测量仪器相比，三坐标测量机能够对许多几何量进行测量，并且快速准确地给出评价数据。

三坐标测量机广泛地用于机械制造、电子、汽车和航空航天等工业中。它可以进行零件和部件的尺寸、形状及相互位置的检测。由于它的通用性强、测量范围大、精度高、效率高、性能好、能与柔性制造系统相连接，已成为一类大型精密仪器，有“测量中心”之称。

根据测量的范围、精度和应用场所的不同，有活动桥式三坐标测量机、龙门式三坐标测量机、水平悬臂式三坐标测量机、车间型三坐标测量机、复合型三坐标测量机、关节臂式三坐标测量机、激光跟踪仪测量系统等多种不同类型的三坐标测量机。

（1）三坐标测量机的基本组成（图5-1）

三坐标测量机由测量机主机、控制系统、测头测座系统、计算机（测量软件）几部分组成。

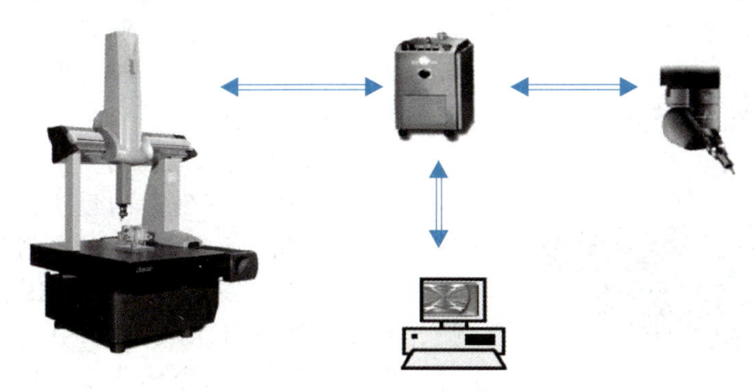

图5-1　三坐标测量机的基本组成

三坐标测量机主机的结构形式主要有以下五种：

① 活动桥式。活动桥式是使用最为广泛的结构形式[图5-2（a）]。它的特点是结构简单，开敞性比较好，视野开阔，拆装零件方便，运动速度快，精度比较高。其有小型、中型、大型几种形式。

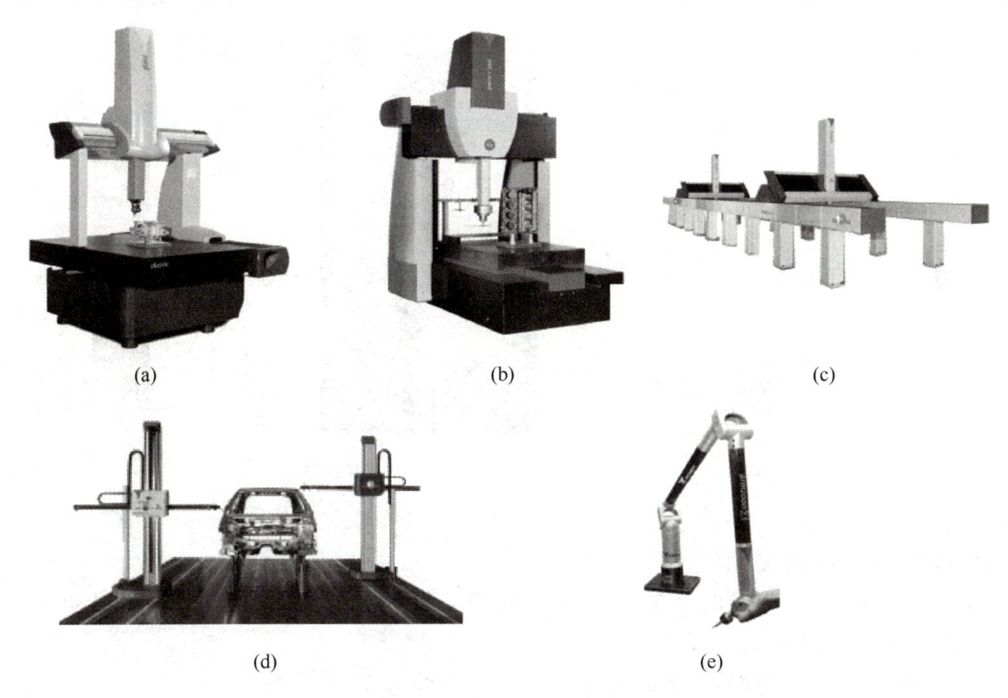

(a)　(b)　(c)　(d)　(e)

图5-2　三坐标测量机的结构形式

② 固定桥式。固定桥式由于桥架固定，刚性好，由动台中心驱动，中心光栅阿贝误差小，精度非常高，是高精度和超高精度的三坐标测量机的首选结构式，如图5-2（b）所示。

③ 固高架桥式。固高架桥式适用于大型和超大型三坐标测量机，进行航空、航天、船舶工业的大型零件或大型模具的测量。一般采用双光栅、双驱动等技术提高精度，如

图5-2（c）所示。

④ 水平臂式。水平臂式三坐标测量机开敞性好，测量范围大，可以由两台机器共同组成双臂三坐标测量机，尤其适合汽车工业钣金件的测量。

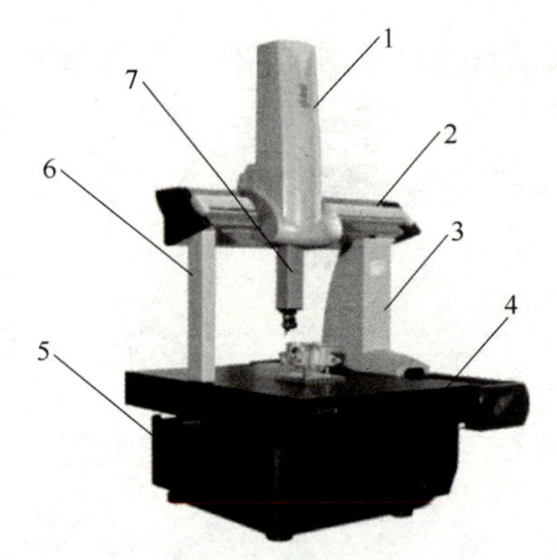

图5-3　活动桥式测量机

1—Z向外罩；2—X向横梁；3—主腿；4—花岗石工作台；5—底座；6—辅腿；7—测座

⑤ 关节臂式。关节臂式三坐标测量机具有非常好的灵活性，适合携带到现场进行测量，对环境条件要求比较低。

（2）活动桥式三坐标测量机

① 活动桥式三坐标测量机的构成。活动桥式三坐标测量机（简称活动桥式测量机）由Z向外罩、X向横梁、主腿、花岗石工作台、底座、辅腿、测座和测头等组成（图5-3）。

② 活动桥式三坐标测量机的工作原理。三坐标测量机工作时，X、Y、Z三轴一起移动，驱动测头与被测零件接触。在接触时，将当前坐标信息发送至计算机端，然后由软件进行汇总分析，进而完成测量。

（3）三坐标测量机移动控制

三坐标测量机的移动控制是由操纵盒（图5-4）来完成的，可以利用操纵盒实现如下功能：

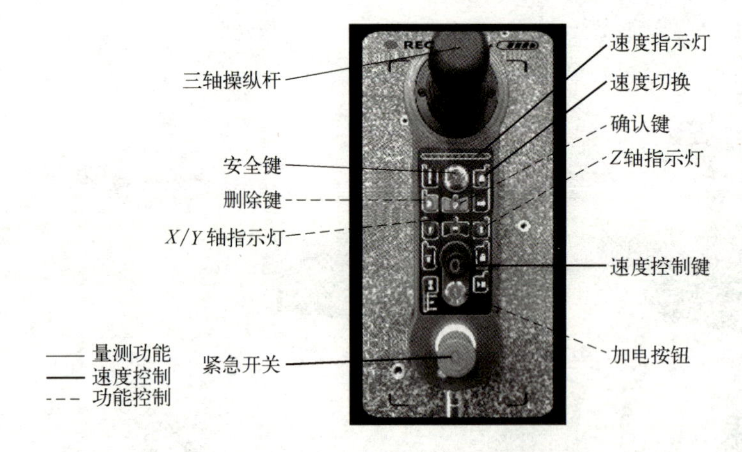

图5-4　操纵盒

① 实现量测功能。

三轴操纵杆：控制X、Y、Z三轴移动。

安全键：用操纵杆测量时，需同时按住此键，操纵杆有效，测量机才能移动。

② 实现速度控制功能。

速度切换：灯亮时为慢速运动状态，灯灭时为快速运动状态。

速度控制键：调节三轴运行速度的快慢。

速度指示灯：运行速度百分比指示灯。

紧急开关：移动紧急停止开关。

③ 实现功能控制功能。

确认键：触测后单击，将触点坐标信息发送给计算机。相当于“回车”键。

删除键：删除确认键确认的前一条测点信息。

X、Y、Z轴指示灯：X、Y、Z轴指示灯灯灭，轴锁定。

加电按钮：灯亮时测量机才能运动，出现任何保护时，灯灭。

5.2.2　三坐标测量机测头的定义与校准

以设备型号为INNOVA CLASSIC 06.08.06的活动桥式测量机为例（图5-5），介绍三坐标测量机的开关机及测头的定义与校准方法。该设备的型号中的06.08.06指的是：X轴行程600mm，Y轴行程800mm，Z轴行程600mm。该设备的参数见表5-1。

表5-1　INNOVA　CLASSIC　06.08.06设备参数

性能指标，最大允许误差MPE/μm，L/mm			最大三维速度/(mm/s)	最大三维加速度/(mm/s^2)
测头配置	标准温度范围18~22℃			
	MPEe	MPEp		
HP-TM	1.9+3L/1000	2.0	866	4300

（1）启动测量机

① 开机前准备。

a. 检查机器的外观及机器导轨上是否有障碍物；

b. 对导轨及工作台面进行清洁；

c. 检查温度、湿度、气压、配电等是否符合要求。

➢温度：测量机环境温度的参数主要包括温度范围、温度时间梯度、温度空间梯度。

温度范围：20℃±2℃。

温度时间梯度：≤1℃/h或≤2℃/（24h）。

温度空间梯度：≤1℃/m。

➢湿度：空气相对湿度，25%~75%（推荐40%~60%）。

➢震动：如果机床周围有大的振源，需要根据减震地基图纸准备地基或者配置自动减震设备。

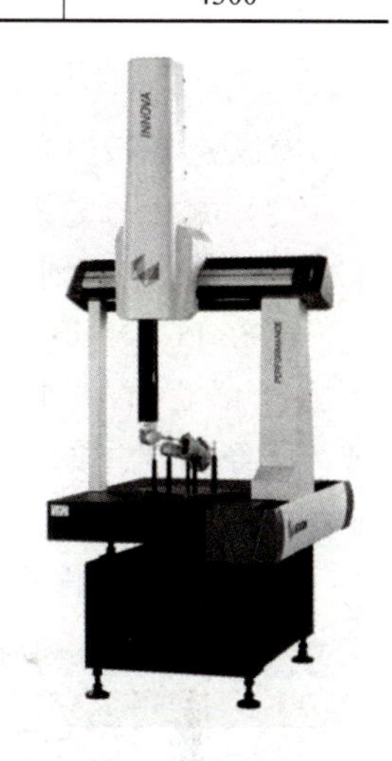

图5-5　INNOVA CLASSIC 06.08.06

➢电源一般配电要求如下：

电压：交流200（1±10%）V。

独立专用接地线：接地电阻≤4Ω。

➢气源：要求无水、无油、无杂质，供气压力>0.5MPa。

② 测量机开机。

a. 打开气源（气压高于0.5MPa）；

b. 开启控制柜电源，系统进入自检状态（操纵盒所有指示灯全亮），开启计算机电源；

c. 系统自检完毕（操纵盒部分指示灯灭），长按加电按钮2s加电；

d. 启动PC-DMIS，测量机进行回零点（回家）操作；

e. 选择当前的默认测头文件（如当前无配置的测头，则选择未连接测头）；

f. 测量机回零点后，进入PC-DMIS工作界面，测量机开机完成。

③ 测量机关机。

a. 首先将测头移动到安全的位置和高度（避免造成意外碰撞）；

b. 退出PC-DMIS，关闭控制系统电源和测座控制器电源；

c. 关闭计算机，关闭气源。

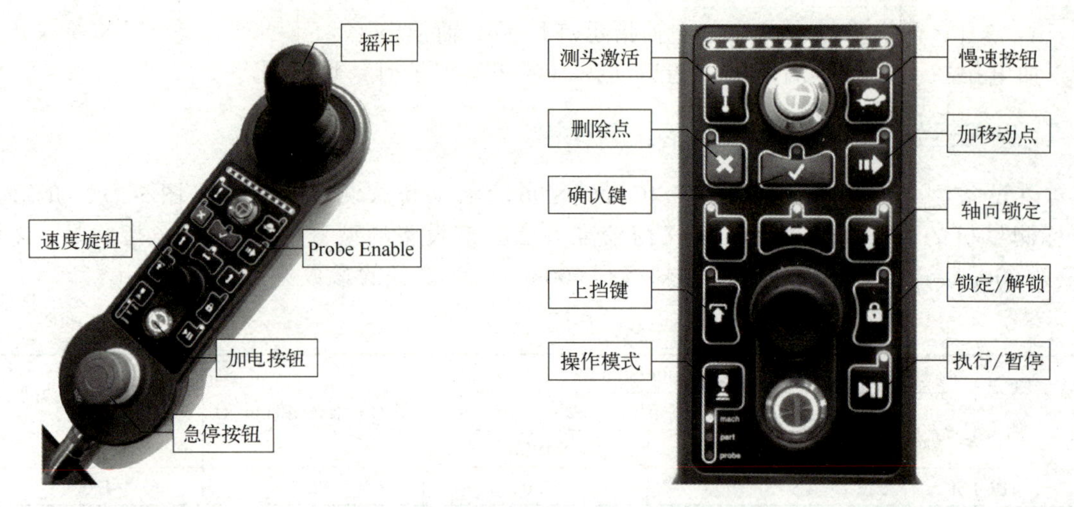

图5-6　操纵盒各按键功能

操纵盒各按键的功能如图5-6所示。

（2）测头的定义与校准

① 第一步：创建一个新的零件程序。

a. 在PC-DMIS图标上双击打开PC-DMIS。PC-DMIS也可以通过选择“开始”按钮，再选择“程序”中的“PC-DMIS FOR WINDOWS”打开，会出现“打开文件”对话框。已经创建过的程序必须在此对话框中调用。

b. 如要创建一个新文件，单击“取消”按钮关闭此对话框。

c. 单击“文件新建”进入“新建零件程序”对话框（图5-7）。

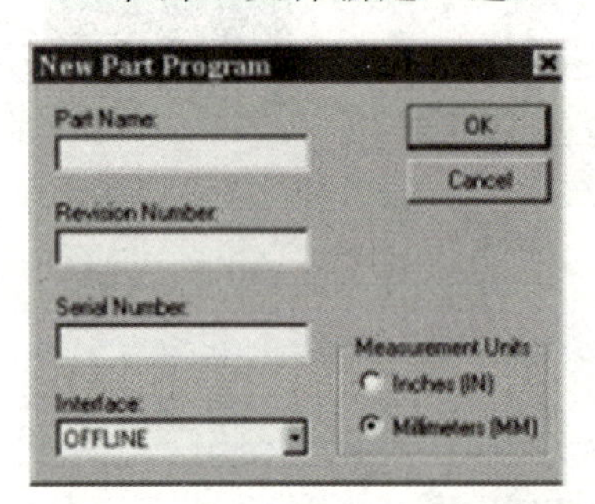

图5-7　“新建零件程序”对话框

d. 在零件名称中键入“TEST”。

e. 选择工件单位“mm”。

f. 在接口下拉菜单中选择联机。

g. 在“新建零件程序”对话框中单击“确定”，PC-DMIS将创建新的零件程序。

② 第二步：定义测头。只要创建了一个新的零件程序，PC-DMIS会打开通信接口，随之打开“测头功能”对话框［图5-8（a）］，即可进行测头编辑和选择。

“测头功能”对话框中的测头说明区域用来定义零件程序中的测头、延长杆、测针。“测头说明”下拉菜单显示了以字母顺序排列的可用测头选项。

在“测头功能”对话框中加载测头：

a. 在“测头文件”框中，输入测头名称。当创建其他零件程序时，“测头功能”对话框将出现该可用测头以供选择。

b. 选择“未定义测头”。

c. 在“测头说明”下拉菜单中使用鼠标选择所需测头，或用箭头加亮选择后按下Enter键。

d. 选择“空连接1”再继续选择必需的测头组件，直到完整地创建测头。

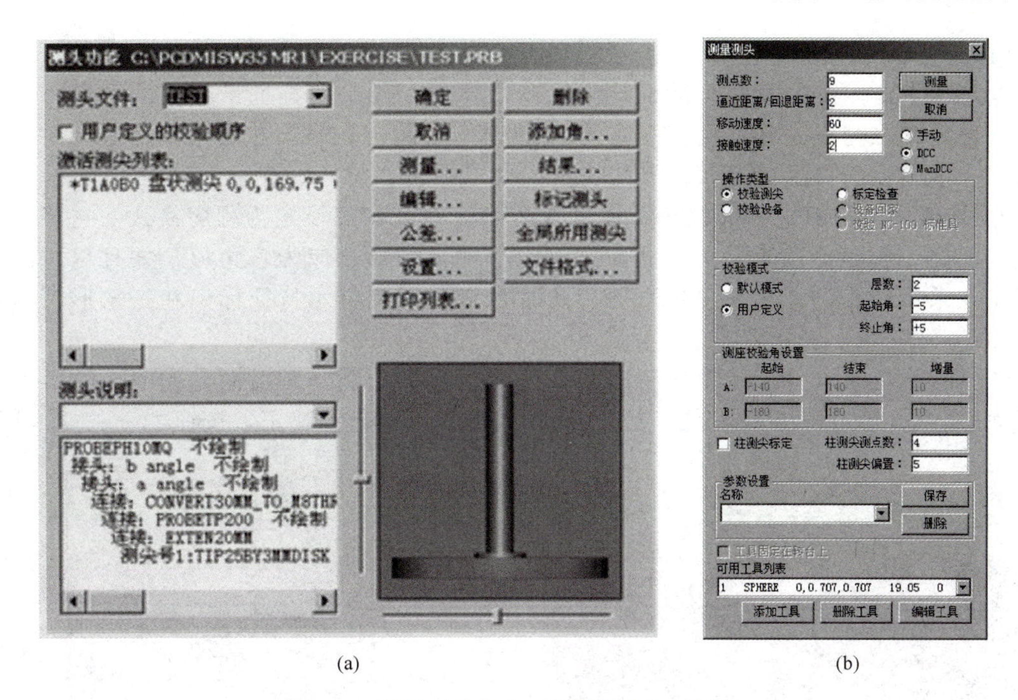

图5-8　“测头功能”与“测量测头”对话框

e. 单击“测量”，打开“测量测头”（校正）对话框［图5-8（b）］。

设置测头参数：

测点数：9~12点。

逼近距离/回退距离：2~5mm。

移动速度：60。

触测速度：2。

校验模式：

选择“用户定义”。

层数：2~3层。

起始角：-5。

终止角：+5。

f. 选择在第a步中定义的标准工具文件。

g. 单击“测量”，开始进行测头的校正。

“是否校验所有测头？”，选择“是”。

“是否已经移动标定工具或更改坐标系零点？”，

必须选择“否”。

h. PC-DMIS自动进行测头的校验。校验完成后，单击“确定”。

i. 单击“结果”，会显示最近的测头校验结果，除了显示测头的直径和厚度，也提供了实际角度和球体的球度，这些测量结果可帮助用户核实校验的精度。

5.2.3　手动测量零件的特征元素

学会建立零件坐标系，并掌握对坐标系进行找正、旋转、平移等操作，就可以手动测量点、线、面、圆、圆锥、球等特征元素。

(1) 建立零件坐标系

建立零件坐标系的目的是满足检测工艺的要求，便于同类批量零件的测量，尽量使加工、装配基准与设计基准统一。在无CAD模型时用“3-2-1”法建立零件坐标系，主要包括三个步骤：选择测量平面，零件找正；锁定旋转方向；设置原点。

① 选择测量平面，零件找正。在采点前确认PC-DMIS设定为程序模式。选择“命令模式”图标，在顶曲面上采三个测点，这三个测点的形状应为三角形，并且尽可能向外扩展。在采第二个测点后按 END 键，此时PC-DMIS将显示特征标识和三角形，指示平面的测量（图5-9）。

单击菜单“插入→坐标系→新建”打开“坐标系功能”对话框，如图5-10所示，选择平面1，在“找正”按钮左侧下拉框选择“Z正”，单击“找正”按钮。

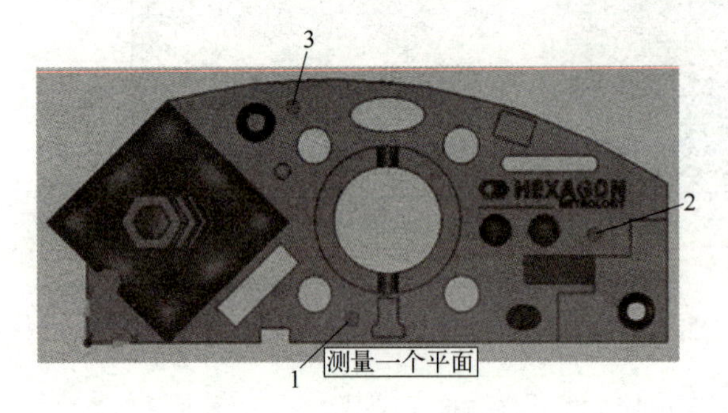

图5-9 采点（1）

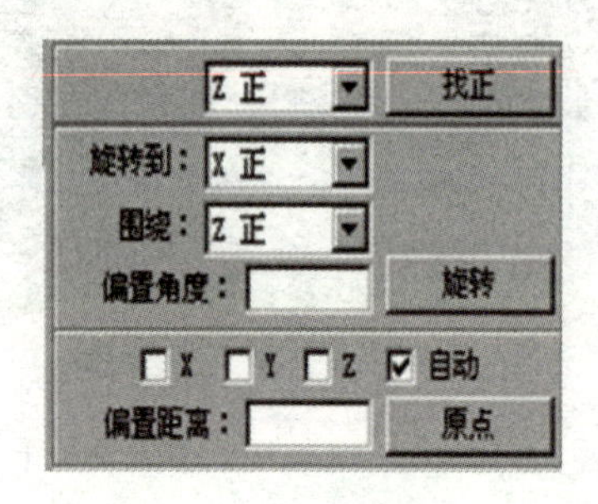

图5-10 “坐标系功能”对话框

② 锁定旋转方向。要测量直线，在零件的边线上采两个测点，即零件左侧的第一个测点和零件右侧的第二个测点，如图5-11所示。测量特征时方向非常重要，因为PC-DMIS使用该信息来创建坐标轴系统。 在采第二个测点后按END键，PC-DMIS将在“图形显示”对话框中显示特征标识和被测直线。

在特征列表里单击直线1并使其突出显示，在“旋转到”右侧的下拉框里应显示“X正”，如果不是，可以在下拉列表里进行选择。在“围绕”右侧下拉框里选择“Z正”，然后单击“旋转”。在特征列表里单击直线1，勾选“原点”按钮上方的“Y”复选框，单击“原点”按钮。

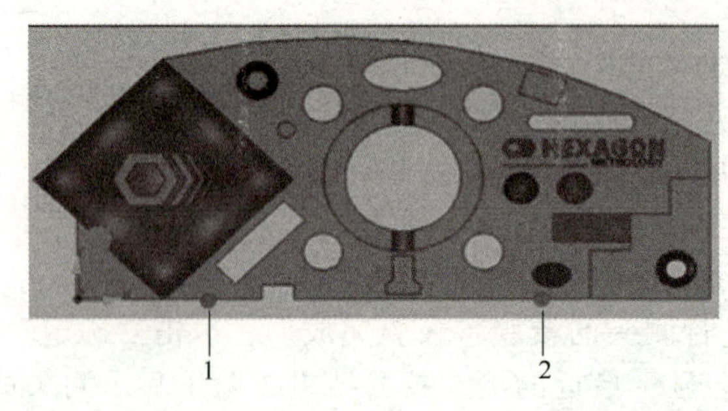

图5-11 采点（2）

③ 设置原点。在零件左侧边缘测量一个矢量点，得到特征点1，就能将其用于设定X轴原点。

(2) 手动测量特征元素

① 手动测量点。确保从工具栏中选中了手动模式。

使用操纵盒驱动测头缓慢移动到要采集点的曲面的上方，尽量确保采集点时的方向垂直于曲面。测点将在PC-DMIS界面右下方工具状态栏显示1。

单击键盘上END键或操纵盒DONE键进入到程序中。如果操作者想取消此点重新采集，单击DELPNT键（或键盘上Alt键）而不是END键，这将使采点计数器重新置零。如果操作者想对默认的特征数值进行更改，将光标移至编辑窗口特征处，单击F9即可。如图5-12所示。

② 手动测量平面。确保处于手动模式。使用操纵盒驱动测头逼近平面上第一个点，然后接触曲面并记录该点。确定平面的最少点数为3个，重复以上过程保留测点或删除坏点等。如图5-13所示。

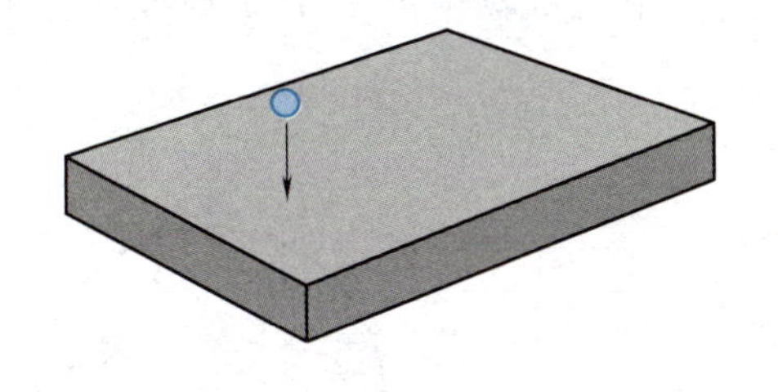

图5-12　手动测量点

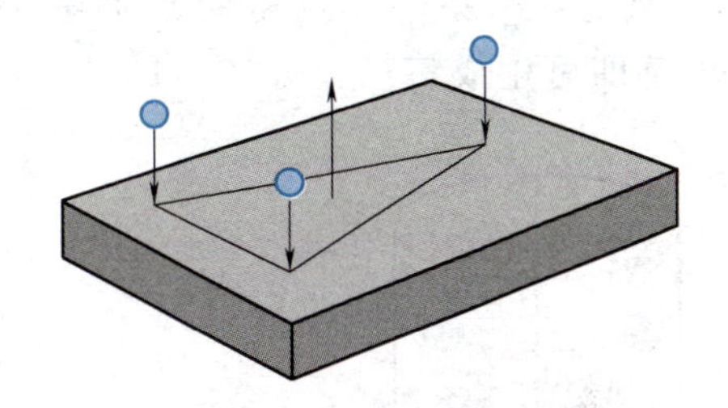

图5-13　手动测量平面

③ 手动测量直线。确保处于手动模式。使用操纵盒将测头移动到指定位置，驱动测头沿着逼近方向在曲面上采集点，如果采集了坏点，单击DELPNT键（或Alt键）删除测点重新采集。重复这个过程采集第二个点或更多点。如果操作者要在垂直方向上创建直线，采点的顺序非常重要，起始点到终止点决定了直线的方向。确定直线的最少点数为2个点。单击END或DONE键该特征将被创建，如图5-14所示。

④ 手动测量圆。确保处于手动模式。PC-DMIS不需要提前预知内圆或外圆的直径，将自动探测特征上采集的点。使用操纵盒采集第一个点，PC-DMIS将保存在圆上采集的点，因此采集时的精确性及测点均匀间隔非常重要。如果要重新采集测点，单击DELPNT键（或键盘上的Alt键）删除测点重新采集。确定圆的最少点数为3个点。一旦所有点采集完，单击键盘上的END键或操纵盒上的DONE键，如图5-15所示。

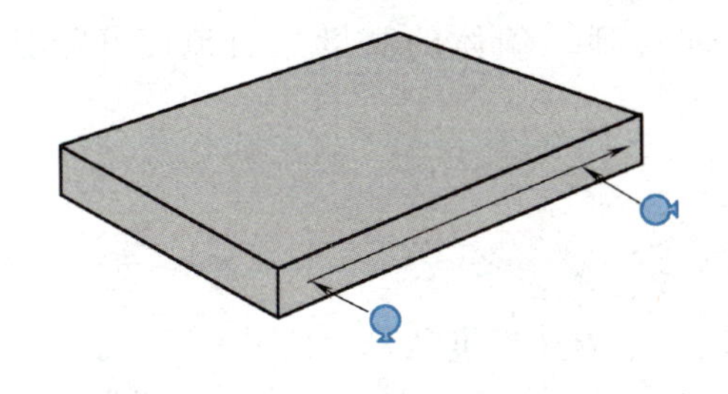

图5-14　手动测量直线

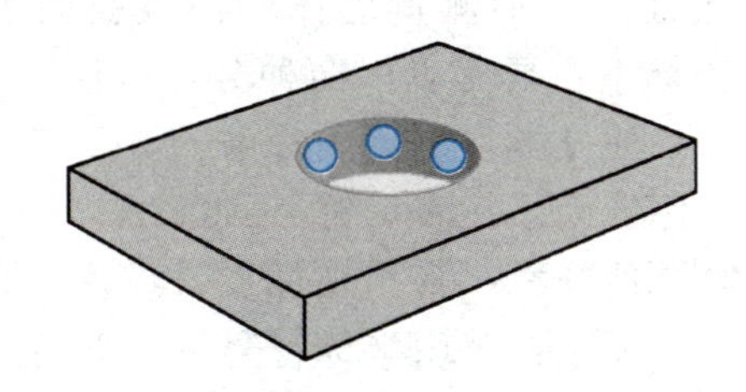

图5-15　手动测量圆

⑤ 手动测量圆柱。确保处于手动模式。圆柱的测量方法与圆的测量方法类似，只是圆柱的测量至少需要测量两层。必须确保第一层圆测量时点数足够再移到第二层。计算圆柱的最少点数为6个点（每截面圆3个点）。控制创建的圆柱的轴线方向规则与直线相同，为起始端面圆指向终止端面圆。

任何坏点可以通过单击DELPNT键或键盘的Alt键删除，然后重新采集。一旦所有的点采集完毕，单击END或操纵盒上的DONE键即可生成特征，如图5-16所示。

⑥ 手动测量圆锥。确保处于手动模式。圆锥测量的软件辨别与圆柱相同，PC-DMIS只能判别出不同的直径大小。要计算圆锥，PC-DMIS需要确定圆锥的最少点数6个点（每个截面圆3个点）。确保每个截面圆的点在同一高度。测量第一组点集合，将第三轴移动到圆锥的另一个截面上测量第二个截面圆。任何坏点需删除并重新采集。一旦测点测量完毕，单击END键或操纵盒上的DONE键即可生成特征，如图5-17所示。

⑦ 手动测量球。测量球与测量圆相似，但还需要在球的顶点采集一点，使PC-DMIS计算球而不是计算圆。PC-DMIS需要确定的特征的最少点数为4个点，其中一点需要采集在顶点上。采集的坏点需要删除并重新采集。然后单击键盘上的END键或操纵盒上的DONE键即可生成特征，如图5-18所示。

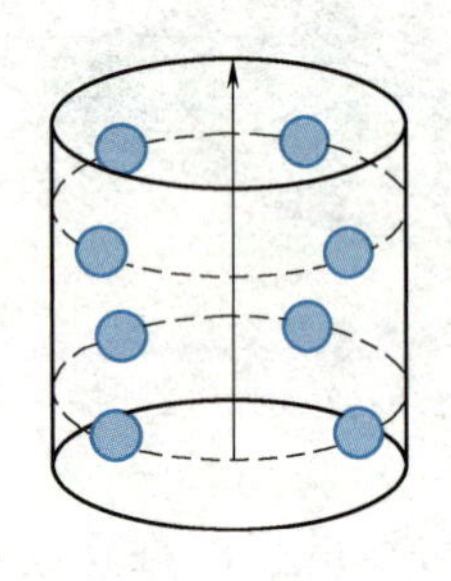

图5-16　手动测量圆柱

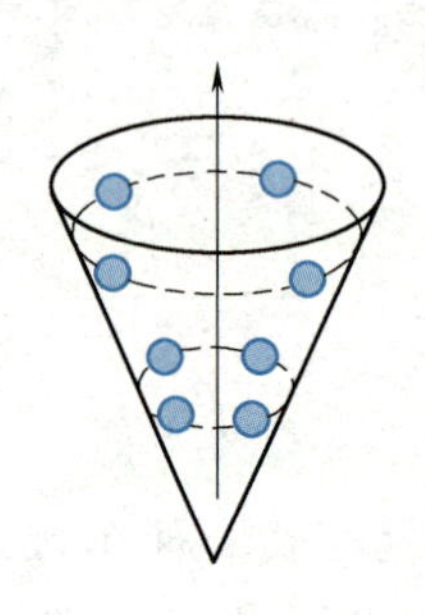

图5-17　手动测量圆锥

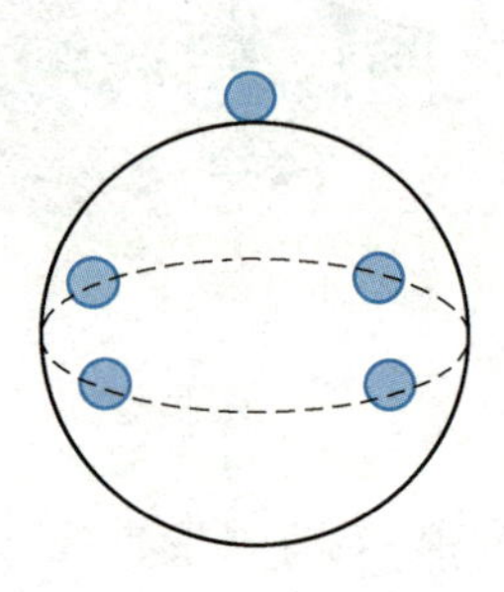

图5-18　手动测量球

5.2.4　坐标系的建立

（1）坐标系的定义及分类

为了说明点的位置运动的快慢、方向等，必须选取合适的参照系。在参照系中，为确定空间一点的位置，按规定方法选取的有次序的一组数据称为“坐标”。在某一问题中规定坐标的方法，就是该问题所用的坐标系。

例如，使用卷尺测量墙的高度，是沿着和地面垂直的方向进行测量的，而不是与地面倾斜一定角度进行测量。其实已经利用地面建立了一个坐标系，该坐标系的方向是垂直于地面的。而测量墙体的高度是沿着这个方向得到，墙体的高度是由地面开始计算的。坐标系主要有以下两种分类方法：

第一种分类：机器坐标系：表示符号STARTIUP。

工件坐标系：表示符号A0、A1……

第二种分类：直角坐标系：应用坐标符号X、Y、Z。

极坐标系：应用坐标符号A（极角）、R（极径）、H（深度值即Z值）。

① 机器坐标系。测量领域中机械坐标系中的X、Y、Z代表机器的运动。测量机开机执行了“回家”操作后，测量机三轴光栅都从机器零点开始计数，补偿程序被激活，测量机处于正常工作状态，这时测量的点坐标都相对机器零点，称之为“机器坐标系”。

② 工件坐标系。工件坐标系是指在被测工件上建立起来的坐标系，其三轴与工件的数据或特征相关。

机器坐标系与工件坐标系如图5-19所示。

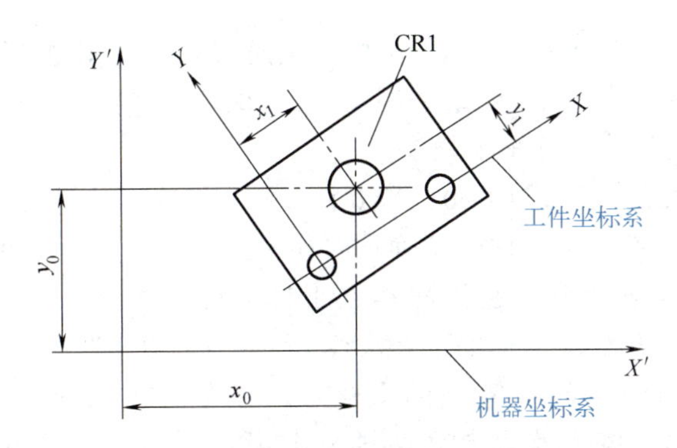

图5-19 机器坐标系与工件坐标系

③ 基准坐标系。基准坐标系又称为绝对坐标系，它是以三坐标测量机工作台上一固定不变的点为基准建立的参考基准，在变换了测头甚至关机后重新启动的情况下，仍能根据它重新恢复各要素之间的位置关系。

基准坐标系通常是通过测量一个固定在三坐标测量机工作台上的标准球，以它的球心为原点坐标所建立起来的坐标系。

（2）坐标系建立的原则与方法

①“3-2-1”法建立工件坐标系。坐标系的建立遵循右手螺旋定则，通常按照“3-2-1”法建立坐标系。

“3”是指选取三点确定一个平面，取其法向矢量作为第一轴向。

“2”是指选取两点确定一条直线，通过直线方向确定第二轴向。

“1”是指选取一点或点元素作为坐标系零点。

“3-2-1”法主要应用于PCS的原点在工件本身，且机器的行程范围内能找到的工件，是一种通用方法，又称为“面、线、点”法。其建立的具体步骤如下：

a. 找正，确定第一轴向。选取测量平面，找正零件，使用零件上某一平面的法向矢量方向作为第一轴向，即选用该平面的矢量方向找到坐标系的Z轴正方向。测量一个平面至少需要三个点，一般情况可以测量更多的点参与平面的计算，此时得到的平面可以计算其平面度，如图5-20所示。

b. 旋转轴。使用与Z轴正方向垂直或近似垂直的一条直线作为第二轴向。

在图5-21中，由于零件的轴向与机器的轴向不一致，如果不建立零件坐标系，测量则是错误的。因此，用两个孔的中心连线来确定零件的第二轴向。在软件中，利用这条线进行旋转，将引起测量机坐标轴的旋转，旋转到这条连线上，与零件坐标系的方向一致。

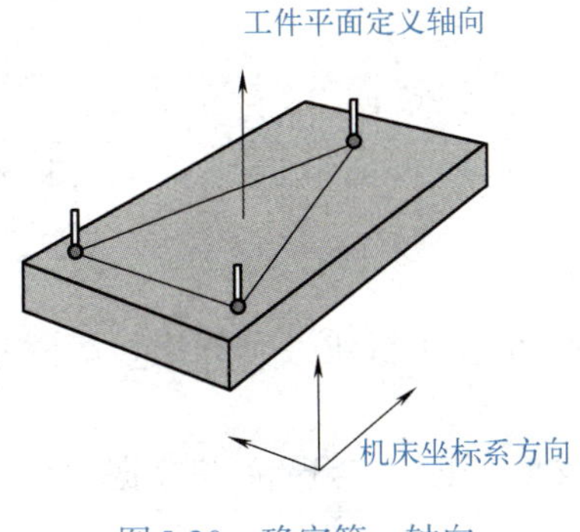

图5-20 确定第一轴向

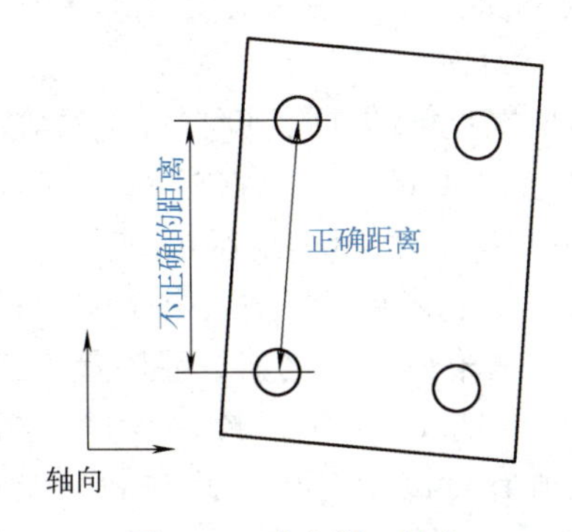

图5-21 确定第二轴向

选择旋转轴时，可以选择一个经过精加工的面或是两个孔组成的一条直线。因为 X、Y、Z 三个轴线是互相垂直的，因此一旦确定了两个轴向，第三轴向也就是唯一确定的，也就没有必要再确定第三个轴向了。

c. 设定原点。原点的坐标值为 X=0、Y=0 和 Z=0。有时它必须利用已知的特征进行偏置，通过软件能方便地实现。设置了工件的正确轴向和原点后一个工件坐标系就建立起来了。

② 迭代法建立工件坐标系。迭代法建立工件坐标系主要应用于PCS的原点不在工件上，或无法找到相应的基准元素（如面、孔、线等）来确定轴向或原点的工件，多为曲面类零件（如汽车、飞机的配件，这类零件的坐标系多在车身或机身上）。

a. 迭代法建立坐标系的元素及相关要求。迭代法建立坐标系的元素有两类。一类是圆、球、柱、槽等特征元素，使用这些元素建立坐标系需要满足以下相关要求：

➢需要的特征数：3。

➢需具备的条件：有理论值或CAD模型。

➢迭代次数：1。

➢原理：此类元素为三维元素，1次迭代即可达到精确测量。

另一类是矢量点、曲面点和边界点。使用这些元素建立坐标系需要满足的相关要求是：

➢需要的特征数：6。

➢需具备的条件：有理论值及矢量方向或CAD模型，且第1、2、3点的法矢（法线矢量）方向尽量一致，第4、5点的法矢方向尽量一致，并与前三点矢量方向垂直，第6点法矢方向与前5点法矢方向尽量垂直。

➢迭代次数：1次或多次或无法迭代成功。

➢原理：首先，PC-DMIS将测定数据"最佳拟合"到标称数据。然后，PC-DMIS检查每个测定点与标称位置的距离。如果距离大于在点目标半径框中指定的量，PC-DMIS将要求重新测量该点，直至所有测定点都处于"公差"范围内。

使用测定点的困难在于只有在建立坐标系后，才能知道在何处进行测量。这样就存在一个问题：必须在建立坐标系之前测量点。而三维元素在用途方面的定义就是第一次测量即可精确测量的元素。

b. 迭代法建立坐标系的步骤（以矢量点建立坐标系为例）。迭代法建立坐标系的过程：首先导入数模，观察方向，再在手动模式下用自动测量命令测元素以获取基准的理论值。其后选定这些元素，按提示手动测量这些元素，取得在机床坐标系下的实测值。最后执行"迭代，找正、旋转、原点"操作，按提示自动迭代。具体操作步骤如下

➢ 自动测量矢量点。若有理论点而没有CAD模型，则在点坐标"位置"输入区输入理论点坐标，在"法线矢量"输入区输入点坐标的矢量方向，单击"创建"（注意："测量"不要勾选）。

如果有CAD模型，可直接在CAD模型上选取特征点，PC-DMIS会自动在点坐标显示区和"法线矢量"显示区计算出特征点的坐标及矢量，并将点的性质设为"标称值"，单击"创建"，如图5-22所示。

➢ 重复上述步骤，共得到6个点的测量程序。

➢ 在测第一个点之前，将测量方式改为手动模式（注意：新建一个程序，模式就为手动模式），标记所有的测点程序，并运行程序。

➢ 所有点测量完毕，此时PC-DMIS已得到两组数据，即一套理论点数据，一套实测点数据。

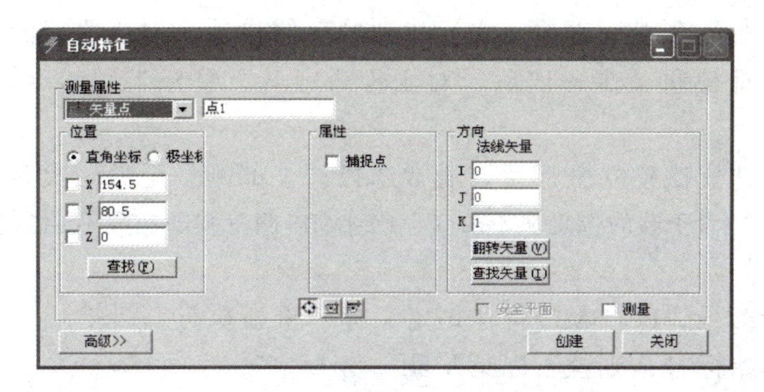

图5-22　自动测量矢量点

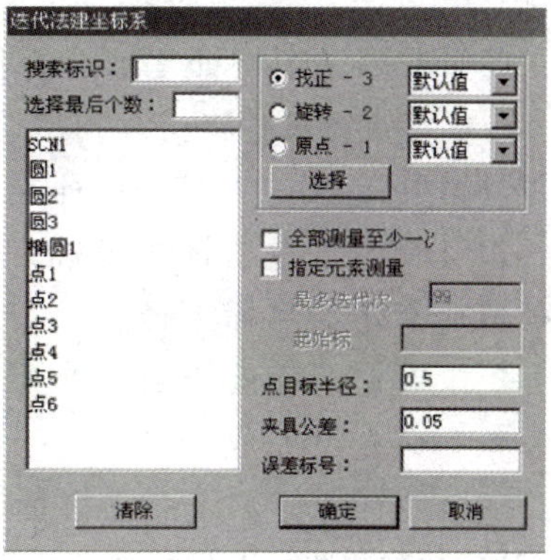

➢ 选择“插入”主菜单，单击“坐标系—新建坐标系”，进入“迭代法建坐标系”对话框。如图5-23所示。

➢ 选择矢量方向一致的前三个点，单击“选择”按钮，用于找平。

➢ 选择第4、5点，单击“选择”按钮，用于旋转。

➢ 选择最后1点，单击“选择”按钮，用于确定原点。

➢ 选择“一次全部测量”。

➢ 设定点目标半径不小于0.5mm。

图5-23　“迭代法建坐标系”对话框

➢ 选择“确定”按钮，PC-DMIS将测定数据“最佳拟合”到标称数据，并提示“是否立即测量所有迭代法建坐标系的特征”，选择“是”，PC-DMIS将每测一点，提示一次，然后检查每个测定点与标称位置的距离。如果距离大于在点目标半径框中指定的量，PC-DMIS将要求重新测量该点，直至所有测定点都处于“公差”范围内。若第一次进行自动迭代，通常选择“一次全部测量”。

c. 迭代法坐标系参数设置说明：

➢找正-3：至少三个选定特征。此组特征将使平面拟合特征的质心，以建立当前工作平面法线轴的方位。

➢旋转-2：至少两个选定特征。该组特征将拟合直线特征，从而将第二个轴旋转到该方向。

注：如果未标记任何特征，坐标系将使用“找正”部分中的倒数第二和第三个特征。

➢原点-1：设置原点时必须使用一个特征。此特征用于将零件原点平移（或移动）到指定位置。

注：如果未标记任何特征，坐标系将使用“找正”部分中的最后一个特征。

➢全部测量至少一次：

◇PC-DMIS将以DCC模式对所有输入特征至少重新测量一次。

◇将按照“编辑”窗口中迭代法建坐标系命令所指定的顺序来进行测量。

◇PC-DMIS将在测量特征前给出一个消息框，显示将要测量的特征。

◇在接受移动之前，请确保测头能够接触指定特征而不会与零件发生碰撞。

◇将不会执行在每个特征之前或之后找到的存储移动，但会执行侧头转角。

◇在对所有特征测量至少一次后，对于未命中其点目标半径的点，将对特征进行重新测量。

◇若第一次用迭代法建立坐标系，通常选择“全部测量至少一次”。

注：在此模式下，由于圆的位置从不改变，PC-DMIS测量圆的次数不会多于一次。

➢指定元素测量：

如果提供起始标号，PC-DMIS将从该定义标号重新执行。

如果未提供起始标号，则执行以下步骤。

◇PC-DMIS将从程序中“迭代法建坐标系”命令所使用的第一个测定特征开始重新执行。

◇如果第一个特征之前有存储移动，PC-DMIS还将执行这些移动。

◇重新执行过程将持续到“迭代法建坐标系”命令所使用的最后一个测定特征为止。

◇如果最后一个测定特征之后有存储移动，将不会执行这些移动。重新执行一旦完成，PC-DMIS将重新计算坐标系，并测试所有测定输入点，检查它们是否都处于点目标半径值所指定的目标半径内。

◇如果它们都处于目标半径内，则无须继续重新执行，PC-DMIS将认为“迭代法建坐标系”命令已完成。

◇如果有任何点未命中目标半径，则将按上述方法重新执行程序的相同部分。

注：切勿将矢量点目标半径的值设置得太小(如50μm)，许多 CMM无法准确定位测头使其接触极小目标上的每个测定点。所以，最好将公差设置在 0.5mm左右。如果重新测量无休止地继续，则将增加该值。

测定输入点包括测定/点、自动/矢量点、自动/棱点、自动/曲面点和自动/角度点类型。

➢夹具公差：用于键入一个拟合公差值，PC-DMIS将根据该值对组成迭代法坐标系的元素与其理论值进行比较，如果有一个或多个输入特征在其指定基准轴上的误差超过此公差值，PC-DMIS将自动转到误差标号（如果有）。如果未提供误差标号，PC-DMIS将显示一条错误消息，指出每个基准方向上的误差。然后，用户可以选择接受基准并继续执行零件程序的其余部分，或取消零件程序的执行。

注：如果为每个基准轴提供最小的输入特征数（3个用于找正基准，2个用于旋转基准，1个用于原点基准），PC-DMIS就可以将输入特征的测量值拟合到其理论值，而不会出现误差。这种情况下，PC-DMIS实际上并不需要夹具公差。如果用户为任何定义基准提供的输入特征超出最小值，零件或夹具误差就可能会使PC-DMIS无法将测量值拟合到理论值，可能出现超出公差的情况。

➢误差标号：用于定义一个标号，当每个输入特征在基准方向上的误差超过在夹具公差框中定义的夹具公差时，PC-DMIS将转到此标号。

③ 建立坐标系案例。

a. 案例1：依据如图5-24所示图形结构，使用PC-DMIS建立坐标系。

案例分析：使用上表面作为$Z+$方向，用两个圆的圆心连线旋转，将一个圆的圆心设置为原点。建立步骤如下：

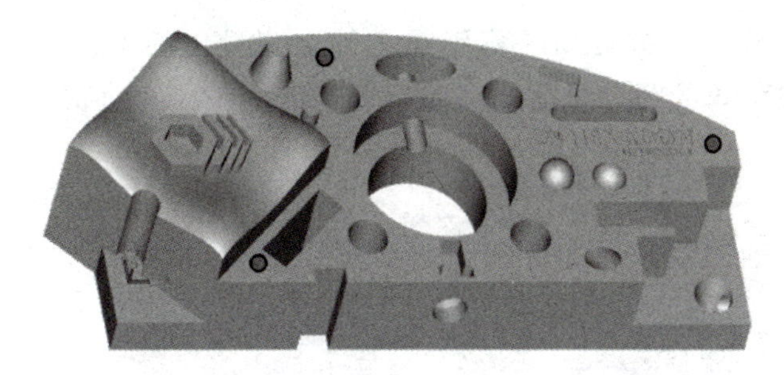

图5-24　坐标系的建立

➢第一步：找正第一轴。

首先需要将PC-DMIS切换到手动模式（图5-25）。在上表面上至少测量3个点(大范围均布采点)，创建平面1，可以用于找正Z向以及确定Z轴原点，如图5-26所示。

图5-25　手动模式

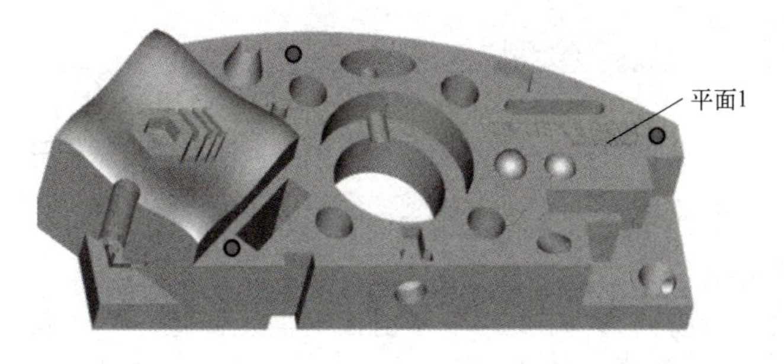

图5-26　找正第一轴（Z轴）

然后选择菜单“插入—坐标系—新建”(Ctrl+Alt+A)，打开“坐标系功能”对话框，如图5-27所示。

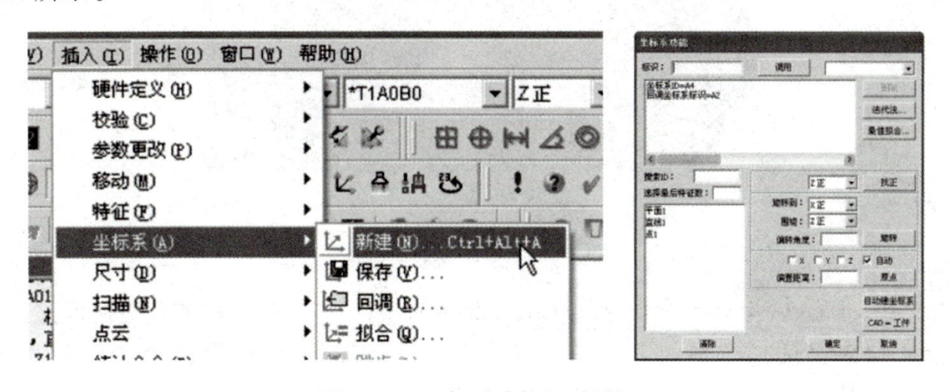

图5-27　“坐标系功能”对话框

选择平面 1（平面1处于突出显示），在“找正”按钮左侧下拉框选择“Z正”，单击“找正”按钮（图5-28）。

图5-28　找正

单击“找正”按钮后，PC-DMIS将用在零件上测量出的平面1的曲面矢量方向作为$Z+$的方向，在程序左上角的窗口里显示“Z正找平到平面标识=平面1”，如图5-29所示。

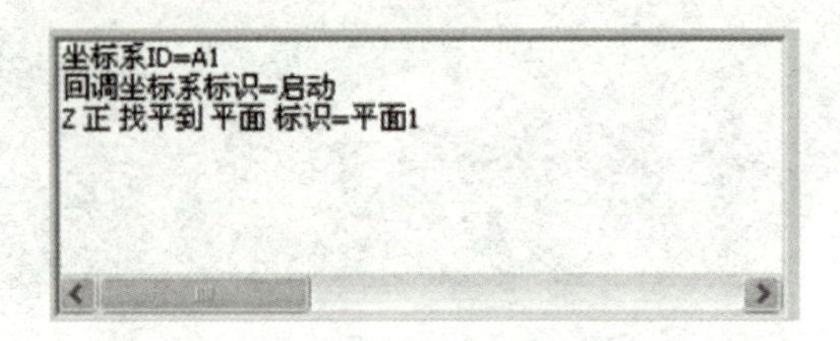

图5-29　Z正找平到平面标识=平面1

在该步也可以设置Z轴的原点。单击特征列表里的特征平面1，勾选“原点”按钮上方的“Z”复选框，单击“原点”按钮（图5-30），程序左上角的窗口里显示“Z正平移到平面标识=平面1”，如图5-31所示。

图5-30　设置Z轴的原点

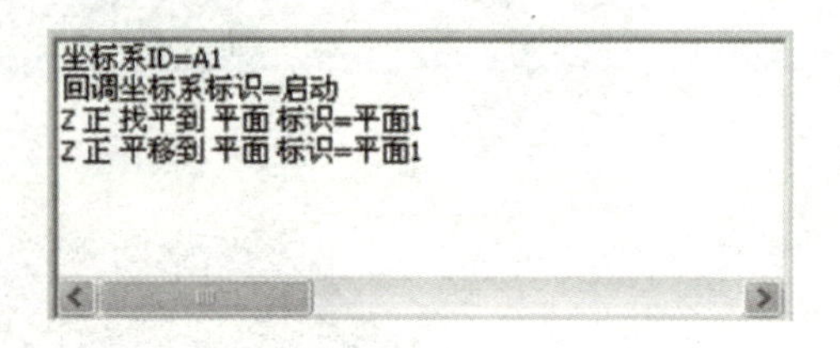

图5-31　Z正平移到平面标识=平面1

单击“确定” 按钮，程序返回编辑窗口。

➢第二步：锁定旋转第二轴。

此时零件可以自由旋转，在将要处于最前面的面上测量一个平面2，平面2的曲面矢量方向确定Y轴的方向，如图5-32所示。

图5-32　锁定旋转第二轴

选择菜单“插入—坐标系—新建”（Ctrl+Alt+A），打开“坐标系功能”对话框。

在特征列表里选择“平面2”，在“旋转到”右侧的下拉框里选择“Y负”，在“围绕”右侧的下拉框里选择“Z正”，然后单击“旋转”（图5-33）。

图5-33　选择平面2特征

图5-34　设置Y轴原点

在该步也可以设置 *Y* 轴的原点。选择特征列表里的特征“平面 2”，勾选“原点”按钮上方的“Y”复选框，单击“原点”按钮（图 5-34），程序左上角的窗口里显示“Y 负旋转到平面标识=平面 2（绕 Z 正）”（图 5-35）、“Y 正平移到平面标识=平面 2”（图 5-36）。

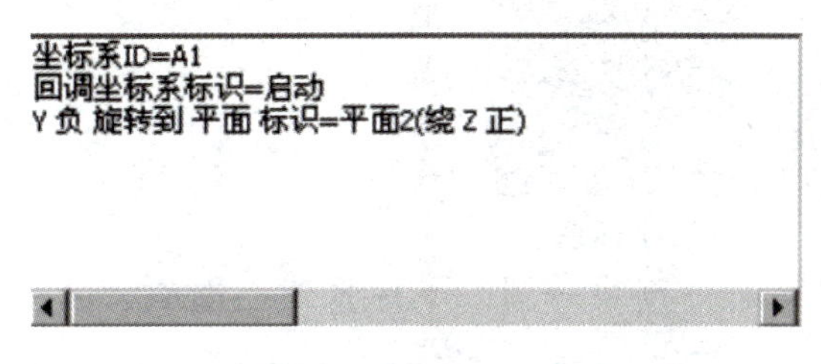

图 5-35　Y 负旋转到平面标识=平面 2（绕 Z 正）

坐标系ID=A1
回调坐标系标识=启动
Y负 旋转到 平面 标识=平面2(绕 Z 正)
Y正 平移到 平面 标识=平面2

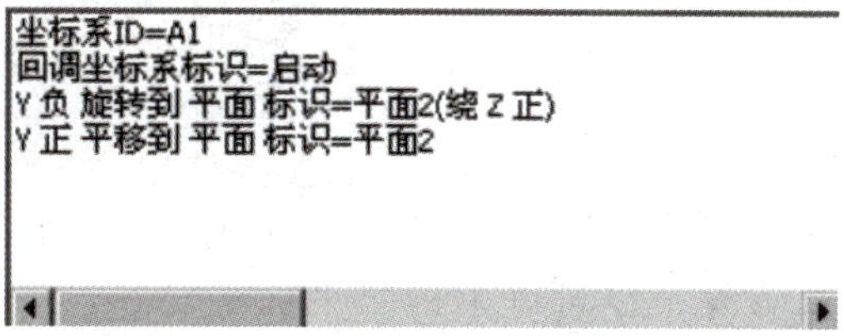

图 5-36　Y 正平移到平面标识=平面 2

单击“确定” 按钮，程序返回到编辑窗口。

➢第三步：设定 *X* 轴原点。

此时还需要设定 *X* 轴原点的特征。在零件左侧测量一个平面 3，就能设定 *X* 轴原点，如图 5-37 所示。

图 5-37　设定 *X* 轴原点

选择菜单“插入—坐标系—新建”（Ctrl+Alt+A），打开“坐标系功能”对话框。

在特征列表里选择“平面 3”，勾选“原点”按钮上方的“X”复选框，单击“原点”按钮（图 5-38），对话框左上角的窗口里显示“X 正平移到平面标识=平面 3”（图 5-39）。

图 5-38　设置 *X* 轴原点

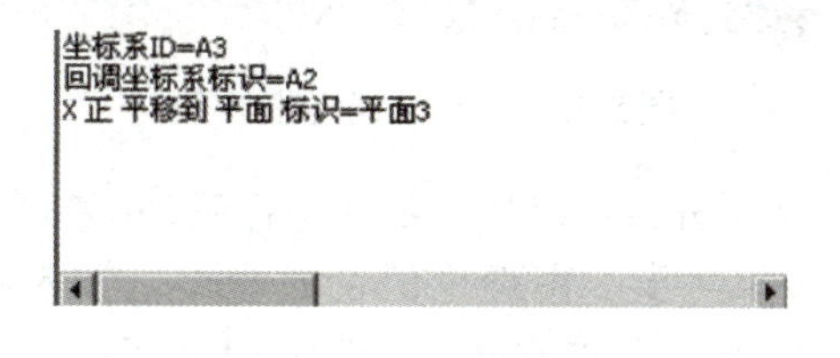

图 5-39　X 正平移到平面标识=平面 3

单击“确定”按钮，程序返回到编辑窗口。

至此，“*X*、*Y*、*Z*”工件坐标系建立起来了。该案例采用的是“平面—直线—直线”坐标系建立方法（如图 5-40 所示），即：

平面(平面 1)：测量顶平面。

直线(直线 1)：前平面由左向右。

直线(直线 2)：左平面由前至后。

交点(点 1)：两直线间“相交”构造交点（菜单：“插入—特征—构造”）。

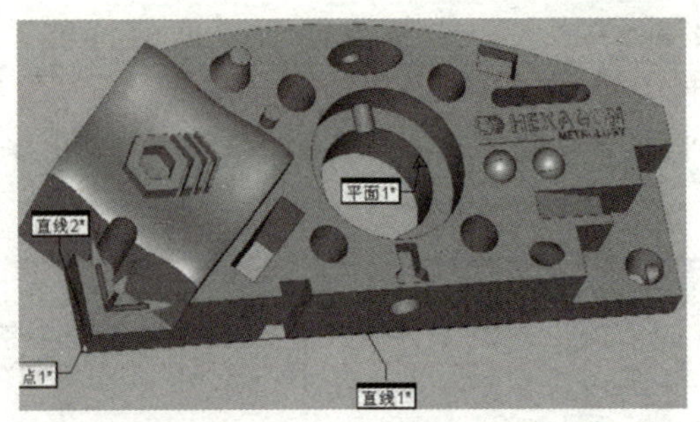

图 5-40 “平面—直线—直线”坐标系

另外，也可以采用“平面—圆—圆”和“平面—直线—圆”坐标系建立方法，分别如图 5-41 和图 5-42 所示。

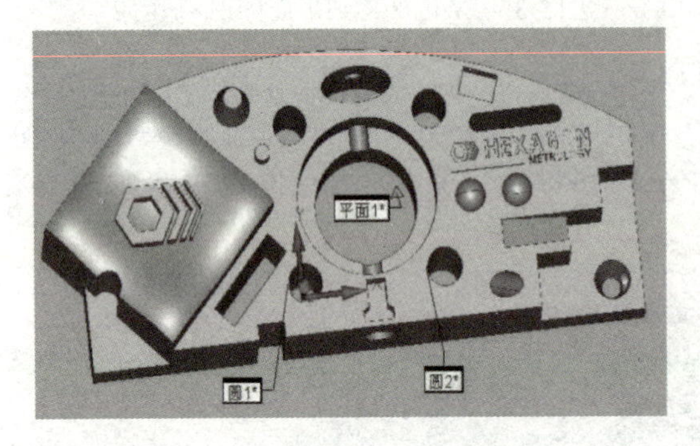

图 5-41 “平面—圆—圆”坐标系

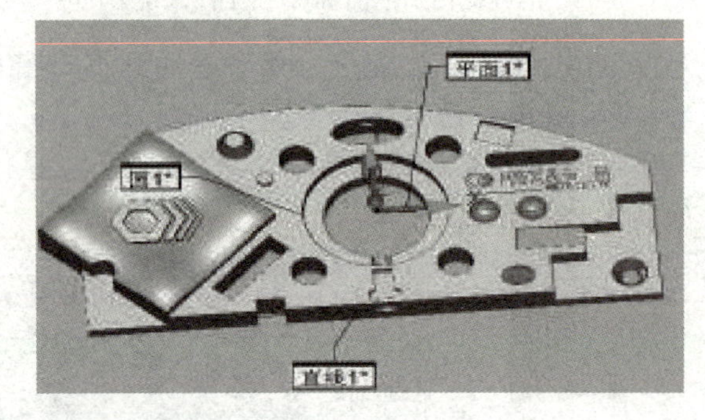

图 5-42 “平面—直线—圆”坐标系

b. 案例 2：运用迭代法建立如图 5-43 所示坐标系。

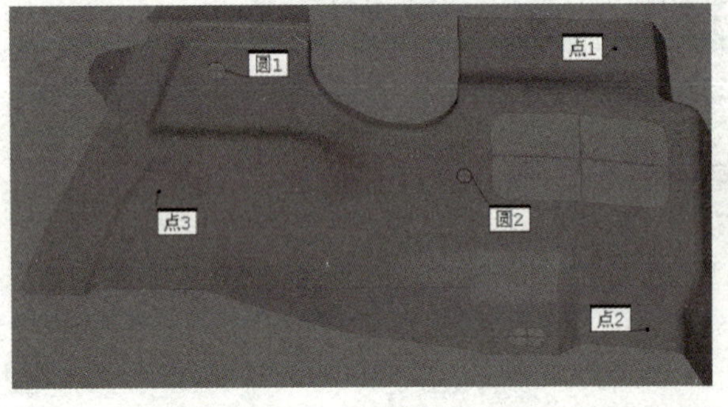

图 5-43 迭代法建立坐标系

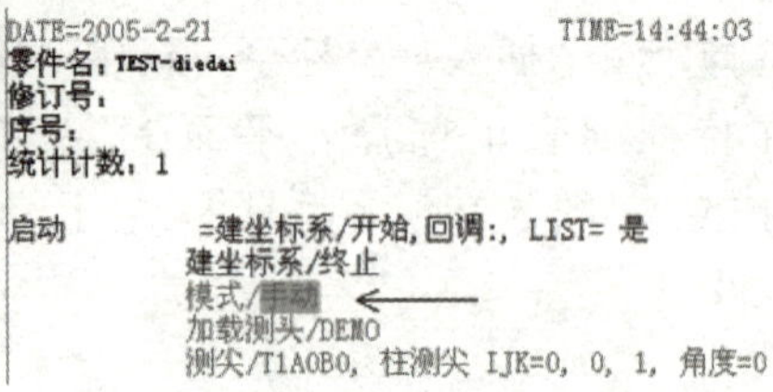

```
DATE=2005-2-21                         TIME=14:44:03
零件名：TEST-diedai
修订号：
序号：
统计计数：1

启动          =建坐标系/开始,回调:, LIST= 是
              建坐标系/终止
              模式/手动
              加载测头/DEMO
              测尖/T1A0B0, 柱测尖 IJK=0, 0, 1, 角度=0
```

图 5-44 新建零件程序

案例分析：对于此零件坐标系是由三个点、两个圆作为特征元素建立的。建立步骤如下：

➢第一步：由理论值创建程序（图 5-44）。

◇新建零件程序——“TEST-diedai”。

◇配置测头系统。

◇导入 CAD 模型，并进行相关图形处理与操作。

◇确认程序开头为“手动”模式。

◇选择“自动特征”，打开自动测量矢量点对话框。

◇确定当前模式为“曲面模式”。

◇用鼠标在 CAD 模型“点 1”位置单击一下，注意此点的法线矢量方向，对照工件图纸的要求，在“自动特征”对话框中对该点的坐标值进行相应的更改，单击“查找（F）”

按钮；在不激活“测量”的前提下，单击“创建”（注意：设置“移动”距离）(图5-45)。

此时，PC-DMIS将自动在编辑窗口中创建该点的程序，同时在视图窗口中出现“点1”的标识(图5-46)。

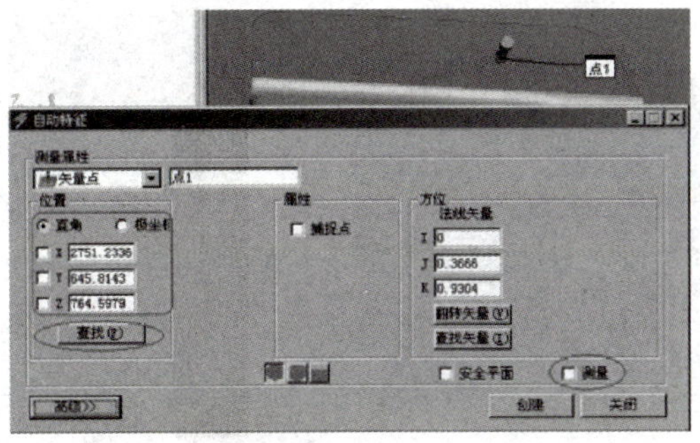

图5-45　“自动特征”对话框

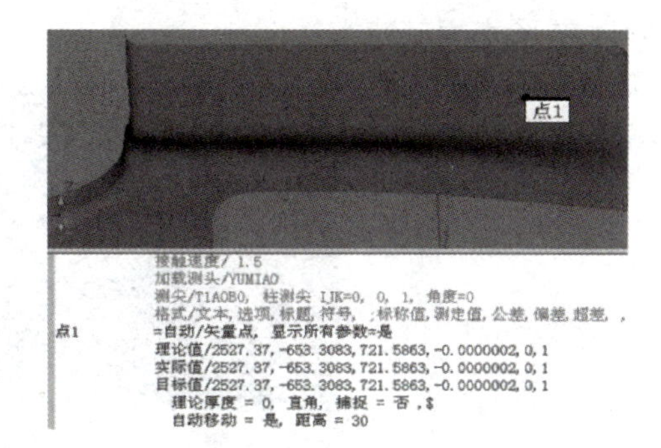

图5-46　“点1”标识

◇如上步骤，创建其余2个点的程序（图5-47）。

◇打开“自动特征”对话框，按照有CAD模型的方法及步骤进行测量，并配置相关测量参数，不激活“测量”选项的情况下单击“创建”按钮，产生测圆的程序及标识（注意：若参与迭代的特征元素有圆，“起始”“永久”必须为“3”)，如图5-48所示。

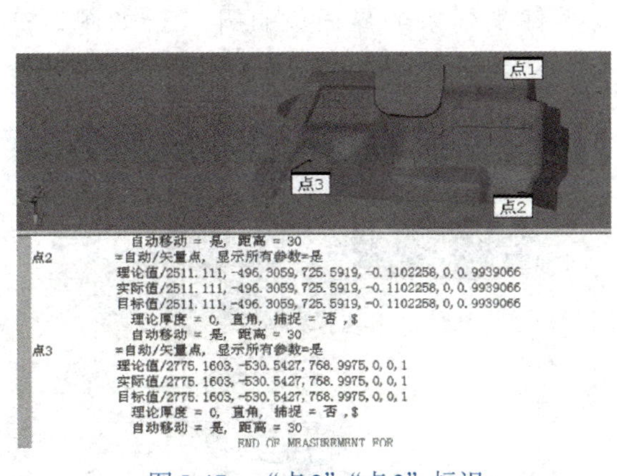

图5-47　“点2”“点3”标识

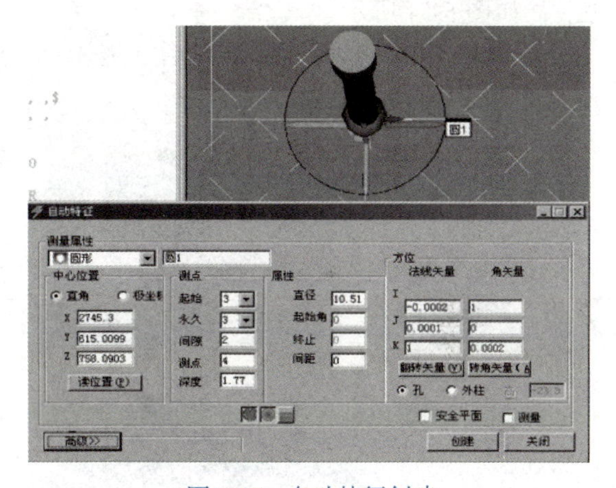

图5-48　自动特征创建

◇按此方法创建圆1、圆2的程序，如图5-49所示。

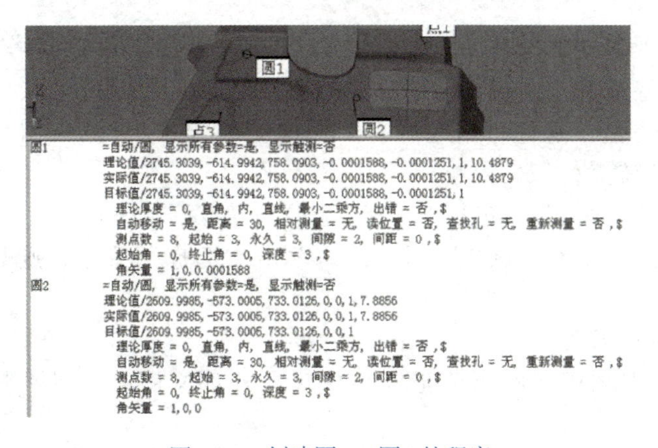

图5-49　创建圆1、圆2的程序

➤第二步：手动操纵机器，产生实测值。

将所有由理论值创建的程序进行标记（光标选中程序段，点击快捷键“F3”），执行3个矢量点、2个圆的程序（图5-50）。在PC-DMIS的提示下，手动采集特征元素（注意：打圆时先采表面三点）。

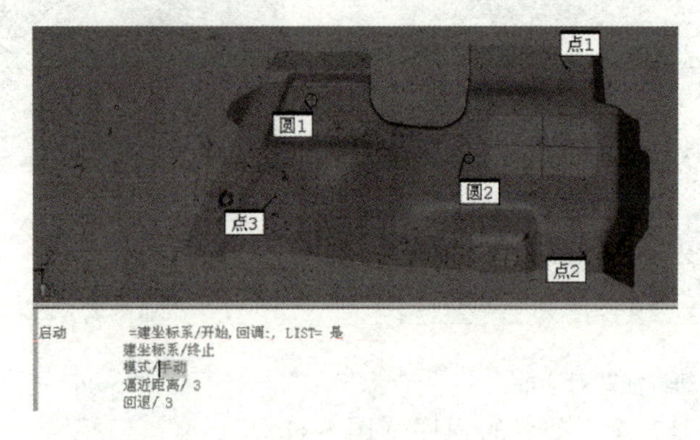

图5-50　3个矢量点、2个圆的程序

➤第三步：按照相应的规则配置参数，进行自动迭代。

◇将光标移动到程序的末尾，选择“插入—坐标系—新建”打开界面，单击“迭代法”，如图5-51所示。

◇单击“迭代法”按钮之后，迭代法建立零件坐标系的界面就打开了，如图5-52所示。

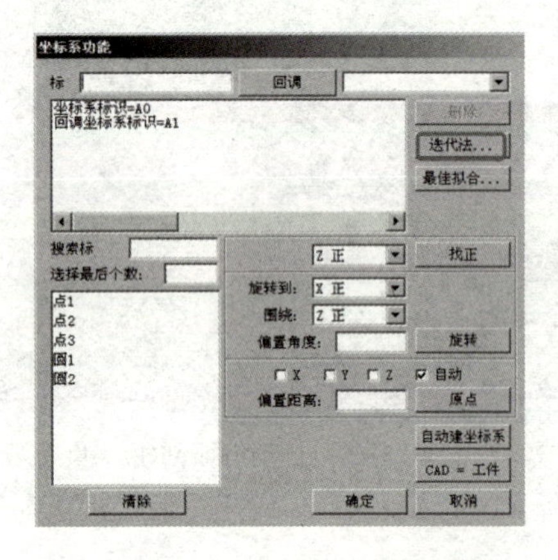

图5-51　“坐标系功能”对话框

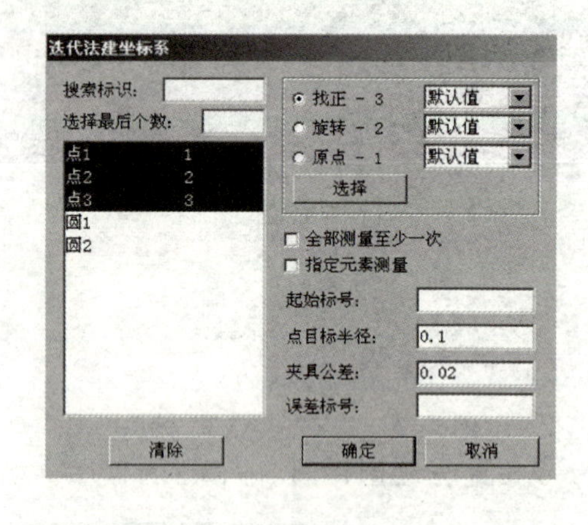

图5-52　“迭代法建坐标系”对话框

◇在左下角的特征列表中选择相应的特征元素，即“点1”“点2”“点3”，单击图5-52中的“选择”按钮，这样，PCS的一个轴向就确定了，同时“找正”选项前面的选择点自动调转到“旋转”；

◇再选择“圆1”“圆2”，单击“选择”按钮，如图5-53所示。

◇最后，选择特征元素“圆2”“原点”，单击“选择”按钮，则PCS的坐标轴方向、原点确定完毕。

➤第四步：保存坐标系。

“保存坐标系”选项用于将当前坐标系保存在外部文件中，以供其他零件程序回调。保存坐标系步骤：

◇路径：插入—坐标系—保存。

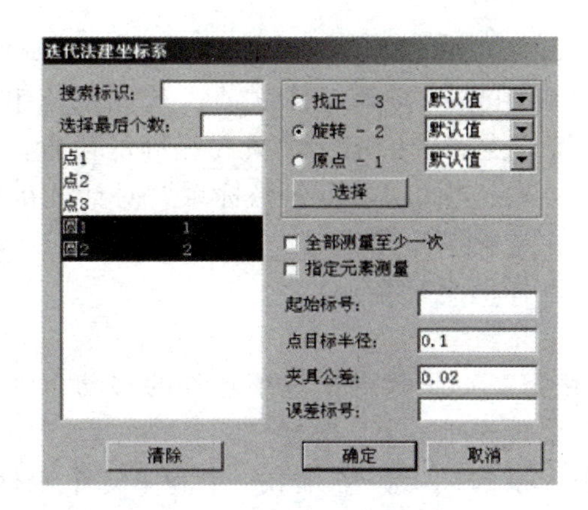

图5-53　选择“圆1”“圆2”元素

◇在文件名框中键入坐标系名称（最多十个字符）。

◇选择英寸或毫米选项，以英寸或毫米为单位保存坐标系。坐标系的默认测量单位是创建坐标系的零件程序所使用的测量单位。如果要在其他零件程序中使用坐标系，不必将该坐标系的测量单位另存为新零件程序的单位类型，坐标系将自动转换为与新坐标系相同的单位。

◇单击“确定”按钮。如果未键入坐标系标识的名称，PC-DMIS将自动复制文件名用于外部保存。坐标系可以保存到任何目录中。但是，如果要在屏幕上显示坐标系，则必须将标识保存到零件程序所在的目录中。

➢第五步：回调坐标系。

回调：用于调用先前在当前程序（内部坐标系）或其他零件程序（外部坐标系）中创建的坐标系。

在将坐标系回调到其他零件程序之前，必须使用保存坐标系菜单选项将其保存。如果回调的坐标系用不同于当前零件程序的测量单位保存，坐标系单位将自动转换为当前零件程序的测量单位。

要回调坐标系，需按以下步骤操作：

◇访问“回调”菜单选项(或“插入—坐标系—回调”)，选择坐标系对话框出现。

◇键入已保存的15（或更少）个字符的坐标系标识，或使用下拉列表选择所需的坐标系。

◇单击“确定”，PC-DMIS自动在“编辑”窗口中插入“回调—坐标系”命令。

➢第六步：拟合坐标系。

通过此步骤，可以实现以下功能：

◇更改零件的位置或方位，同时保留先前的尺寸信息。

◇如果零件在检测过程中出现意外的碰撞或移动，可重新找正零件并保存先前的测定数据。

注意：在建立坐标系时，若需更改零件的位置与方向，例如要测量以零件两侧上的特征为参考的尺寸，但无法从单个零件方位来接触这两侧，则需按以下步骤操作：

•测量零件一侧上的坐标系特征。

•创建起始坐标系。

•测量所有可从零件的第一个方位接触的必需特征。

•将零件移至新位置。

•测量新的坐标系特征。原点必须相同，轴的方向必须与所拟合的坐标系的轴的方向相同。为了便于理解，可以想象在移动零件之前，起始原点和轴的箭头都粘在了零件上。新坐标系相对于零件将原点和轴的箭头放置在相同的位置。

•选择“拟合坐标系”菜单选项，“拟合建坐标系”对话框出现。

•在拟合坐标系列表中，选择新坐标系。

•在与坐标系列表中，选择旧坐标系。

•单击“确定”按钮。

◇意外移动零件后的恢复。如果零件出现了意外的移动，则需按以下步骤操作：

•选择“拟合坐标系”菜单选项。

•输入要重新测量的坐标系的标识，作为第一个和第二个坐标系标识。

•测量这些坐标系特征。完成测量后，所有的尺寸和特征信息都将转换为零件的新位置。

如果使用此命令来拟合一个零件程序中的相同坐标系，PC-DMIS将不会在“编辑”窗口中显示命令行。只有在选择两个不同的坐标系时，“编辑”窗口中才会显示命令行。如果外部坐标系不同于所拟合的坐标系，就可以使用它。外部坐标系必须先使用“回调/坐标系，外部”命令回调后才能显示。

5.2.5 三坐标测量入门

（1）新建零件程序

要新建零件程序，请执行以下步骤：

① 双击PC-DMIS图标打开PC-DMIS程序。PC-DMIS还可以通过依次选择“开始”按钮、程序文件、PC-DMIS For Windows打开。将出现“打开文件”对话框。如果以前创建了零件程序，可以从该对话框中加载（图5-54）。

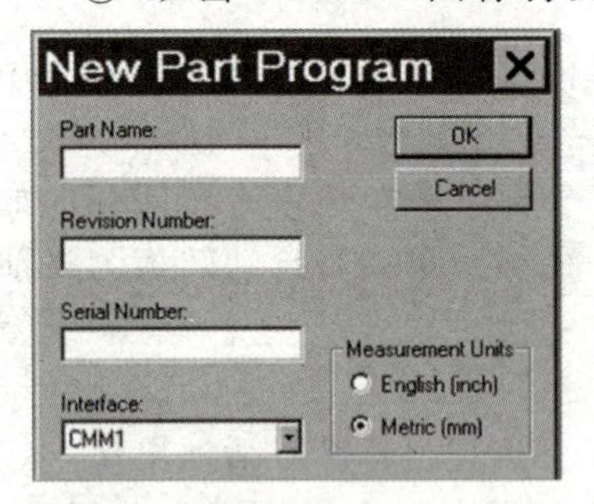

图5-54　新建零件程序

② 因为要新建零件程序，所以单击“取消”按钮关闭该对话框。

③ 访问“新建零件程序”对话框（“使用导航图”部分说明如何访问所有对话框和菜单选项）。

④ 在零件名框中键入名称“TEST”。

⑤ 选择英制（英寸）单位作为测量单位。

⑥ 选择界面下拉列表中的联机。

⑦ 单击“确定”，PC-DMIS将创建新的零件程序。

新建了零件程序后，PC-DMIS即打开主用户界面，并立即打开“测头功能”对话框，以便加载测头。

（2）定义测头

通过“测头功能”对话框可以定义新的测头。第一次新建零件程序时，PC-DMIS自动打开该对话框。通过“测头功能”对话框（图5-55）的测头说明区域可以定义将在零件程序中使用的测头、扩展名和测尖 。测头说明下拉列表将按字母顺序显示可用的测头选项。

① 在“测头文件”框中键入测头名。以后，当创建其他零件程序时， 该对话框中将出现该测头供选择。

② 选择“未定义测头”。

③ 选择所需的测头时，可以使用鼠标光标从测头说明下拉列表中选择，也可以使用

箭头键突出显示并按Enter键。

④ 选择“空连接1”并继续选择所需的测头组件。

⑤ 单击“确定”按钮，“测头功能”对话框关闭，PC-DMIS返回主界面。

⑥ 确认将创建的测头测尖以活动测尖显示。

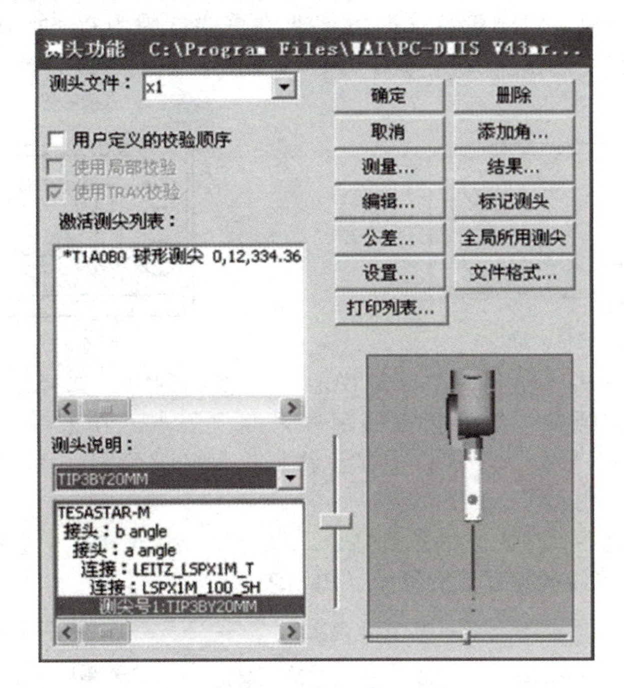

图5-55 “测头功能”对话框

注：为了进行该练习，不必考虑校验过程。此时，设置“图形显示”窗口中将使用的视图。使用工具栏上的“视图设置”图标可以完成该任务。

(3) 设置视图

要更改“图形显示”窗口中的视图，需使用“视图设置”对话框。要访问该对话框，可以通过单击“图形模式”工具栏中的“视图设置”图标或选择“视图设置”菜单选项。

① 从“视图设置”对话框中选择所需的屏幕样式。单击第二个按钮（最上面一行左起第二个按钮）指定水平拆分窗口。

② 要在Z+方向上查看上部零件图像，拉下对话框视图区域的蓝下拉列表，然后选择“Z+”。

③ 要在Y–方向上查看下部零件图像，拉下红下拉列表，然后选择“Y–”。

④ 单击“应用”按钮，PC-DMIS将使用请求的两个视图重绘“图形显示”窗口。因为尚未测量该零件，“图形显示”窗口中不会绘制任何图形。不过，将根据“视图设置”对话框中所选的屏幕样式拆分屏幕。

注：所有显示选项只影响PC-DMIS显示零件图像的方式，它们对测定数据或检验结果没有在影响。

(4) 测量特征

定义并显示测头后，即可开始测量。采点之前应确保将PC-DMIS设置为“程序模式”。选择“程序模式”图标可以实现该目的。

① 测量平面：在顶曲面上采3个测点。这3个测点的形状应为三角形，并且尽可能向外扩展。在采第三个测点后按END键，PC-DMIS将显示特征标识和三角形，指示平面的测量（图5-56）。

② 测量直线：要测量直线，在零件的边线上采2个测点——零件左侧的第一个测点和零件右侧的第二个测点。测量特征时方向非常重要，因为PC-DMIS使用该信息来创建坐标轴系统。在采第二个测点后按END键，PC-DMIS将在“图形显示”窗口中显示特征标识和被测直线（图5-57）。

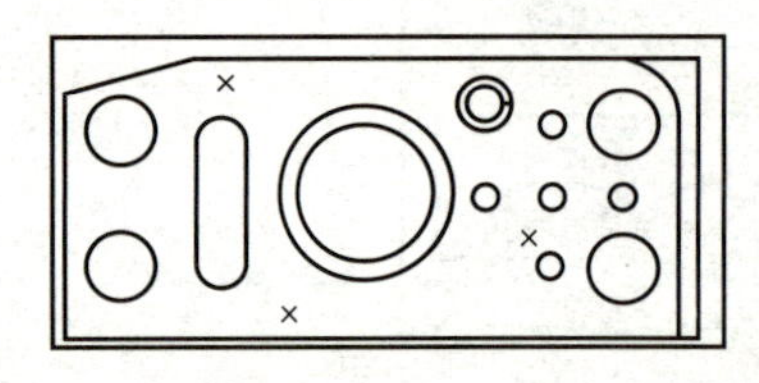

图5-56 测量平面

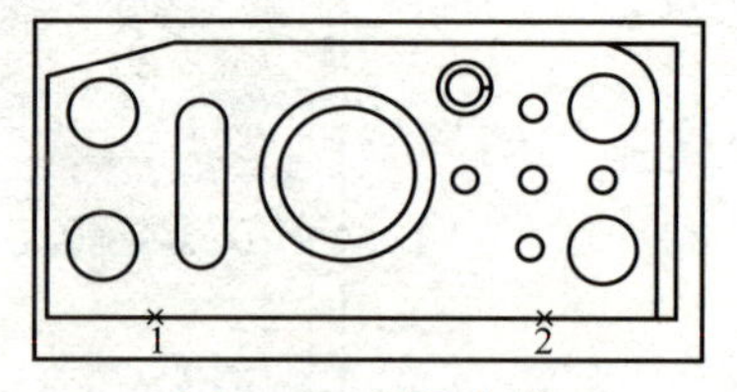

图5-57 测量直线

③ 测量圆：将测头移动到一个圆的中心（在该示例中，选择顶部左侧的圆）。将测头降到孔中并测量该圆，在近似相等的距离采四个测点。在采最后一个测点后按END键，PC-DMIS将在“图形显示”窗口中显示特征标识和被测圆（图5-58）。

（5）缩放图像

测量了3个特征之后，单击“缩放到适合”图标（或从菜单栏中选择“缩放到适合”），在“图形显示”窗口中显示所有被测特征（图5-59）。

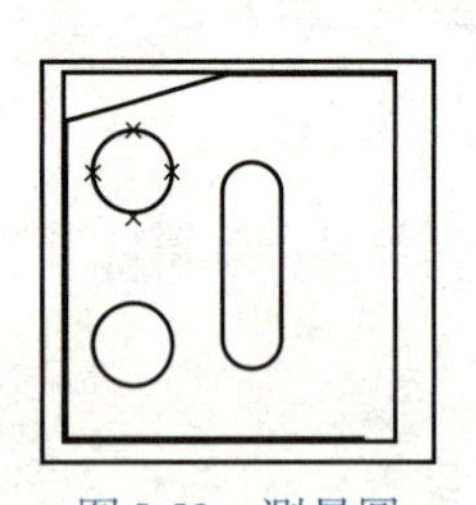

图5-58 测量圆

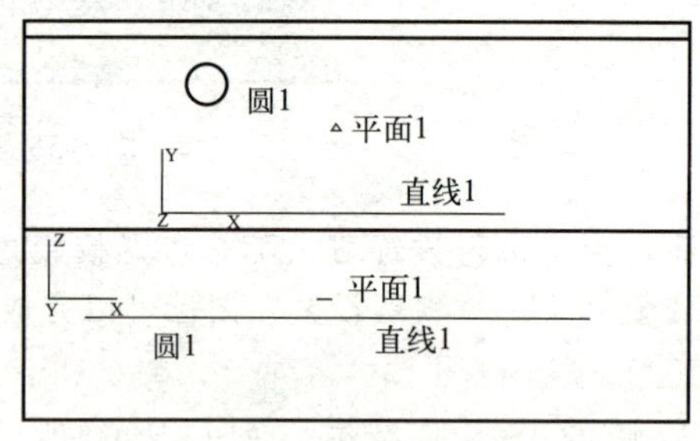

图5-59 显示被测特征的图形窗口

（6）创建坐标系

该过程设置坐标原点并定义X、Y、Z轴。

① 访问建坐标系对话框。

② 使用光标或箭头键选择列表框中的平面特征标识（PLN1）。如果未更改过标号，列表框中的平面特征标识将显示为“F1”（代表特征1）。

③ 单击“找正”单选按钮可以建立当前工作平面的法线轴的方位(图5-60)。

图5-60 法线轴方位

注：测量3点确定一个平面。测量2点确定一条直线。在侧平面测量1点。

④ 再次选择该平面特征标识(PLN1 或 F1)。

⑤ 选中“自动”复选框。

⑥ 单击“原点”单选按钮。该操作将零件的原点转换（或移动）到指定的位置（在该示例中，为平面上)。选中“自动”复选框可以根据特征类型和该特征的方位移动轴。

⑦ 选择直线特征标识（LINE1 或 F2)。

⑧ 单击“旋转”单选按钮。该操作将工作平面的定义轴旋转到该特征，PC-DMIS 将以质心为原点旋转定义轴。

⑨ 选择圆特征标识（CIRL 或 F3)。

⑩ 确保已选中“自动”复选框。

⑪ 单击“原点”单选按钮。该操作将原点移动到圆心，同时保持原点在平面级别上。

完成上述步骤后，单击“确定”按钮，坐标系列表（在“设置”工具栏上）和“编辑” 窗口将显示新创建的坐标系。

（7）设置首选项

PC-DMIS 允许自定义 PC-DMIS，以符合用户特定的需要和喜好。首选项子菜单中提供了多个选项。

① 进入 DCC 模式。选择 DCC 模式。单击“DCC 模式”工具栏图标，或将光标放在“编辑”窗口中“模式/手动”行并按 F8 键，可以实现此目的。

② 设置移动速度。“移动速度”选项用于更改三坐标测量机的点到点的定位速度。

a. 访问“参数设置”对话框。

b. 选择运行选项卡。

c. 将光标放在“移动速度”框中。

d. 选择当前的移动速度值。

e. 键入“50”。该值表示占三坐标测量机最快速度的百分比。根据该设置，PC-DMIS 将以最快速度的一半移动三坐标测量机。其他选项的默认设置符合该练习的需要。

③ 设置安全平面。如要设置安全平面，请按以下步骤操作：

a. 访问“参数设置”对话框。

b. 选择“安全平面”选项卡。

c. 选中“激活安全平面（开)”复选框。

d. 选择当前的活动平面。

e. 键入值“50”。该设置将绕零件的顶平面创建一个半英寸的安全平面。

f. 确认顶平面以活动平面显示。

g. 单击“应用”按钮。

h. 单击“确定”按钮，该对话框关闭，PC-DMIS 存储“编辑”窗口中的安全平面。

（8）添加注释

要添加注释，请按以下步骤操作：

① 访问注释对话框。

② 选择“操作者”选项。

③ 在注释文本框键入以下文本：“警告，测量机将进入 DCC 模式。”

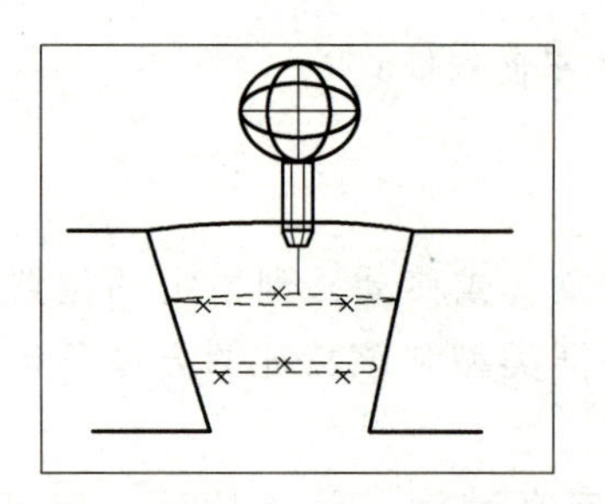

图 5-61　通过不同深度的测量构造的锥体

④ 单击“确定”按钮结束该设置，“编辑”窗口中将显示该命令。

（9）测量其他特征

使用测头测量3个其他的圆和1个锥体。要测量锥体，最好在较高位置采3个测点，在较低位置采3个测点，如图5-61所示。

（10）通过现有特征构造新特征

PC-DMIS可以使用特征创建其他特征。要实现此目的，请按以下步骤操作：

① 访问“构造直线”对话框。

② 使用鼠标单击“图形显示”窗口中的两个圆CIR2、CIR3，或从“构造直线”对话框的列表框中选择。选择了圆之后，它们将突出显示。

③ 选择“自动”选项。

④ 选择“2D直线”选项。

⑤ 单击“创建”按钮，PC-DMIS将使用最有效的构造方法创建一条直线（LINE2）。直线和特征标识将显示在“图形显示”窗口和“编辑”窗口中（图5-62）。

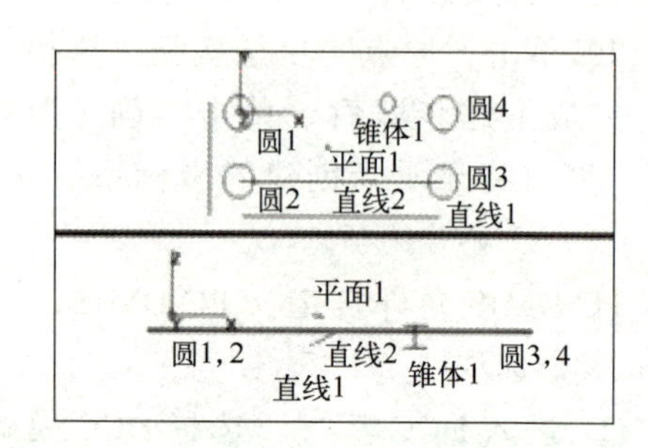

图 5-62　“图形显示”窗口中显示的构造直线

（11）计算尺寸

创建了特征后，可以计算该特征的尺寸。在学习零件程序时可以随时生成尺寸并设置，以符合特定的需要。PC-DMIS在“编辑”窗口中显示每项标注操作的结果。要生成尺寸，请按以下步骤操作：

① 访问“位置”对话框

② 从列表框或“图形显示”窗口中选择最后测量的3个圆，方法是在列表框中选择相应的特征标识。

③ 单击“创建”按钮，PC-DMIS 将在“编辑”窗口中显示3个圆的位置。只需双击所需的直线，突出显示所需的标称值并键入新值，即可更改这些值。

（12）标记要执行的项目

通过标记可以选择零件程序中要执行的元素。本教程中标记了所有特征。

① 使用“标记菜单”选项标记零件程序中的所有特征。标记后，所选的特征将使用当前突出显示的颜色显示。

② PC-DMIS询问“是否可以标记手动建坐标系特征”，单击“是”。

（13）设置报告输出

PC-DMIS还会将最终的报告发送到文件或打印机（如果选择）。本教程中设置为输出到打PC-DMIS印机。

① 访问“编辑窗口打印设置”对话框，此时将显示“打印选项”对话框（图5-63）。

② 选中“打印机”复选框。

③ 单击“确定”。

（14）执行完成的程序

PC-DMIS提供了多个选项来执行零件程序的全部或部分。

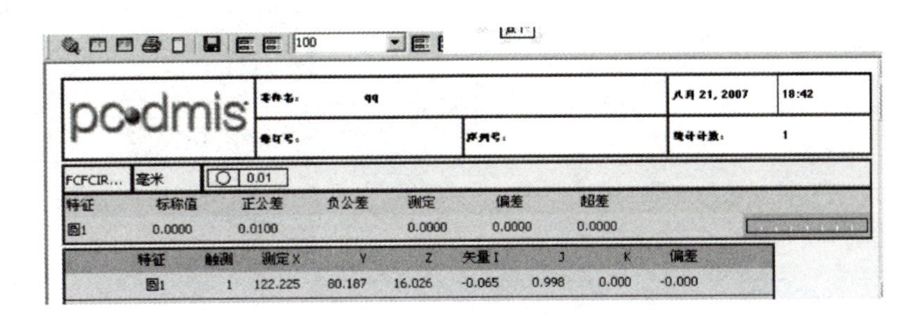

图5-63　打印选项

① 选择“执行菜单”选项，PC-DMIS将显示“执行模式选项”对话框，并开始测量过程。

② 阅读“坐标测量机命令”窗口的指导，按照请求采指定的测点。

a. 在曲面上采3个测点创建一个平面，按END键。

b. 在边线上采2个测点创建一条直线，按END键。

c. 在圆内采4个测点，按END键。

③ 采每个测点后，选择继续。

当然，如果PC-DMIS检测到错误，错误将显示在对话框的坐标测量机错误列表中，必须采取措施，程序才能继续执行。在圆上采最后一个测点后，PC-DMIS将显示“PC-DMIS消息”对话框，包含输入的消息：“警告，测量机将进入DCC模式。”单击“确定”按钮后，PC-DMIS会自动测量剩余的特征。

如果遇到错误，使用“执行模式选项”对话框的坐标测量机错误下拉列表确定原因，采取必要的措施纠正问题。单击“继续”按钮完成零件程序的执行。

（15）打印报告

执行了零件程序后，PC-DMIS自动将报告打印到指定的输出源。输出源由打印设置对话框确定。因为选中了“打印机”复选框，所以报告将发送到打印机。确保打印机已连接并打开，以便查看零件程序。

5.3 任务实施

5.3.1 任务描述及要求

（1）任务名称

数控铣零件的手动测量。

（2）任务描述及要求

根据零件图样（图5-64）及数控加工件，完成图样上指定尺寸的手动测量，并出具检测报告。要求：

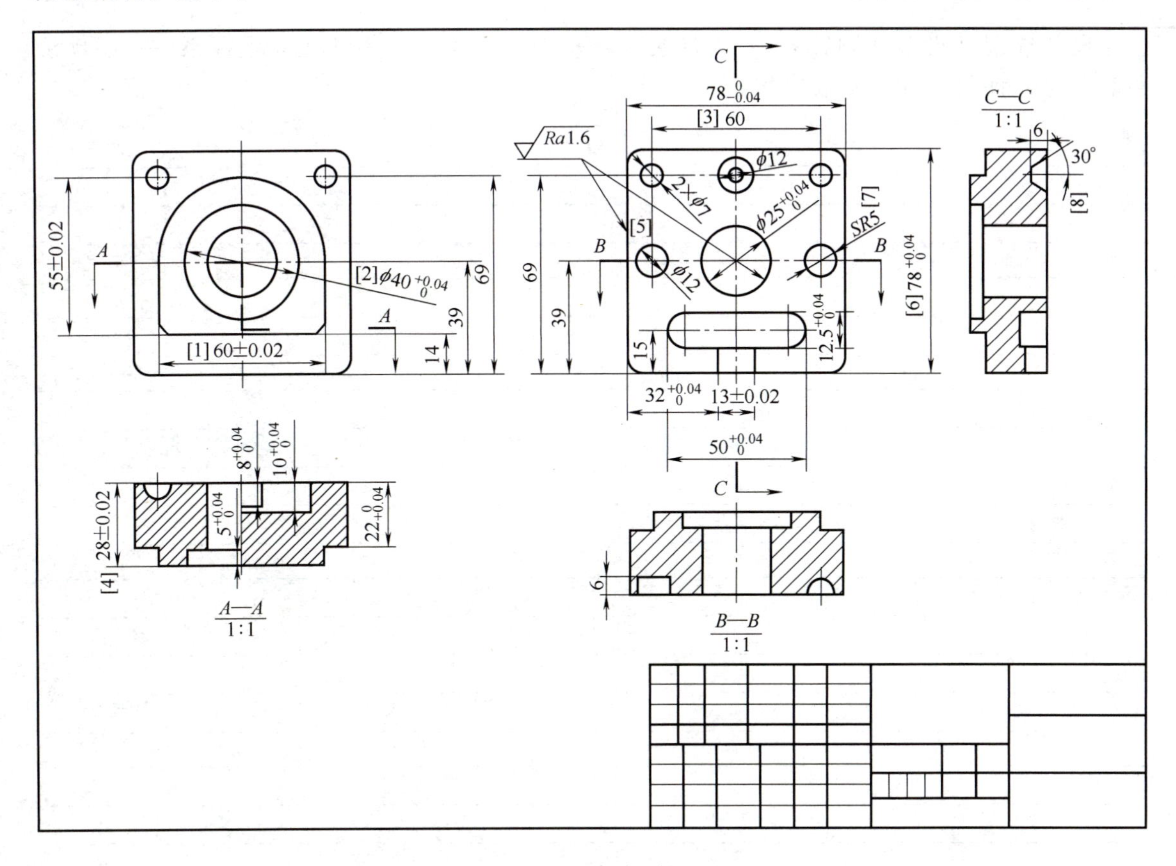

图5-64　任务图纸

① 完成图纸中数控铣零件的检测，检测项目由检测表（表5-2）给出；

表5-2　检测项目列表

序号	尺寸名称	描述	标称值/mm	公差/mm	关联元素ID	实测值	单项合格性
1	D001	2D距离	60	±0.02	PLN1，PLN2		
2	DF002	直径	40	+0.04/0	CIR1		
3	D003	2D距离	60	±0.05	CYL1，CYL2		
4	D004	2D距离	28	±0.02	PLN3，PLN4		
5	DF005	直径	12	±0.05	CYL3		

续表

序号	尺寸名称	描述	标称值/mm	公差/mm	关联元素ID	实测值	单项合格性
6	D006	2D距离	78	+0.04/0	PLN5,PLN6		
7	SR007	球半径	5	±0.05	SPHERE1		
8	A008	锥角	30	±0.05	CONE1		

② 图纸中未标注公差按照±0.05mm处理；

③ 测量报告输出项目有尺寸名称、实测值、公差、超差值，格式为PDF文件；

④ 测量任务结束后，检测人员打印报告并签字确认。

5.3.2 任务实施过程

设备选型（机型和测针）→ 工件装夹 → 测头校验 → 手动建立坐标系 → 手动测量特征 → 评价尺寸 → 输出报告。

项目小结

本项目主要介绍了三坐标测量机的基本构造、测头的定义与校准、坐标系的建立、手动测量零件的特征元素及输出检测报告等内容。

通过本项目的学习，学生应初步掌握三坐标测量机操作入门的基础知识和技能，能正确执行测头的定义与校准、坐标系的建立、手动测量零件的特征元素及输出检测报告等基本操作，并通过后续的深入学习与技能训练，进一步掌握使用三坐标测量机完成一般机械零件几何量（尺寸、形状、方向、位置、表面粗糙度）误差的精密测量。

巩固与提高

简答题

1. 三坐标测量机系统主要包含哪几部分？
2. 三坐标测量机测头校验的目的是什么？如何实现？
3. 在同一个测头文件中，如何先校验A0B0角度？
4. 如何利用3-2-1法手动建立坐标系？
5. 手动测量点、线、面、圆、圆柱、圆锥等特征元素时应注意哪些问题？
6. 构造特征元素的意义是什么？如何构造特征元素？
7. 如何将测量结果输出为Excel格式？

参考文献

[1] 蒋红卫，肖弦.公差配合与技术测量［M］.长沙：中南大学出版社，2014.

[2] 黄云清.公差配合与测量技术［M］.4版.北京：机械工业出版社，2019.

[3] 雷芳，陈劲松，王殿君.互换性与技术测量［M］.西安：西北工业大学出版社，2020.

[4] 全国产品尺寸和几何技术规范标准化技术委员会.产品几何技术规范（GPS） 线性尺寸公差ISO代号体系：GB/T 1800.1~2—2020［S］.北京：中国标准出版社，2020.

[5] 全国产品尺寸和几何技术规范标准化技术委员会.产品几何技术规范（GPS） 光滑工件尺寸的检验：GB/T 3177—2009［S］.北京：中国标准出版社，2009.

[6] 全国产品尺寸和几何技术规范标准化技术委员会.产品几何技术规范（GPS） 公差原则：GB/T 4249—2018［S］.北京：中国标准出版社，2018.

[7] 全国产品尺寸和几何技术规范标准化技术委员会.产品几何技术规范（GPS） 几何精度的检测与验证 第1部分：基本概念和测量基础 符号、术语、测量条件和程序：GB/T 40742.1—2021［S］.北京：中国标准出版社，2021.

[8] 全国产品尺寸和几何技术规范标准化技术委员会.产品几何技术规范（GPS） 表面结构 轮廓法 评定表面结构的规则和方法：GB/T 10610—2009［S］.北京：中国标准出版社，2009.

[9] 徐茂功.公差配合与技术测量［M］.4版.北京：机械工业出版社，2017.

[10] 甘永立.几何量公差与检测实验指导书［M］.6版.上海：上海科学技术出版社，2010.

[11] 马海荣.几何量精度设计与检测［M］.北京：机械工业出版社，2004.